디지털 공학

Digital Engineering

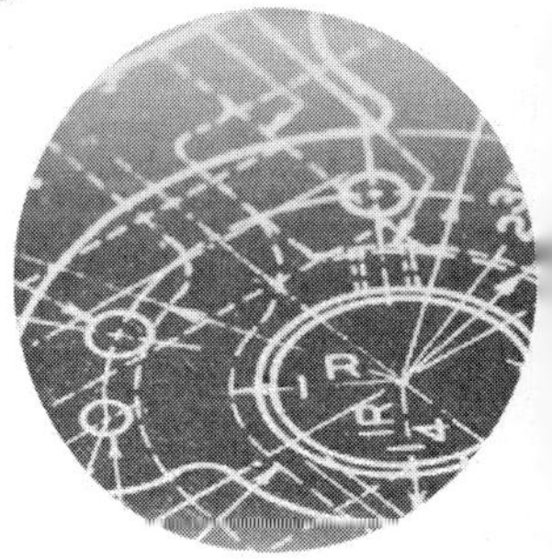

송천섭, 박강식, 박인덕 공저

D.B.Info

머리말

최근 IT 산업은 대부분 디지털 개념을 위주로 응용 발전하고 있다. 그래서 각 대학의 전기, 전자, 전산과 및 산업체 연구소 등에서 디지털 시스템을 중점적으로 널리 공부하고 있는 것은 당연한 일이며 이에 대한 빠른 이해와 효율적인 학습을 위한 적합한 교재가 절실하게 요구되고 있다. 이에 필자는 이 책을 통하여 디지털공학을 공부할 분이나 디지털 설계분야에 종사하는 산업체 실무자들에게 조금이나마 도움이 되고자 디지털공학을 수년간 지도해 오면서 느낀 실무를 바탕으로 본서에 이론과 실기에 관한 내용들을 반영하면서 집필에 임하였다.

디지털 공학은 논리회로로 불러지듯 매우 논리적인 학문이며, 이것을 기본으로 하여 컴퓨터 회로, 자동화 회로 등 산업사회에 매우 필수적인 내용으로 응용되고 있으며 모든 기계장치(공장자동화, 메카트로닉스 등), 자동차 산업설비, 재료응용, 금형설계, 문자 및 숫자 표시기 등 다방면에서 이용되고 있다.

다시 말하면 수의 체계, 코드의 변환, 불대수 등의 기본 개념과 조합논리회로, 연산회로와 플립플롭 회로, 계수회로, 레지스터, IC의 종류, 메모리를 이용한 순서회로를 학생들이 이해하기 쉽게 정리하였으며 실무에 활용되는 회로를 삽입하여 응용 설계할 수 있도록 하였고 본문 내용을 완전히 이해하기 위해 연습문제를 제시하였으며 특히 전기공학, 전자공학, 컴퓨터 공학, 전자계산학, 전자통신공학, 정보통신공학, 전자계산기공학, 제어공학 그 외 사무자동화, 정보처리, 워드프로세서 등에도 활용할 수 있도록 교과를 편성하였다.

끝으로 이 책을 펴는데 새로운 정보를 삽입하고 잘못된 부분의 수정 등에 최선의 노력을 다 하였으나 부족한 표현이 있으면 곧바로 지적해 주시길 바라며 독자들의 넓은 양해를 구한다. 그리고 대학에서 사용할 때 지도 교수님께서는 학생들의 적응력을 고려하여 난이도에 따라 선택, 지도하여 주셨으면 한다. 또 본서가 출판되기까지 수고를 아끼지 아니하신 복두출판사 송광헌 사장님과 직원 여러분께 감사드립니다.

저자 씀

차례

01장 서론

1-1 디지털의 역사적 배경 ········ 11
1-2 디지털 시스템 ········ 12
1-3 디지털회로의 논리 레벨 ········ 14
연습문제 ········ 16

02장 수의 진법

2-1 수의 체계 ········ 17
2-1-1 십진수 체계 ········ 17
2-1-2 2진수 체계(binary number system) ········ 18
2-1-3 8진수와 16진수 체계(octal/hexadecimal number system) ········ 23
2-2 2진수의 연산 ········ 27
2-2-1 가산 ········ 27
2-2-2 감산 ········ 28
2-2-3 보수를 이용한 10진수 감산 ········ 28
2-2-4 보수를 이용한 2진수 감산 ········ 30
2-2-5 승산 ········ 34
2-2-6 제산 ········ 35
연습문제 ········ 36

03장 코드

3-1 2진화 10진(binary-coded decimal: BCD) 코드 ········ 38
3-1-1 8421 코드 ········ 38
3-1-2 3초과 코드(3 Excess code) ········ 40
3-1-3 기타 BCD 코드 ········ 42
3-2 그레이 코드(Gray code) ········ 43
3-3 영문 숫자 코드 ········ 46

3-4 패리티 비트(parity bit) 부호 ···· 50
3-5 해밍 코드(hamming code) ···· 53
3-6 기타 코드 ···· 59
연습문제 ···· 60

04장 논리회로와 불 대수

4-1 기본 논리게이트와 진리표 ···· 62
4-1-1 집합과 명제 ···· 62
4-1-2 진리표 ···· 64
4-2 불 대수 ···· 64
4-2-1 기본 공리 ···· 64
4-2-2 불 대수의 정리 ···· 65
4-2-3 쌍대의 원리 ···· 69
4-2-4 드 모르간의 정리 ···· 70
4-3 기본 논리 게이트 ···· 72
4-3-1 2진 논리와 게이트 ···· 72
4-3-2 OR 게이트 ···· 75
4-3-3 AND 게이트 ···· 77
4-3-4 NOT 게이트 ···· 78
4-3-5 NOR 게이트 ···· 79
4-3-6 NAND 게이트 ···· 80
4-3-7 배타적 논리 게이트 ···· 81
4-3-8 일치 논리 회로 ···· 82
4-3-9 불 함수와 논리 회로의 상호 변환 ···· 84
4-3-10 등가 논리 회로 표시 ···· 85
4-3-11 Dot OR(wired-OR)과 Dot AND(wired-AND) ···· 88
연습문제 ···· 91

05장 조합논리회로

5-1 조합논리 함수의 계산 ···· 94
5-2 논리 함수의 간략화 ···· 96
5-2-1 최소항과 최대항 ···· 96

5-2-2 논리 함수의 표준형(canonical form) 전개 ········· 97
5-2-3 불 대수에 의한 논리 회로망의 간략화 ········· 99

5-3 MAP에 의한 간소화 ········· 100
5-3-1 카르노도의 작성 ········· 101
5-3-2 테이블(tabulation method)을 이용한 논리 함수의 간소화 ········· 110

5-4 코드 변환 논리회로 ········· 116
5-4-1 2421코드에서 BCD코드로 변환 ········· 116
5-4-2 BCD 8421코드에서 3초과 코드로 변환 ········· 117
5-4-3 BCD 코드에서 7세그먼트(segment) 표시용 코드로 변환 ········· 120
5-4-4 그레이 코드에서 2진 코드로의 변환 ········· 121

5-5 각종 조합 논리회로 ········· 123
5-5-1 패리티 발생기와 검사기 ········· 123
5-5-2 비교기 ········· 126
5-5-3 디코더와 인코더 ········· 129
5-5-4 멀티플렉서와 디멀티플렉서 ········· 134
5-5-5 다이오드 매트릭스(matrix는 array) ········· 139

5-6 프로그램가능 논리장치(Programmable Logic Device: PLD) ········· 141
5-6-1 PLA(Programmable Logic Array) ········· 142
5-6-2 PLE(Programmable Logic Element) ········· 148
5-6-3 PAL(Programmable Array Logic) ········· 149

연습문제 ········· 151

06장 연산회로

6-1 가산기(Adder) ········· 159
6-1-1 반가산기 ········· 159
6-1-2 전가산기 ········· 162
6-1-3 직렬가산기 ········· 165
6-1-4 병렬가산기 ········· 165
6-1-5 BCD(8421) 가산기 ········· 171
6-1-6 3초과 가산기 ········· 173

6-2 감산기 회로 ········· 175
6-2-1 반감산기 ········· 175
6-2-2 전감산기 ········· 176
6-2-3 병렬감산기 ········· 177

6-2-4 가산기를 이용한 가감산기 ···· 178
6-3 곱셈기 및 나눗셈 회로 ···· 179
6-3-1 곱셈기 회로 ···· 179
6-3-2 나눗셈기 회로 ···· 181
6-4 연산 응용 회로 ···· 182
6-4-1 연산 논리 장치 ···· 182
6-4-2 4비트 가감산기 ···· 184
연습문제 ···· 189

07장 펄스발생회로와 플립플롭 회로

7-1 펄스발생회로 ···· 193
7-1-1 비안정 멀티바이브레이터 ···· 194
7-1-2 단안정 멀티바이브레이터 ···· 201
7-1-3 쌍인정 멀티바이브레이터 ···· 210
7-2 플립플롭 회로 ···· 216
7-2-1 RS 플립플롭 ···· 216
7-2-2 D(data)형 플립플롭 ···· 225
7-2-3 JK 플립플롭 ···· 226
7-2-4 T(toggle)형 플립플롭 ···· 228
연습문제 ···· 230

08장 계수회로

8-1 계수기 회로 ···· 233
8-1-1 비동기식 계수기 ···· 233
8-1-2 동기식 계수기 ···· 249
8-1-3 특수 계수기 ···· 261
8-2 디지털 계수 응용 회로 ···· 265
8-2-1 업/다운 계수기 ···· 265
8-2-2 스톱워치 ···· 267
8-2-3 디지털 전자시계 ···· 268
8-2-4 디지털 계산기 ···· 269
8-2-5 디지털 전압계 ···· 270

연습문제 ········ 272

09장 레지스터

9-1 레지스터 ········ 277
9-1-1 시프트 레지스터 ········ 277
9-1-2 병렬 입력 시프트 레지스터 ········ 282
연습문제 ········ 285

10장 기억장치

10-1 자기코어 ········ 288
10-2 반도체 기억 소자 ········ 290
10-2-1 RAM ········ 290
10-2-2 ROM ········ 296
연습문제 ········ 303

11장 전자 논리와 직접회로

11-1 반도체 스위칭 ········ 306
11-1-1 다이오드 스위칭 ········ 306
11-1-2 트랜지스터의 스위칭 ········ 309
11-1-3 전계 효과 트랜지스터 스위칭 회로 ········ 313
11-2 다이오드 논리 게이트 ········ 315
11-2-1 OR 게이트 회로 ········ 315
11-2-2 AND 게이트 회로 ········ 316
11-3 트랜지스터 논리 게이트 ········ 318
11-3-1 OR 게이트 회로 ········ 318
11-3-2 AND 게이트 회로 ········ 319
11-3-3 NOT 게이트 회로 ········ 320
11-4 DTL 게이트 ········ 321
11-5 RTL 게이트 ········ 324
11-6 TTL 게이트 ········ 325

11-6-1 TTL 게이트 기본 회로 ···· 325
11-6-2 토템폴형 TTL 회로 ···· 326
11-6-3 74시리즈 TTL 게이트 ···· 328
11-6-4 오픈 컬렉터형 TTL 게이트 ···· 331
11-6-5 3상태 TTL인버터 ···· 331

11-7 HTL 게이트 ···· 333

11-8 ECL 게이트 ···· 333

11-9 MOSFET와 CMOSFET 게이트 ···· 335
11-9-1 MOSFET 게이트 ···· 335
11-9-2 CMOSFET 게이트 ···· 337

11-10 IIL 게이트 회로 ···· 339

11-11 논리 회로의 특성 ···· 341
11-11-1 전류원과 전류 흡입 ···· 341
11-11-2 잡음 여유도 ···· 342
11-11-3 팬 인과 팬 아웃 ···· 342
11-11-4 논리 전압 레벨 ···· 343
11-11-5 전달 지연 시간과 전달 시간 ···· 344

11-12 TTL과 CMOS IC의 결합 ···· 346
11-12-1 TTL IC에 CMOS IC의 결합 ···· 346
11-12-2 CMOS IC에 TTL IC의 결합 ···· 347
11-12-3 IC 논리 회로의 구성 ···· 348
11-12-4 IC 논리 회로의 종류 ···· 351

연습문제 ···· 353

12장 아날로그와 디지털 신호의 상호 변환

12-1 디지털-아날로그 변환기(Digital-Analogue Converter: DAC) ··· 357
12-1-1 정확도와 분해능 ···· 358
12-1-2 전류 가상형 디지털-아날로그 변환기(DAC) ···· 359
12-1-3 전압 가산형 디지털-아날로그 변환기(DAC) ···· 362

12-2 아날로그-디지털 변환기(Analog-Digital converter: ADC) ···· 366
12-2-1 정확도와 분해능 ···· 367
12-2-2 비교형 A/D 변환기 ···· 367
12-2-3 적분형 A/D 변환기 ···· 374

연습문제 ···· 377

01 서론

1-1 디지털의 역사적 배경

디지털 공학이란 디지털 회로를 분석, 설계하는 학문이라고 말할 수 있다. 그 역사적 배경을 고찰해 본다면 우선 계산기는 서구에서는 17세기 초 스코틀랜드의 수학자 네이퍼가 대수표를 이용하여 곱셈표 연산을 시작하였고 1642년 프랑스의 수학자 겸 철학자인 파스칼(Pascal)이 0에서부터 9까지의 숫자를 이용하여 가감산을 할 수 있는 톱니바퀴의 기계적인 계산기를 만들어 낸 바 있다.

독일의 라이프니츠(Leibniz)는 1671년에 탁상 계산기를 고안해냈으나 그것은 기계적이고 수동식이었으며, 1930년대 영국의 수학자겸 과학자인 찰스 베비지(Charles Babbage)는 데이터 처리를 기계적으로 카드에 천공하는 방법을 고안해내었고, 1937년 미국의 하버드 대학 교수인 하워드 아이컨(Howard Aiken)은 IBM사와 협력하여 자동 제어 방식의 계산기를 발명했으나 이 모두가 전기적이면서 기계적인 것이었을 뿐 전자식은 아니었다. 그 후 1943년 미국 펜실베니아 대학의 에케르트(Eckert)와 머클리(Machly)라는 두 교수가 진공관 회로로 구성된 ENIAC(electronic numerical integrator and computer)이라는 최초의 전자계산기를 개발함으로써 디지털 공학은 눈부시게 발전하게 되었다. 그러나 18000여개의 진공관과 1500여개의 릴레이로 구성되어 그 규모가 매우 컸던 ENIAC은 1949년에는 UNIVAC(universal automatic computer)이라는 디지털 컴퓨터(digital computer)로 발전되었으며, 1950년대 이후에는 트랜시스터의 출현으로 전자계산기와 디지털 시스템(digital system)이 본격적으로 개발됨과 동시에 전자 공학 전반에 걸친 학문적인 체계가 갖추어졌다. 그 후 1960년 중반에 집적 회로(integrated circuit ; IC)의 출현으로 소규모의 전자계산기와 디지털 시스템이 현실화되면서 정밀도가 높은 수준에 이르다가 1970년대 이후부터는 MSI, LSI 및 VLSI 기술이 계속 발전되면서 레지스터, 메모리, 범용컴퓨터설계를 하였고 급기야 ROM, PLA, 마이크로프로세서에 의한 설계로 개인용 컴퓨터, 자동화 시스템, 원격통신자료 처리 시스템, 레이더 시스템, 항해 장치, 미사일 자동추진 시스템, 레이저 빔 등 자동화 설비로부터 군용장비에 이르기까지 디지털 공학은 매우 광범위에 응용하게 이르렀다.

오는 21세기는 정보통신 및 멀티미디어 사회가 시작됨으로 그때를 대비하는 의미에서 전자계산기를 기초로 하여 발달된 이 디지털 전자공학(Digital Electronics)에 대한 충분한 지식을 얻기 위해 이 책에서는 디지털 컴퓨터와 각종의 시스템과 관련된 기본 논리회로를 비롯하여 연산장치, PLA, 시퀀스, 펄스회로 및 카운터 설계와 응용 그리고 메모리 소자에 관한 사항들을 다루고자 한다.

1-2 디지털 시스템

디지털 시스템은 디지털 컴퓨터를 사용하여 과학, 산업, 경제 분야들의 여러 가지 정보를 자동으로 유용하게 처리해주는 것으로, 여러 가지 명령으로 이루어진 프로그램에 주어진 데이터를 순서적으로 처리하는 조직인 것이다. 전화 교환 장치, 주파수계, 지터러 전압계, 텔레타이프 등은 디지털 시스템을 도와주는 보조 장치들이다. 디지털 시스템의 특성은 정보를 용이하게 수량(요소)화 시키는 것이다. 그러한 요소에는 전기적인 충격이나 10자리수, 알파벳 문자, 연산 작용, 천공 장치 심벌의 세팅 등이 속한다. 이렇게 디지털 컴퓨터는 숫자적인 계산에 주로 쓰였는데 이 경우 수량 요소(discrete element)의 최소 단위는 디지트(digit)이다. 디지트란 말은 손가락, 아라비아 숫자, 자리 수 등을 의미하는 것으로 아날로그(analogue)와 비교되는 말이다. 디지털 시스템에서는 정보의 수량 표시 요소로 "신호"(signal)라는 개념의 물리적인 양이 사용되는데 전압이나 전류의 크기로 나타나는 신호가 좋은 예이다. 연속적으로 변화하는 신호를 아날로그 신호라 한다면 유한개의 서로 떨어진 값의 크기만으로 나타내지는 신호를 디지털 신호라고 할 수 있다.

예를 들어, 아날로그 신호를 나타내는 기구로는 막대 저울, 천평, 멀티 테스터 등 눈금이 그려져 있는 계기들을 들 수 있으며, 디지털 신호를 나타내는 기구는 디지털 계산기,디지털 전압계, 디지털 오실로스코프 및 주파수계 등 숫자 표시기가 달린 각종 계기가 속한다.

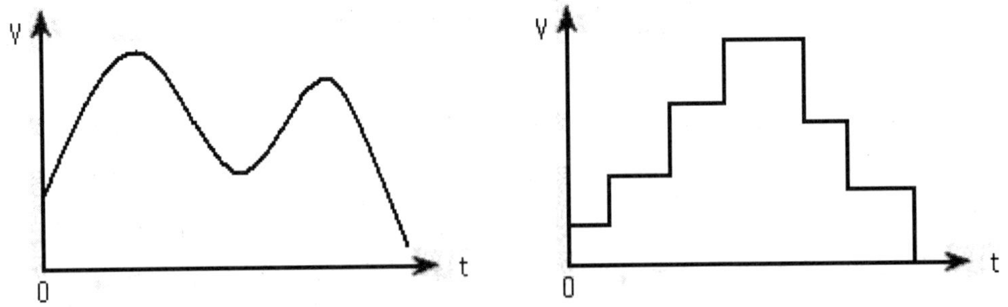

그림 1-1 아날로그 신호와 디지털 신호 파형

[그림 1-1]은 전압 값이 시간에 따라 연속적으로 변화하는 모양을 나타내는 아날로그 신호 파형과 불연속으로 변화하는 디지털 신호 파형을 나타내고 있다.

오늘날 전자적인 디지털 시스템에 사용되는 거의 모든 신호는 "0"과 "1"로 표현되는 2진수를 주로 사용하는데, 이들은 두 가지의 크기만을 나타내므로 직류 충격파나 펄스파형을 이용하여 이 두 가지 상태를 나타낼 수 있다. 다음의 [그림 1-2]는 충격파로 만든 펄스파(pulse wave)와 구형파(square wave)를 보여주고 있다.

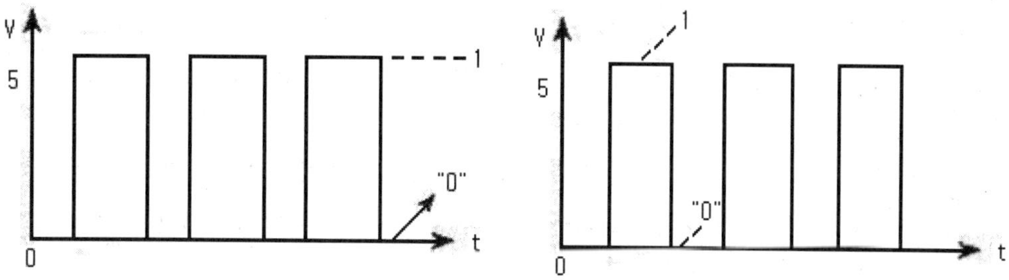

그림 1-2 "0"과 "1"을 나타내는 신호 파형

디지털 회로에서 물리적인 처리를 수행하기 위하여 신호의 양을 양자화(量子化 : quantization)해야 하는데 아날로그 신호를 디지털 신호로 바꾸려면 A/D(analog to digital) 변환기를 사용해야 하며, 디지털 신호를 아날로그 신호로 바꾸려면 D/A(digital to analog) 변환기를 사용해야 한다.

[그림 1-3]은 아날로그 신호를 양자화시켜서 디지털 신호로 변환시킨 모양을 보여 주고 있다.

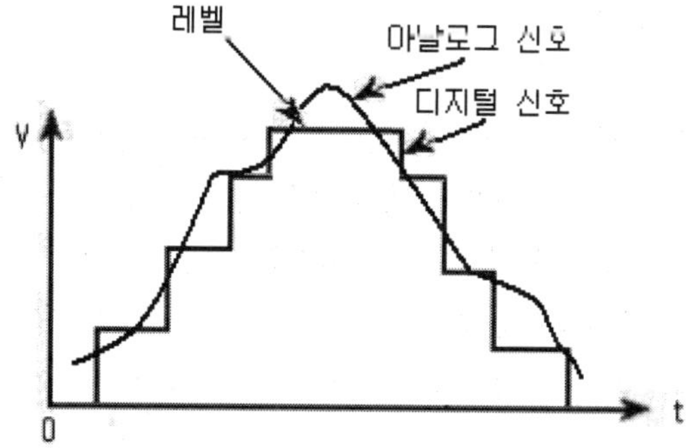

그림 1-3 A/D 변환의 양자화 파형

1-3 디지털회로의 논리 레벨

이미 설명한 바와 같이 디지털 시스템에 있어서 두 가지의 전압 레벨(level)을 두 개의 숫자 0과 1로 나타내는데 높은 전압 레벨을 "1"로 표시하고 낮은 전압 레벨을 "0"으로 표시하는 논리를 정논리(positive logic)라고 하고 반대로 높은 전압 레벨을 "0"으로, 낮은 전압 레벨을 "1"로 나타내는 논리를 부논리(negative logic)라고 한다. 예를 들면 +5[V]와 0[V]의 전압이 있을 때 +5[V]를 "H(high)" 레벨이라 하고 0[V]를 "L(low)" 레벨이라고 하면, 정논리에서는 H=1, L=0이 되고 부논리에서는 H=0, L=1이 된다. 정논리와 부논리는 모두 디지털 시스템에 이용되고 있지만 일반적으로는 정논리를 사용한다.

펄스는 전압 레벨이 일반적으로 H상태와 L상태 사이에서 변화하고 있기 때문에 디지털회로 및 시스템의 전산화에 매우 중요하다. 양 "+"의 펄스는 L레벨에서 H레벨로 되었다가 다시 L레벨로 되는 것이고 음 "-"의 펄스는 H레벨에서 L레벨로 되었다가 다시 H레벨로 되는 것이다.

[그림 1-4]는 양의 펄스와 음의 펄스를 나타내고 있다.

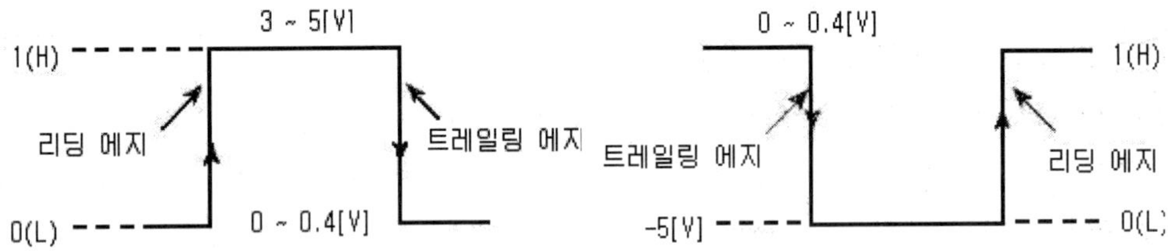

(a) 양의 펄스 (b) 음의 펄스

그림 1-4 양의 펄스와 음의 펄스

위의 그림에 나타난 바와 같이 펄스는 두 개의 에지(edge)로 구성되어 있는데 상승하는부분만을 리딩 에지(leading edge 또는 positive edge), 하강하는 부분을 트레일링 에지(trailing edge 또는 negative going edge)라고 한다. 또 이 펄스는 상승과 하강이 순간적으로 이루어지기 때문에 시간적인 면에서 대단히 이상적이며, 펄스의 폭은 일반적으로 리딩 에지와 트레일링 에지의 최대값이 50[%]가 되는 두 점 사이의 시간으로 정의된다.

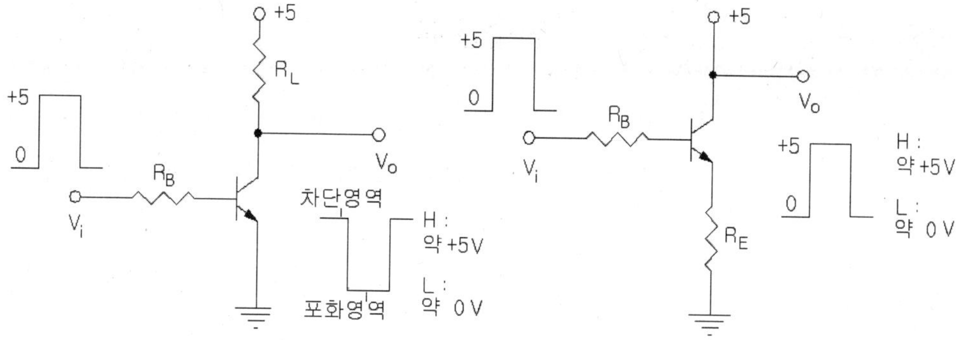

그림 1-5 인버터와 비반전 회로에서의 입 · 출력 파형

디지털 시스템에서 사용되는 대부분의 파형은 주기 펄스와 비주기 펄스로 구분되는데 실제로 바이폴라 트랜지스터를 이용한 인버터 회로에서의 입력 파형과 출력 파형을 [그림 1-5]에 나타내었으며 그때의 상태를 H와 L의 레벨로 표시하였다.

주기 펄스 파형은 어떤 일정한 주기마다 똑같은 파형이 반복하여 나타나는 것으로서 이때의 주파수는 주기의 반복률이 된다. 반면에 비주기파는 펄스폭 또는 펄스 주기가 일정하지 않은 파를 의미한다. [그림 1-6]은 주기 펄스와 비주기 펄스를 나타낸 것이다.

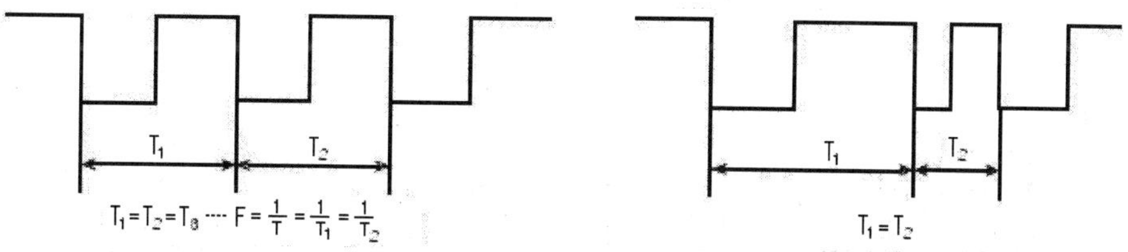

(a) 주기 펄스 파형 (b) 비주기 펄스 파형

그림 1-6 디지털 시스템에서 사용되는 펄스 파형

연습문제

1. 디지털 신호와 아날로그 신호를 구별하여 설명하고 그들을 이용한 장비명을 들어라.

2. 아날로그 신호를 디지털 신호로 변환시키려면 어떠한 물리적인 과정이 필요한가?

3. 펄스 파형에서 정의하는 H레벨과 L레벨을 설명하여라.

4. 정논리와 부논리를 구별하여 설명하여라.

5. 바이폴라 트랜지스터를 사용한 인버터 회로를 그리고, 그때의 입·출력 파형을 그려라.

6. 주기 펄스와 비주기 펄스를 설명하여라.

7. 다음 펄스 파형에서 파형의 주기와 주파수를 구하라.

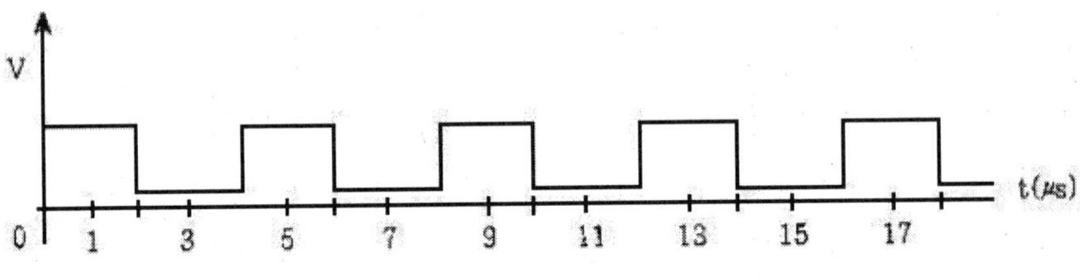

02 수의 진법

2-1 수의 체계

2-1-1 십진수 체계

우리는 오래전부터 일상생활에서 10개의 손가락을 사용하는 십진수만을 가지고 수량을 표현하고 계산해왔기 때문에 이러한 수의 체계에 익숙해져 쉽게 사용할 수 있게 되었다. 그러나 이들 수를 계산함에 있어서는 십진수 외에도 여러 가지 방법이 있다. 예를 늘면 우리가 항상 접하고 있는 하루는 24시간, 1시간은 60분, 그리고 1분은 60초 등과 같이 각 시간의 단위에 따라 그 값이 각각 달라진다.

10진수는 체계적으로 보다 간단하고 이해하기 쉬우며 일정한 규칙에 따라 논리적으로 표시할 수 있고, 다른 수의 체계로 바꿀 수 있는 수라고 볼 수 있는 것이다.

자리수 열에서의 각 자리수의 위치는 10의 승수(power)를 가지며, 그 위치에서의 정수의 값과 연관되어 있다. 예를 들면, 10진수 724.5는 일곱 개의 백, 두 개의 십, 네 개의 기본단위 및 다섯 개의 1/10의 덧셈으로 해석할 수 있다. 백, 십, 기본단위와 1/10은 숫자의 위치에 따른 10의 승수이다. 숫자의 값은 다음과 같이 계산이 된다.

$$724.5 = 7 \times 10^2 + 2 \times 10^1 + 4 \times 10^0 + 5 \times 10^{-1}$$

이 식에서 알 수 있는 바와 같이 10진수는 10을 기수(radix)로 하여 1의 자리수에서는 기수의 0승을, 10의 자리수에서는 기수의 2승을, ■■■■■■■■ 등과 같이 곱한 다음, 그 값들을 더해 나감을 알 수 있다. 따라서 어떤 임의의 수를 진수 R로 표현하는 일반식은 다음과 같다.

$$N = d_n R^n + d_{n-1} R^{n-1} + d_{n-2} R^{n-2} + \cdots + d_2 R^2 + d_1 R^1 + d_0 R^0 + d_{-1} R^{-1} + d_{-2} R^{-2} + \cdots \quad (2\text{-}1)$$

여기서 d_n은 자리수(digit)이고, R은 기수이며 n은 1의 자리수에서부터 정해지는 자리번호

0, 1, 2, ■ ■ ■ ■ ■ ■ 등의 승수이다.

10진수 4754.125를 위의 식에 따라 표현하면 다음과 같다.

$$4754.125 = 4 \times 10^{3} + 7 \times 10^{2} + 5 \times 10^{1} + 4 \times 10^{0}$$
$$+ 1 \times 10^{-1} + 2 \times 10^{-2} + 5 \times 10^{-3}$$

R=10, d_3=4, d_2=7, d_1=5, d_0=4, d_1=1, d_2=2, d_3=5에 대응하는 식이 된다.

다음은 기수가 5인 숫자의 예이다.

$$(324.4)_5 = 3 \times 5^{2} + 2 \times 5^{1} + 4 \times 5^{0} + 4 \times 5^{-1}$$
$$= 75 + 10 + 4 + 0.8 = (89.8)_{10}$$

여기서 괄호 속에 포함되지 않은 모든 숫자에 대하여 계산이 10진수로 행하여진 것을 주의해야 한다. 또한, 5진법은 5개의 숫자만이 가능하므로 숫자의 계수는 0, 1, 2, 3, 4만을 사용한다.

컴퓨터에서의 작업에는 2진법(binary), 8진법(octal), 16진법(hexadecimal) 3가지 종류의 진법이 많이 쓰이고 있다. 이들은 각각 기수 2, 기수 8 및 기수 16인 진법을 의미한다.

2-1-2 2진수 체계(binary number system)

디지털 시스템 또는 디지털 컴퓨터에서는 각 자리수에 10진수가 사용될 경우 그 정보의 양을 전기적 신호로 표현하기란 매우 복잡하고 또 표현된 정보를 연산 처리하거나 기억시키는 과정이 복잡하므로 각 자리에 0과 1의 두 가지 수만을 사용하는 가장 간단한 2진수로 바꾸어 표현 처리하고 있다. 이와 같이 0과 1의 두 수만으로 표시되는 2진수를 일반식을 이용하여 10진수 N_2로 나타내면 다음과 같이 된다.

$$N_2 = d_n 2^{n} + d_{n-1} 2^{n-1} + d_{n-2} 2^{n-2} + \cdots + {}_2 2^{2} + d_1 2^{1} \tag{2-2}$$
$$+ d_0 2^{0} + d_{-1} 2^{-1} + d_{-2} 2^{-2} + \cdots$$

예를 들면 $(110101.11)_2$를 위의 수식을 이용하여 2의 기수를 갖는 승수 열 전개에 의해 구해진다.

$$N_2 = 1\times2^5 + 1\times2^4 + 0\times2^3 + 1\times2^2 + 0\times2^1 + 1\times2^0 + 1\times2^{-1} + 1\times2^{-2}$$
$$= 32 + 16 + 0 + 4 + 0 + 1 + 0.5 + 0.25$$
$$= (53.75)_{10}$$

2진수를 구성하는 숫자를 비트(bit : binary digit)라고 부른다. 2진수를 10진수로 변환시에는 비트가 0인 경우는 전체가 0의 값으로 처리하지만 1의 경우는 비트값이 1인 위치의 승수를 구하여 더하면 얻게 된다. 10진수와 2진수의 상호 관계는 〈표 2-1〉에 나타나 있다. 여기서 나타나는 자리수를 디지트 또는 비트라고도 한다.

표 2-1 10진수와 2진수

10진수	2진수
0	0
1	$1(1\times2^0)$
2	$10(1\times2^1+0\times2^0)$
3	$11(1\times2^1+1\times2^0)$
4	$100(1\times2^2+0\times2^1+0\times2^0)$
5	$101(1\times2^2+0\times2^1+1\times2^0)$
6	$110(1\times2^2+1\times2^1+0\times2^0)$
7	$111(1\times2^2+1\times2^1+1\times2^0)$
8	$1110(1\times2^3+1\times2^2+1\times2^1+1\times2^0)$
9	$1001(1\times2^3+0\times2^2+0\times2^1+1\times2^0)$

〈표 2-1〉에 나타낸 바와 같이 2진수를 10진수에 비하여 같은 값을 표시하는데 많은 자리수를 필요로 한다. 그러나 0과 1만 사용되고 있기 때문에 이 두 가지 상태는 스위치를 ON(1) 또는 OFF(0) 시킨다거나 트랜지스터 및 다이오드의 도통 상태와 차단 상태, 전등의 점등 또는 소등 상태와 전압의 유무 상태 들을 이용한 전기적 신호로 간단히 표시할 수 있어서 결국 2진수는 디지털 시스템에 활용하기가 편리하다.

그러면 10진수와 2진수의 관계를 좀 더 자세히 알아보기 위해서 10진수를 2진수로 변환하는 방법에 대해서 생각해 보자. 이 방법은 2진수를 10진수로 변환하는 방법의 역과정이므로 먼저 그 10진수를 2로 나누고 그때 생긴 몫을 다시 2로 나누고 그 몫을 또 다시 2로 계속 나누어가면서 발생된 나머지를 각각 순서에 따라 열거하면 된다. 예로써 10진수 $(22)_{10}$를 2진수로 바꾸는 과정을 나타내면 다음과 같다.

2) 22	································ 0	···	LSB(least significant bit)
2) 11	································ 1		
2) 5	································ 1		$(10110)_2$
2) 2	································ 0	···	LSB(least significant bit)
2) 1	································ 1	···	MSB(most significant bit)
0			

즉 $(22)_{10} \rightarrow (10110)_2$

위의 방법 이외에 다음과 같은 분수 방식을 사용해도 된다.

1	2	5	11	22	·········	기수(또는 계수)
2	2	2	2	2		
↓	↓	↓	↓	↓		
0	1	2	5	11		
+	+	+	+	+	·········	몫
1	0	1	1	0	·········	나머지
(MSB)				(LSB)		

여기서 나머지 숫자만 열거하면 마찬가지로 $(10110)_2$이 된다. 또 자리수와 자리수 값을 곱하여 이들을 합한 값이 22가 되도록 해당 자리에 자리수 1을 표시하면 가장 빠르고 쉽게 2진수를 곱할 수가 있다.

(MSB)					(LSB)		
2^5	2^4	2^3	2^2	2^1	2^0	·········	2의 승수(자리수 값)
32	16	8	4	2	1	·········	10의 진수
	1	0	1	1	0	·········	22에 해당되는 자리수

$$1 \times 2^4 + 0 \times 2^3 + 1 \times 2^2 + 1 \times 2^1 + 0 \times 2^0 = 22$$ ········· (자리수×자리수 값의 합)

다시 말하면 10진수 22에 해당하는 자리수의 모음이 구하고자 하는 2진수가 된다.

예제 1 10진수 78을 2진수로 표시하여라.

(풀이)

64	32	16	8	4	2	1	………	10진수 자리수 값
1	0	0	1	1	1	0	………	
↓	↓	↓	↓	↓	↓	↓	………	

64 + 0 + 0 + 8 + 4 + 2 + 0 = 78

답 : $(78)_{10} \rightarrow (1001110)_2$

다음에는 소수점 이하의 수를 표시하는 일반식에 대해서 생각해 보자. 어떤 소수점 이하의 수를 N이라고 하면 그 일반식은 다음과 같다.

$$N = d_1 \times R^{-1} + d_2 \times R^{-2} + d_3 \times R^{-3} \cdots + d_n \times R^{-n}$$

예를 들어 10진수 0.625를 일반식으로 나타내어 보면 다음과 같다.

$$N = 6 \times 10^{-1} + 2 \times 10^{-2} + 5 \times 10^{-3}$$

또 2진수 0.1011은 다음과 같이 표시할 수 있다.

$$N_2 = 1 \times 2^{-1} + 0 \times 2^{-2} + 1 \times 2^{-3} + 1 \times 2^{-4}$$

그러면 이번에는 $(0.1011)_2$을 10진수로 바꾸어 보자. 자리수가 1인 자리수 값만을 계산하여 더하면 10진수 N은 다음과 같이 된다.

$$N = 1 \times \frac{1}{2} + 0 \times \frac{1}{4} + 1 \times \frac{1}{8} + 1 \times \frac{1}{16}$$
$$= 0.5 + 0.125 + 0.0625$$
$$= 0.6875$$

즉, $(0.1011)_2 \rightarrow (0.6875)_{10}$이다.

또 반대로 소수점 이하의 10진수를 2진수로 변환하는 과정에 대해서 생각해보면, 이 과정을 앞의 방법의 역이 되므로 10진수를 2로 계속 나누는 것이 아니라 소수점 이하의 수가 0이 될 때까지 10진수 N에 2를 계속 곱해 가면서 얻은 소수점 이상 자리의 1 또는 0을 순서대로 열거하면 된다.

예제 2 10진수 0.6875를 2진수로 변환하여라.

(풀이)

```
MSB ·········      0.6875
                 ×      2
                 ---------
                   1.3750
답 : (0.1011)₂   ×      2
                 ---------
                   0.7500
                 ×      2
                 ---------
                   1.5000
                 ×      2
                 ---------
LSB ·········      1.0000
```

답 : $(0.1011)_2$

예제 3 10진수 28.1875를 2진수로 바꾸어라.

(풀이) 정수 부분과 소수점 이하 부분으로 나누어 계산한 다음 답을 정리한다.

① 정수 부분

```
16  8  4  2  1  ··· 자리수값
×   ×  ×  ×  ×
1   1  1  0  0  ··· 29에 해당하는 기수
↓   ↓  ↓  ↓  ↓
16+8+4+0+0 = 28 ··· (기수×자리수)
```

그러므로 $(28)_{10} \rightarrow (11100)_2$이 되고

$(0.1875) \rightarrow (0.0011)_2$이 된다.

답 : $(28.1875)_{10} \rightarrow (11100.0011)_2$

② 소수점 이하 부분

```
MSB ···            0.1875
                 ×      2
                 ---------
                   0.3750
                 ×      2
                 ---------
                   0.7500
답 : (0.0011)₂   ×      2
                 ---------
                   1.5000
                 ×      2
                 ---------
LSB ···            1.0000
```

답 : $(0.0011)_2$

2-1-3 8진수와 16진수 체계(octal/hexadecimal number system)

8진수는 컴퓨터 시스템에서 많이 사용되는 수로서 8개의 숫자(0, 1, 2, 3, 4, 5, 6, 7)를 갖는 기수가 8일 수의 체계이며 8, 9 등의 숫자는 사용하지 않는다. 8진수를 10진수로 변환하는 일반식은 다음과 같다.

$$N = d_n R^n + d_{n-1} R^{n-1} + \cdots + d_2 R^2 + d_1 + d_0 R^0 + d_{-1} R^{-1} + d_{-2} R^{-2} + \cdots$$
$$= d_n \times 8^n + d_{n-1} \times 8^{n-1} + \cdots + d_2 \times 8^2 + d_1 \times 8^1 + d_0 \times 8^0 + d_{-1} \times 8^{-1} + \cdots$$

16진수 역시 IBM이나 RCA계의 컴퓨터 시스템에서 많이 사용된다. 16진수는 0~9까지의 10개의 숫자와 영문자 A, B, C, D, E, F까지의 문자 6개 등 16개의 숫자와 문자로 구성된다. 즉, 10, 11, 12, 13, 14, 15를 나타내기 위하여 A~F 문자를 각각 사용하고 있다. 8진수와 16진수의 보기는 다음과 같다.

$$(125.4)_8 = 1 \times 8^2 + 2 \times 8^1 + 5 \times 8^0 + 4 \times 8^{-1}$$
$$= (85.5)_{10}$$
$$(AF)_{16} = 10 \times 16^1 + 15 \times 16^0 = (175)_{10}$$

8진수를 10진수로 또는 10진수를 8진수로, 16진수를 10진수로 또는 10진수를 16진수로 각각 변환시키는 과정은 이진수의 변환 방법과 비슷하게 자리수에 자리수 값(R_n)을 곱하여 더하던가, 또는 역으로 기수(R)로 나누어가며 나머지를 순서대로 열거하면 된다.

표 2-2 10진수, 2진수, 8진수, 16진수

10진수 (기수10)	2진수 (기수2)	8진수 (기수8)	16진수 (기수16)
00	0000	00	0
01	0001	01	1
02	0010	02	2
03	0011	03	3
04	0100	04	4
05	0101	05	5
06	0110	06	6
07	0111	07	7
08	1000	10	8
09	1001	11	9
10	1010	12	A
11	1011	13	B
12	1100	14	C
13	1101	15	D
14	1110	16	E
15	1111	17	F

가. 8진수와 10진수의 상호변환

① 8진수 37을 10진수로 변환하는 과정을 살펴보면 다음과 같다.

$$(37)_8 = 3\times 8^1 + 7\times 8^0 = 3\times 8 + 7\times 1 = 24 + 7 = (31)_{10}$$

② 역으로 10진수 31을 8진수로 변환하는 과정은 다음과 같다.

8) 31
 3 … 7
 몫 나머지 $(31)_{10} = (37)_8$

상기 계산 과정과 같이 10진수 31을 8로 계속 나눈 다음 그때 생긴 나머지를 취하면 8진수를 쉽게 구할 수 있다. 즉, $(31)_{10} = (37)_8$이 된다. 소수의 경우에도 마찬가지 방법을 사용한다.

소수점 이하의 자리수를 갖는 10진수로 바꿀 때도 10진수에 8을 곱한 다음 곱한 값의 정수를 취하여 8진수의 자리수로 잡으면 된다.

예제 4 10진수 49.21875를 8진수로 바꾸어라.

(풀이)

```
8) 49
8)  6 … 1
    0 … 6
```

$(49)_{10} = (61)_8$

$$
\begin{array}{r}
0.21875 \\
\times \quad\ \ 8 \\
\hline
1.75000 \\
\downarrow \\
1
\end{array}
\qquad
\begin{array}{r}
0.75 \\
\times \ \ 8 \\
\hline
6.00 \\
\downarrow \\
6
\end{array}
\qquad (0.21875)_{10} = (0.16)_8
$$

$\therefore\ (49.21875)_{10} = (61.16)_8$

나. 16진수와 10진수의 상호변환

① 16진수 23, 3B, 0.8을 10진수로 변환시키는 과정을 살펴보자.

$$(23)_{16} = 2\times16^1 + 3\times16^0 = 2\times16 + 3\times1 = 32 + 3 - (35)_{10}$$

$$(3B)_{16} = 3\times16^1 + B\times16^0 - 3\times16 + 11\times1 = 48 + 11 = (59)_{10}$$

$$(0.8)_{16} = 8\times16^{-1} = \frac{8}{16} = (0.5)_{10}$$

② 반대로 10진수 152와 249를 16진수로 변환해보자.
오른쪽 계산 과정과 같이 10진수를 16으로 나누어 그 나머지 숫자를 차례로 열거하여 16진수를 구하게 된다.

즉, $(152)_{10} \rightarrow (98)_{16}$
$(249)_{10} \rightarrow (F9)_{16}$ 이다.

```
16 ) 249 • • • 9  : 나머지
16 )  15 • • • 15 : 나머지
       0
```

$$
\begin{array}{c}
\frac{9}{16} \\ \downarrow \\ 0 \\ + \\ 9 \\ MSB
\end{array}
\qquad \longleftarrow \qquad
\begin{array}{c}
\frac{152}{16} \\ \downarrow \\ 9 \\ + \\ 8 \rightarrow (98)_{16} \\ LSB
\end{array}
$$

다. 2진수, 8진수, 16진수의 상호변환

모든 컴퓨터나 디지털 시스템은 2진수 표현을 사용한다. 8진법과 16진법은 2진수 양을 간접적으로 표현하는데 유용하다. 왜냐하면, 그들의 기수가 2의 승수를 갖고 있기 때문이다. 23=8이고 24=16이므로 8진법의 각 숫자는 3개의 2진수에 해당하고, 16진법의 각 숫자는 4개의 2진수에 해당한다. 2진수가 8진수로 변환하는 것은 2진수를 각각 3개의 숫자로 묶어서 얻게 된다. 이때

2진수의 소수점으로부터 시작하여 왼쪽 또는 오른쪽으로 진행시킨다. 해당하는 8진수 값은 각각의 묶음에 대하여 지정해주면 되며 다음 보기에서 이 과정을 나타냈다.

$$\begin{array}{ccccccccc} (010 \,\vdots & 110 \,\vdots & 001 \,\vdots & 101 \,\vdots & 011. \,\vdots & 111 \,\vdots & 100 \,\vdots & 000 \,\vdots & 110)_2 \\ \downarrow & \downarrow & \downarrow & \downarrow & \downarrow & \downarrow & \downarrow & \downarrow & \downarrow \\ (\ 2 & 6 & 1 & 5 & 3. & 7 & 4 & 0 & 6\ )_8 \end{array}$$

3bit씩 묶어서 계산한다.

2진수를 16진수로 변환하는 것도 2진수를 4비트씩 묶는다는 것을 제외하고는 마찬가지이다. 앞의 2진수를 16진수로 변환하면 다음과 같다.

$$\begin{array}{ccccccc} (0010 & 1100 & 0110 & 1011. & 1111 & 0000 & 0110)_2 \\ \downarrow & \downarrow & \downarrow & \downarrow & \downarrow & \downarrow & \downarrow \\ (\ 2 & C & 6 & B. & F & 0 & 6\ )_{16} \end{array}$$

8진수 또는 16진수를 2진수로 변환하는 것은 위와는 반대 과정으로 수행되며, 각 8진 숫자는 등가 2진수 3개의 숫자로 변환된다. 각 16진수 숫자는 등가 2진수 4개의 숫자로 변환되며 이것은 다음 보기와 같다.

$$(673.12)_8 - (110111011.001010)_2 - (110111011.00101)_2$$

$$(3A6.C)_{16} - (001110100110.1100)_2 - (1110100110.11)_2$$

대부분의 컴퓨터 매뉴얼(manual)은 기계 내에서의 2진수를 표현하기 위하여 8진수나 16진수의 숫자를 사용하고 있다. 예를 들어, 15비트 크기의 숫자는 8진법을 사용하면 0에서 77777 사이의 범위를 갖는, 5자리 숫자만으로 표현된다. 16비트 크기의 숫자는 0에서 FFFF의 범위를 갖는 4자리의 16진수 숫자로 표현된다. 2진수 숫자의 8진수 또는 16진수 표현에 대한 선택은 임의로 정해지며 컴퓨터 매뉴얼에 의해서 결정된다. 컴퓨터내의 2진수에 대하여 사람들 사이의 통신에서는 등가의 8진수 또는 16진수 표현 방식이 좀 더 편리하다. 왜냐하면, 숫자는 1/3 또는 1/4의 자리수만으로 좀 더 간결하게 표현이 가능하기 때문이다.

콘솔(console) 또는 기계어(machine language) 프로그램을 사용하여 컴퓨터와 통신을 수행할 때에도 8진수 또는 16진수에서 2진수로의 변환이 비트의 묶음에 의해 쉽게 이루어질 수 있기 때문이다.

2-2 2진수의 연산

2-2-1 가산

2진수에서는 한 자리에 사용될 수 있는 제일 큰 수가 1이므로 그 가산 방법은 10진수의 가산 방법에 비하여 매우 간단하여 적용 되는 기본 법칙은 다음 4가지뿐이다.

0+0=0	1+0=1
0+1=1	1+1=0, C(carry:자리올림수) 발생

위의 법칙을 자세히 보면 10진수에서와 같은 더한다는 개념은 희박하고 단지 더하는 두개의 수에 1의 수가 짝수인가 또는 홀수인가 하는 식별의 개념으로써, 더하는 두 개의 수에 1의 수가 홀수일 때는 결과가 1이 되고, 짝수일 때는 0이 되며, 특이한 것은 1의 수가 2개일 때는 자리올림수(carry)가 한 개 발생되는 것뿐이다.

이와 같은 방법에 의한 2진수 가산과 10진수 가산을 비교하여 예를 들면 다음과 같다.

① 2진수 가산

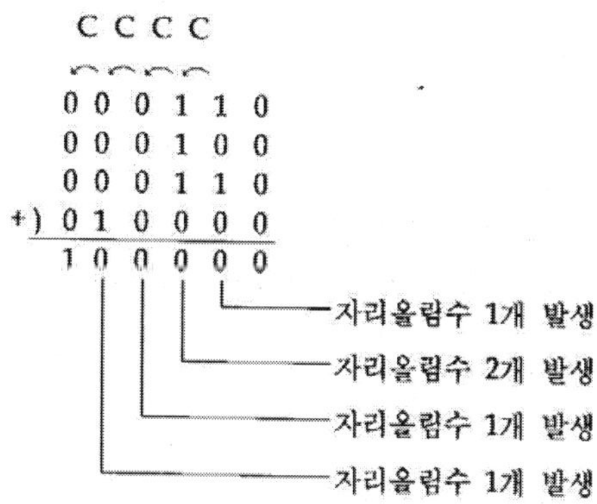


```
   C C C C
   ← ← ← ←
  0 0 0 1 1 0
  0 0 0 1 0 0
  0 0 0 1 1 1
+)0 1 0 0 0 0
  -----------
  1 0 0 0 0 0
```

② 10진수 가산

```
    6
    4
    6
+ )16
  ---
   32
```

2-2-2 감산

2진수의 감산은 10진수의 감산 방법과 비슷하나 평상시 사용하지 않았기 때문에 10진수의 감산에 비하여 좀 어렵게 느껴진다.

2진수의 감산에는 다음과 같은 4가지 기본 감산 법칙이 적용된다.

0-0=0	1-1=0
1-0=1	0-1=1, b(borrow:자리 내림수) 발생

위의 감산식을 자세히 보면 역시 가산의 경우와 같이 피감산수와 감산수에서 1의 수가 짝수인가 또는 홀수인가에 따라 감산 결과가 결정되므로 식별의 개념만 가지고 계산이 이루어지며, 단지 홀수인 경우 감산수가 1일 때 자리내림수(borrow)가 한 개 발생하는 것이 특이할 뿐이다. 2진수 감산의 예를 다음에 들어본다.

① 2진수 가산

```
     b   b b b
     →   → → →
    1 1 0 1 1 0 0 1
 − )1 0 1 0 1 0 1 1
    0 0 1 0 1 1 1 0
```

② 10진수 가산

```
     2 1 7
  − )1 7 1
       4 6
```

감산을 수행하는 또 다른 방법은 보수(complements)를 이용하는 것으로서, 이 방법에 의한 감산법을 적용하면 시스템 자체가 간단해질 수 있기 때문에 실제 디지털 시스템에 이용되고 있다.

2-2-3 보수를 이용한 10진수 감산

계수형 컴퓨터에서는 감산을 쉽게 하기 위하여 보수를 사용하는데 10진수에서는 10의 보수와 9의 보수를 사용한다. 10의 보수는 10n-d로, 9의 보수는 10n-d-1로 표시한다.
(단 n:자리수, d:10진수)

가. 10의 보수 구하기

① 9의 보수 구하기 : $10^1 - 9 = 1$

② 52520의 보수 : $10^5 - 52520 = 47480$

③ 0.3267의 보수 : $10^0 - 0.3267 = 0.6733$

④ 25.639의 보수 : $10^2 - 25.639 = 74.361$

나. 9의 보수 구하기

① 52의 보수 : $10^2 - 52 - 1 = 47$

② 0.639의 보수 :$10^0 - 10^{-3} - 0.639 = 0.360$

③ 25.639의 보수 : $10^2 - 10^{-3} - 25.639 = 74.360$

보수를 이용한 실제의 감산은 해당되는 감수의 보수를 구한 다음 그 보수를 피감수에 더해주면 된다. 이 때 그 결과에 올림수가 생길 때는 그 올림수만을 제거한 나머지 숫자가 감산의 결과이고, 올림수가 없을 경우에는 결과의 수를 다시 해당되는 보수를 바꾸어 그 숫자 앞에 "-" 부호를 붙여 주면 된다. 즉, 올림수가 없을 경우에는 그 결과가 음수로 나타난다는 것이다. 그 계산의 실례는 다음 예제와 같다.

예제 5 다음 10의 보수를 이용하여 감산을 하여라.

03250의 10의 보수 : 96750

```
  7 2 5 3 2
+ 9 6 7 5 0
-----------
1 6 9 2 8 2
↓
올림수 무시
```

답 : 69282

72532의 10의 보수 : 27468

```
    3 2 5 0
+ 2 7 4 6 8
-----------
  3 0 7 1 8
↓
올림수 없음
```

답 : $-$(30718의 10의 보수) $= -69282$

2-2-4 보수를 이용한 2진수 감산

2진수의 보수에는 1의 보수(one's complement)와 2의 보수(two's complement)의 두 가지가 있으며 이들 두 가지 모두 감산에 이용할 수 있다.

자리수가 n인 2진수 N에 대한 각각의 보수는 다음과 같이 표시된다.

① 2의 보수 : $2^n - N$ (2-4)

② 1의 보수 : $(2^n - N) - 1$ (2-5)

즉, 1의 보수는 2의 보수보다 1이 적다.

예로서 101101의 보수를 구해보면, 여기서 N=45이고 n=6이므로 2의 보수와 1의 보수는 각각 다음과 같다.

① 2의 보수 : $(2^6 - N) = 64 - 45 - (19)_{10} = (010011)_2$

② 1의 보수 : $(2^6 - N) - 1 = 64 - 45 - 1 = (18)_{10} = (010010)_2$

이를 연산법에 의하여 구해보면 다음과 같다.

① 2의 보수

```
   2^6    1000000
 - 4 5  -  101101
 -----  ---------
   1 9    0010011
```

② 1의 보수

```
   2^6    1000000
 -  1   -       1
 - 4 5    0111111
 -----  -  101101
   1 8  ---------
          0010010
```

위의 계산을 자세히 살펴보면 1의 보수는 원래의 감수에서 각 디지트의 1은 0으로, 0은 1로 각각 바뀐 것임을 알 수 있으며, 2의 보수는 1의 보수보다 1이 많으므로 원래의 감수를 1의 보수로 변환한 다음 1을 더하여 간단히 구해지는 것을 알 수 있다. 보수를 이용한 감산 방법을 직접 감산과 비교해 보면 다음과 같다.

표 2-3

직접 감산		보수를 이용한 감산	10진수 감산
1 0 1 1 0 1 1 −) 0 1 0 1 1 1 0 0 1 0 1 1 0 1	2의 보수이용	1 0 1 1 0 1 1 1 0 1 0 0 0 1 (1의 보수) +) 0 1 0 0 0 0 1 1 0 1 0 1 1 0 1 ↪ 올림수가 있을 때는 무시	9 1 −4 6 4 5
1 0 1 1 1 0 1 −) 1 1 0 1 1 0 0 − 0 0 0 1 1 1 1	1의 보수이용	1 0 1 1 1 0 1 +) 0 0 1 0 0 1 1 (1의 보수) − 1 1 1 0 0 0 0 다시 1의 보수로 변환 −0 0 0 1 1 1 1	9 3 −1 0 8 −1 5

위의 계산을 자세히 살펴보면 감산된 결과가 양수인 경우에는 “2”의 보수를 취하여 가산해 준 결과가 구하려는 값이 되지만, 음수인 경우에는 “1”의 보수를 취하여 가산해 준 결과를 다시 1의 보수로 변환시킨 값이 구하려는 답이 된다. 그러므로 연산 후의 결과가 양수일 때는 “2”의 보수를 이용하는 것이 유리하며, 음수인 경우에는 “1”의 보수를 이용하는 것이 유리하다. 그러나 계산이 완료되기 전에 결과를 먼저 판단하여 그에 따라 보수의 종류를 결정하려면 시간이 소요될 뿐 아니라 장치가 복잡해지므로 우선 “1”의 보수에 의하여 감산은 행하는 방식을 택한다.

그런데 그 결과가 양수인 경우에는 필요치 않는 올림수가 한 개 발생하게 되므로 이 올림수를 순환 끝자리 올림수(end around carry)로 생각하여 더해 주면 되고, 음수일 때는 올림수가 없으므로 마지막 결과가 곧 음수인 것으로 간주하여 이것을 활용한다면 계산 과정은 더욱 간편해진다. 이상의 방법을 이용하여 감산을 해보기로 하자.

① 187-102-86의 계산

```
                         1 0 1 1 1 0 1 1
  1 0 1 1 1 0 1 1      −) 0 1 1 0 0 1 1 0
−) 0 1 1 0 0 1 1 0  →  (1) 0 1 0 1 0 1 0 0
                                     + 1 (순환 끝자리 올림수)
                         0 1 0 1 0 1 0 1
```

② 187-230=-43의 계산

```
                         1 0 1 1 1 0 1 1
  1 0 1 1 1 0 1 1      −) 0 0 0 1 1 0 0 1 … (1의 보수)
−) 1 1 1 0 0 1 1 0  →    1 1 0 1 0 1 0 0  올림수가 없으므로 1의
                       − 0 0 1 0 1 0 1 1  보수를 취하고 − 부호를
                                          붙인다.
```

여기서 보는 바와 같이 계산 결과가 양수 또는 음수의 어느 경우에도 감산이 간편하게 이루어지므로 컴퓨터의 연산 장치에 이와 같은 1의 보수를 이용한 감산법이 널리 이용되고 있다. 다음 계산은 컴퓨터의 연산 장치에서 1의 보수를 활용한 실제 감산법으로써 입력되는 수의 부호가 양수(가산)인가에 따라 "0" 또는 "1"의 부호를 첨가하여 연산을 행하는 방법을 보여주고 있다. 즉, 양수(가산)일 경우에는 "0"을 최상위 자리 앞에, 음수(감산)일 경우에는 "1"의 보수의 최상위 자리 앞에 부호 표시로 첨가하여 가산한다. 가산 예를 들어보자.

① 9+4=13의 계산

```
    0  0 0 1 0 0 1
 +) 0  0 0 0 1 0 0
   ---------------
    0  0 0 1 1 0 1
    ↪ ⊕부호
```

② 9-3=6의 계산

```
    0  0 0 1 0 0 1
 +) 1  1 1 1 1 0 0  (1의 보수)
   ---------------
 1  0  0 0 0 1 0 1
 ↪              + 1 (순환 끝자리 올림수)
    0  0 0 1 1 0 1
    ↪ ⊕부호
```

③ 9-12=-3의 계산

```
    0  0 0 1 0 0 1
 +) 1  1 1 0 0 1 1  (1의 보수)
   ---------------
    1  1 1 1 1 0 0  (결과가 -부호이
    1  0 0 0 0 1 1   므로 1의 보수를
    ↪ ⊖부호          취함)
```

④ -9-9=-18의 계산

```
    1  1 1 0 1 1 0  (1의 보수)
 +) 1  1 1 0 1 1 0  (1의 보수)
   ---------------
 1  1  1 0 1 1 0 0
 ↪              +1
    1  1 0 1 1 0 1  (결과가 -부호이
    1  0 1 0 0 1 0   므로 1의 보수를
    ↪ ⊖부호          취함)
```

이상과 같이 1의 보수를 이용하면 어떠한 경우에도 연산이 편리하게 이루어지나 연산 과정에서 발생되는 캐리의 끝자리 이동을 해야 하므로 또 한 번의 연산 과정을 거쳐야 하기 때문에 연산에 소요되는 시간이 2배로 늘어나게 된다. 이를 보완하기 위하여 "1"의 보수 대신 "2"의 보수를 이용한 연산 방법이 더욱 많이 이용되고 있다. 다음은 "2"의 보수를 이용하여 컴퓨터에서 연산이 수행되는 과정을 나타내고 있다.

① 12+7=19의 계산

```
    0  1 1 0 0
 +) 0  0 1 1 1        →  데이터의 부호 2개 모두와 다르므로 오버플로로
   -----------           처리하고 부호는 바뀐다.
    1  0 0 1 1

 결과 : 0  1001
```

② 12-7=5의 계산

```
    0  1 1 0 0
 +) 1  1 0 0 1  (2의 보수)  →
    0  0 1 0 1
```

데이터의 부호 중 1개와 같으므로 + 부호이다. 따라서 결과를 계산한 결과가 같다.

결과 : 0 010

③ -12+7=-5의 계산

```
    1  0 1 0 0  (2의 보수)
 +) 0  0 1 1 0              →
    1  1 0 1 1
```

데이터의 부호 2개 중 1개와 같으므로 부호는 그대로 -이다. 부호가 -이므로 결과는2의 보수를 취하여 얻는다.

결과 : 1 0101

④ -12 7-19의 계산

```
    1  0 1 0 0  (2의 보수)
 +) 1  1 0 0 1  (2의 보수)  →
    0  1 1 0 1
```

데이터의 부호2개가 같지 않으므로 오버플로로 처리하고 부호만 바뀐다.
-이므로 결과는 2의 보수를 취하여 얻는다.

결과 : 1 10011

이와 같은 연산 결과의 부호가 "-"일 경우에는 2의 보수를 취하면 답이 된다. 연산 결과의 부호가 2개의 입력 데이터의 부호 모두와 다를 경우에는 오버플로로 처리하고 부호를 바꾸어 준다. 이러한 과정으로부터 오버플로를 만드는 논리 함수를 작성해보면 다음과 같다.

$$OA(overflow\ add) = Cs \cdot \overline{As} \cdot \overline{Bs} + \overline{Cs} \cdot As \cdot Bs$$

여기서, As • Bs 입력 데이터의 부호, Cs : 연산 결과의 부호이다.

이렇게 오버플로는 간단한 논리 게이트로 이루어지고, 또한 2의 보수를 만드는 방법보다는 조금 복잡하지만 이 역시 논리 게이트로 처리되므로 연산 속도에는 문제가 되지 않는다.

2-2-5 승산

2진수의 승산 방법도 10진수의 경우와 같으나 승산의 개념이 뚜렷하여 10진수의 경우보다 매우 간단하다.

2진수의 승산에 적용되는 기본 공식은 각 자리에 사용되는 가장 큰 수가 1이므로 다음과 같이 4가지 경우뿐이다.

$$0 \times 0 = 0 \qquad 1 \times 0 = 0$$
$$0 \times 1 = 0 \qquad 1 \times 1 = 1$$

이상의 기본식을 적용하여 10진수 53x5=265를 2진수 승산으로 예를 들어 설명하기로 한다.

표 2-4

필산에 의한 승산	순번	가산 장치에 의한 승산	설명
	1		
1 0 1 1 × 1 0 0 1	2	1 0 1 1	곱하는 수의 끝자리(LSB) "1"을 곱한 것 결과의 수를 우측으로 한 칸 이동시켜 순번 4와 5를 합한다.
1 0 1 1	3	× 1 0 0 1	
0 0 0 0 0 0 0 0	4	1 0 1 1	
+) 1 0 1 1	5	1 0 1 1 +) 0 0 0 0	곱하는 수의 0에 의한 수 : 우측으로 한 칸 이동 시켜 순번 7과 8을 합한다.
1 1 0 0 0 1 1	6	0 1 0 1 1	
	7	0 1 0 1 1 +) 0 0 0 0	
	8	0 0 1 0 1 1	곱하는 수의 0에 의한 수 : 우측으로 한 칸 이동시켜 순번 10과 11을 합한다.
	9	0 0 1 0 1 1 +) 1 0 1 1	
	10	1 1 0 0 0 1 1	
	11	1 1 0 0 0 1 1	곱하는 수의 MSB 1에 의한 수 : 우측으로 한 칸 이동
	12		
	13		

즉, 곱하는 수가 1일 때만 곱해지는 수를 각 자리에 맞추어 더해가면 되므로, 단지 2진수의 가산 방법만 알고 있으면 쉽게 답을 얻을 수 있다. 실제 연산 장치에서도 가산기만을 이용하여 승산을 행하고 있으며, 이때는 다음과 같이 종이 위에 연필로 계산하는 방식과는 달리 곱하는 수의 각 자리에 들어 있는 숫자에 의해 얻어진 결과를 매번 합산하며 그 때마다 우측으로 한 칸씩 이동시킨다.

2-2-6 제산

2진수의 제산 방법도 10진수의 경우와 유사하며 제산은 승산의 역이므로 실제 수행 절차도 역으로 된다. 또한 승산 과정에서 가산 방법을 사용하였듯이 제산 과정에서도 제산의 개념보다는 감산의 개념이 크므로 감산에 의하여 제산을 행하게 된다.

10진수 $72 \div 6 = 12$의 계산을 2진수의 제산으로 예를 들어 설명하면 다음과 같다.

이상과 같이 10진수의 제산과 같은 방법으로 나누어지는 수의 윗자리부터 나누어지는 수와 나누는 수의 위치를 맞추고, 나누어지는 수가 나누는 수보다 크거나 같을 몫이 1이 되고, 반대이면 몫이 0이 된다. 몫이 1일 때 나누어지는 수에서 나누는 수를 뺀 후 나누어지는 수의 다음 자리를 하나 더 붙여 앞의 방법을 반복해 나간다. 즉, 나누어지는 수를 좌측으로 1칸씩 이동시키며 나누는 수를 감산해 가는 것이다.

그러나 실제 연산 장치에서는 이와 같은 뺄셈이 보수를 이용한 가산 방법에 의하여 가산이 행하여지므로 제산은 가산기에 의해서 수행하게 된다. 즉, 모든 연산은 가산 장치 하나에 의해서 이루어짐을 알 수 있다.

표 2-5

필산에 의한 제산	컴퓨터 내부에서의 제산
1100 110)100100 − 110 110 − 110 000000	100 1000 −)110 감산불가, 몫 −−0−− *MSB* 100 1000 −) 11 0 좌측으로 한칸시프트 0011 000 감산가능, 몫 −−1 110 00 −) 110 좌측으로 한칸시프트 000 00 감산가능, 몫 −−1 *LSB* 답 01100

연습문제

1. 다음의 10진수는 2진수로, 2진수는 10진수로 각각 변환하여라.

(1) $(20)_{10}$ (2) $(250)_{10}$

(3) $(0.6875)_{10}$ (4) $(0.9375)_{10}$

(5) $(27.75)_{10}$ (6) $(19.53125)_{10}$

(7) $(101101)_2$ (8) $(111011)_2$

(9) $(0.10101)_2$ (10) $(0.10010)_2$

(11) $(1011.011)_2$ (12) $(100010.0011)_2$

2. 다음 수를 10진수와 2진수로 변환하여라.

(1) $(37)_8$ (2) $(725)_8$

(3) $(1F)_{16}$ (4) $(3A7)_{16}$

3. 다음을 8진수와 16진수로 각각 변환하여라.

(1) $(101110)_2$ (2) $(101.101)_2$

(3) $(0.1875)_{10}$ (4) $(825.73)_{10}$

4. 다음을 2진수로 변환하여라.

(1) $(17.726)_8$ (2) $(136.021)_8$

(3) $(15.123)_8$ (4) $(0.25)_{16}$

(5) $(F9.002)_{16}$

5. 다음을 2진수로 계산하여라.

(1) $10101 + 01101$ (2) $01011101 + 10001100$

(3) $110101 - 101010$ (4) $10110010 - 01101001$

(5) 1011×110

(6) $11001 \div 10111$

6. 1의 보수법을 이용하여 다음을 계산하여라.

(1) $100 - 11$

(2) $1010 - 111$

(3) $11100 - 1101$

7. 2의 보수법을 이용하여 다음을 계산하여라.

(1) $111 - 110$

(2) $10111 - 10011$

(3) $10101 - 10111$

03 코드

코드화(coding)한다는 말은 어떤 정보를 다른 문자나 글자를 이용하여 표현한다는 것을 뜻하며, 비밀의 누설을 방지하기 위하여 남이 알아보지 못하도록 하거나 착오가 발생치 못하게 하여 통신의 질을 높이고, 어떤 기기나 인식하여 처리하기 쉽도록 만든 것이다. 특히 디지털 시스템에서는 2진 코드의 최소단위인 1과 0을 비트(bit)라 하고, 이 비트로 코드(code)를 구성하고 이들을 적절히 조합하여 정보를 표현하고 있으며, 그 조합 방법이 매우 다양하여 코드의 종류도 여러 가지가 있다.

3-1 2진화 10진(binary-coded decimal: BCD) 코드

3-1-1 8421 코드

8421 코드는 BCD 코드중 대표가 되며 0에서 9까지의 10진수를 8, 4, 2, 1의 순서로 각 자리값(또는 가중치: Weighted)이 정해진 2진수로 표현한 코드이다.

BCD 코드에는 1과 0만을 사용하므로 10진수의 1개 자리를 표시하기 위해서는 4개의 비트가 소요되고, 4비트의 2진수로는 16가지 상태의 수를 나타낼 수 있다. 그러므로 4비트의 2진수로 10진수를 표시할 때 6가지의 상태의 수를 나타낼 수 있다. 그러므로 4비트의 2진수로 10진수를 표시할 때 6가지의 상태가 남게 되어 비효율적이지만 실제 시스템에서는 매우 유리하다.

컴퓨터 시스템에서 BCD코드를 이용하여 연산을 행할 경우는 남는 6개의 상태에 의하여 발생되는 오차를 없애기 위해서는 이를 2진 코드로 변환시키거나 남는 상태 수만큼을 보정해야 하며, 따라서 입출력 장치에 변환 회로가 따로 장치되어야 하므로 매우 불편하다. 이와 같은 불편을 없애기 위하여 연산 장치가 포함된 시스템에서는 BCD 코드 대신에 2진수 코드에 기초를 둔 8진수 또는 16진수 코드가 많이 사용되고 있다.

〈표 3-1〉은 10진수에 대한 2진수와 8421 BCD 코드와의 대조표이다. 표에서 1010부터 1111까지의 2진 조합은 사용되지 않으므로 BCD 코드에서는 아무런 의미를 주지 않는다. 10진수 185에 대하여 대응되는 BCD값과 2진수 값을 고려해보자.

$$(185)_{10} = (0001\ \ 1000\ \ 0101)_{BCD} = (10111001)_2$$

BCD값은 12비트로 구성되지만 등가 2진수는 8비트만을 필요로 하고 있으며 BCD숫자는 등가의 2진수 값보다 많은 비트를 요구하고 있다. 그러나 컴퓨터의 입·출력 데이터가 10진수를 사용하는 사람에 의해서 생성되므로 10진수를 사용하는 것이 장점을 갖게 된다. BCD숫자가 비트로 표현되었다 하더라고 10진수이지 2진수가 아니라는 사실에 유념해야만 한다. 10진수의 BCD숫자의 유일한 차이점은 10진수 0, 1, 2, …… 9의 기호로 기록된 BCD 숫자는 2진코드 0000, 0001, 0010, …… 1010을 사용한다는 것이며, 숫자의 값은 정확히 같다. 십진수 10은 BCD에서는 0001 0000의 8비트로 표현되고, 10진수 15는 0001 0101로 표현된다.

표 3-1 10진-2진-8421 BCD 코드와의 비교

10진수	2진수	BCD (8421코드)	10진수	2진수	BCD (8421코드)
0	0000	0000 0000	10	1	0001 0000
1	0001	0000 0001	11	1	0001 0001
2	0010	0000 0010	12	1	0001 0010
3	0011	0000 0011	13	1	0001 0011
4	0100	0000 0100	14	1	0001 0100
5	0101	0000 0101	15	1	0001 0101
6	0110	0000 0110	16	1	0001 0110
7	0111	0000 0111	17	1	0001 0111
8	1000	0000 1000	18	10	0001 1000
9	1001	0000 1001	19	10	0001 1001

8421 코드는 수의 표현에는 편리하나 연산을 하려면 2진수로 바꾸어 실행하고 그것을 다시 10진수로 바꾸는 과정을 거쳐야 한다.

아래의 예는 8421 코드로 표현된 수의 연산에 정답이 나오질 않는다. 그 이유는 8421 코드는 2진수 4비트로 만들어지는 16개 종류의 표현 중에서 10개만을 사용하는데 반하여 연산동작은 4비트 2진수로 이루어졌기 때문이다.

다음은 8421코드의 연산의 예를 보여주고 있다.

```
10진수      2진수       BCD 8421코드
  15        1111         0001 0101
+  8      +1000      +        1000  -BCD가 아님
  23       10111         0001 1101  -10진 보정
```

즉 사용하지 않은 6개 코드를 포함하여 연산이 이루어져 결과가 BCD코드가 아닌 것이다. 따라서 여기에 6을 가산함으로써(BCD 코드의 2진 가산시 6개의 자리올림이 발생하였을 때도 6을 가산함) 보정된 8421 코드의 값을 얻을 수 있다.

예제 1 다음의 가산을 8421 코드로 실시하여라.

① 7 + 6

```
          0111
        +0110
          1101 --BCD코드가 아님
          0110-- 10진 보정
0001 0011(13)
```

② 10 + 8

```
          1010
        +1000      BCD코드로써
        100010 --자리올림수가 발생
        +0110 -- 10진 보정
0001 1000(18)
```

3-1-2 3초과 코드(3 Excess code)

3초과 코드는 8421 코드에서 3을 더한 값으로 표시되어 일명 3중 코드라 부른다. 이 코드는 각 비트의 고정값을 갖지 못함으로 비가중(비자리값÷Unweighted) 코드라 하며 특징으로는 8421코드에서 감산을 하면 부합리한 경우(6의 BCD 부호는 0110 이고 0과1을 바꾸어 1의 보수는 1001인데 이는 6의 9에 대한 보수가 되어 BCD의 감산이 어려워 짐)가 발생함으로 이를 해결하기 위해 3초과 코드를 사용한다.

또 3초과 코드로 표시된 2진수의 1의 보수가 바로 9의 보수가 됨으로 감산 없이 보수를 구할 수 있다. 이러한 코드를 자기 보수(self complementing)라고 부른다. 즉 다음 예에서와 같이 BCD의 경우와 달리 연산이 쉽게 이루어진다.

3초과 코드에는 0000, 0001, 0010, 1101, 1110, 1111 등 6개 코드가 존재하지 않으며 3초과 코드로 가산을 하면 6초과 코드가 되기 때문에 약간의 보정 과정을 거쳐 고쳐야 한다.

표 3-2 3초과 코드와 자기보수형

10진수	3초과 코드	3초과 코드	10진수
0	0011	1100	9
1	0100	1011	8
2	0101	1010	7
3	0110	1001	6
4	0111	1000	5
5	1000	0111	4
6	1001	0110	3
7	1010	0101	2
8	1011	0100	1
9	1100	0111	0

① 캐리가 없는 예

```
   3    ----        0110 ----(3의 3초과 코드)
+  6    ----      + 1001 ----(6의 3초과 코드)
   9                1111 ----(9의 6초과 코드)
+  3              - 0011 ----(3 = 0011을 감산)
  12                1100 ---- (9의 3초과 코드)
```

② 캐리가 발생한 예

```
   4    ----             0111 ----(4의 3초과 코드)
+  8                   + 1011 ----(8의 3초과 코드)
  12              1(c)   0010 ----(12의 6초과 코드)
+ 33            + 0011   0011 ----(3 = 0011을 각각 더함)
  45              0100   0101 ---- (12의 3초과 코드)
                  ( 4       5 )
```

③ 1의 보수에 의한 감산

```
  9 ----     1100 ----     1100
- 4 ----   - 0111 ----   + 1000 (1의 보수)
  5                      1 0100
                        ↪+ 1
+ 3                        0011 (3을 더함)
  8                        1000 --(8)
```

④ 2의 보수에 의한 감산

```
  9 ----     1100 ----     1100
 -4 ----    -0111 ----   + 1000 (2의 보수)
  5                   1(C) 0101 (캐리1을 버림)

 +3                        0011 (3을 더함)
  8                        1000 --(8)
```

⑤

```
  27    0101     1010      (3초과)
 +15    0100     1000      (3초과)
 42       [1] ← 0010 --(캐리가 발생하여 1을 가산)
             캐리
       1010
         ──────────→ --(캐리가 발생 아니하여 3을 가산)

 +33 -0011   +0011
  75   0111    0101
```

⑥

```
  35   0110      1000      (3초과)
 -21 +1010     +1011      (3초과 및 1의 보수)
  14      [1] ← 0011
              캐리
  [1]  0001
   ↪  순환올림  ↘         (캐리가 발생 아니하여 3을 감산)
  33            +    1
  47   0001      0100      (캐리가 발생하므로 각 3씩 가산)
      +0011     +0011
       0100      0111
```

3-1-3 기타 BCD 코드

◎ 4비트 BCD 코드

현재 가장 많이 사용되고 있는 4비트 BCD코드는 〈표 3-3〉과 같다. 이들은 자리값을 갖는 (가중값) 가중치(weighted) 코드인 8421코드에서처럼 자리값을 바꾸어 다른 코드로 표현할 수 있다.

표 3-3 4비트 BCD 코드

10진수	5421코드	7421코드	5311코드	2421코드	$84\overline{21}$코드	$74\overline{21}$코드
0	0000	0000	0000	0000	0000	0000
1	0001	0001	0001	0001	0111	0111
2	0010	0010	0011	0010	0110	0110
3	0011	0011	0100	0011	0101	0101
4	0100	0100	0101	0100	0100	0100
5	1001	0110	1001	1100	1010	1001
6	1010	1000	1011	1101	1001	1000
7	1011	1001	1100	1110	1000	1111
8	1011	1001	1100	1110	1000	1111
9	1100	1010	1101	1111	1111	1110

이 코드 중 2*421와 음수인 8 4 $\bar{2}$ $\bar{1}$은 자기보수형 코드이다. 그리고 그 밖에 5비트 이상코드로서 51111, 5중2코드, 링카운터는 가중치 코드이고 바이큐인어리, 존슨카운터 등은 비가중치 코드이다. 51111 코드는 자기보수형 코드이며 5중 2코드는 전화통신등 에러호출에 쓰인다.

3-2 그레이 코드(Gray code)

그레이 코드는 2진수와 같이 코드의 조합에 의하여 모두 상태를 사용하고 있는 비가중치 코드(Unweighted code)이다. 이 코드는 연산용으로는 부적합하지만 코드가 지니고 있는 특징 때문에 디지털 입출력 장치와 아날로그/디지털 변환기 등에 쓰인다.

〈표 3-4〉는 10진수에 대한 2진수 및 그레이 코드의 비교표이며 잘 관찰해 보면 그레이 코드는 연속되는 수에서 한자리의 수만이 0에서 1로 또는 1에서 0으로 변함을 알 수 있다. 즉 10진수가 1이 증가 또는 감소하면 워드(word)중에서 1개 비트만이 1에서 0으로 또는 0에서 1로 변한다.

이와 같이 각 단계별 변화량이 최소값이므로 최소 변화 코드 조건을 만족하여 기계적 위치 또는 광학량이 변환될 때 발생할 수 있는 오차를 최소로 줄일 수 있어서 많이 활용되고 있으므로 2진 코드를 그레이 코드로 또는 그레이 코드를 2진 코드로 변화하는 과정을 보기로 하자.

표 3-4 10진-2진그레이 코드

10진수	2진수	그레이코드
0	0000	0000
1	0001	0001
2	0010	0011
3	0011	0010
4	0100	0110
5	0101	0111
6	0110	0101
7	0111	0100
8	1000	1100
9	1001	1101
10	1010	1111
11	1011	1110
12	1100	1010
13	1101	1011
14	1110	1001
15	1111	1000

그레이 코드를 2진수 코드로 변환시킬 경우 최상위 자리부터 첫 번째 1이 나올 때까지는 그레이 코드를 그대로 옮겨 적고 그레이 코드의 그 다음 비트에 1이 나올 때는 2진수 비트의 마지막 자리값을 반전하여 옮겨 적는다. 반대로 그레이 코드의 그 다음 비트에 0이 나올 때는 비트의 마지막 자리값을 그대로 반복하여 적어나간다. 예를 들어 그레이코드 0101110을 2진수 코드로 변환시키는 과정을 살펴보면 다음과 같다.

표 3-5

단계	코드명	코드(워드)	변환 과정 설명
1단계	그레이 코드	0101110	첫 번째 1이 나올 때까지 그대로 옮겨 적는다.
	2진수	01	
2단계	그레이 코드	0101110	그레이 코드의 다음 비트가 0이므로 2진수의 끝자리 비트값을 그대로 적는다.
	2진수	011	
3단계	그레이 코드	0101110	그레이 코드의 다음 비트가 1이므로 2진수의 끝자리 비트값을 반전한다.
	2진수	0110	
4단계	그레이 코드	0101110	그레이 코드의 다음 반전한다. 비트가 1이므로 2진수의 끝자리 비트값을
	2진수	01101	
5단계	그레이 코드	0101110	그레이 코드의 다음 비트가 1이므로 2진수의 끝자리 비트값을 반전한다.
	2진수	011010	
6단계	그레이 코드	0101110	그레이 코드의 다음 비트가 1이므로 2진수의 끝자리 비트값을 반전한다.
	2진수	011010	
7단계	그레이 코드	0101110	그레이 코드의 다음 비트가 0이므로 2진수의 끝자리 비트값을 그대로 적는다.
	2진수	0110100	

2진수 코드를 그레이 코드로 변환시킬 경우 최상위 자리로부터 시작하여 첫째 자리는 그대로 옮겨 적는다. 두 번째 자리부터는 앞자리와 변환하고자 하는 자리의 2진수를 서로 비교하여 두 수가 서로 같을 때는 그레이 코드에 0을 적고, 서로 다를 때는 그레이 코드에 1을 적으면 된다. 이 과정을 살펴보기 위하여 앞에서 변환시켰던 2진수를 다시 원래 상태의 그레이 코드로 변화시켜 보기로 하자.

표 3-6

단계	코드명	코드	변환 과정 설명
1단계	2진수 코드	0 1 1 0 1 0 0	첫 번째 자리의 2진수는 그대로 그레이 코드에 옮겨 적는다.
2단계	변환된 그레이코드	0 1	첫 번째 자리수≠두 번째 자리수 : 1
3단계		0	두 번째 자리수≠세 번째 자리수 : 1
4단계		1	세 번째 자리수≠네 번째 자리수 : 1
5단계		1	네 번째 자리수≠다섯 번째 자리수 : 1
6단계		1	다섯 번째 자리수≠여섯 번째 자리수 : 1
7단계		0	여섯 번째 자리수≠일곱 번째 자리수 : 1

3-3 영문 숫자 코드

디지털 컴퓨터의 많은 응용 분야에서 숫자뿐만 아니라 문자 데이터까지 처리할 것이 요구되고 있다. 수천 가지의 상품을 갖는 보험회사에서는 파일을 처리하기 위하여 컴퓨터를 사용하게 된다. 이름이나 기타 정보를 나타내기 위하여 알파벳 문자를 나타낼 수 있는 2진 코드를 만들어야만 한다. 더욱이, 이 2진 코드에는 숫자 및 $와 같은 특수문자도 표현해야만 한다. 알파뉴메릭 문자 집합은 10개의 10진수와 26개의 알파벳 문자, 그리고 특수문자를 포함하는 요소로 구성된 집합이다. 이 집합은 대문자만을 포함한 경우 36개에서 64개의 요소를 갖게 되며, 소문자와 대문자를 모두 포함하면 64에서 128개의 요소를 갖는다. 전자의 경우 6비트의 2진 코드가 필요하며 후자는 7비트의 2진 코드가 필요하다.

계수형 컴퓨터를 사용하는데 있어서는 숫자뿐만이 아니라 문자나 특수 기로들이 필요한데 이와 같이 숫자와 알파벳 문자 및 특수 기호들을 조합하여 만든 코드를 영문 숫자 코드(alphanumeric code)라고 한다.

이 코드는 10진 숫자 10개, 알파벳 26개 그리고 특수 기호 11개 등 모두 47개의 숫자 및 문자 기호들을 포함하고 있다.

숫자와 문자의 합은 36개이며 이것을 나타내려면 5비트의 조합(2^5-32)으로는 부족하므로 6비트로 하여 여유분을 툭수 기호용으로 사용하고 있다.

가장 많이 사용되는 영문숫자 코드는 ASCII(American Standard Code for Information Interchange)코드로서 7비트를 사용하여 128개의 문자를 코드화할 수 있도록 하였는데 그 내용은 〈표 3-7〉과 같다.

표 3-7 ASCII 코드

$B_4B_3B_2B_1$	$B_7\ B_6\ B_5$							
	000	001	010	011	100	101	110	111
0000	NULL	DLF	SP	0	@	P	‘	p
0001	SOH	DC1	!	1	A	Q	a	q
0010	STX	DC2	"	2	B	R	b	r
0011	ETX	DC3	#	3	C	S	c	s
0100	EOT	DC4	$	4	D	T	d	t
0101	ENQ	NAK	%	5	E	U	e	u
0110	ACK	SYN	&	6	F	V	f	v
0111	BEL	ETB	'	7	G	W	g	w
1000	BS	CAN	〈	8	H	X	h	x
1001	HT	EM	〉	9	I	Y	i	y
1010	LF	SUB	*	:	J	Z	j	z
1011	VT	ESC	+	;	K	[	k	{
1100	FF	FS	,	〈	L		l	:
1101	CR	GS	-	=	M	]	m	}
1110	SO	RS	.	〉	N	·	n	~
1111	SI	US	/	?	O	-	o	DEL

코드의 7개 비트는 b_1부터 b_7로 표시하는데 b_7을 가장 윗자리수로 표현하고 있다. 예를 들어, 문자 A는 ASCII에서 1000001(가로값 100, 세로값 0001)로 표현된다. ASCII코드는 인쇄될 수 있는 94개의 그래픽 문자와 다양한 제어 기능에 사용되는 34개의 비인쇄 문자를 포함하고 있다. 그래픽 문자는 A부터 Z까지의 26개의 소문자, 0부터 9까지의 10개의 숫자, 그리고, %, * 및 $와 같은 32개의 인쇄 가능한 특수 문자로 구성되어 있다.

표 3-8

제어문자			
NULL	NULL	DLF	Data Iink escape
SOH	Start of heading	DC1	Device control 1
STX	Start of test	DC2	Device control 2
ETX	End of text	DC3	Device control 3
EOT	End of transmisson	DC4	Device control 4
ENQ	Enquiry	NAK	Negative acknowlege
ACK	Acknowledge	SYN	synchronous idle
BEL	Bell	ETB	End of transmisson block
BS	Backspace	CAN	cancel
HT	Horizontal tab	EM	End of medium
LF	Line feed	SUB	substitute
VT	Vertical tab	ESC	Escape
FF	Form feed	FS	File separator
CR	Carriage return	CS	Group separator
SO	Shitf out	RS	Record separator
SI	Shift in	US	Unit separator
SP	space	DEL	Delete

34개의 제어 문자는 ASCII 표 위에 약어를 사용하여 기록하고 있으므로 표의 하단에 원래의 이름을 다시 제시하였다. 제어 문자는 데이터를 분류하고 인쇄될 문장들을 정해진 형태대로 배열시키는데 사용된다. 제어 문자는 형태 제어(format control), 정보 분리(information separator), 통신 제어(communication control) 세 가지 형태의 문자로 분류된다. 형태 제어는 인쇄될 레이아웃(layout)을 제어하는 문자이며 BS(backspace), HT(horizontal tabulation) 및 CR(carriage return)과 같이 잘 알려진 출력 형태의 제어를 포함하고 있다.

정보 분리는 페이지나 절과 같이 데이터를 나누는데 사용하며 RS(record separator), PS(file separator) 등을 포함하고 있다. 통신 제어 문자는 원거리에 있는 터미널 사이에 문장을 전송할 경우에 유용하게 사용된다. 통신 제어 문자의 보기에는 STX(start of text)와 ETS(end of text)가 있으며 이들은 전화 선로를 통하여 전송될 때 메시지 문장의 틀(frame)을 형성하는데 사용된다.

또 IBM 장비에서 사용되는 다른 영문 숫자 코드는 EBCDIC(extended BCD Interchange code)가 있다. 각 문자는 8비트를 사용하고 있으며, 만약에 패리티를 필요로 하면 9번째 비트를 사용한다. EBCDIC은 ASCII와 같은 문자 기호를 갖고 있으나 문자에 대한 비트값의 할당이 다르다. 이름에서 알 수 있는 것처럼 문자와 숫자에 대한 2진 코드는 BCD와 같이 0000부터 1001사이에 위치함을 알 수 있다.

문자가 데이터 처리(전송 목적이 아닌 경우)를 위하여 컴퓨터 내부에서 사용될 경우에는 64개의 문자를 나타내기 위하여 6비트 코드를 사용하는 것이 편리할 때가 있다. 64비트의 코드는 64개의 문자를 생성할 수 있으므로 26개의 대문자, 10개의 숫자, 그리고 28개까지의 특수 문자를 포함하게 된다. 보통 이 정도의 문자만으로도 데이터 처리는 충분하다. 문자를 코드화하기 위하여 적은 비트를 사용하면 알파뉴메릭 데이터를 저장하는데 필요한 장소를 감소시키는 장점이 있다.

〈표 3-9〉는 EBCDIC 코드를 나타낸 것이다. 이들 코드 이외에도 6비트 숫자 표시용 코드, 12비트 천공카드 코드(12행 80열) 등이 있다.

표 3-9 EBCDIC 코드

0, 1→	00				01				10				11			
2, 3→ 4,5,6,7,	00	01	10	11	00	01	10	11	00	01	10	11	00	01	10	11
0000	NUL		DS		SP	&	-									0
0001			SOS				/		a	i			A	J	S	1
0010			FS						b	k	s		B	K	T	2
0011		TM							c	l	t		C	L	U	3
0100	PF	RES	BYP	PN					d	m	u		D	M	V	4
0101	HT	NL	LF	RS					e	n	v		E	N	W	5
0110	LC	BS	EOB	UC					f	o	w		F	O	X	6
0111	DL	JL	PRE	EOT					g	p	x		G	P	Y	7
1000									h	q	y		H	Q	Z	8
1001									i	r	z		I	R		9
1010		CC	SM			!		:								
1011						$		#								
1100					〈	☆	%	@								
1101					(	)	-	'								
1110					+	;	〉	-								
1111	CU1	CU2	CU3				?	"								

3-4 패리티 비트(parity bit) 부호

디지털 시스템에서 정보를 2진수로 바꾸어 연산, 저장, 전송 등을 하는데 0과 1이 잘못되어 오류(error)를 발생할 수가 있다. 이때 이 오류를 검출해 내는 방법으로 패리티 비트를 사용하는 패리티검사(paritycheck)를 실시한다.

디지털 코드가 어떠한 시스템에서 다른 시스템으로 이동할 때는 1과 0의 착오(error)가 발생되기도 한다. 이때 착오를 쉽게 검출해내기 위하여 패리티 비트를 사용한다. ASCII는 7비트로 구성되어 있으나 대부분의 컴퓨터는 8비트를 기준으로 하여 바이트(byte)라는 단위로 처리하고 있다. 그러므로 ASCII 문자는 대부분 바이트(byte)당 한 자씩 저장되며 이때 맨 윗자리의 비트는 0으로 기록된다. 이 여분의 비트는 응용분야에 따라 종종 특수한 용도로 사용된다. 예를 들어, 어떤 프린터(printer)는 맨 윗자리의 비트가 1로 정의된 8비트문자를 인식하여 128 ASCII 문자를 추가시킬 수가 있는데 이 경우에 추가되는 기호는 그리스 알파벳이나 이텔릭체 형태의 서체 등이 된다.

데이터 통신에 사용될 경우 8번째 비트는 글자의 패리티를 나타내기 위하여 사용된다. 패리티 비트는 1의 총 수요가 짝수 또는 홀수가 되도록 첨가시킨 여분의 비트이다. 다음의 두 문주에 대하여 짝수(EVEN) 및 홀수(ODD) 패리티를 고려해보자.

ASC11 A=1000001 → even parity: 01000001
odd parity : 11000001

ASC11 T=1010100 → even parity: 11010100
odd parity : 01010100

각 경우에 코드의 가장 좌측에 있는 여분의 비트를 사용하여 짝수 패리티의 경우에 문자내의 1의수요가 짝수개가 되도록 하였으며, 홀수 패리티에서 1의 수요가 홀수개가 되도록 하였다. 일반적으로 하나의 방법을 선택할 때 짝수 패리티가 많이 사용된다.

패리티 비트는 정보를 한 장소에서 다른 장소로 전송할 때 발생하는 착오를 검출하는데 사용되는데 이 과정은 다음과 같다. 송신측에서 각 문자에 대하여 짝수 패리티 비트를 생성하여 패리티 비트를 포함한 8비트를 목적지로 전송하게 된다. 각 문자의 패리티가 수신측에서 검사되며 수신된 문자의 패리티가 짝수가 아니면 최소한 한 비트 이상이 전송시에 변화된 것을 알게 된다. 이 방법으로는 전송된 각 문자에 대하여 하나, 셋 또는 기타 홀수 개의 착오를 검출해낼 수 있으며, 짝수개의 착오는 검출이 안 된다.

짝수개의 착오를 검출하기 위해서는 부가적인 착오 검출 코드(error detection code)가 필요하다. 예를 들면 자기 테이프(magnetic tape)나 디스크(disk)로부터 정확한 정보를 계산기 안으로 판독하기 위하여 자기 테이프나 디스크에 패리티 검출용 코드를 넣는다.

〈표 3-10〉에서 보는 바와 같이 해당 워드의 "1"의 수가 짝수일 때는 0을, 홀수일 때는 1을 우측에 붙여 주고, 홀수 패리티를 만들려면 해당 워드의 1의 수가 홀수이면 0을, 짝수이면 1을 우측에 붙이면 된다.

자기 테이프에 저장된 2진 데이터에 패리티 비트를 넣으면 착오 검출 및 교정도 가능하다. 예를 들면 각 워드의 우측 끝 열에 홀수(또는 짝수) 패리티 비트를 넣고 각 워드의 맨 마지막 행 끝에 홀수 패리티 워드를 넣으면 된다. 그러면 각 열과 행에 있는 1의 총 수는 홀수가 된다. 만일 홀수가 되지 않으면 그곳의 비트 자리가 착오임을 알 수 있다.

표 3-10 패리티 비트를 가진 BCD 코드

10진수	BCD 코드	홀수 패리티를 가한 BCD	짝수 패리티를 가한 BCD
0	0000	또는	또는
		0000 1 → 00001	0000 0 → 00000
1	0001	0001 0 → 00010	0001 1 → 00011
2	0010	0010 0 → 00100	0010 1 → 00101
3	0011	0011 1 → 00111	0011 0 → 00110
4	0100	0100 0 → 01000	0100 1 → 01001
5	0101	0101 1 → 01011	0101 0 → 01010
6	0110	0110 1 → 01101	0110 0 → 01100
7	0111	0111 0 → 01110	0111 1 → 01111
8	1000	1000 0 → 10000	1000 1 → 10001
9	1001	1001 1 → 10011	1001 0 → 10010

	↓ 패리티 비트	
	0 1 1 1 1 0 0 1	
	0 0 0 0 0 1 1 1	
	1 0 0 0 1 1 1 1	
2진 데이터 입력	0 1 1 0 1 1 1 0	
	0 0 1 1 1 0 0 1	← 검출된
	0 1 0 1 1 0 0 0	패리티 착오
	1 1 1 1 0 0 0 1	
패리티 워드	1 1 1 1 1 0 0 0	

(a) 홀수 패리티 비트의 검출

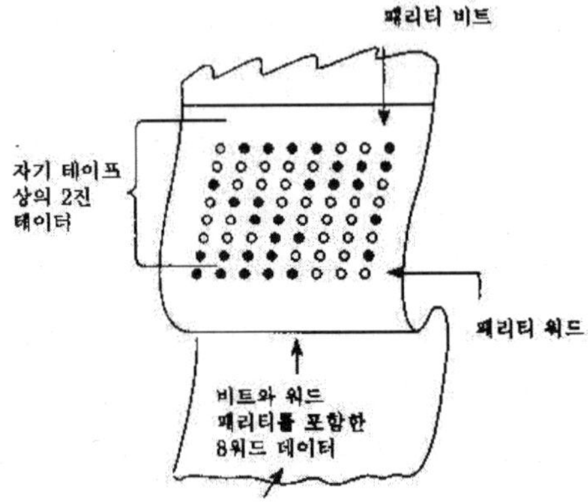

(b) 자기 테이프에 저장된 2진 데이터 표시

그림 3-1 홀수 패리티 비트의 배열

예제 2 다음의 워드에 홀수패리티 비트가 추가된 것이다. 오류를 검사하시오.

① 1000 1 ② 0111000 1 ③ 1100111 0 ④ 1111010 1

(풀이)

각 워드의 1의 전체 개수가 홀수이면 그대로 두고 짝수이면 마지막 숫자를 홀수가 되게 고치면 된다.(0은 1로, 1은 0으로 정정)

예제 3 다음의 워드는 짝수 패리티 비트가 추가된 것이다. 오류를 검사하시오.

① 1010 1 ② 0111000 1 ③ 10110011 0 ④ 110111010 1

(풀이)

각 워드의 1의 전체 개수가 짝수이면 그대로 두고 홀수 개이면 마지막 숫자를 짝수가 되게 고치면 된다.(0은 1로, 1은 0으로 정정)

예제 4 다음의 워드에 적절한 홀수 패리티 비트를 추가시키시오.

① 1010010 ② 1110011 ③ 0011011

(풀이)

① 1010010--0을 추가 ② 1110011--0을 추가 ③ 0011011--1을 추가

착오가 검출된 후에 어떠한 일이 이루어지는가 하는 것은 응용 분야에 따라 다르지만 한 가지 방법은 메시지를 재송신 하도록 요구하는 것이다. 이때에는 착오가 임의의 시간에 발생하므로 연속하여 일어나지 않을 것이라는 가정을 하고 있다. 그러므로 수신기가 패리티 착오를 검출하면 NAK(negative acknowledge) 제어 문자에 짝수 패리티를 포함시킨 10010101을 송신측에 보내게 된다.(표 3-6 참조) 착오가 검출되지 않으면 수신기는 ACK(acknowledeg)제어 문자인 00000110을 보내게 된다. 송신축에서는 NAK신호에 대하여 정확한 패리티를 받을 때까지 메시지를 다시 전송하게 된다. 만약에 여러 번 시도해도 전송이 계속 착오를 범하면 관리자에게 전송 선로의 이상 유무를 확인하도록 메시지가 보내지게 된다.

3-5 해밍 코드(hamming code)

패리티 검사로 오류의 검사는 가능하나 정정은 불가능하다. 그리고 최소한 한 비트당 두 번의 검사가 이루어져야 단일 오류의 정정이 가능하다. 그런데 하나의 워드 내에서 오류의 검출과 정정이 가능한 코드가 있는데 이것을 해밍이라는 사람이 개발한 코드이므로 해밍코드라 한다.

데이터 비트수를 D로 표시하고 패리티 비트수를 P라 하면 다음의 식을 만족하는 비트수가 되어야 한다.

$$2^P \geq D+p+1$$

위 식에서 D=4 비트이고 p=1이면 2=6으로 되어 만족이 안되고 p=3이면 8=8이 되어 만족한다. 일반적으로 해밍코드의 배치방법은 다음과 같다.

비트번호 : 7　6　5　4　3　2　1

가중치 : D7, D6, D5, p4, D3, p2, p1

p1을 짝수 패리티 비트로 만들기 위하여 (1, 3, 5, 7) 비트를 선택하고
p2을 짝수 패리티 비트로 만들기 위하여 (2, 3, 6, 7) 비트를 선택하고
p4을 짝수 패리티 비트로 만들기 위하여 (4, 5, 6, 7) 비트를 선택한다.

예를 들면 10진수 9의 2진수 1001을 배치하면 다음과 같이 한다.

1 0 0 p4 1 p2 p1 이고

p1 + 1 + 0 + 1 = 짝수 패리티 비트를 만들기 위해 p1 = 0 이고
p2 + 1 + 0 + 1 = 짝수 패리티 비트를 만들기 위해 p2 = 0 이고
p4 + 0 + 0 + 1 = 짝수 패리티 비트를 만들기 위해 p4 = 1 이고
10진수 9의 해밍 코드는 1001100이 된다.

만일 6번째 비트에 오류가 발생하여 1101100이 되었다고 한다면 이곳을 다음과 같이 검출한다.

비트자리 :	7 6 5 4 3 2 1	
착오위 해밍코드 :	1 1 0 1 1 0 0 에서	
P1:	1　0　1　0	… 1이 짝수 = 0
P2:	1 1　　1 0	… 1이 홀수 = 1
P4:	1 1 0 1	… 1이 홀수 = 1

검출 결과 110=6이 나옴으로 6번째 비트에 오류 발생을 인지할 수 있음으로 6번째의 1을 0으로 정정한다. 즉 1001100으로 수정의 필요성을 알 수 있다.

예제 5 짝수 패리티 비트를 가진 7비트 해밍코드가 다음과 같을 때 오류가 있다면 정정하시오.

① 1111101　　② 0110101　　③ 1110001

(풀이)

① D7, D6, D5, p4, D3, p2, p1

1 1 1 1 1 0 1 … p4 p2 p1

짝수이면 0이므로 0 1 0 … (2번째에 오류 발생)

그러므로 정답 : 1111111

② D7, D6, D5, p4, D3, p2, p1

0 1 1 0 1 0 1 … p4 p2 p1

0 0 1 … (1번째에 오류 발생)

정답 : 0110100

③ D7, D6, D5, p4, D3, p2, p1

1 1 1 0 0 0 1 … p4 p2 p1

1 0 1 … (5번째에 오류 발생)

정답 : 1100001

그리고 데이터가 8비트인 경우는 다음과 같이 배치한다.
예를 들면 11000101을 배치할 때 패리티 비트는 4개를 사용한다.

비트 자리 :	12	11	10	9	8	7	6	5	4	3	2	1
데이터/패리티비트 :	1	1	0	0	p8	0	1	0	p4	1	p2	p1

p1 = (1, 3, 5, 7, 9, 11) … 비트수가 짝수이면 0, 홀수이면 1을 써서 정정한다.
p2 = (2, 3, 6, 7, 10, 11)
p4 = (4, 5, 6, 7, 12)
p8 = (8, 9, 10, 11, 12)

메모리의 배열을 그 복잡함 때문에 때때로 2진식 정보의 저장과 검색에 착오를 발생하기도 한다. 메모리 장치의 신뢰성은 착오 검출과 정정 부호를 이용해서 크게 개선할 수 있다. 가장 일반적인 착오 검출 기법은 앞에서 설명한 패리티 비트(parity bit)이다. 생성된 패리티 비트는 메모리의 데이터 워드를 따라서 저장된다. 먼저 데이터를 읽은 뒤에 피리티를 검사하여 그것에 맞을 경우에만 그 데이터 워드를 받아들인다.

착오 정정부호(error-correcting code)는 다중 점검 비트(multiple check bits)를 생성하며 이것은 데이터 워드와 함께 메모리에 저장된다. 각 점검 비트(check bit)는 데이터 워드 전체의 비트들에 대한 패리티이다. 워드를 데이터로부터 판독할 때는 그 패리티 비트도 함께 판독되는데, 이것을 받아들인 데이터로부터 새로이 발생시킨 점검 비트와 비교하게 된다.

점검 비트가 비교되면, 그것은 어떤 착오도 발생하지 않았다고 하는 사실을 의미한다. 만약 이 두 비트가 일치하지 않으면 그들은 증후군(syndrome)이라 하는 특정한 문양(pattern)을 형성하게 되며, 이것은 그 비트가 착오임을 나타내는데 쓰인다. 즉, 읽기나 쓰기 동작시 어떤 비트가 0에서 1 또는 1에서 0으로 바뀌었다면, 하나의 착오가 발생한 것이다. 만약 어떤 비트가 착오임을 알게 되면, 그 비트에 보수를 취함으로써 간단히 그 착오를 정정 할 수 있다.

랜덤 액세스 메모리에서 가장 보편적으로 사용되는 착오 정정 부호는 해밍(R.W. Hamming)에 의해 고안되었다. 해밍 부호에서는 K개의 패리티 비트를 n 비트 데이터 워드에 더해, n+k 비트의 새로운 워드를 만든다. 각 비트의 자리는 1에서 n+k로 순서적으로 번호가 붙여진다. 그 중 자리 번호가 2인 자리는 패리티 비트가 되고, 나머지는 데이터 비트가 된다. 이 부호는 어떠한 길이의 워드와도 쓰일 수 있다. 일반적인 특성을 설명하기 전에 8비트의 데이터 워드의 경우를 예로 든다.

8비트 데이터 워드가 11000100인 경우를 생각해 보자. 4개의 패리티 비트를 함께 사용할 경우 그 12비트의 배열은 아래와 같다.

비트 위치 :	1	2	3	4	5	6	7	8	9	10	11	12
	P_1	P_2	1	P_4	1	0	0	P_8	0	1	0	0

4개의 패리티 비트 P1, P2, P3, P4은 각각 자리 번호 1, 2, 4, 8에 위치한다. 나머지 8비트는 데이터가 차지한다. 각 패리티 비트는 아래와 같이 계산된다.

P_1 = (3, 5, 6, 9, 11)　　비트의 XOR = $1 \oplus 1 \oplus 0 \oplus 0 \oplus 0 = 0$

P_2 = (3, 6, 7, 10, 11)　　비트의 XOR = $1 \oplus 0 \oplus 0 \oplus 1 \oplus 0 = 0$

P_4 = (5, 6, 7, 12)　　비트의 XOR = $1 \oplus 0 \oplus 0 \oplus 0 = 1$

P_8 = (9, 10, 11, 12)　　비트의 XOR = $0 \oplus 1 \oplus 0 \oplus 0 = 1$

XOR은 기함수 연산임을 상기하면, 즉 "1"이 홀수개면 1, "1"이 짝수개면 0이므로 각 패리티 비트는 그 점검 위치의 비트들의 "1"의 수에 따라 값이 결정됨을 알 수 있다. 따라서 각 패리티 비트들이 점검하는 비트에 그 패리티 비트를 포함하는 경우 "1"의 수는 항상 짝수이다.

8비트의 데이터 워드는 4패리티 비트와 합쳐져 12비트의 데이터 워드를 형성한다. 위의 4패리티 비트를 본래의 위치에 대입하면, 메모리에 저장될 P_2비트의 복합 워드를 얻을 수 있다.

비트 위치 :	1	2	3	4	5	6	7	8	9	10	11	12
	0	0	1	1	1	0	0	1	0	1	0	0

위 12비트가 메모리로부터 판독될 때는 발생할지도 모르는 착오에 대비해 다시 한 번 점검하게 된다. 앞의 비트 조합에 그 패리티를 포함하여 새로운 패리티 검사를 하게 된다. 4개의 점검 비트는 다음과 같이 평가된다.

C_1 = (1, 3, 5, 7, 9, 11) 비트의 XOR
C_2 = (2, 3, 6, 7, 10, 11) 비트의 XOR
C_3 = (4, 5, 6, 7, 12) 비트의 XOR
C_4 = (8, 9, 10, 11, 12) 비트의 XOR

점검 비트 값이 "0"이면 짝수 패리티를 나타내고, "1"이면 홀수 패리티를 나타내게 된다. 본래의 비트들이 짝수 패리티로 저장되어 있으므로 결과 C=C8, C4, C2, C1 = 0000는 착오가 없음을 의미한다. 그러나 C$\neq$0이라면, 점검 비트 4개는 착오 비트의 위치를 알려주게 된다. 예를 들어, 아래 세 가지 경우를 생각해 보자.

비트 위치 :	1	2	3	4	5	6	7	8	9	10	11	12	
	0	0	1	1	1	0	0	1	0	1	0	0	: 착오 없음
	1	0	1	1	1	0	0	1	0	1	0	0	: 비트 1에 착오
	0	0	1	1	0	0	0	1	0	1	0	0	: 비트 1에 착오

첫 번째 경우, 12비트의 워드에는 착오가 없다. 두 번째 경우, 첫 번째 비트가 0에서 1로 바뀌었으므로 그 비트에 착오가 발생했다. 세 번째 경우에 다섯 번째 비트가 1에서 0으로 바뀌었으므로 그 비트에 착오가 발생했다. 4개의 점검 비트를 결정하기 위해 그 해당하는 비트들을 XOR하면 아래와 같다.

C_8,	C_4,	C_2,	C_1	
0	0	0	0	: 오류 없음
0	0	0	1	: 비트 1에 착오
0	0	0	1	: 비트 5에 착오

즉, 착오가 없으면 C=0000, 첫 번째 비트에 착오가 있으면 C=0001, 다섯 번째 비트에 착오가 있으면 C=0101이 된다. 0000을 제외한 C의 2진수 값은 착오 비트 위치를 나타내게 된다. 착오는 해당 비트에 보수를 취함으로써 정정된다. 데이터 워드나 패리티 비트중 하나에서도 착오가 발생할 수 있는 것에 유의하여야 한다.

해밍 부호는 어떠한 길이의 데이터 워드도 사용할 수 있다. 일반적으로 해밍 부호는 k개의 점검비트와 n개의 데이터비트, 총 n+k개의 비트로 구성된다. 증후군(syndrome)값 c는 k개의 비트로 구성되며, 0과 2^k-1개의 값들을 각각 n+k개의 비트 중 하나의 비트에 착오가 있음을 나타나게 된다. 따라서 k값은 아래와 같은 관계식을 만족해야 한다.

$$2^k - 1 \geq n + k$$

n을 k에 대하여 정리하면

$$2^k - 1 - k \geq n$$

위 식은 k개의 점검 비트와 함께 쓸 수 있는 데이터 비트의 수를 계산하는 식이 된다. 예를 들어, k=3이면 사용 가능한 데이터 비트의 수는 $n \leq 2^3 - 1 - 4 = 3$이다. 또 k=4이면, $2^4 - 1 - 4 = 11$이므로 $n \leq 11$이 된다. 따라서 데이터 워드는 11비트 이하이어야 하고, 적어도 5비트 이상 이어야한다.

5비트 미만의 데이터 워드를 쓴다면 점검 비트는 3개이어야 할 것이다. 이것은 앞의 8비트 데이터에 4개의 점검 비트를 쓴 것을 통해 알 수 있다. 여러 가지 k값에 대한 n의 범위를 〈표 3-11〉에 나타내었다.

표 3-11 k 접점에 대한 데이터 비트

Number of Check bits, k	Range of Data bits, n
3	2 - 4
4	5 - 11
5	12 - 26
6	27 - 57
7	58 - 120

패리티의 생성과 점검을 위해 비트들의 조합을 만드는 것은 0에서 2^k-1에 이르는 2진수의

리스트에 의한다. 2진수 1, 3, 5, 7의 최하위 비트는 1이고 2, 3, 6, 7의 두 번째 하위 비트는 1이다. 이들 숫자를 해밍 부호에 있어 패리티 비트를 생성하고 점검하는데 쓰이는 비트 위치와 비교하면, 해밍 부호의 비트 조합과 2진수의 위치와의 관계를 알 수 있다. 각 비트 조합의 첫 번째 수가 2, 즉 1, 2, 4, 8, 16 등으로 시작하는데 유의하여야 한다. 이들 숫자는 패리티 비트의 번호이기도 한다.

해밍 부호는 오직 하나의 착오만을 검출하고 정정할 수 있다. 다중 착오의 경우에는 검출할 수가 없다. 그러나 부호 워드에 하나의 패리티 비트를 추가함으로써 해밍 부호는 2개의 착오를 검출하고, 하나의 착오를 정정하는데 사용될 수 있다. 이 부가 패리티 비트를 포함하면 앞의 12비트 부호 워드는 001110010100 P_{13}은 나머지 12비트를 택함으로써 얻어진다. 이렇게 하면 13비트의 워드 0011100101001(짝수 패리티)을 얻을 수 있다. 13비트의 워드가 메모리로부터 판독되면 점검 비트와 13비트 전체에 대한 패리티 비트 P를 계산하게 된다.

만약 P=0이면, 패리티는 맞다.(짝수 패리티) 그러나 P=1이면 13비트에 대한 패리티는 틀리다.(홀수 패리티) 이에 따라 다음의 네 가지 경우가 발생한다.

① C = 0이고 P = 0이면, 착오가 없음
② C ≠ 0이고 P = 1이면, 하나의 착오가 발생, 정정 가능
③ C ≠ 0이고 P = 0이면, 2개의 착오가 발생, 정정 불가
④ C = 0이고 P = 1이면, P_{13}에서 착오가 발생

이 방식으로 2개 이상의 착오를 검출할 수 없다.

하나의 착오를 정정하고, 2개의 착오를 검출하는 방식의 변형된 해밍 부호를 쓰는 집적 회로가 상업적으로 쓰이고 있다. IC형의 74637은 8비트의 데이터와 5비트의 점검 워드를 쓰고 있다. 16비트와 32비트를 사용하는 다른 집적 회로도 사용되고 있다. 이들 회로들은 쓰기/읽기 동작중 하나의 착오를 정정하고 2개의 착오를 검출하는 메모리 장치와 같이 쓰일 수 있다.

3-6 기타 코드

1) 디스플레이 코드 …… 7 세그먼트 코드, 도트 매트릭스 코드
2) 한글코드 …… 조합형 한글 코드, 완성형 한글코드
3) 보안코드 …… 암호코드, GUI(Graphic User Interface)
4) 기타 …… GUI(Graphic User Interface), 영상, 멀티미디어, 음성 등

연습문제

1. 다음의 10진수는 8421 BCD코드로, 8421 BCD 코드는 10진수로 각각 변환하여라.

   (1) 39 (2) 595

   (3) 1001 0111 (4) 0111 1001 0011

2. 다음은 10진수와 3초과 코드를 적어 놓은 것이다. 10진수는 3초과 코드로, 3초과 코드는 10진수로 각각 변환하여라.

   (1) 279 (2) 381

   (3) 1011 0111 (4) 1001 1010 1000

3. 3초과 코드를 이용하여 다음 10진 연산을 계산하여라.

   (1) 35+23 (2) 48−23

   (3) 33−25

4. 다음 워드(word)에 짝수 패리티를 첨가시켜라.

   (1) 1010101 (2) 110001010011

   (3) 101010101

5. 다음 10진수는 그레이 코드로 변환하고 그레이 코드는 10진수로 변환하여라.

   (1) (57) (2) (800)

   (3) 10101 (4) 11111

6. 짝수 패리티 비트를 가진 7 비트 해밍코드가 다음과 같을 때 오류가 있으면 정정하라.

   (1) 1010110 (2) 0111010

   (3) 1111001 (4) 1100111

7. 8비트 데이터 워드 01011011에 대한 하나의 착오를 정정하고, 2개의 착오를 검출할 수 있는 해밍 부호를 위한 13비트 복합 워드를 작성하여라.

8. 8비트 데이터와 4개의 패리티 비트로 이루어지는 12비트의 해밍 부호를 메모리에서 읽어 들인다. 12비트 워드가 아래와 같을 때 8비트의 데이터 워드는?

(1) 000011101010
(2) 101110000110
(3) 101111110100

9. 데이터 워드의 비트수가 아래와 같을 때, 단일 착오 정정, 이중 착오 검출을 위해 필요한 패리티 비트의 수는 몇 개인가?

(1) 16비트
(2) 32비트
(3) 48비트

10. 다음 문자나 숫자를 ASCII 코드로 바꾸어라.

(1) Computer
(2) A + B = X
(3) 3679
(4) W–X =Y

11. 다음 문자나 숫자를 EBCDIC 코드로 바꾸어라.

(1) Digital
(2) A + B = X
(3) 32536
(4) W – X = Y

04 논리회로와 불 대수

4-1 기본 논리게이트와 진리표

4-1-1 집합과 명제

여러 개의 원소(元素)를 하나의 집단으로 모아서 집합(集合)이라는 말을 쓰는데, 이 개념은 디지털 회로에 쓰이는 논리적인 연산을 증명하는데 매우 유용하다. 집합의 연산은 [그림 4-1]과 같이 합집합(union), 교집합(intersection), 여집합(complement) 등으로 구분하고 있으며 사선 부분이 해당되는 집합이다.

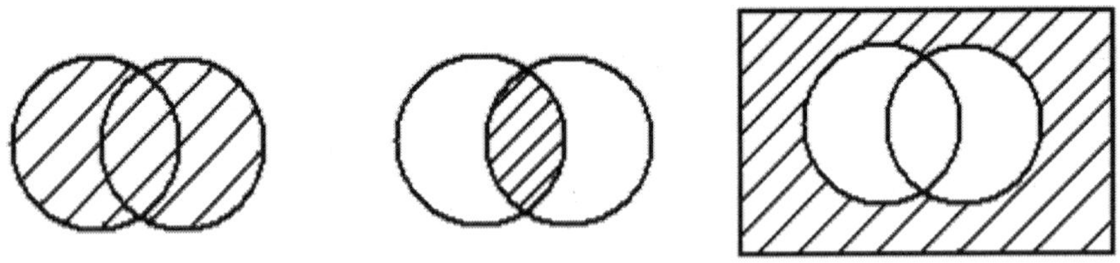

(a) 합집합($A \cup B$) (b) 교집합($A \cap B$) (c) 여집합($\overline{AB}$)

그림 4-1

위의 집합들은 논리적인 연산과 비슷한 뜻으로 쓰이게 되는데, 우선 논리라는 뜻부터 알아보기로 하자.

어떤 판단이나 주장을 나타내는 언어나 식을 문장이나 기호로 표시하는 것을 명제(命題: sentence)라고 하는데, 이것은 참(진리)과 거짓(허위)을 판단할 수 있어야 한다.

예를 들면 "화성에는 사람이 살지 않는다."의 문장과 "3+5=8"의 식 등은 참인지 거짓인지 판단할 수 있는 명제가 되지만 "너는 어디로 가느냐"라든지 "그 물건은 어디 있느냐" 등은 참과 거짓을 판정할 수 없으므로 명제라 할 수 없다. 따라서 명제를 합성하는데 기본이 되는 논리로는 논리화(論理和 또는 合 : logical sum), 논리적(論理積: logical product), 부정(否定: negation)등이 있으며, 이들은 모두 논리 연산에 쓰인다. 따라서 논리란 참이 포함되는 법칙같은 것이라고도 말할 수 있다.

〈표 4-1〉은 논리 연산 기호를 나타내고 있다. 집합과 관련시켜, 생각하면 논리합은 합집합과, 논리적인 교집합과, 부정은 여집합과 같은 내용의 논리 연산의 표현들이다.

표 4-1 논리 연산 기호

논리연산	집합연산	기호		
논리합	합집합	A + B	A ∪ B	A ∨ B
논리적	교집합	A · B	A ∩ B	A ∧ B
부 정	여집합	$\overline{A}$	1 - A	~ A

그리고 〈표 4-2〉에 나타낸 논리기호는 IEEE의 표준으로 그림 (a)는 미국, 일본 및 한국에서 사용되는 기호이고 그림 (b)는 독일을 비롯해 유럽 지역에서 주로 사용하고 있다.

표 4-2 논리기호(IEEE 표준)

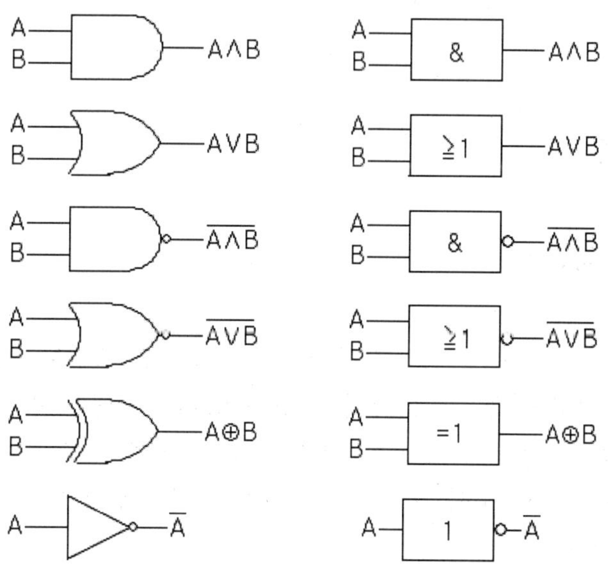

(a) (b)

4-1-2 진리표

어느 명제의 논리적 결합이나 대수적 연산, 입력 변수에 대한 함수 등의 결과를 기록한 표를 진리표(truth table)라 한다. 이 표에는 모든 진리값이 기록되어 있으므로 그 진리값으로부터 논리적인 회로를 조합하여 만들 수 있으며, 또한 논리 함수나 불 대수 정리 등이 참인지 거짓인지를 판정해낼 수 있는 매우 중요한 기록표가 된다.

〈표 4-3〉는 변수에 따르는 결과값과 논리식에 대한 결과값을 기록한 진리표들의 보기이다.

표 4-3 진리표의 표기

A	B	Z
0	0	
0	1	
1	0	
1	1	

(a) 2변수 진리표

A	B	A+B	A · B
0	0	0	0
0	1	1	0
1	0	1	0
1	1	1	1

(b) (A+B) 및 (A · B)의 진리표

4-2 불 대수

4-2-1 기본 공리

불 대수(boolean algebra)는 스위칭 및 논리 기능을 기호로 표현한 회로망을 분석하거나 간략하게 설계하는데 사용되는 간단한 수학적 기법으로서, 1854년 조지 불(George Boole)이 처음 소개한 것을 1938년 섀논(CE. Shannon)이 전기 스위치에 대수를 적용시켰다. 그 후 1940년 헌팅톤(E. V. Huntington)에 의해 가설이 공식화되어 정의가 성립됐다. 다음은 그의 가설이 공식화된 공리(postulation)이다.

[공리 1] 불 대수의 변수 A는 0과 1의 두 가지 상태만 존재한다.
$A \neq 0$이면 $A=1$, $A \neq 1$이면 $A=0$

[공리 2] NOT 동작을 나타내는 "–" (바:bar)는 부정 또는 역(逆)을 나타낸다.
$\overline{1}=0$(또는 $1'=0$), $\overline{0}=1$(또는 $0'=1$)

[공리 3]　AND와 OR 논리 연산 결과는 다음과 같다.
AND 논리 : 0·0=0, 0·1=0, 1·0=0, 1·1=1
OR 논리 : 0+0=0, 0+1=1, 1+0=1, 1+1=1

이상의 공리에 포함된 0, 1, +, ·, - 등의 표시는 수학적 의미는 없고 단지 기호에 지나지 않으며, 논리 상태의 결합 등을 편리하게 나타내기 위하여 사용되고 있는 것이다.

4-2-2 불 대수의 정리

불 대수의 정리와 그 정리를 접점회로로 표시한 것은 〈표 4-4〉에 나타나 있는 바와 같다.

표 4-4 불 대수의 정리 및 해당 접점회로

번호	명칭	접점회로표시	공식	
T_1	교환 법칙 (commutative law)	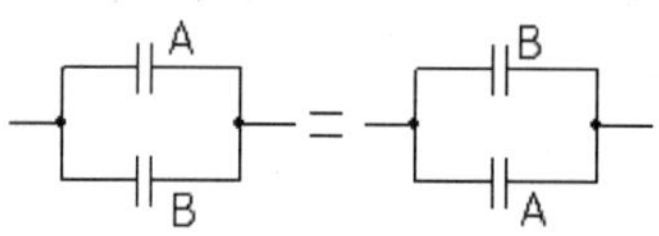	a	A+B=B+A
		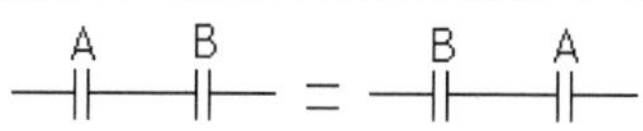	b	A • B=B • A
T_2	결합 법칙 (associative law)	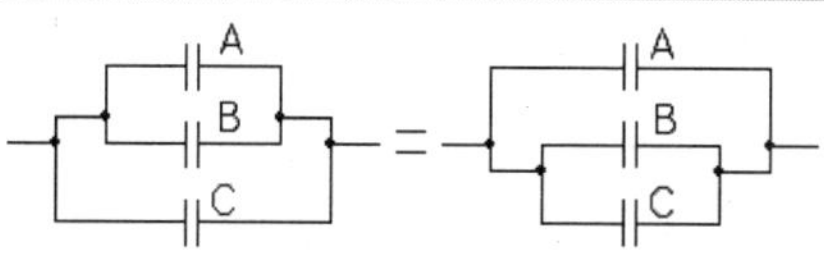	a	(A+B)+C=A+(B+C)
		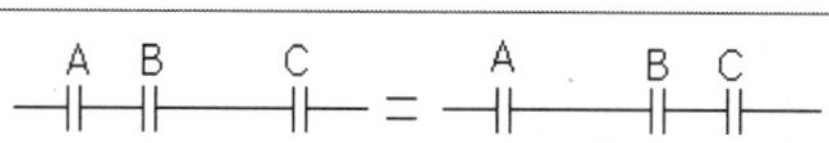	b	(A • B) • C=A • (B • C)
T_3	분배법칙 (distributive law)	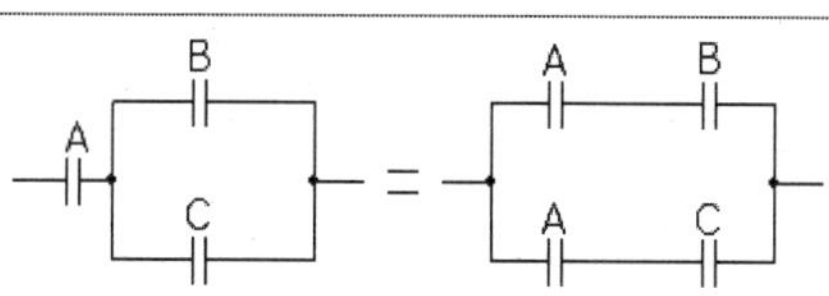	a	A • (B+C)=A • B+A • C
		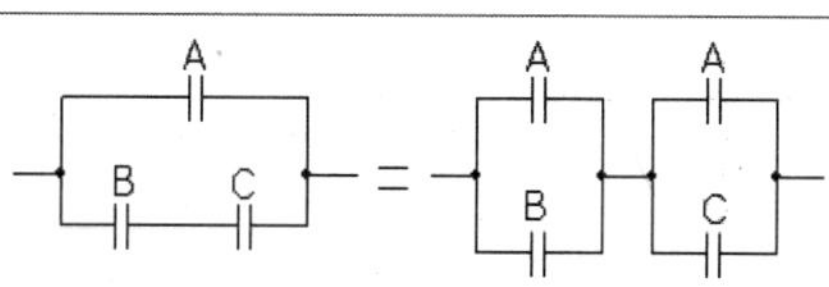	b	A+(B • C)=(A+B) • (A+C)

번호	명칭	접점회로표시	공식	
T_4	동일 법칙 (identity law)	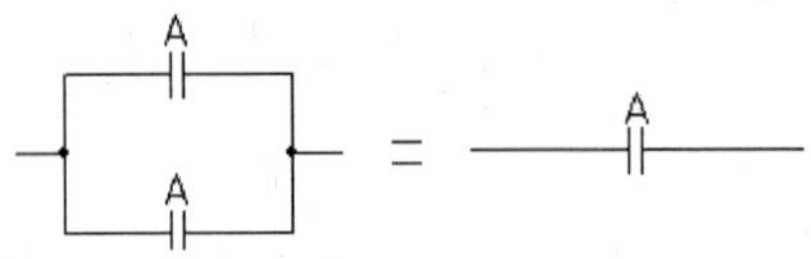	a	A + A = A
			b	A • A = A
T_5	부정 법칙 (negation law)	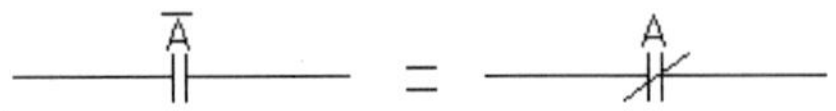	a	$\overline{(A)}$ = A
		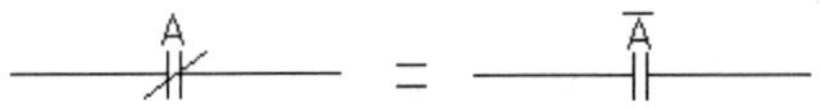	b	(A) = A
T_6	0과 1의 축수 법칙	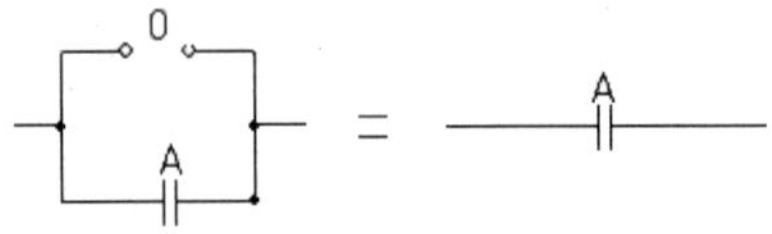	a	0 + A = A
		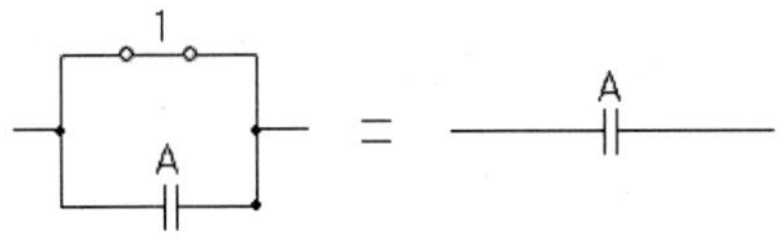	b	1 • A = A
T_6	0과 1의 특수 법칙	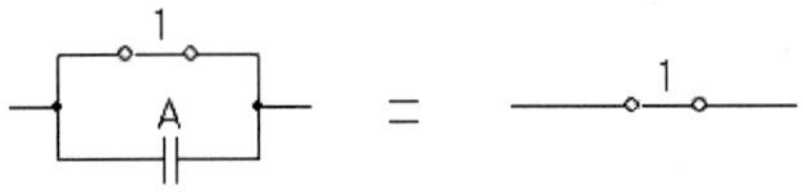	a	1 + A = 1
		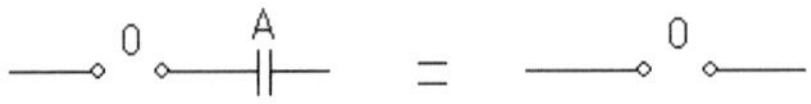	b	0 • A = 0
T_7	흡수의 법칙-1 (redundance law)	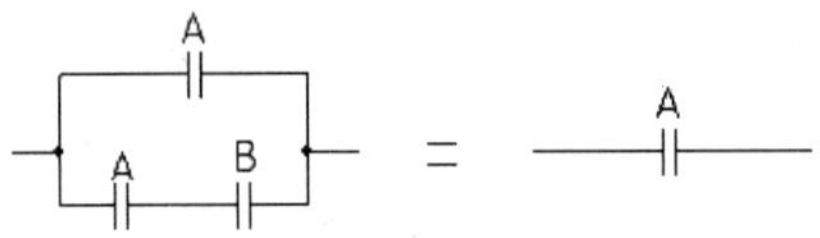	a	A + A • B = A
		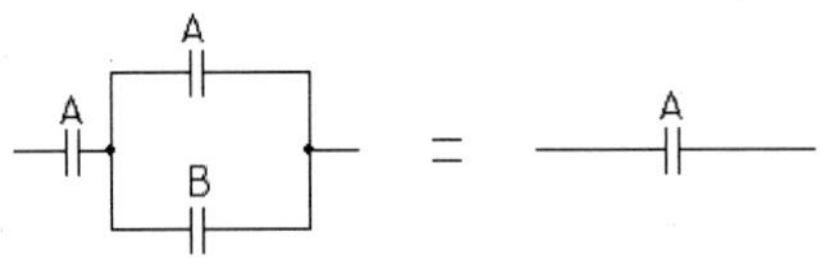	b	A • (A+B) = A
T_8	상보의 법칙 (complement ary-law)	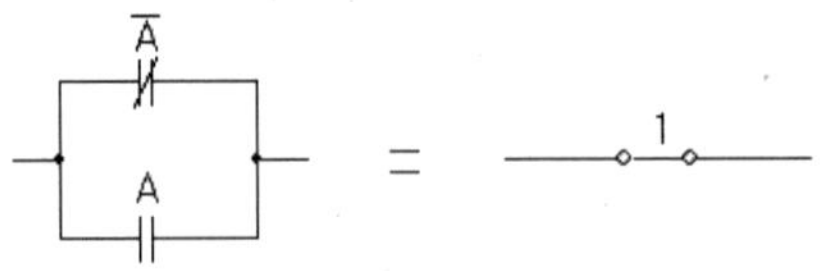	a	$\overline{A}$ + A = 1
			b	$\overline{A}$ • A = 0

번호	명칭	접점회로표시	공식	
T_9	흡수의 법칙-2 (redundance-law)	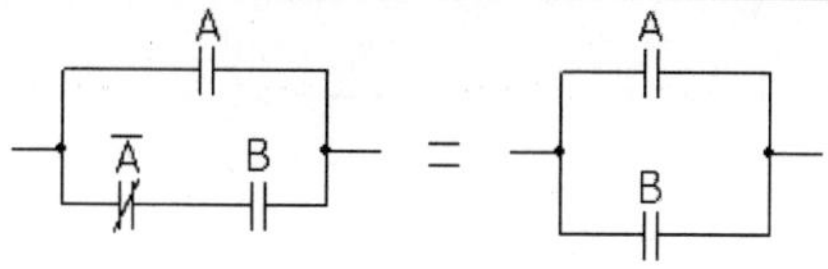	a	$A+\overline{A}\cdot B=A+B$
		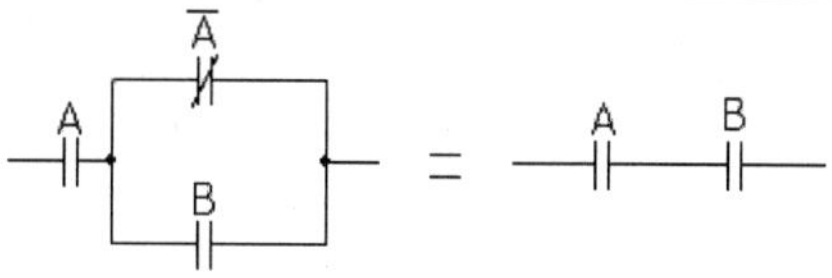	b	$A\cdot(\overline{A}+B)=A\cdot B$
T_{10}	드 모르간의 법칙 (De Morgan's theorem)	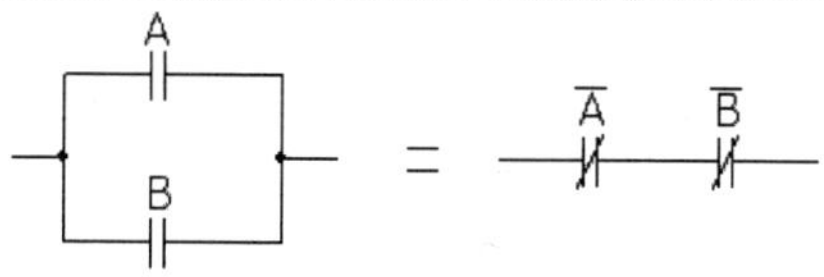	a	$\overline{(A+B)}=\overline{A}\cdot\overline{B}$
		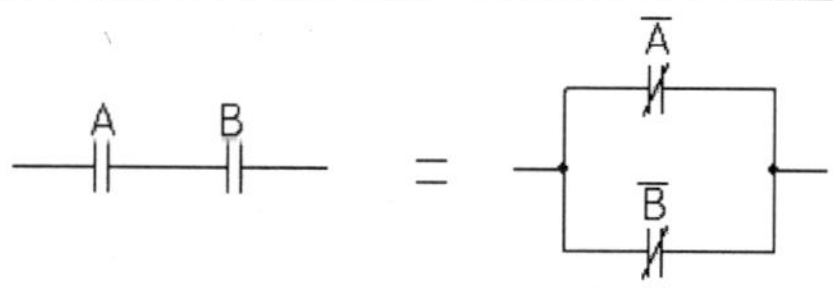	b	$\overline{(A\cdot B)}=\overline{A}+\overline{B}$

이상 열거한 불 대수의 기본 정리 몇 가지를 진리를 이용하여 증명해 보기로 하자.

① T_7 흡수의 법칙(1) : $A+A\cdot B=A$

A	B	A· B	A+A· B	A
0	0	0	0	0
0	1	0	0	0
1	0	1	1	1
1	1	1	1	1

② T_9 흡수의 법칙(2) : $A\cdot(\overline{A}+B)=A\cdot B$

A	B	A+B	A· $(\overline{A}+B)$	A· B
0	0	1	0	0
0	1	1	0	0
1	0	0	0	0
1	1	1	1	1

③ T_3 분배의 법칙 : A · (B+C) = A · B+A · C

A	B	C	B+C	A·(B+C)	A·B	A·C	A·B+A·C
0	0	0	0	0	0	0	0
0	0	1	1	0	0	0	0
0	1	0	1	0	0	0	0
0	1	1	1	0	0	0	0
1	0	0	0	0	0	0	0
1	0	1	1	1	0	1	1
1	1	0	1	1	1	0	1
1	1	1	1	1	1	1	1

이상의 증명으로부터 불 대수가 성립됨을 알 수 있다. 이제 이 정리를 이용하여 몇 가지 논리식을 간략화해 보면 다음과 같다.

① $A(A \cdot B + C)$

$= A \cdot A \cdot B + A \cdot C$ (T_{3a})

$= A \cdot B + A \cdot C$ (T_{4b})

$= A \cdot (B + C)$ (T_{3b})

② $\overline{A} \cdot B + A \cdot B + \overline{A} \cdot \overline{B}$

$= (\overline{A} + A)B + \overline{A} \cdot \overline{B}$ (T_{3a})

$= 1 \cdot B + \overline{A} \cdot \overline{B}$ (T_{8a})

$= B + \overline{A} \cdot \overline{B}$ (T_{6b})

$= B + \overline{A}$ (T_{9a})

$A + A \cdot \overline{B} + \overline{A} \cdot B$ (T_{2a})

$= (A + A \cdot \overline{B}) + \overline{A} \cdot B$ (T_{7a})

$= A + \overline{A} \cdot B$ (T_{9a})

$= A + B$

이상의 예제에서 논리식이 불 대수를 적용함으로써 아주 간략하게 축소될 수 있음을 알 수 있다.

4-2-3 쌍대의 원리

이상의 기본 공리와 불 대수 정리들을 잘 관찰하여 보면, 모든 법칙은 2가지 형으로 되어있음을 알 수 있다.

즉 AND와 OR이 서로 바뀌고 1과 0이 서로 바뀌어 각 법칙마다 2개의 식이 성립되고 있다. 이와 같은 규칙은 매우 유용한 것으로서 이것을 쌍대(duality)의 원리라 하며, 어떤 논리식에 대한 쌍대의 식은 다음과 같이 변형하면 얻어진다.

① 논리식 중의 AND는 OR로, OR은 AND로 서로 바꾼다.
② 논리식 중의 0은 1로, 1은 0으로 서로 바꾼다.
③ 변수는 그대로 둔다.

이상의 변형 규칙은 다음과 같은 예를 들어 다시 설명해 보기로 한다.

예제 1 쌍대의 원리를 적용하여 다음 식의 쌍대식을 구하여라.

(풀이)

① $0+A=A$
$\downarrow \downarrow$
$1 \cdot A=A$

② $A \cdot (A+B)=A$
$\downarrow \quad \downarrow$
$A+(A \cdot B)=A$

③ $\overline{A} \bullet \overline{C} + \overline{A} \bullet B + B \bullet C = \overline{A} \bullet \overline{C} + B \bullet C$
$\downarrow \quad \downarrow \quad \downarrow \quad \downarrow \quad \downarrow \quad \downarrow \quad \downarrow$
$(\overline{A}+\overline{C}) \bullet (\overline{A}+B) \bullet (B+C) = (\overline{A}+\overline{C}) \bullet (B+C)$

이상의 예제에서 확인할 수 있듯이 어떤 식의 성립될 때 그에 대한 쌍대의 식 또한 성립된다. 그러나 이때 주의해야 할 것은 함수 f(A, B, C ……)의 쌍대의 함수 g(A, B, C ……)가 항상 일치하지는 않는다는 점이다.

$$f(A, B, C) = \overline{A} \bullet \overline{C} + B \bullet C$$

일 때 이의 쌍대 함수

$$g(A, B, C) = (\overline{A} + \overline{C})(B + C)$$

이다. A, B, C 모두 0일 때의 진리값을 구해보면

$$f(0, 0, 0) = 1$$
$$g(0, 0, 0) = 0$$

4-2-4 드 모르간의 정리

모든 논리 함수는 AND, OR, NOT의 결합으로 실현될 수 있다. 그러나 논리 회로를 설계하고자 할 때 이들 3가지 중 일부만을 사용해야만 되는 경우가 흔히 발생한다.

즉 AND와 NOT 게이트만을 사용해야만 된다든가, 또는 OR과 NOT게이트만을 사용해야만 되는 경우이다. 전자의 경우 논리식에 OR 기능이 포함되어 있다거나, 후자의 경우 논리식에 AND 기능이 포함되어 있을 경우, 이 논리식을 설계하는데 사용할 수 있는 게이트의 종류와 일치하도록 변형시켜야만 한다. 이와 같은 목적으로 논리식을 변형시키는데 드 모르간(De Morgan)의 정리가 쓰이고 있는데 다음과 같다.

첫 번째 정리 (A + B) = A * B는 표의 진리표에서 보는 바와 같이 쉽게 증명되며, 또 다른 하나의 정리 (A * B) = (A + B)는 쌍대의 원리에 의하여 역시 성립됨을 쉽게 확인해 볼 수 있다.

이상과 같이 AND기능은 OR과 NOT 게이트로서, OR기능은 AND와 NOT 게이트로써 수행될 수 있으며, AND와 OR기능은 전혀 별개의 것이 결코 아니며, 서로 교환될 수 있음을 알 수 있고, 논리식 및 논리 회로를 간략화, 소형화함에 있어서 매우 중요한 뜻을 지닌다.

◎ T_{10} 드 모르간의 법칙 $\overline{(A + B)} = \overline{A} \cdot \overline{B}$

$$\overline{(A + B)} = \overline{A} \cdot \overline{B}$$
$$\overline{(A \cdot B)} = \overline{A} + \overline{B}$$

A	B	$\overline{A+B}$	$\overline{A} \cdot \overline{B}$
0	0	1	1
0	1	0	0
1	0	0	0
1	1	0	0

이상의 드 모르간 정리는 새논의 의하여 다음과 같이 일반화되었다.

$$\overline{(X_1+X_2+X_3+\cdot\cdot\cdot\cdot+X_n)}=\overline{X_1}\cdot\overline{X_2}\cdot\overline{X_3}\cdot\cdot\cdot\overline{X_n}$$

$$\overline{(X_1\cdot X_2\cdot X_3\cdot\cdot\cdot\cdot X_n)}=\overline{X_1}+\overline{X_2}+\overline{X_3}+\cdot\cdot\cdot\overline{X_n}$$

어떤 논리식에 대한 반대의 상태(부정)를 취할 필요가 있을 때 이런 경우 드 모르간 정리를 이용하면 간략한 논리식을 얻을 수 있다.

드 모르간 정리의 일반식을 잘 관찰해 보면 다음과 같은 규칙을 찾을 수 있다.

① AND는 OR로, OR은 AND로 바꾼다.
② 1은 0으로, 0은 1로 바꾼다.
③ 모든 변수는 부정을 취한다.

예로서 논리식 (A * B + A * B)의 부정을 취해보면 다음과 같다.

$$\begin{aligned}\overline{(\overline{A}\cdot B}+A\cdot\overline{\overline{B}} &= \overline{(\overline{A}\cdot B)}\cdot(A\cdot\overline{\overline{B}})\\ &= \overline{(\overline{A}\cdot B)}\cdot\overline{(A\cdot\overline{B})}\\ &= (A\cdot\overline{B})\cdot(\overline{A}+B)-AB+\overline{A}+\overline{B}\end{aligned}$$

예제 2 논리식 (A*B+B*C+C*A)을 부정을 두 번 이용하여 합의 곱 형식으로 변형하여라.

(풀이)

$$\begin{aligned}&\overline{A\cdot B+B\cdot C+\cdot A}\\ &=\overline{A\cdot B}\cdot\overline{B\cdot C}\cdot\overline{C\cdot A}\\ &=(\overline{A}+\overline{B})\cdot(\overline{B}+\overline{C})\cdot(\overline{C}+\overline{A})\\ &=(\overline{A}+\overline{B})\cdot(\overline{B}\cdot\overline{C}+\overline{A}\cdot\overline{B}+\overline{C}+\overline{A}\cdot\overline{C})\\ &=(\overline{A}+\overline{B})\cdot(\overline{A}\cdot\overline{B}+\overline{C})\ (\therefore\overline{B}\cdot\overline{C}+\overline{A}\cdot\overline{C}+\overline{C}=\overline{C})\\ &=\overline{A}\cdot\overline{A}\overline{B}+\overline{C}\overline{A}+\overline{A}\overline{B}\,\overline{B}+\overline{B}\overline{C}\\ &=\overline{A}\cdot\overline{A}+\overline{B}\cdot\overline{C}+C\cdot\overline{A}\ (\therefore\overline{A}\cdot\overline{A}\cdot\overline{B}+\overline{A}\cdot\overline{B}\cdot\overline{B}=\overline{A}\cdot B)\\ &=\overline{A+B}+\overline{B+C}+\overline{C+A}\\ &=\overline{\overline{A+B}+\overline{B+C}+\overline{C+A}}\\ &=(A+B)(B+C)(C+A)\end{aligned}$$

4-3 기본 논리 게이트

0과 1로 표시되는 2진수를 사용한 기본 논리 동작과 그에 따르는 기본 논리 게이트에 대하여 알아보자

4-3-1 2진 논리와 게이트

디지털 회로는 2진 정보를 취급하는 하드웨어(hardware) 구성 요소를 일컫는 말이며, 이 회로는 트랜지스터, 다이오드, 저항과 같은 전자 부품으로 구성되어 있다. 각 회로는 게이트(gate)로 불리어지므로 디지털 시스템의 설계자는 각 게이트의 내부 구성에 관하여는 고려할 필요가 없으며, 외부의 논리적인 특성만을 고려하면 된다. 각 게이트는 특정한 논리적인 연산을 수행하며 또한 원하는 디지털 회로를 구성하기 위하여 한 게이트의 출력(output)을 연속적으로 다른 게이트에 입력으로 적용시키게 된다.

디지털 회로의 연산 특성을 기술하기 위하여 각 게이트의 연산을 정의하는 수학적인 표기방법이 소개되어야 한다.

수선 2진 논리의 개념을 소개하고 이것과 디지털 게이트 및 2진 신호와의 관계를 보이고, 디지털 회로 및 시스템의 설계 방법 등을 알아보자.

가. 2진 논리

2진 논리(binary logic)는 두 개의 이산값을 갖는 변수와 논리적 의미를 주는 연산들을 다루고 있다. 변수값이 되는 두 값은 다른 이름으로 불리울 수도 있으나 2진값을 고려하여 각 변수에 1과 0을 배정하는 것이 편리하며, 변수는 A, B, C, X, Y, Z와 같은 알파벳 문자로 명명된다. 2진 변수와 관련하여 AND, OR 및 NOT라 부르는 세 개의 논리 연산이 존재한다.

① AND : 이 연산은 점(dot) 또는 연산자 없이 나타낸다. 예를 들면, X * Y=Z 또는 XY=Z는 "X AND Y는 Z와 같다"라고 읽는다. 논리 연산 AND는 X=1이고 Y=1인 경우에만 Z=1이고 , 다른 경우에는 Z=0이라는 것을 의미하는 것으로 해석된다.(X, Y 및 Z는 2진 변수로서 1 또는 0 이외의 다른 값을 가질 수 없음을 기억해야 한다.)

② OR : 이 연산은 +(plus) 기호로 표현된다. 예를 들어 X+Y=Z는 "X OR Y는 Z와 같다."라 읽으며, X=1 또는 Y=1이면 Z=1이거나, X=1이면서 Y=1 이면 Z=1임을 의미한다. X=0이면서 Y=0인 경우에만 Z=0이 된다.

③ NOT : 이 연산은 변수 위에 바(bar)를 표시하여 나타낸다. 예를 들어, X=Z에서 "X NOT 은 Z와 같다."라고 읽으며 Z는 X가 아닌 값을 가짐을 의미한다. 다시 말해서 X=1이면 Z=0이고, X=0이면 Z=1을 갖는다. NOT연산은 또한 보수 연산으로 간주되는데 1을 0으로, 0을 1로 바꾸기 때문이다.

2진 논리를 2진 산술(binary arithmetic)과 비슷하며 AND와 OR연산은 각각 곱셈 및 덧셈과 유사하다. 실제로 AND와 OR에 사용하는 기호는 곱셈과 덧셈에서 사용하는 것과 같다. 그러나 2진 논리는 2진 산술과 혼동해서는 안 된다. 산술 변수는 여러 자리수를 갖는 숫자를 의미한다는 것을 기억해야 한다. 논리 변수는 언제나 한자리의 1 또는 0의 값을 갖는다. 논리적 AND는 논리적 곱셈(logic multiplication)으로, 논리적 OR은 논리적 덧셈(logic addition)으로 간주되기도 한다.

나. 논리 게이드

논리 게이트는 하나 또는 그 이상의 입력 신호로부터 하나의 출력 신호를 발생시키도록 구성된 전자 회로이다. 전압 또는 전류와 같은 전기적 신호는 모든 디지털 시스템에서 두 개의 인지 가능한 값 중의 하나를 갖게 된다. 전압에 따라 동작하는 회로는 논리-1(logic-1) 또는 논리-0(logic -0)과 같이 2진 변수를 나타내는 두 개의 분리된 전압 레벨(level)에 따라 응답하게 된다. 예를 들어 특정한 디지털 시스템에서는 논리 -0을 0[V]를 갖는 신호로, 논리 -1을 4[V]를 갖는 신호로 정의할 수도 있다. 그러나 실제로 [그림 4-2]에 나타낸 것과 같이 이 각 전압 레벨은 허용 범위를 갖고 있다.

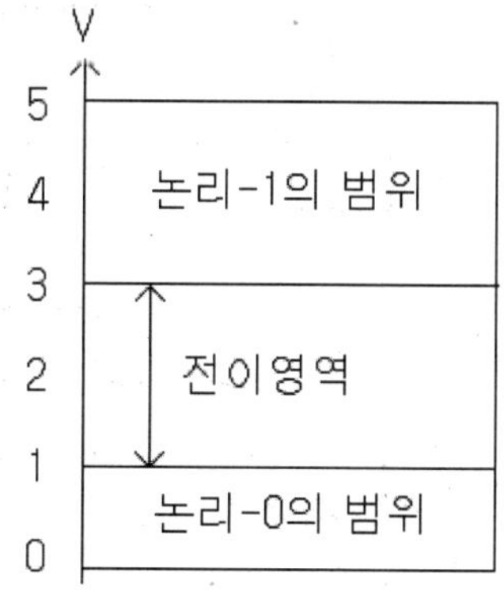

그림 4-2 논리 레벨

디지털 회로의 입력 단자(input terminal)는 허용 범위내의 2진 신호를 받아들여 규정된 범위내에 속하는 2진 신호를 발생시켜 출력 단자에 응답을 내보내게 된다. 허용된 영역 사이의 중간 영역을 상태 전이(state transition) 기간 중에만 지나게 된다.

계산 또는 제어를 원하는 정보들은 특정한 2진 변수를 나타내는 2진 신호를 준비하여 각종 논리 게이트의 조합에 입력을 통과시킴으로써 얻을 수 있다.

세 가지의 게이트를 나타내기 위하여 사용한 그래픽 기호를 [그림 4-3]에 나타내었다.

게이트는 입력 조건이 만족되면 등가의 논리-1과 논리-0 출력 신호를 발생시키는 하드웨어 블록(block)이다.

그림 4-3

입력 신호 X와 T는 AND와 OR게이트에 00.01.10 또는 11을 의미하는 4개의 가능한 상태중의 하나로 존재할 수 있다. 이 입력 신호는 각 게이트의 해당 출력 신호와 함께 [그림 4-4]에 나타내었다. 타이밍도(timing diagram)는 4개의 가능한 입력 조합에 대한 각 게이트의 응답을 보여주고 있다. 타이밍도의 수평축은 시간을 나타내며 수직축은 두 개의 가능한 전압 레벨 사이의 변화를 나타내는 신호를 의미한다.

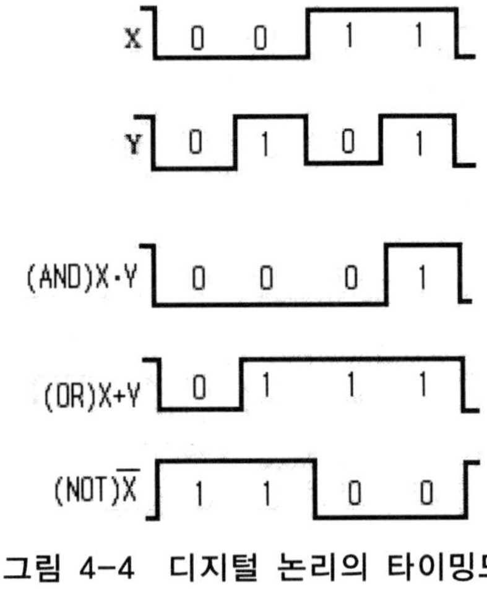

그림 4-4 디지털 논리의 타이밍도

낮은 레벨은 논리 -0을 나타내며, 높은 레벨은 논리 -1을 나타낸다. AND게이트는 두 입력 신호가 논리-1이면 논리 -1 출력 신호로 응답하게 되며, OR게이트는 어느 입력 신호 중의 하나가 논리 -1이면 논리 -1 출력신호로 응답한다. NOT게이트는 보통 인버터(inverter)로 불리며 그 이유는 타이밍도를 보면 알 수 있듯이 출력 신호가 입력 신호를 논리적으로 뒤집기(invert) 때문이다.

AND와 OR게이트는 두 개 이상의 입력을 가질 수 있다. 3입력 AND게이트와 4입력 OR게이트를 [그림 4-5]에 나타내었다.

3입력 AND게이트는 입력 신호 3개 모두가 논리 -1일 때 논리 -1로 출력이 응답하고, 하나라도 0이면 출력은 0이 된다. 4입력 OR게이트는 어느 입력중의 하나라도 논리 -1이면 출력은 논리 -1로 응답하게 되고, 모든 입력이 논리 -0이면 출력은 논리-0이 된다.

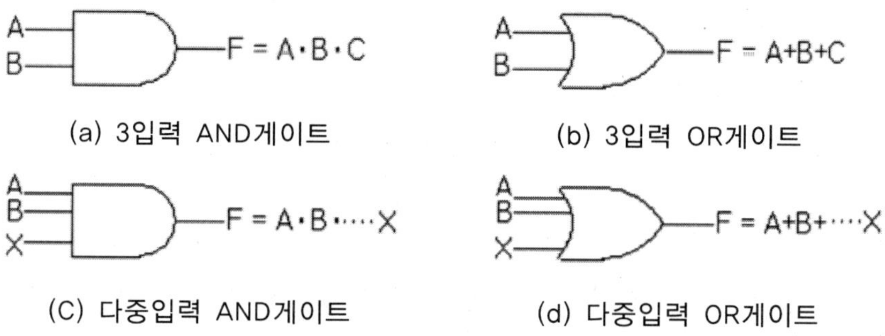

그림 4-5

4-3-2 OR 게이트

[그림 4-6]과 같이 두 개의 스위치 및 하나의 전구를 사용하여 논리화 동작을 설명하는 스위치 회로와 릴레이를 사용하는 접점 회로의 두 가지 표시 방법이 있다.

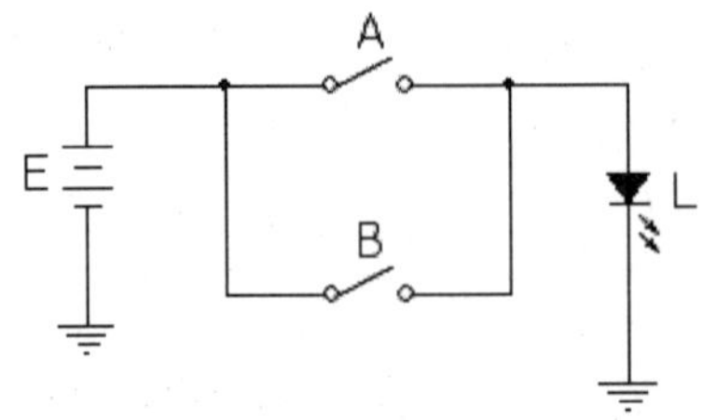

(a) 스위치회로

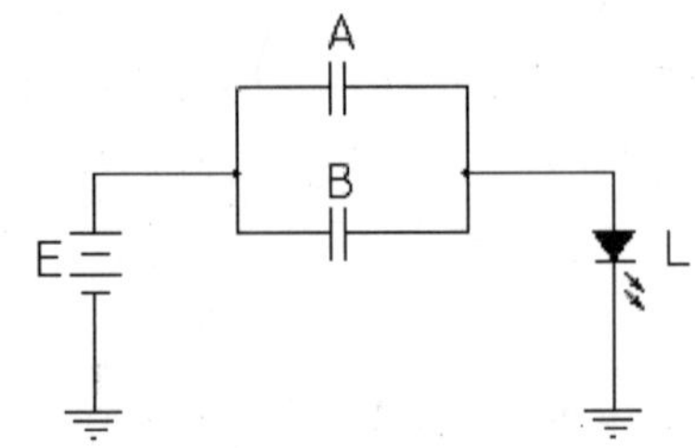

(b) 접점회로

A	B	X=A+B
0	0	0
0	1	1
1	0	1
1	1	1

(c) 동작의 진리표

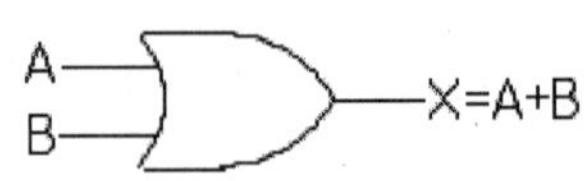

(d) 기호

그림 4-6

두 개의 스위치가 병렬로 연결되어 있을 때 스위치 A와 B를 어떻게 하면 전구 L에 불이 켜지게 되는지, 그 과정을 생각해보자. 스위치가 닫힌 상태를 1(높은 전압 : H), 열려있는 상태를 0(낮은 전압 : L)이라고 한다면, 스위치 두 개 중 어느 한 개라도 "1"의 상태라면 불이 켜지게 될 것이다. 이때 전구에 불이 켜진 상태를 "1", 안 켜진 상태를 "0"이라고 가정하여 그 상태를 나타낸 것이 그림 (C)의 동작의 진리표이다.

진리표에서 보는 바와 같이 결과가 A 또는 B의 입력에 따라 나타나고 있음을 알 수가 있으며, 이와 같은 동작을 수행하는 회로를 OR 회로 또는 OR 게이트라고 한다. 이를 논리식으로 나타내면 다음과 같다.

$$X = A + B$$

윗 식에서 "+" 부호는 OR이라고 부르는 논리 부호로서 수학에서처럼 산술적인 더하기의 뜻은 없으며 불 대수의 이해를 쉽게 하고 논리식을 간소화하기 위해서는 그림 (d)와 같은 논리기호를 쓰면 무척 편리하다. 기호 좌측의 A와 B는 입력 변수이고 기호 우측의 X는 출력이 되며, 입력 변수의 수를 늘리려면 입력선을 병렬로 더 증가시키면 된다. 또, 접점 회로에서는 릴레이를 병렬로 연결하면 같은 결과를 얻을 수 있다.

4-3-3 AND 게이트

두 개의 스위치를 [그림 4-7]과 같이 직렬로 연결하면, 이 회로는 스위치 A와 B가 모두 닫혀 있을 때 부하에 전류가 흘러서 불이 켜지게 된다. 이와 같이 동작할 때 이들 두 개의 스위치는 AND동작을 수행한다고 말하며, 이러한 회로를 AND회로 또는 AND게이트라고 한다.

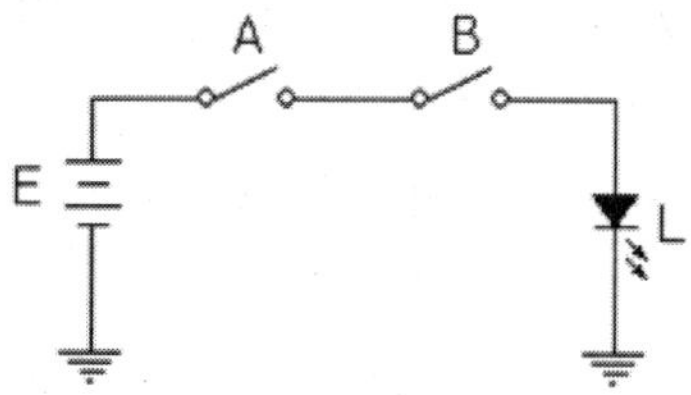

(a) 스위치회로

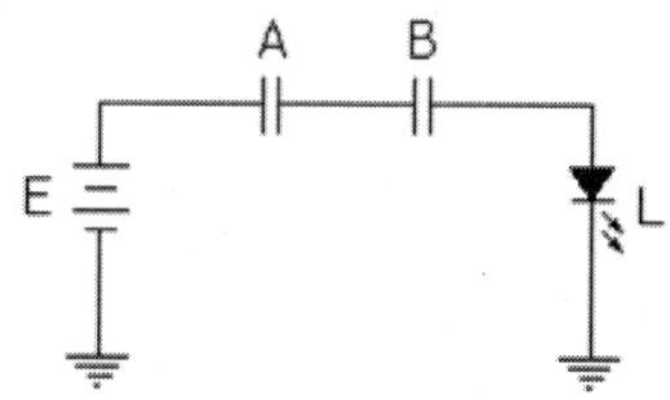

(b) 접점회로

A	B	X= A+ B
0	0	0
0	1	0
1	0	0
1	1	1

(c) 동작의 진리표

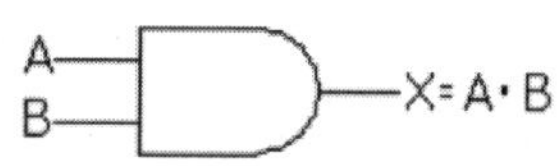

(d) 기호

그림 4-7

이와 같은 AND회로의 동작 상태에 따른 출력 X에 대한 논리식은 다음과 같다.

$$X = A*B$$

A와 B가 그림 (c)의 진리표와 같은 참값을 가질 때 출력 X가 나타남을 알 수 있다. 다시 말하면 A와 B 모두 "1"의 상태일 때 전구가 켜지고, 두 개의 스위치 상태 중 하나라도 "0"(거짓값)일 때는 불이 꺼진 상태로 있게 된다. 이러한 동작을 수행하는 AND게이트 회로를 논리기호로 그림 (b)와 같이 표시한다.

논리 게이트의 입력을 병렬로 나란히 늘릴 수 있으며, 또 접점 회로로 표시하려면 릴레이를 직렬로 연결하면 AND게이트의 동작을 얻을 수 있다.

4-3-4 NOT 게이트

일반적으로 한 개의 상태에 대한 바른 상태, 즉 반대의 상태를 의미한다는 것을 NOT라 하고 어떤 상태가 "A"라고 한다면 그 반대의 상태는 $\overline{A}$로 나타내는데, 이것을 NOT-A 또는 A바(BAR)이라고 한다. [그림 4-8]과 같이 정상 상태에서 스위치 $\overline{A}$가 접속 상태(normally closed : NC)에 있을 때 전구 L에 전류가 흐르므로 불이 켜져 있다가 스위치 A를 누르면 접속의 끊어져 불이 꺼지게 된다. 이러한 동작을 수행하는 논리 회로를 NOT회로 또는 NOT게이트 회로라 한다.

그림 (b)는 같은 결과를 수행하는 접점 회로이다. 다시 논리적으로 동작 상태를 설명하면 입력이 "1"일 때 출력은 "0"이고, 입력이 "0"일 때 출력이 "1"이 되는 회로를 의미한다. 이런 회로를 인버터 회로라고도 한다.

그림 (c)는 NOT 회로의 동작을 나타내는 진리표이며 논리 기호는 그림 (d)와 같이 표시한다.

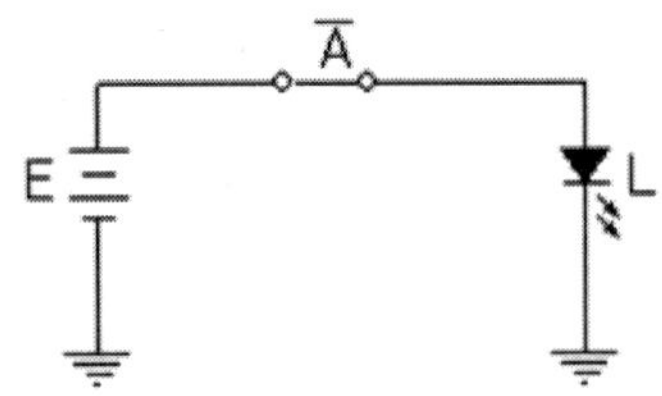

(a) 스위치회로

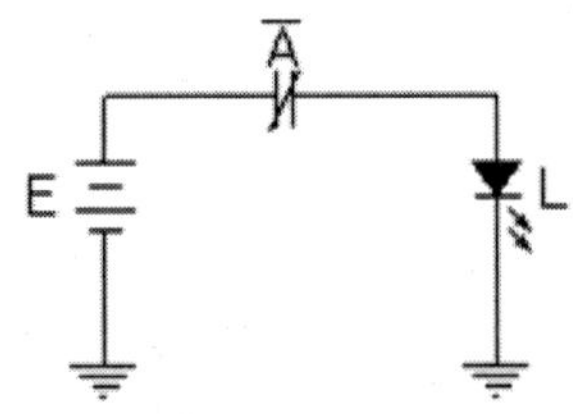

(b) 접점회로

A	X= $\overline{A}$
0	1
1	0

(c) 동작의 진리표

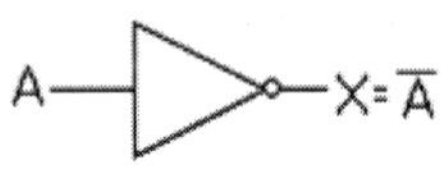

(d) 기호

그림 4-8

NOT 회로의 논리식은 다음과 같다.

$$X = \overline{A} \text{ 또는 } \overline{X} = A$$

4-3-5 NOR 게이트

NC 스위치를 [그림 4-9]와 같이 연결했을 때 회로는 OR동작과 반대로 A, B가 모두 눌려 있지 않은 상태, 즉 "0"의 상태일 때만 출력에 신호가 나타나서 불이 켜지고 어느 하나라도 눌려서 회로가 끊기면, 즉 "1"의 상태를 취하면 불은 꺼지게 된다. 이와 같은 동작을 수행하는 회로를 NOR회로라고 한다.

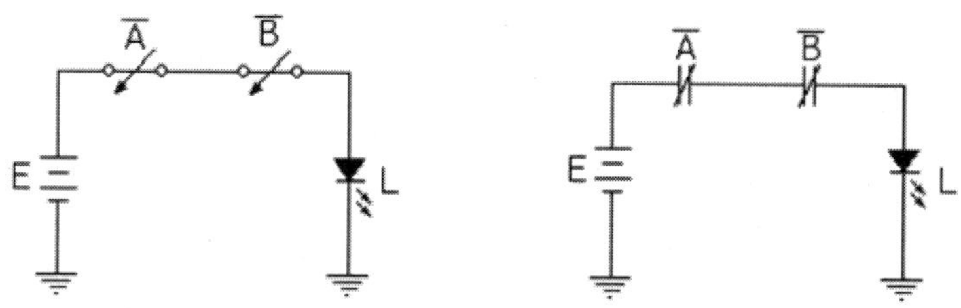

그림 4-9 NOR 동작 회로

〈표 4-5〉와 [그림 4-10]은 각각 NOR게이트의 진리표와 논리 기호를 나타내고 있다. NCN 스위치를 누른 상태를 "1", 누르지 않은 상태를 "0"으로 표시할 때의 결과를 나타내는데, OR게이트와는 반대로 나타나는 것을 알 수 있다. 이를 논리식으로 표시하면 다음과 같다.

$$X = \overline{A+B} = \overline{A} \cdot \overline{B}$$

그림 4-10 NAND게이트 논리기호

표 4-5 XOR 동작의 진리표

A	B	$X = \overline{A+B} = \overline{A} \cdot \overline{B}$
0	0	1
0	1	0
1	0	0
1	1	0

4-3-6 NAND 게이트

두 개의 NC 스위치를 [그림 4-11]의 (a)와 같이 연결했을 때는, 두 스위치 A, B를 모두 눌렀을 때만 출력에 신호가 나타나지 않는, 즉 불이 꺼진 상태로 된다. 이와 같은 동작을 수행하는 회로를 NAND 회로라 하며, A와 B가 모두 1인 상태일 때 출력이 1의 상태가 되는 AND 회로 동작의 NOT(부정)상태가 된다.

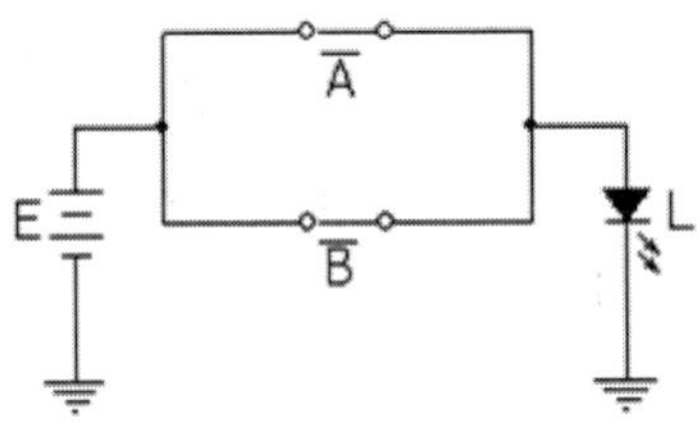

(a) 스위치회로

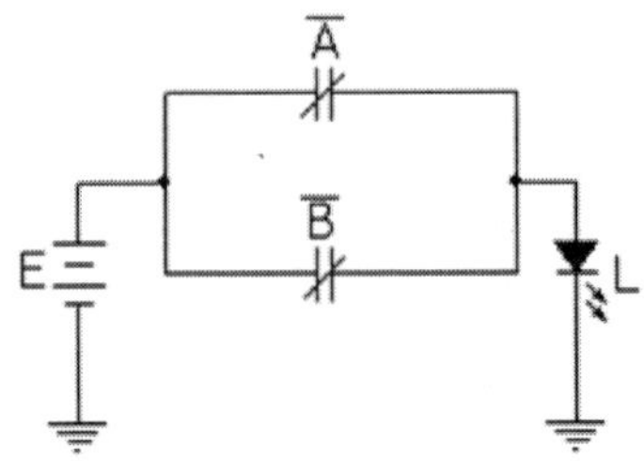

(b) 접점회로

그림 4-11

[그림 4-12]는 NAND게이트의 논리 기호이다. 〈표 4-6〉은 NAND 동작의 진리표이고 논리식은 다음과 같다.

$$X = \overline{A \cdot B} = \overline{A} + \overline{B}$$

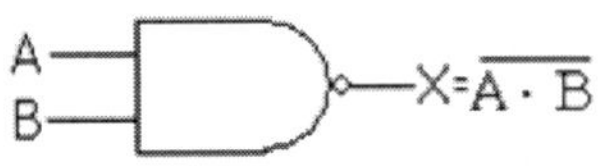

그림 4-12 NAND게이트 논리 기호

표 4-6 NAND 동작의 진리표

A	B	$X = X = \overline{A \cdot B}$
0	0	1
0	1	1
1	0	1
1	1	0

4-3-7 배타적 논리 게이트

[그림 4-13]은 NO(normally open) 및 NC 스위치 각 두 쌍을 사용하여 직·병렬로 연결하였을 때 두 개의 입력 신호의 상태가 서로 다를 때만 출력에 신호가 나타남을 보여 주고 있다. 이와 같이 두 개의 입력 신호 A와 B가 다른 출력이 "1"의 상태가 되는 회로를 배타적 논리 게이트(exclusive OR gate)라고 한다.

〈표 4-7〉은 이와 같은 동작 상태로부터 얻어진 진리표이며 논리식은 다음과 같다.

$$X = A \oplus B$$
$$= A\overline{B} + \overline{A}B$$

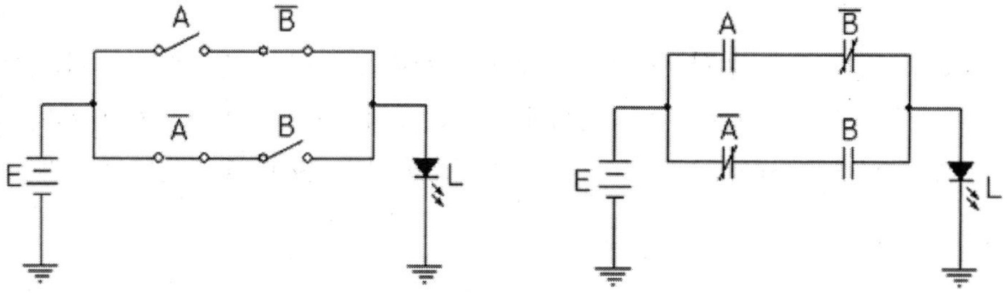

그림 4-13 Ex-OR 동작 회로

표 4-7 Ex-OR 동작 진리표

A	B	X=A⊕B
0	0	0
0	1	1
1	0	1
1	1	0

논리식에서 ⊕ 표시는 $E_X - OR$ 동작의 표시이며 논리 기호는 [그림 4-14]와 같다.

논리식으로부터 논리 회로를 그리면 [그림 4-15]와 같으며, 논리식 $X = A\overline{B} + \overline{A}B$를 변형시키면 다른 종류의 논리 회로를 얻을 수 있다.

$$X = A\overline{B} + \overline{A}B$$

$$= A\overline{A} + A\overline{B} + B\overline{B} + \overline{A}B$$
$$= A(\overline{A}+\overline{B})+B(\overline{A}+\overline{B})$$
$$= (A+B)(\overline{A}+\overline{B})$$
$$= (A+B) \cdot \overline{AB}$$

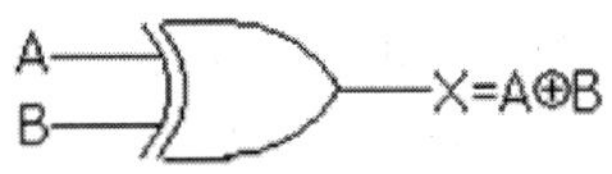

그림 4-14 Ex-OR 게이트 기호

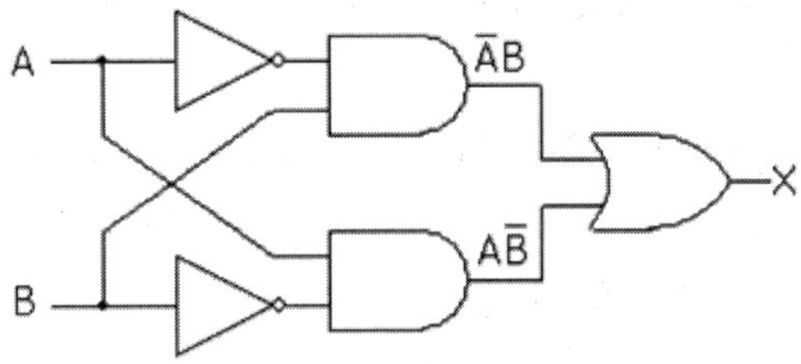

그림 4-15 Ex-OR 논리 회로

[그림 4-16]은 위의 최종 변형식으로부터 얻어낸 회로로서 매우 간단해 보이지만, NAND, AND 및 OR의 서로 다른 게이트들을 조합해야 하므로 실제 3개의 IC가 필요하게 된다. 따라서 어느 특정 게이트만을 이용하여 회로를 설계하고자 할 때에는 필요에 따라 논리식을 변형시켜야 한다.

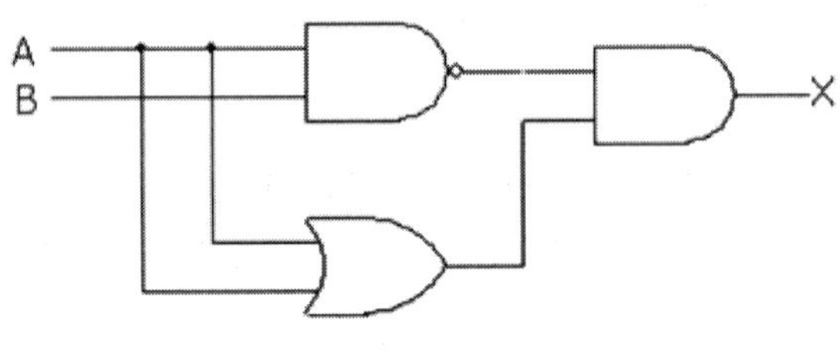

그림 4-16 Ex-OR $(A+B)\overline{AB}$의 논리 회로

4-3-8 일치 논리 회로

[그림 4-17]과 같이 NO 및 NC 스위치를 각각 두 쌍씩 직 · 병렬로 연결했을 때는 NO 스위치 A와 B를 누르거나 (접속), 또는 NC 스위치 A와 B를 누르지 않고 있을 때(접속)에만 전구 L에 불이 켜지게 된다. 즉, 두 개의 입력 상태가 동일할 때에만 출력 신호가 나타난다. 이러한 동작을 하는 회로를 일치 논리 회로(equivalance or coincident gate)라 한다.

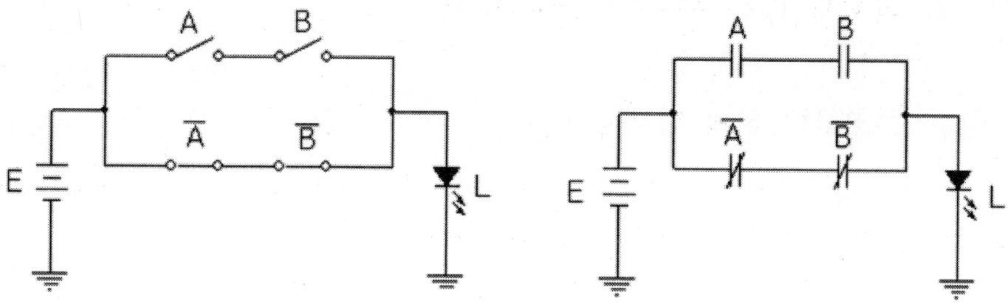

(a) 스위치회로　　(b) 접점회로

그림 4-17　일치 논리 회로

〈표 4-8〉의 진리표에 나타난 바와 같이 A=B=0일 때나 A=B=1일 때, 즉 두 입력이 상태가 같은 때에만 출력 X=1로 되고, 논리식은 다음과 같다.

$$X = A \odot B = AB + \overline{A}\,\overline{B} = \overline{A \oplus B}$$

표 4-8　일치 논리 동작의 진리표

A	B	$X = A \odot B$
0	0	1
0	1	0
1	0	0
1	1	1

⊙ 의 표시는 일치 논리 동작을 뜻하며 $E_X - OR$ 동작의 역기능이 된다. 즉, $E_X - OR$ 기능이다. 다음 [그림 4-18]은 일치 논리 회로이며 기호는 [그림 4-19]와 같다.

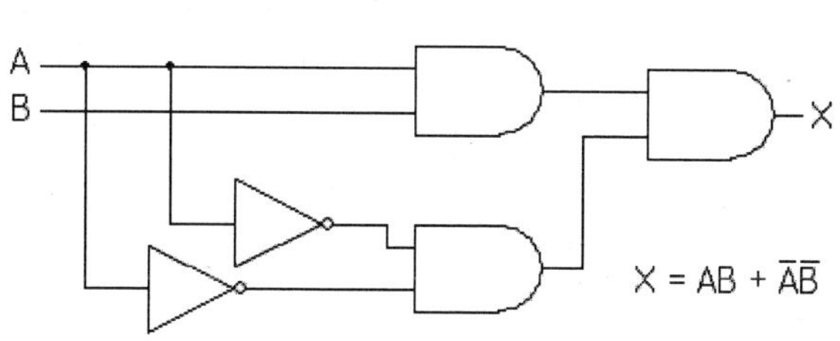

그림 4-18　일치 논리 회로

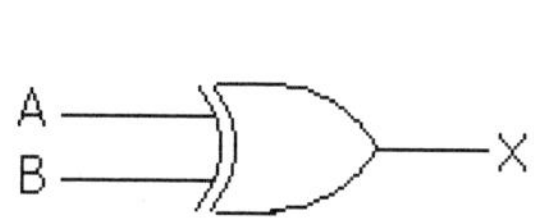

그림 4-19　일치 논리 게이트 기호

4-3-9 불 함수와 논리 회로의 상호 변환

가. 불 대수식으로부터 논리 회로 표시

불 대수식 X=AB+C를 논리 회로로 표시하면 A와 B는 AND 결합이고 이들과 C입력은 OR결합으로 이루어져 있으므로 [그림 4-20]과 같이 된다.

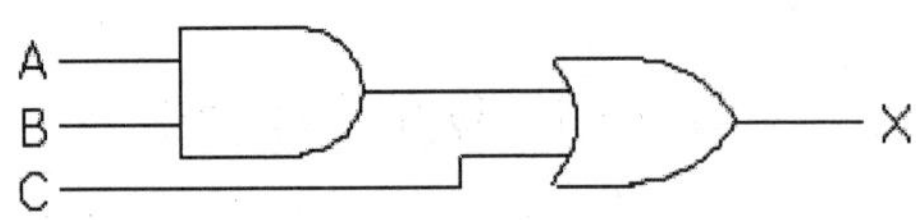

그림 4-20 X=AB+C

예제 3 다음 논리식을 논리 회로로 표시하여라.

① $X\overline{Y}+W$

② $V=\overline{\overline{(X+W)}+Z}$

(풀이)

①

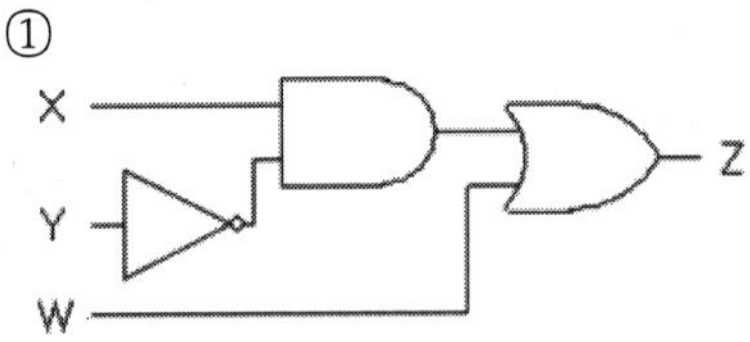

②

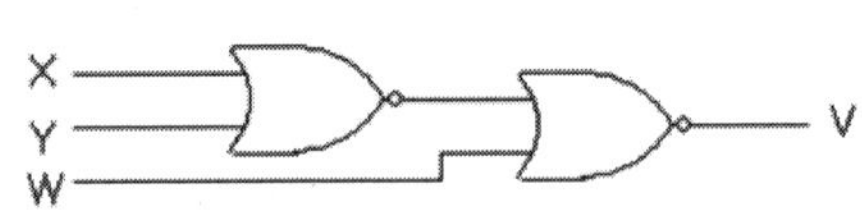

나. 논리 회로로부터 논리식 유도

논리 회로로부터 논리식을 유도해낼 때에는 [그림 4-21]과 같이 입력쪽으로부터 게이트 단위로 묶어 논리식을 쓴 다음 그 게이트의 출력에 연결된 게이트를 고려하여 연관식을 유도하면 된다.

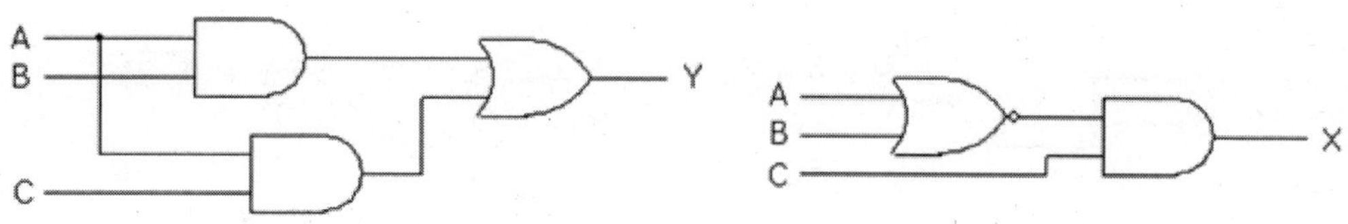

(a) $Y = A \cdot B + A \cdot C$ (b) $X = \overline{(A+B)} \cdot C$

그림 4-21 논리 회로의 논리식 표시

예제 4 다음 논리 회로를 논리식으로 나타내어라.

(풀이)

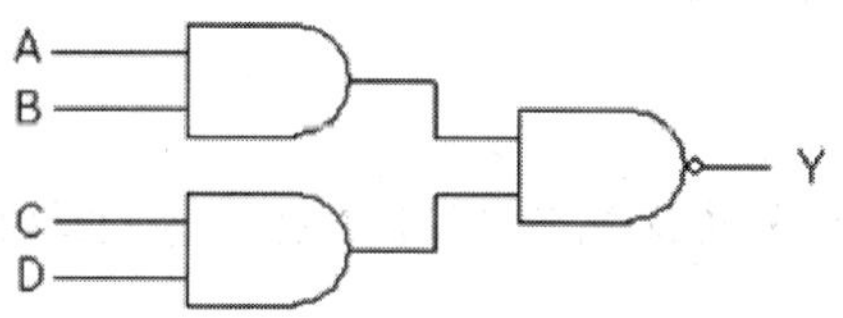

$Y = \overline{AB \cdot CD}$

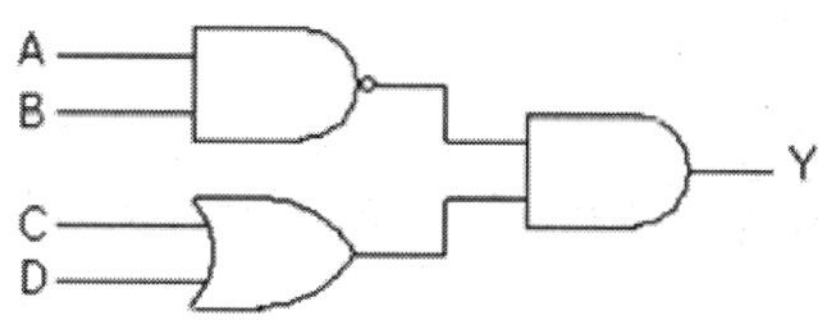

$Y = \overline{AB} \cdot (C+D)$

4-3-10 등가 논리 회로 표시

드 모르간의 정리를 이용하면 NAND 회로와 NOR 회로를 사용하여 동일한 논리값을 가지는 논리 회로로 표시할 수 있다. 즉, $\overline{AB}$와 $\overline{A}+\overline{B}$는 동일한 논리값으로 [그림 4-22]와 같이 표시할 수 있다. 마찬가지로 $\overline{A+B}$와 $\overline{A} \cdot \overline{B}$도 서로 동일하다.

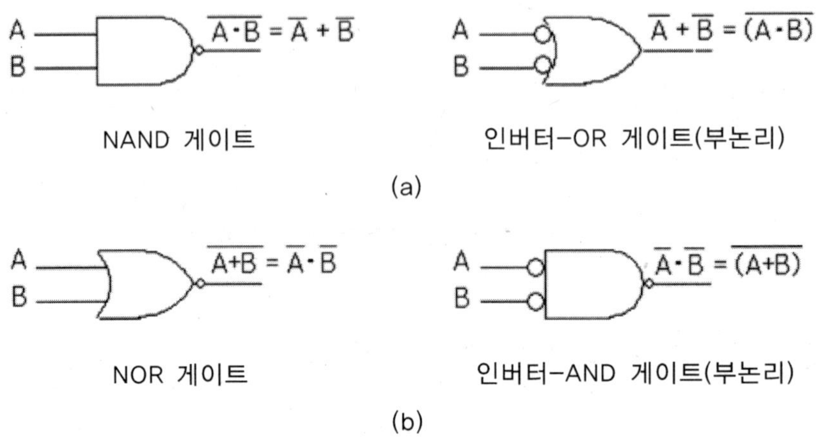

그림 4-22 등가 논리 회로의 표시

예제 5 $AB+\overline{A}C$의 논리식을 NAND 게이트만을 사용한 등가 회로를 완성하여라.

(풀이)

먼저 논리식을 그리고 난 후 드 모르간 정리를 이용하여 부논리 표시 게이트로 만들고 나서 NAND게이트를 구성한다.

한편 정논리와 부논리를 상호 변환시켜 등가 논리 회로를 얻을 수 있음을 알 수 있다. 이때 AND는 OR게이트로, 버퍼는 인버터로 상호 변환시키면 된다.

예를 들면, Z=A • B의 AND 게이트는 Z=A+B 의 OR게이트로 바꾸면 된다. 〈표 4-9〉는 정논리와 부논리의 상호 관계를 나타내 주고 있다.

$$AB+\overline{A}C=\overline{\overline{AB+\overline{A}C}}=\overline{\overline{AB}\cdot\overline{\overline{A}C}}$$

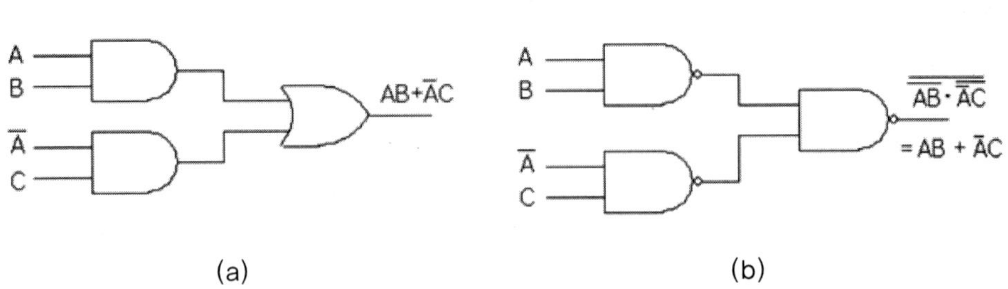

그림 4-23 AB+AC의 NAND

표 4-9 정·부 논리의 상호 변환

(A•B는 입력, Z는 출력을 표시)

정 논리계			부 논리계		
논리 동작	기 호	논 리 식	논리 동작	기 호	논 리 식
NOT	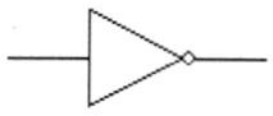	$Z = \overline{A}$	NOT	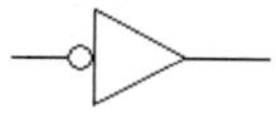	$\overline{Z} = \overline{A}$
AND	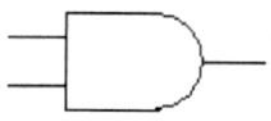	$Z = A \cdot B$	OR		$\overline{Z} = \overline{A} + \overline{B}$
OR	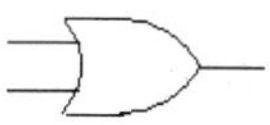	$Z = A + B$	AND	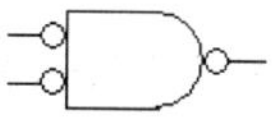	$\overline{Z} = \overline{A} \cdot \overline{B}$
NAND		$Z = \overline{\Lambda \cdot B}$	NOR	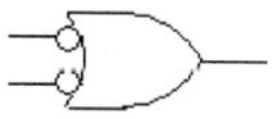	$\overline{Z} - \overline{\overline{A} + \overline{B}}$
NOR	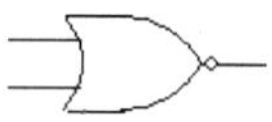	$Z = \overline{A + B}$	NAND	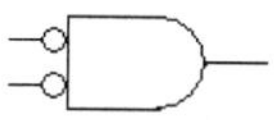	$\overline{Z} = \overline{\overline{A} \cdot \overline{B}}$
EX-OR		$Z = A \oplus B$	일치 논리 (coincidence)	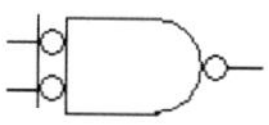	$\overline{Z} = \overline{A} \odot \overline{B}$
일치 논리 (coincidence)	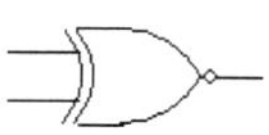	$Z = A \odot B$	EX-OR		$\overline{Z} = \overline{A} \oplus \overline{B}$

예제 6 다음 정논리 회로를 부논리 회로로 변형하여라.

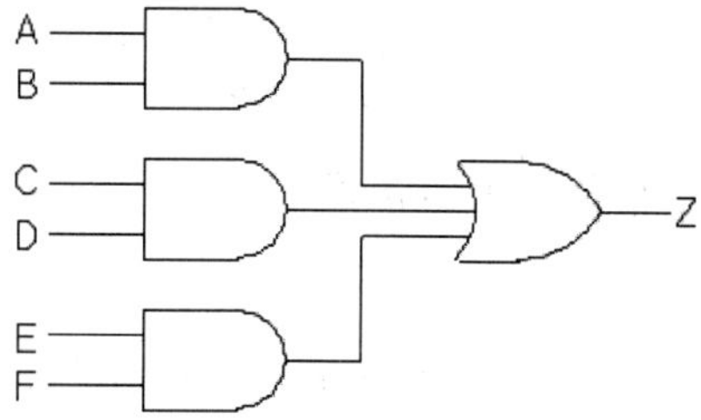

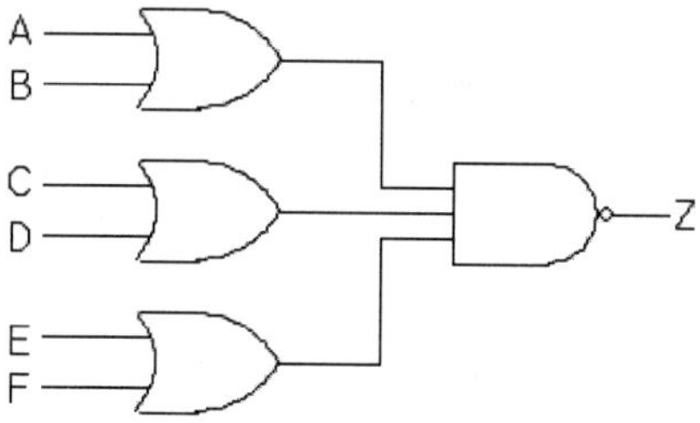

예제 7 다음 부논리 회로를 정논리 회로로 변형하여라.

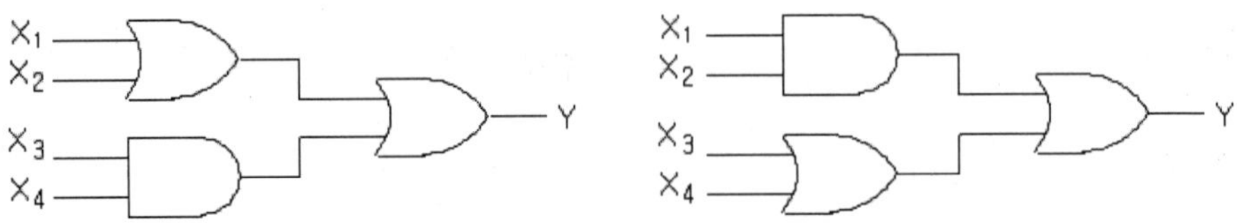

4-3-11 Dot OR(wired-OR)과 Dot AND(wired-AND)

NAND 게이트나 NOR게이트의 출력단을 함께 연결할 때 생기는 출력은 OR게이트나 AND게이트의 연결과 같은 것으로 된다. [그림 4-24]의 (a)에서 두 개의 NAND 게이트에 있는 출력을 하나의 출력으로 만들려면 하나의 AND게이트에 연결하면 된다.

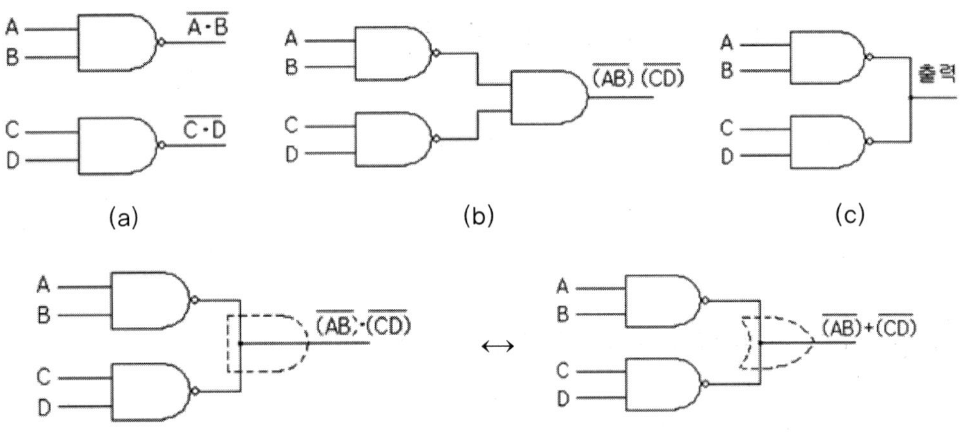

(d) 와이어드-AND (e) 와이어드-OR

그림 4-24 와이어드 게이트 표시 회로

이때 그림 (b)와 같이 되며, 이것은 하나 이외의 별도의 출력이 나타나지 아니하므로 그림(c) 같이 표시할 수도 있다. 또, 공통 출력 단자에서 그들의 출력이 연합된 것과 같은 뜻을 갖게 된다. 따라서 이와 같은 연결을 와이어드 출력(wired output)이라고 한다.

$$출력=\overline{(A \cdot B)} \cdot \overline{(C \cdot D)}$$

이들 출력을 공통으로 결선하는 목적은 소수의 게이트로 연합된 출력 신호를 얻어내기 위한 것이다. 각 제조 회사에서는 적당한 사양을 가지는 논리 게이트를 만들어내기 위하여 이러한 결선 방식을 이용한다. 예로서, 개방 콜렉터(open collector)와 3상태(3 state) 출력을 갖는 IC를 들 수 있다. 이들의 결선 방식을 강조하는 뜻으로 그림 (d)와 같이 점선의 AND 게이트를 연결하여 논리적(論理積 : AND) 출력을 표시하고, 이러한 논리 게이트를 와이어드-AND (wired 또는 Dot AND)라 한다. 그러나 이들 출력의 논리식을 변형시키면 논리화(論理和:OR)로 표시되므로 그림(e)와 같은 점선의 OR로 표시할 수 있다. 이때의 결선 방식을 와이어드-OR(wired 또는 Dot-OR)논리라고 한다.

$$출력=\overline{(AB)}\,\overline{CD}=\overline{\overline{\overline{(AB)}\,\overline{(CD)}}}=\overline{(AB)+(CD)}$$

위의 논리식은 AND OR 인버터의 기능을 가지고 있는 게이트의 모든 입력이 "1"이어야 출력이 0으로 나타나는데 이러한 방식은 트랜지스터(transistor)를 이용한 논리 회로 제작에 응용되고 있다.

다른 한편 NOR 게이트를 사용하여 출력을 하나로 결선시키는 방법에 대해서 알아보자. [그림 4-25]의 (a)에서처럼 두 개의 NOR 게이트 출력을 하나로 결선시키는 방식을 와이어드-OR라 하고 이 논리식을 변형시켜 같은 내용의 다른 논리 게이트를 만들면 그림 (b)와 같이 두 개의 NOR 게이트의 출력을 논리적으로 만드는 결과가 되는데 이것을 와이어드 AND라고 한다.

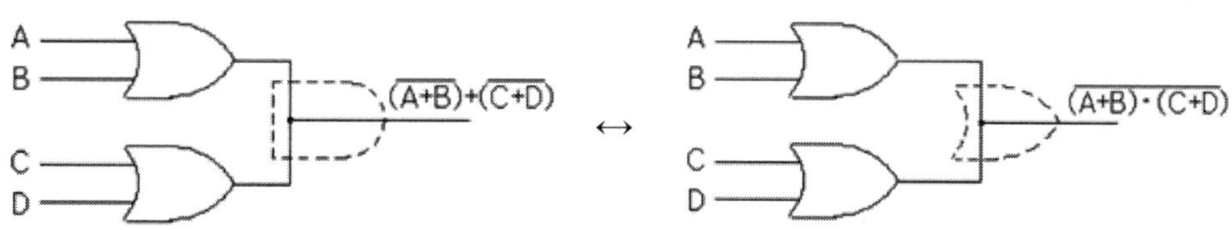

그림 4-25 와이어드-OR 게이트 표시

다음 논리식은 와이어드-OR 게이트에 관한 식이고 OR, AND, 인버터의 기능을 갖고 있다.

$$출력=\overline{(A+B)}+\overline{(C+D)}=\overline{\overline{\overline{(A+B)}\,\overline{(C+D)}}}=\overline{(A+B)\cdot(C+D)}$$

이러한 결선 방식은 주로 ECL 게이트를 제조할 때 이용된다.

예제 8 다음 논리 회로의 논리식을 써라.

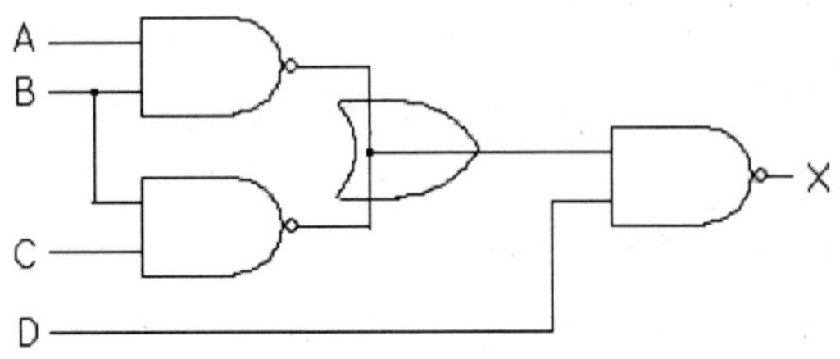

(풀이)

와이어드-OR 회로의 출력 단자에서는 AB+BC가 나오며, 이 출력이 D와 NAND 결합되어 있으므로 논리식은 다음과 같다.

$$X = \overline{(AB + BC) \cdot D}$$
$$= (AB + BC) + \overline{D}$$

연습문제

1. 3변수 A, B, C를 사용하여 드 모르간의 정리로 나타내어라.

2. 진리표를 사용하여 AB' + B = A + B 가 성립함을 증명하여라.

 (1) AB' + B = A+ B
 (2) A(B+C) = AB +AC
 (3) (A+B)(A'+C)=AC+A'B

3. 다음 논리식을 불 대수를 이용하여 간략화 하여라.

 (1) Y = (A+B)(A+C)+AC
 (2) C = (AB+AB') (A+B)
 (3) D = A'BC+ABC+BC'
 (4) W = XY'+X(Z+Y)+XZ'
 (5) Z = X+UW+UV+VW+VW'

4. 다음 논리식이 성립됨을 증명하여라.

 (1) AB+AB'=A
 (2) AB'+A'B=(AB+A'B')
 (3) AB+A'B'=(A'+B)(A+B')
 (4) A+A'BC=A+BC
 (5) AC'+B'C+BC+AC+A'B+(A'+B) = A'B'

5. 다음 함수의 부정을 만들어라.

 (1) AB'+A'B'
 (2) A'+B+C
 (3) AD'+A'D
 (4) (AB+C)'+A'+B'+D
 (5) AB+A'C+BCD

6. 다음 논리식을 쌍대로 표시하여라.

 (1) (A+B)'=A'B'
 (2) 1A+B'C+0=AB'+C
 (3) X=BCD'+ABCD+ABC'

7. 다음의 논리식에 대한 논리회로를 그려라.

(1) Y=(AB+CD)C'

(2) W=XY'(W+V')+XZ

(3) Z=(AB+CD)(AB+C)

(4) W={A(B+C')+A'B}C

(5) D=[(B+C')+AB‘]+(AB)'

8. 다음 논리식을 NOR 게이트 형식으로 바꾸고 논리회로를 그려라.

(1) W=XY'+Z

(2) Z+(A+B)(C+D'+E')

(3) Z=XY'N'

(4) W=(XY+Z)(X'+YZ)

9. 다음 논리식을 NAND 게이트 형식으로 바꾸고 논리회로를 그려라.

(1) Y=AB'C'+A'BC+ABC

(2) Z=AB+CD+C'

(3) W=XY'Z+X'Y'

(4) W=XY+X'Z+YZ'

10. 다음 논리회로에 대한 논리식을 구하라.

(1)

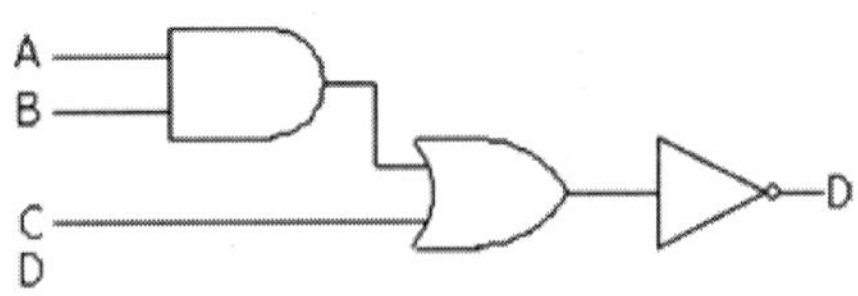

(2)

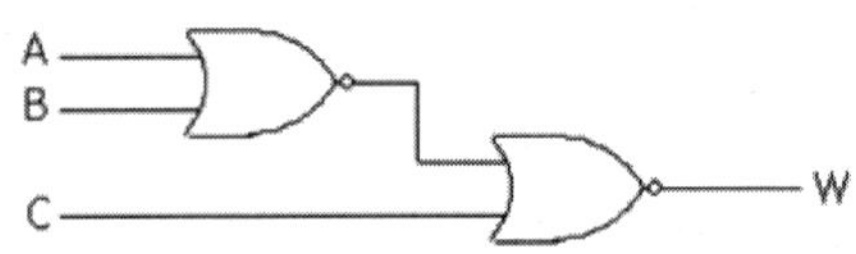

(3)

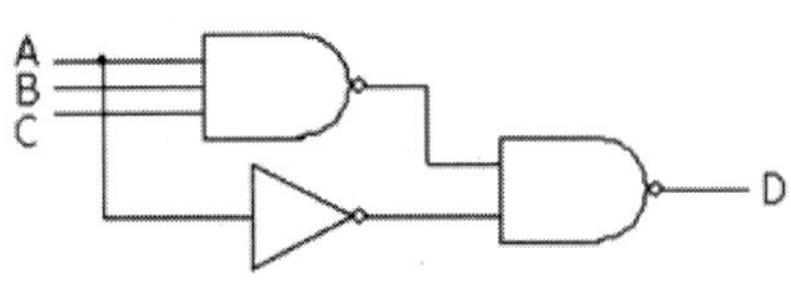

(4)

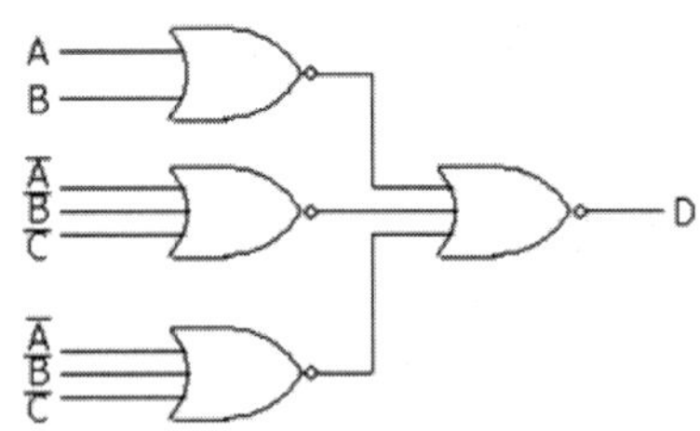

11. 다음 정논리 회로를 부논리 회로로 변환하여라.

(1)

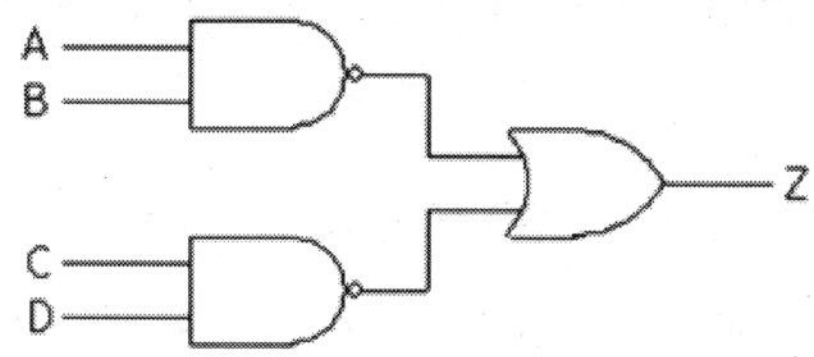

(2)

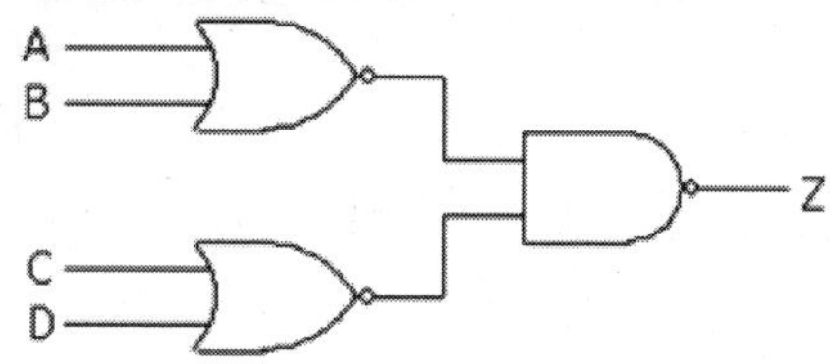

12. 다음 논리회로의 논리식을 써라.

(1)

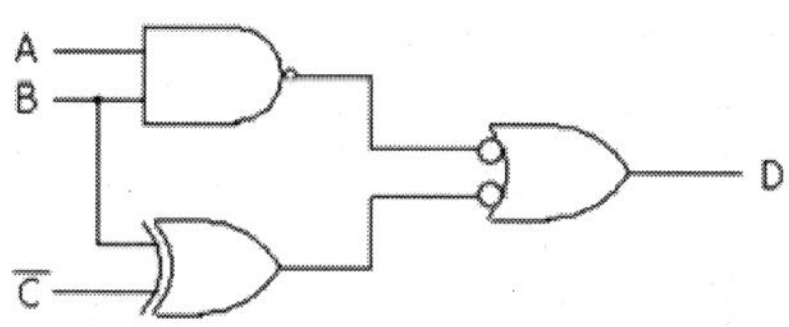

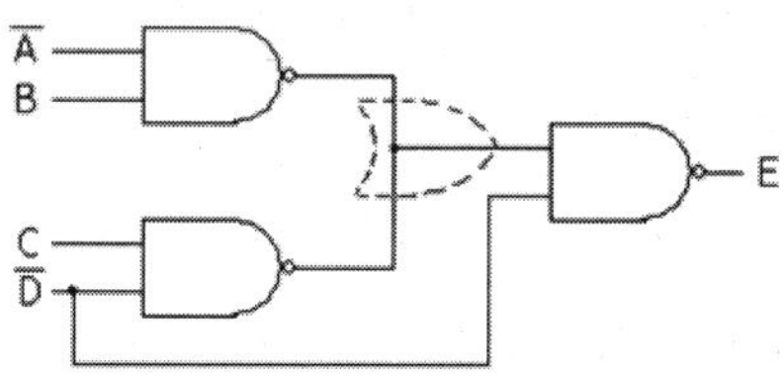

(2)

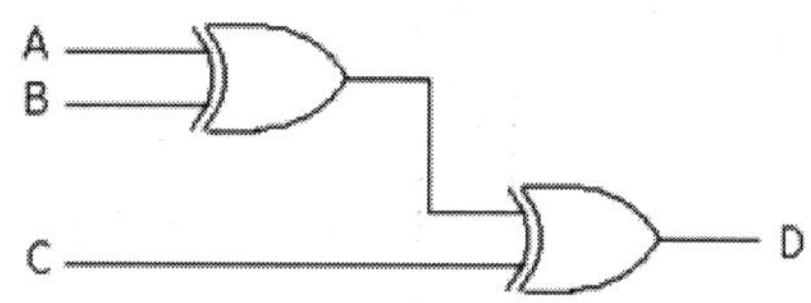

05 조합논리회로

논리 게이트가 입력 변수들의 어떠한 조합에 대한 특정한 출력을 제공하기 위하여 연결되었을 때, 이러한 회로를 일반적으로 조합 논리회로(Combinational logic circuit)라고 한다. [그림 5-1]은 n개의 입력 변수에 대한 디지털 신호를 k개의 항으로 표시되는 출력 변수로 나타낸 조합 논리회로이다. 다시 말하면 출력 신호는 입력 신호에 의해서만 결정되는 특성을 갖는 논리 회로 망(Combinational logic network)이라고 볼 수 있는 것이다.

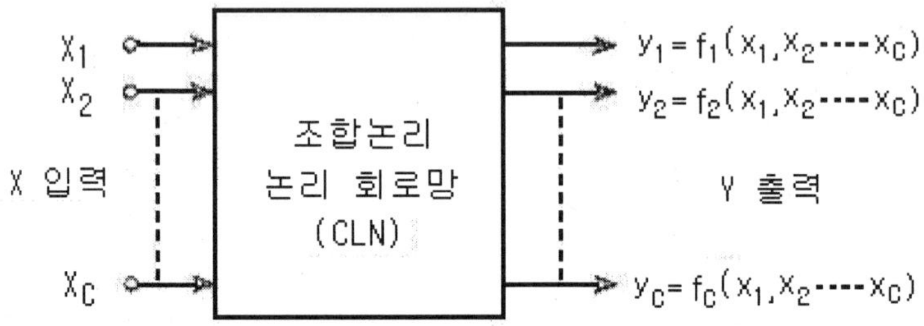

그림 5-1 조합 논리 회로망

이와 같이 입력과 출력과의 관계는 함수 $f_k(x)$에 의해서 결정되므로 임의의 출력을 얻기 위해서 입력변수들들 조합하려면 그 함수를 분석하는 것 또한 매우 중요하다.

첫째, 조합 논리의 출력을 회로 내에 들어있는 각각의 게이트의 논리 동작에, 근거를 두고 주어진 입력에 대해 결정을 한다.

둘째, 불 대수를 이용하여 출력 함수에 대한 논리식을 유도한다. 이 식을 이용하여 입력값들의 다양한 조합에 대해서 출력값을 결정한다.

5-1 조합논리 함수의 계산

n개의 입력 변수 조합 논리 함수 $f(x_1, x_2 \ldots\ldots x_n)$을 설명하는 논리식에 입력 변수들의 특정값을 대입하여 체계에서와 같이 동작이 수행되는 순서가 매우 중요하다.

만약 논리식의 두 개의 항마다 각각 괄호로 묶여 있다면 이에 대한 동작 순서를 정하는 일에는 별다른 문제가 없을 것이다. 예를 들어 다음과 같은 논리식을 계산해 보기로 하자.

$$f(x_1,\ x_2,\ x_3) = (x_1 \cdot x_2) \oplus (x_1 + x_2)$$

윗 식은 먼저 $y = x_1 \cdot x_2$ 와 $y = x_1 + x_2$를 계산하고 그 다음에 Ex-or 논리식을 계산하면 된다.

논리식을 취급할 때는 Ex-OR이나 일치 회로, NAND 또는 NOR동작 등과 같은 특수 동작을 행하는 변수들을 별도로 괄호로 묶어서 계산하면 편리하다. 그러나 이러한 논리식들은 AND, OR 및 NOT동작만으로도 표시될 수 있다.

여러 개의 괄호로 묶어져 있는 논리식을 풀 때는 다음과 같은 방법으로 계산하도록 한다.

① 괄호가 없는 논리식은 먼저 NOT동작이 있는 변수부터 왼쪽에서 오른쪽으로, 그리고 모든 AND동작은 왼쪽에서 오른쪽으로 계산한다.
② 괄호가 포함되어 있는 경우에는 괄호안의 논리식을 우선하여 계산한다.
③ 논리식에 NOT동작이 취해져 있을 때는 괄호가 있는 것으로 간주하여 계산한다.
④ 불확실할 때는 항상 적당한 계산 순서를 확립하기 위한 괄호를 사용한다.

이상의 규칙에 따라 다음의 논리식을 단계적으로 계산해 보기로 하자.
(단, $x_1=0,\ x_2=1,\ x_3=0,\ x_4=1$)

$$f(x_1,\ x_2,\ x_3,\ x_4) = (\overline{\overline{x_1 \cdot x_4} + x_1 \cdot x_3})x_2 + x_1 \cdot x_2 \cdot x_4 + \overline{x_1} \cdot x_2 \cdot x_3$$

단계 1 : $y_1 = \overline{x_1 \cdot x_4} = 1$

단계 2 : $y_2 = x_1 \cdot x_3 = 0$

단계 3 : $y_3 = (\overline{\overline{x_1 \cdot x_4} + x_1 \cdot x_2}) = \overline{y_1 + y_2} = \overline{1} = 0$

단계 4 : $y_4 = y_3 \cdot x_2 = 0 \cdot 1 = 0$

단계 5 : $y_5 = x_1 \cdot x_2 \cdot x_4 = 0$

단계 6 : $y_6 = \overline{x_1} \cdot x_2 \cdot x_3 = \overline{0} \cdot 1 \cdot 0 = 0$

단계 7 : $f(x_1,\ x_2,\ x_3,\ x_4) = y_4 + y_5 + y_6 = 0$

5-2 논리 함수의 간략화

지금까지는 모든 가능한 입력 상태에 대한 함수를 진리표를 사용하여 설명하고 또 계산하는 순서를 알아보았으나, 이제부터는 진리표로부터 함수를 수학적 논리식으로 표현하는 방법에 대하여 알아보자. 진리표에서 얻은 논리식을 가능한 한 간소화시킴으로써 최소의 논리게이트를 사용한 회로를 얻을 수 있으므로 이것 또한 중요하다. 이 논리 함수를 간소화 시키는 방식에는 불 대수를 이용한 방식과 기초 함수 방식 및 도표를 이용한 방식 등이 있다.

5-2-1 최소항과 최대항

일반적으로 논리 함수는 그 속에 포함되어 있는 모든 변수의 다항식으로 표시하는데, 그 변수와 변수의 부정(complement)을 포함하여 논리적(AND)으로 표시되는 모든 항을 최소항(minterm)이라고 하며, 이를 항은 중복이 되지 않는 것이다. 예를 들면 A와 B의 두 변수의 최소항은 AB, A, B, AB로 구성된다. 그러나 두 변수가 논리화(OR)로 표시되는 항을 최대항(maxterm)이라고 한다. 예를 들면, 2개의 변수에서 A+B, A+B, A+B, A+B 4개 최대항으로 표시되며 이것은 최소항의 쌍대(duality)의 형식을 갖는다.

〈표 5-1〉은 변수가 3개인 경우의 최소항과 최대항을 표시하고 있는데, 이 표로부터 다음과 같은 성질을 알아낼 수 있다.

표 5-1 변수의 최소항과 최대항

10진수	입력변수			최소항(min)	최대항(max)
	A	B	C		
0	0	0	0	$m_0 = \overline{A}\,\overline{B}\,\overline{C}$	$m_0 = A+B+C$
1	0	0	1	$m_1 = \overline{A}\,\overline{B}\,C$	$m_1 = A+B+\overline{C}$
2	0	1	0	$m_2 = \overline{A}\,B\,\overline{C}$	$m_2 = A+\overline{B}+C$
3	0	1	1	$m_3 = \overline{A}\,B\,C$	$m_3 = A+B+\overline{C}$
4	1	0	0	$m_4 = A\,\overline{B}\,\overline{C}$	$m_4 = A+\overline{B}+\overline{C}$
5	1	0	1	$m_5 = A\,\overline{B}\,C$	$m_5 = \overline{A}+B+\overline{C}$
6	1	1	0	$m_6 = A\,B\,\overline{C}$	$m_6 = \overline{A}+\overline{B}+C$
7	1	1	1	$m_7 = A\,B\,C$	$m_7 = \overline{A}+\overline{B}+\overline{C}$

① 최소항 또는 최대항은 2^n개 나타난다(n : 변수의 수)

② 최대항의 부정은 최소항이다. 그 역도 성립한다.

$$\overline{M_0} = \overline{A + B + C} = m_0 = \overline{A}\ \overline{B}\ \overline{C}$$

따라서 $m_1 = 1$이면 $M_1 = 0$이 된다.

③ 모든 최소항 또는 최대항의 합은 1이다

$$\Sigma m_1 = m_0 + m_1 + m_2 + m_3 + m_4 + m_5 + m_6 + m_7 = 1$$

④ 이웃 최소항을 서로 곱하면 0이 되고, 최대항을 서로 더하면 1이 된다.

$$m_2 \cdot m_4 = (\overline{A}B\overline{C}) = (A\overline{BC}) = 0$$

$$M_2 \cdot M_4 = (A+\overline{B}+C) + (\overline{A}+B+C) = (A+\overline{A}) + (\overline{B}+B) + (C+C) = 1$$

예제 1 F = A+$\overline{B}$C를 최소항으로 변환하는 식으로 표시하라.

(풀이)

$$A = A(B + \overline{B}) = AB + A\overline{B}$$

$$A = AB(C + \overline{C}) + A\overline{B}(C + C)$$

$$= ABC + AB\overline{C} + A\overline{B}C + A\overline{B}\,\overline{C}$$

$$\overline{B}C = \overline{B}C(A + \overline{A}) = A\overline{B}C + \overline{A}\,\overline{B}C$$

$$\therefore F = A + \overline{B}C$$

$$= ABC + AB\overline{C} + A\overline{B}C + A\overline{B}\,\overline{C} + A\overline{B}C + \overline{A}\,\overline{B}C$$

5-2-2 논리 함수의 표준형(canonical form) 전개

논리 함수를 간소화시킬 때는 우선 진리표로부터 최소항과 최대항을 결정하고 그 다음에 출력 변수가 "1"일 때는 최소항들의 합을, 그리고 "0"일 때는 최대항들의 곱을 논리 함수로 표시하는 방법을 논리 함수의 표준형이라 한다.

표 5-2 진리표(Ⅰ)

10진수	A	B	C	출력 Z
0	0	0	0	1
1	0	0	1	0
2	0	1	0	0
3	0	1	1	1
4	1	0	0	1
5	1	0	1	1
6	1	1	0	0
7	1	1	1	0

〈표 5-2〉로부터 구한 최소항과 최대항은 다음과 같다.

$m_0 = \overline{A}\,\overline{B}\,\overline{C}$ $\quad M_1 = A + B + \overline{C}$

$m_3 = \overline{A}BC$ $\quad M_2 = A + \overline{B} + C$

$m_4 = A\overline{B}\,\overline{C}$ $\quad M_3 = \overline{A} + \overline{B} + C$

$m_5 = A\overline{B}C$ $\quad M_7 = \overline{A} + \overline{B} + \overline{C}$

이때 최소항(product term)의 합으로 나타낸 형을 SOP(sum of product)라 하고, 최대항(sum term)의 곱으로 나타낸 형을 POS(product of sum)이라고 한다.

다음은 표준형으로 전개된 표준식이다.

① SOP : $Z = m_0 + m_3 + m_4 + m_5 = (0,3,4,5)$

② POS : $Z = M_1 \cdot M_2 \cdot M_6 \cdot M_7 = TT(1,2,6,7,)$

위의 출력을 나타내는 표준식으로부터 동일한 결과를 얻는 논리식을 만들 수 있으며, 이것을 간략화하여 간단한 게이트 회로를 만들 수 있는 것이다.

예제 2 〈표 5-3〉의 진리표로부터 출력과 관계되는 최소항과 최대항을 표시하고 SOP 표준식을 써라.

표 5-3 진리표(II)

10진수	입력			출력(Z)	최 소 항	최 대 항
	A	B	C			
0	0	0	0	0		
1	0	0	1	1	$m_0 = \overline{AB}C$	$M_0 = A+B+C$
2	0	1	0	1	$m_2 = \overline{A}B\overline{C}$	
3	0	1	1	0		$M_3 = A+\overline{B}+\overline{C}$
4	1	0	0	0		$M_4 = \overline{A}+B+C$
5	1	0	1	0	$m_6 = AB\overline{C}$	$M_5 = \overline{A}+B+\overline{C}$
6	1	1	0	1		$M_7 = \overline{A}+\overline{B}+\overline{C}$
7	1	1	1	0		

(풀이)

SOP 표준식 : Z

이 예제에서 보는 바와 같이 n개의 변수로 이루어진 어떤 논리 함수이건 OR, AND 및 NOT의 기본 논리 동작 외 몇 항으로 표현될 수 있으므로, 굳이 특수한 다른 논리 동작을 이용하여 표현할 필요는 없다.

5-2-3 불 대수에 의한 논리 회로망의 간략화

어떠한 조합 논리 회로망을 나타내는 함수이건 간단한 그 레벨의 기본 논리식으로 표현될 수 있고, 또 회로망으로도 나타낼 수 있음을 알아보았다. 그러나 대부분의 기본 논리식은 불대수를 이용하여 간략하게 축소될 수 있으며, 또 논리식을 논리 회로망으로 실현함에 있어 소요되는 논리 소자의 수도 마찬가지로 적어질 수 있는 것이다. 이와 같이 특정 논리 함수를 설명하는 논리식을 축소시키는 과정을 간략화 또는 최소화 과정이라고 하는데, 이러한 간략화과정은 회로망에 사용되는 논리 소자의 동작 특성 및 가격문제 등으로 인하여 매우 다양하고 복잡하다.

〈표 5-4〉의 진리표로 주어지는 논리 함수를 예를 들어 간략화 해보자.

우선, SOP 표준식을 써서 나타내면

$$\begin{aligned} Z &= m_0+m_1+m_4+m_5+m_7 \\ &= \overline{A}\,\overline{B}\,\overline{C}+\overline{A}\,\overline{B}C+A\overline{B}\,\overline{C}+A\overline{B}C+ABC \\ &= \overline{A}\,\overline{B}+A\overline{B}+AC \\ &= \overline{B}+AC \end{aligned}$$

이 되고 다음에 POS 표준식을 써서 간략화 시키면 다음과 같다.

$$\begin{aligned} Z &= M_2 \cdot M_3 \cdot M_6 \\ &= (A+\overline{B}+C)(A+\overline{B}+\overline{C})(\overline{A}+\overline{B}+C) \\ &= (A+\overline{B})(\overline{B}+C) \\ &= \overline{B}+AC \end{aligned}$$

표 5-4 진리표(Ⅲ)

A	B	C	Z
0	0	0	1
0	0	1	1
0	1	0	0
0	1	1	0
1	0	0	1
1	0	1	1
1	1	0	0
1	1	1	1

이 두 식을 모두 불 대수의 정리와 법칙을 적용시켜 간략화 시킨 논리식이다.

5-3 MAP에 의한 간소화

불 함수를 대수적 방법으로 간단히 표시하는 것은 제2장에서 이미 배웠으나 불 함수를 디지털 논리 게이트를 사용하여 실현하는 것은 매우 복잡하고 다양하다. 이러한 불 함수를 최소화하는데 간단하고 이해가 빠를 방법이 도형을 이용한 MAP 방식이다.

이 방법은 진리표의 내용을 그림 모양으로 나타낸 것이며, 논리 함수를 집합으로 구분하여 표시한 벤 다이어그램(Venn diagram)을 확장한 것이다. 이 MAP 방법은 비치(Veitch)에 의해 제안되었으나 카르노(Karnaugh)가 발전시켰다. 따라서 이 도법을 비치 다이어그램 또는 카르노도(Karnaugh MAP)라고 하는데, 이 도법을 여러 개의 네모로 된 최소항(minterm)의 집합 형태로 표현할 수 있으며, 이들이 차지하는 면적으로 나타낼 수도 있어 문자수가 가장 적은 합의 곱형이나, 곱의 합형으로 간소화시켜 표현할 수가 있는 것이다.

5-3-1 카르노도의 작성

[그림 5-2]는 2개의 변수를 갖는 도법 표현 방식을 나타낸 것이다. 그림 (a)는 최소항으로 그림 (c)는 두 변수에 대한 벤 다이어그램으로 나타낸 것이다.

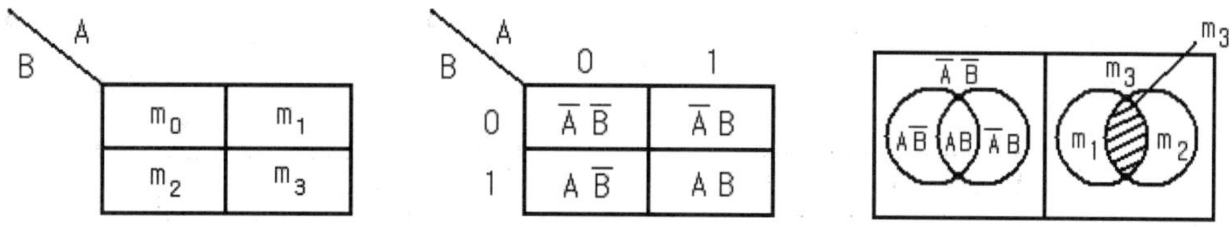

(a) 최소항 표시도 (b) 적항 표시도 (c) 벤 다이어그램

그림 5-2 2변수의 도법 작성법

다시 말하면 4각형 밖에는 두 개의 입력 변수(A, B)를 표시하고, 4각형 내에 있는 4개의 최소항은 출력 변수로 나타낸다. 일반적으로 2진수는 "1"과 "0"으로 표시되나 두 개의 칸으로 구성된 같은 레벨 군(group)을 비치 도법으로 표시한 것이 [그림 5-3]이다.

그림 (a)와 (c)는 "1"로 구성된 논리군을, 그림 (b)와 (d)에서는 논리군 "1"이 차지하는 면적을 표시하는 것이다. 다음에는 변수의 수에 따른 진리표로부터의 카르노도법 표시와 그 방법에 대한 규칙을 알아보기로 하자.

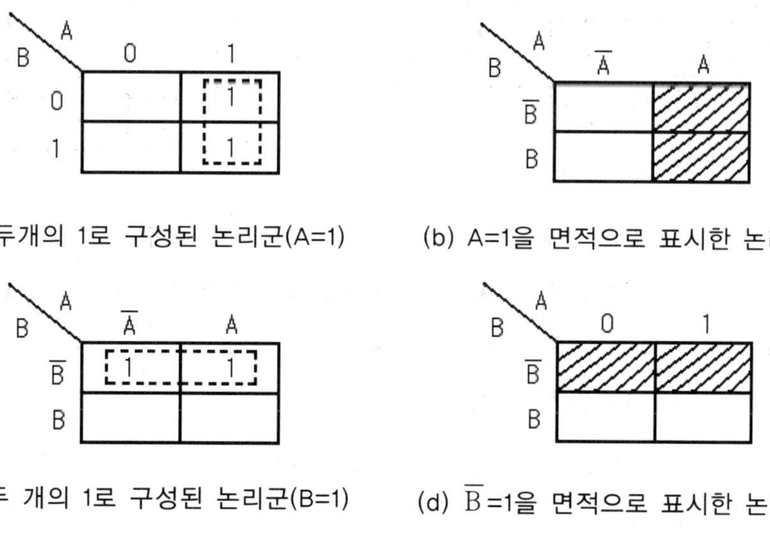

(a) 두개의 1로 구성된 논리군(A=1) (b) A=1을 면적으로 표시한 논리군

(c) 두 개의 1로 구성된 논리군(B=1) (d) $\overline{B}$=1을 면적으로 표시한 논리군

그림 5-3 비치도법으로 표시한 논리군

가. 변수의 수에 따른 카르노도 표시법

[그림 5-4]는 변수에 따른 카르노도법을 표시한 것이다. 각 변수에 따라 문자로 표시한 적항과 "1"과 "0"으로 표시한 최소항과 같은 내용의 카르노도이다. 그리고 4변수의 4각형 안에 괄호로 묶은 10진수는 2진수의 크기와 같고, 각 칸의 순서에 해당되므로 진리표로부터 도법을 작성할 때 이용하면 편리하다.

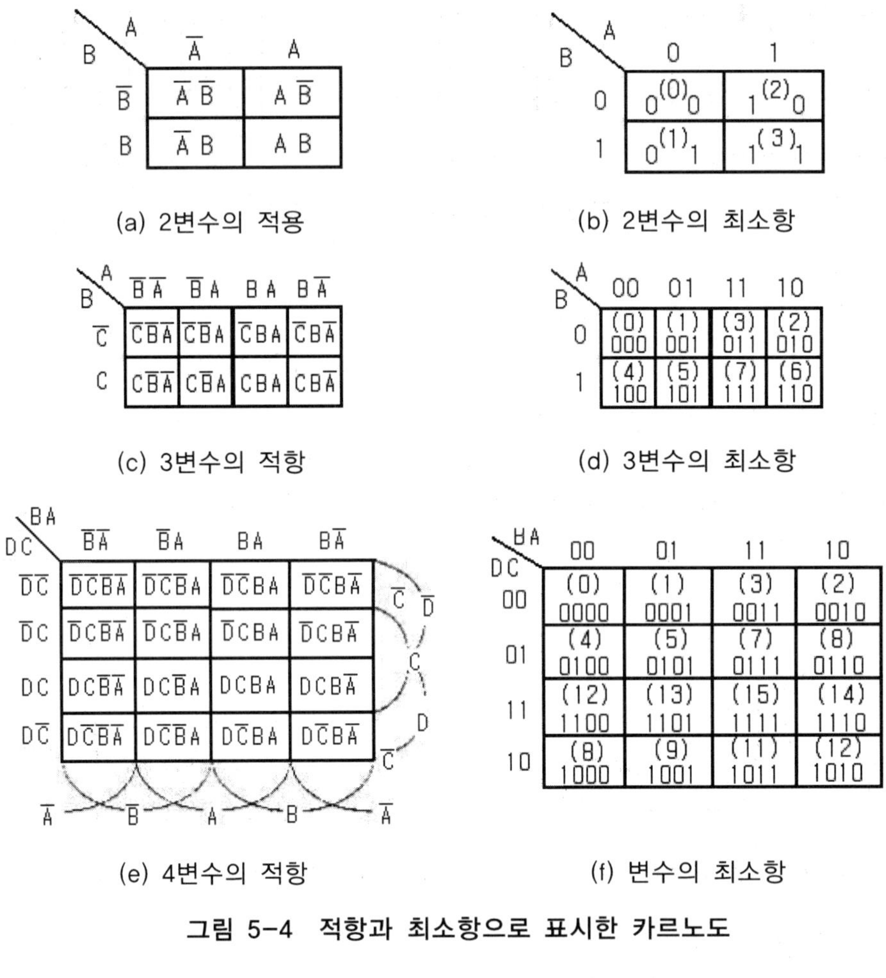

(a) 2변수의 적용　(b) 2변수의 최소항

(c) 3변수의 적항　(d) 3변수의 최소항

(e) 4변수의 적항　(f) 변수의 최소항

그림 5-4 적항과 최소항으로 표시한 카르노도

나. 카르노도법을 이용한 논리 함수의 간략화

주어진 진리표로부터 최소화된 적항의 합(Sum of product)의 함수를 얻기 위해서는 출력 변수가 "1"인 것만의 적항을 취해 모두 합치면 논리식을 쉽게 얻을 수 있다. 그러나 이 논리식은 너무 길고 복잡하므로 카르노도에 표시하여 간략화 시키는 규칙에 따르면 매우 간단한 논리 함수를 얻을 수 있다. 이때 “0”의 출력 변수항은 복잡하므로 표시 할 필요가 없고 다음의 규칙에 따르면 된다.

① 1로 표시된 최소항이 서로 인접하여 있을 때, 횡 또는 열에 이웃하는 1의 수를 2개, 4개, 8개씩 한 군으로 묶어서 적항으로 표시한다. 즉, 가능한 한 결속시키는 범위를 크게 한다.
② 1의 항을 결속시킨 루프(loop) 수가 최소가 되도록 한다.
③ 1의 항에 인접된 항이 없으면 독립된 항으로 표시한다.
④ 1의 항이 두 개의 루프에 중복되어 있을 때는 중복되어 있는 상태로 논리식을 표시한다.
⑤ 마지막으로 각 루프의 적항을 논리화로 표시한다.

예를 들어 2변수와 3변수에 대한 카르노도로부터 논리식을 구해보면 [그림 5-5, 5-6]과 같다.

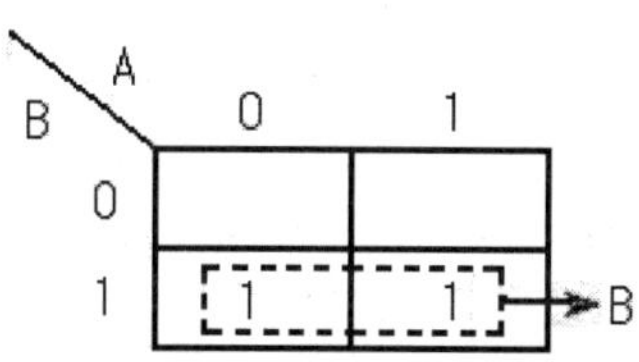

(1) $AB+A\overline{B}=B$

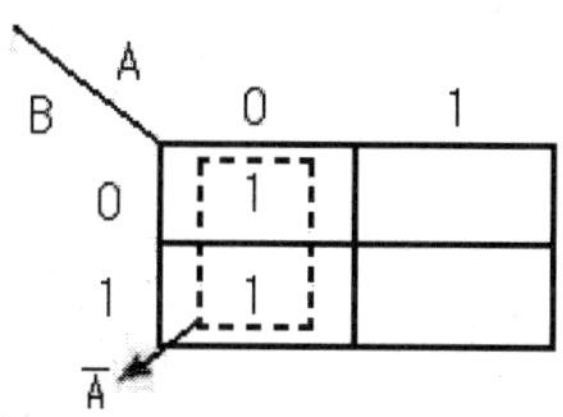

(b) $\overline{A}\,\overline{B}+\overline{A}B=\overline{A}$

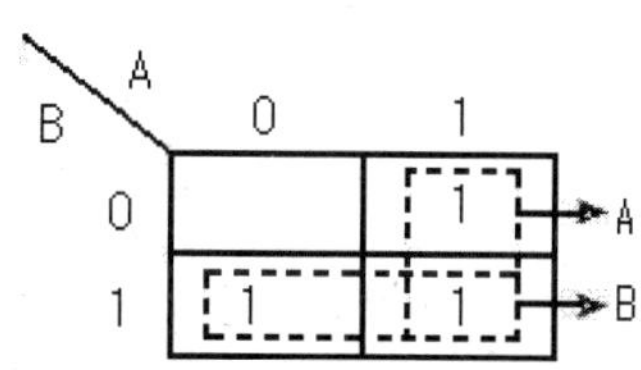

(c) $A+\overline{A}B=A+B$

그림 5-5　2변수 논리식의 간소화

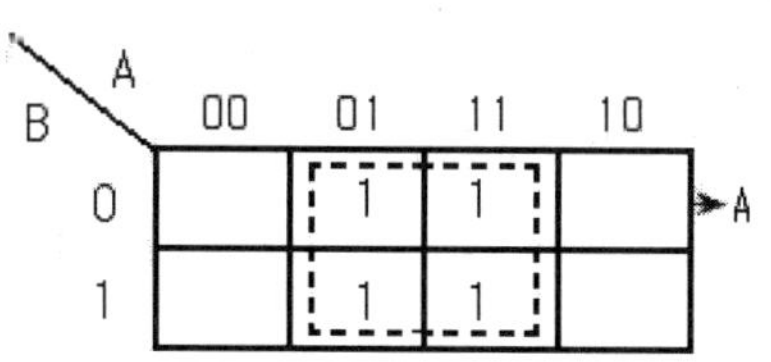

(a) $A\overline{B}\,\overline{C}+A\overline{B}C+AB\overline{C}+ABC=A$

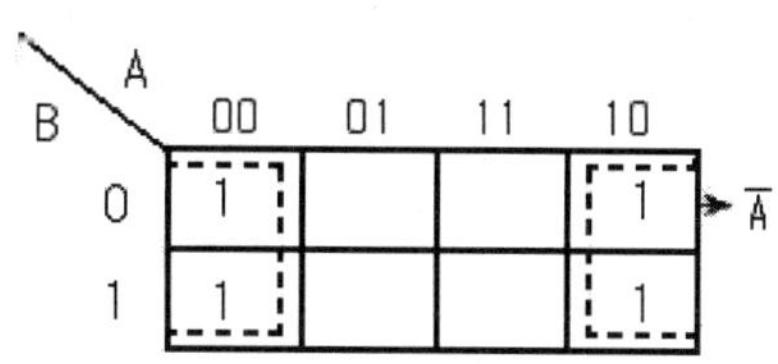

(b) $\overline{A}\,\overline{B}\,\overline{C}+\overline{A}\,\overline{B}C+\overline{A}B\overline{C}+\overline{A}BC=\overline{A}$

그림 5-6　3변수 논리식의 간소화

[그림 5-7]은 4변수의 논리 함수를 간략화 하는 것을 보여 주는데 1개씩 묶으면 4변수, 2개씩 묶으면 3변수, 4개씩 묶으면 2변수, 그리고 8개씩 묶으면 1변수로 된 논리식을 얻을 수 있다.

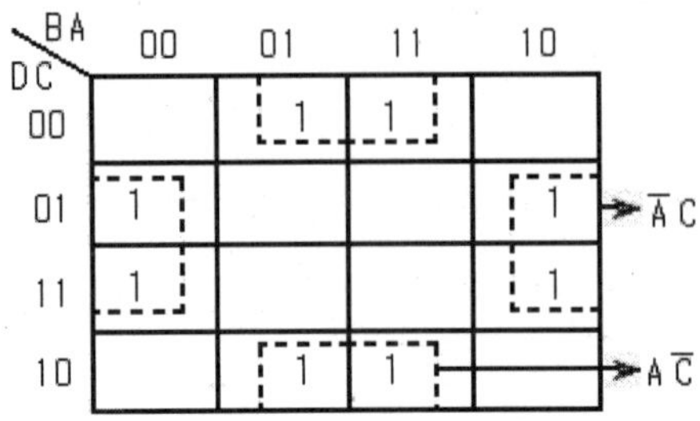

(a) $f(A,B,C,D) = \overline{A}C + A\overline{C}$

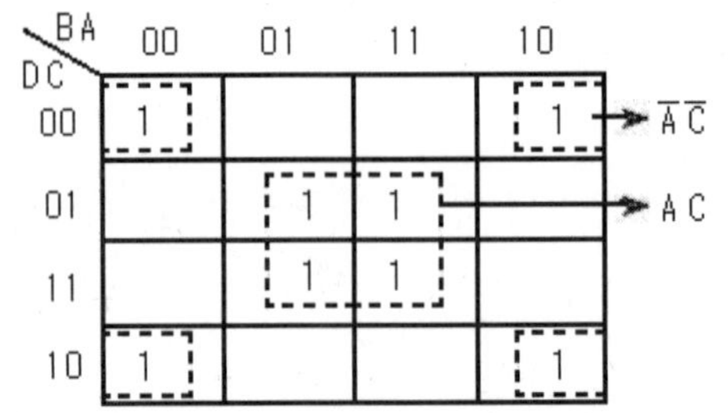

(b) $f(A,B,C,D) = AC + \overline{A}\,\overline{C}$

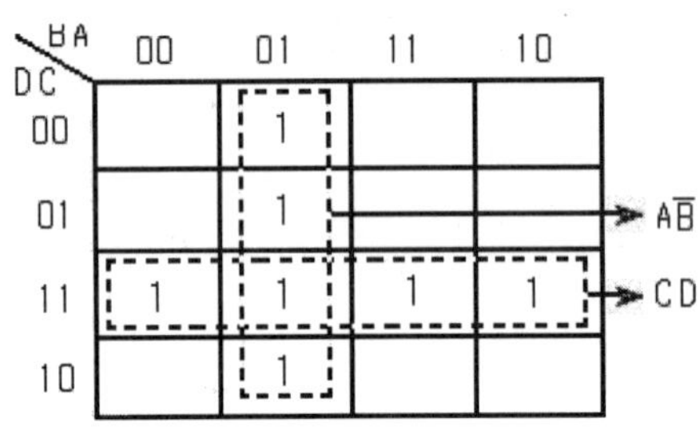

(c) $f(A,B,C,D) = A\overline{B} + CD$

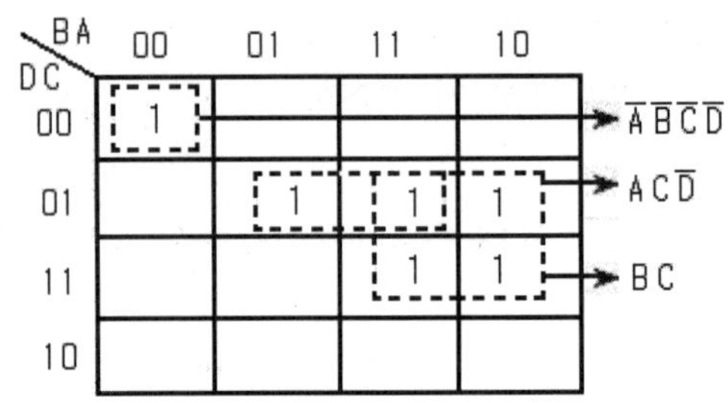

(d) $f(A,B,C,D) = \overline{A}\,\overline{B}\,\overline{C}\,\overline{D} + AC\overline{D} + BC$

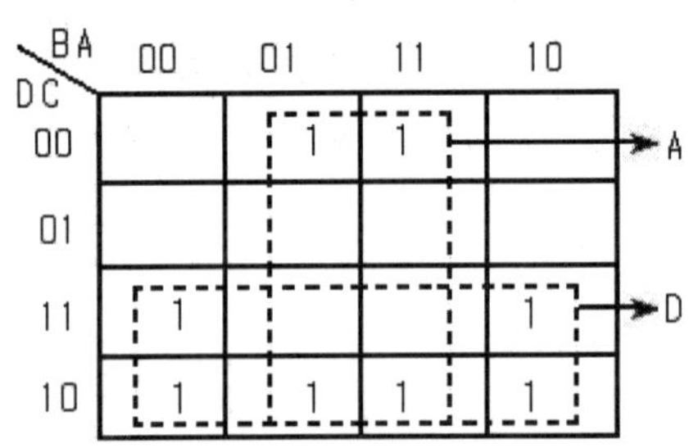

(e) $f(A,B,C,D)A = A + D$

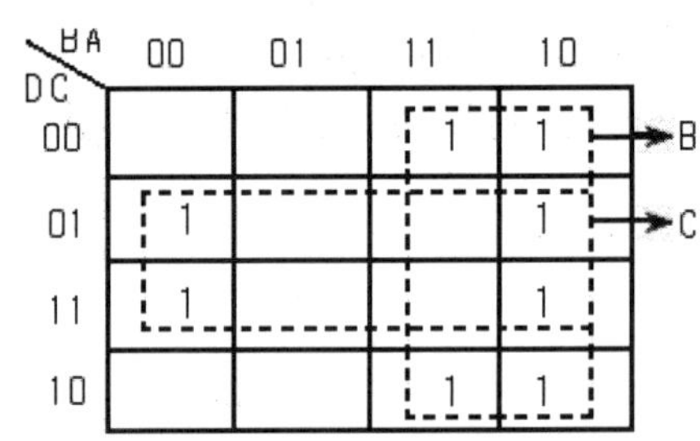

(f) $f(A,B,C,D) = B + C$

그림 5-7 4변수의 논리식의 간소화

예제 3 각 카르노도에 대한 논리식을 간략화하여 기록하여라.

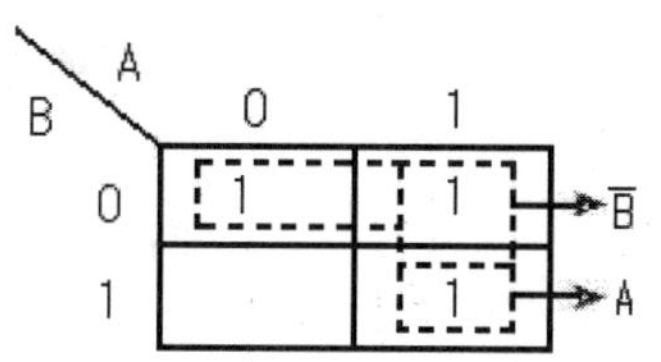

(풀이) $Z = A + \overline{B}$

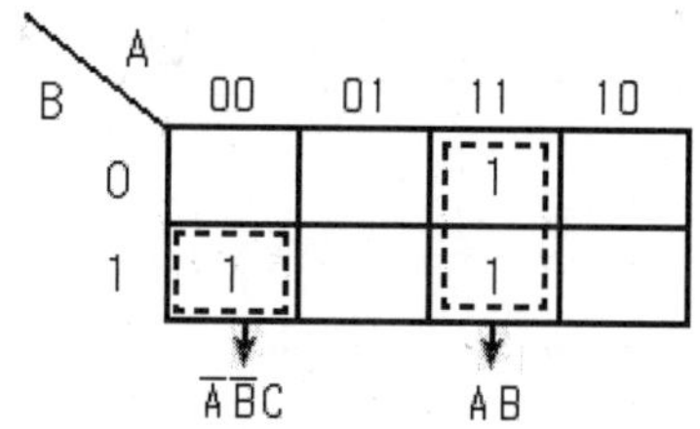

(풀이) $Z = AB + \overline{A}\overline{B}C$

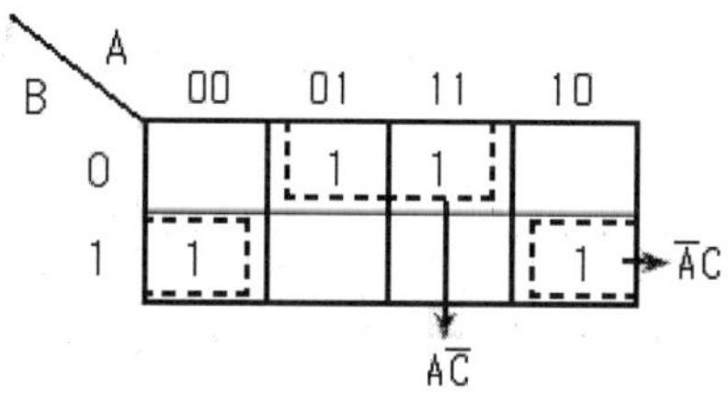

(풀이) $Z = A\overline{C} + \overline{A}C$

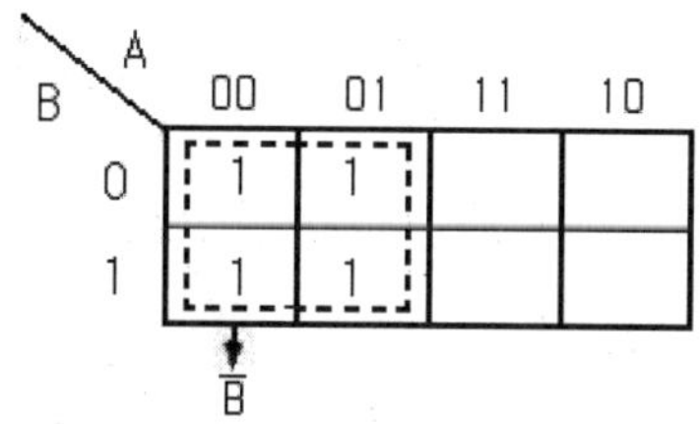

(풀이) $Z = \overline{B}$

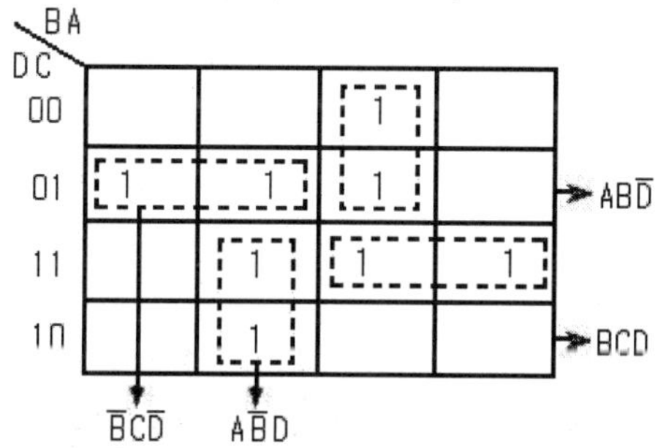

(풀이) $Z = AB\overline{D} + A\overline{B}D + BCD + \overline{B}C\overline{D}$

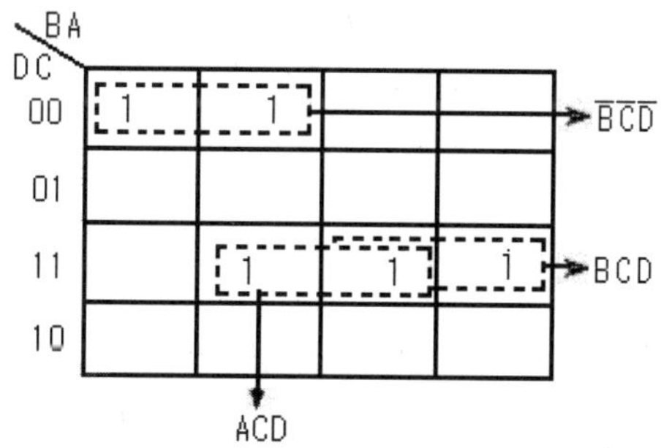

(풀이) $Z = ACD + BCD + \overline{B}\overline{C}\overline{D}$

예제 4 다음 불 대수식을 카르노도법을 사용하여 간략화 시켜라.

① $Z = A\overline{B}C + \overline{A}\,\overline{B}C + \overline{A}B\overline{C} + AB + \overline{A}B$

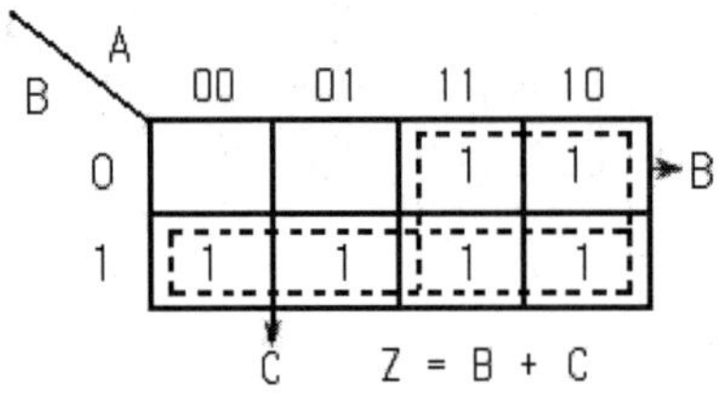

② $Z = A\overline{B} + \overline{A}\,\overline{B} + B\overline{C}$

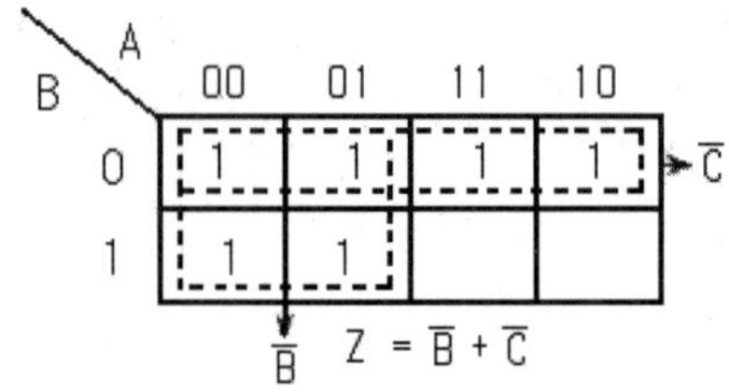

③ $Z = ABCD + \overline{A}\,\overline{B}CD + A\overline{B}D + \overline{B}\,\overline{C}D + \overline{A}BC$

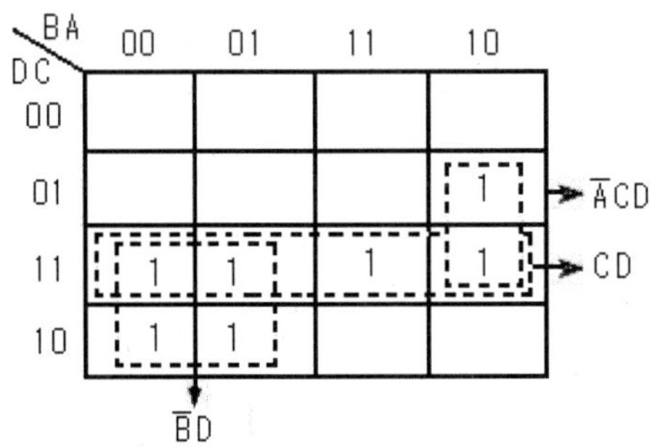

$Z = \overline{A}BC + \overline{B}D + CD$

④ $Z = ABC + A\overline{B}\,\overline{C} + AB\overline{C} + A\overline{B}C + \overline{A}BC$

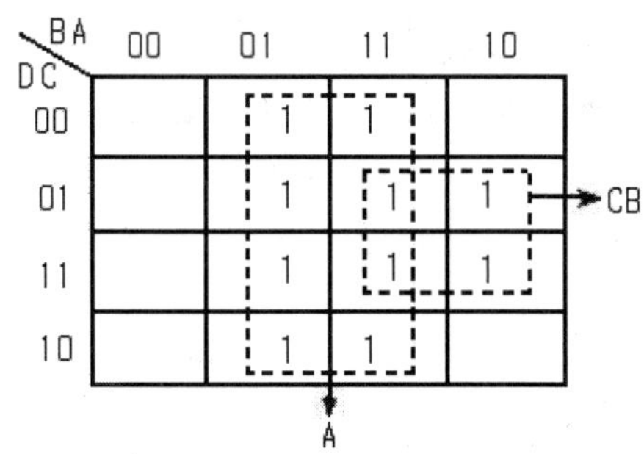

$Z = A + BC$

한편, 4변수 이상의 MAP을 사용하기는 간단하지 않다. 5변수의 MAP은 32개의 네모꼴이 필요하며 6변수의 MAP은 64개의 네모꼴(셀)이 필요하다. 변수의 수가 커지면 네모꼴의 수는 지나치게 커지고 인접한 네모꼴(셀)을 결합하는 기하학이 더욱 복잡해진다.

수의 MAP을 [그림 5-8]에 나타내었다. 이것은 A, B, C, D, E의 변수들을 갖는 2개의 4변수 MAP으로 구성되며, 변수 A에 따라서 2개의 MAP이 그림과 같이 구별될 수 있다. 왼쪽의 4변수 MAP은 A=0에 속하고, 최소항 16에서 31은 A=1에 속한다. 각각의 4변수 MAP은 이미 정의된 바 있는 인접의 특성을 제각기 유지한다. 그리고 A=0인 MAP에서의 각 셀은 A=0인 MAP의 해당되는 위치의 셀이 인접된다. 예를 들면, 최소항 4는 최소항 20과, 최소항 15는 최소항 31에 입접한다. 인접한 셀드에 이 새로운 법칙을 나타낼 수 있는 가장 좋은 방법은 2개의 반족 MAP을 다른 것의 하나로, 생각하는 것이다.

즉, 서로 포개어지는 위치에 있는 두 셀은 인접항이라고 간주할 수 있다. 5변수 MAP에서 사용하였던 절차를 따르면 4개의 4변수 MAP으로 64개의 셀이 있는 6변수 MAP을 구성할 수 있다. 6개 또는 그 이상의 변수를 갖는 MAP들은 너무나 많은 셀을 필요로 하므로 사용하는 것이 실질적이지 못하다. 그 대안은 큰 수를 변수를 불 함수의 단순화를 쉽게 할 수 있도록 짜여진 컴퓨터 프로그램을 사용한다.

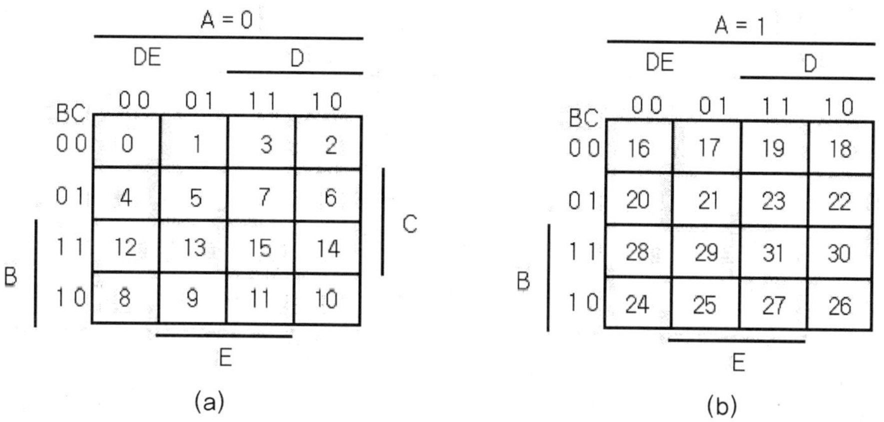

그림 5-8 5변수의 MAP(Ⅰ)

예를 들어, F(A, B, C, D, E)=Σ(0, 2, 4, 6, 9, 13, 21, 23, 25, 29, 31)의 함수를 간략화하면 다음과 같이 된다. 이 함수의 5변수 MAP은 [그림 5-9]와 같다.

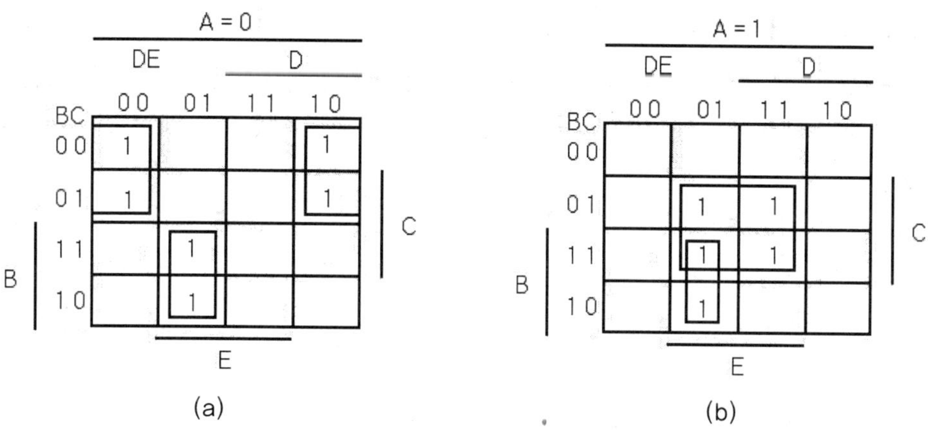

그림 5-9 5변수의 MAP(Ⅱ)

여기서 0에서부터 15까지의 6개의 최소항은 A=0인 MAP에 속하고, 다른 5개의 최소항들은 A=1에 속한다. A=0인 MAP 4개의 인접한 셀은 3변수 A' B' E'로 결합된다. 그 항에 A'를 포함하는 그 셀들이 A=0과 관련이 있기 때문에 필요하다. 열 01 안의 마지막 2행의 2개의 셀들은 MAP의 양 부분과 공통이다. 그러므로 4개의 인접한 셀을 구성하고 3변수의 B D' E로 나타내어진다. 여기서 변수 A가 포함되지 않은 것은 셀이 A=0과 A=1 모두에 속하기 때문이다. 한편 ACE항은 A=1안에 완전히 포함되는 4개의 인접한 셀들로부터 얻어진다. 결과적으로 단순화(간략화)된 함수는 이를 3개항의 논리적 합이다.

$$F=A'\ B'\ E'\ +B'D'E+ACE$$

다음은 무관계조건(don't care condition or redundancy)에 대하여 알아보기로 하자. MAP에서 1과 0은 그 함수를 1이나 0으로 각각 만드는 변수들의 조합을 나타낸다. 이 조합은 보통 함수들이 1이 되는 조건을 나열한 진리표에서 구할 수 있다. 함수들은 그 밖의 모든 다른 입력 조건하에서는 0과 같다고 가정하였다. 그러나 어떤 입력 변수들의 조합은 결코 발생하지 않는 경우가 있어서 그 위 가정(나머지는 모든 다른 조건하에 함수가 0이라는 조건)이 항상 성립하지는 않는다. 예를 들어 4비트 10진 코드에서 6개의 조합(1111, 1110, 1101, 1100, 1011, 1010)이 사용되지 않는 것과 같다. 이 10진 코드를 사용하는 어떤 디지털 회로라도 시스템이 정상적으로 가동하는 한, 이 미사용 조합이 발생하지 않는다는 가정하에 동작한다. 결과적으로 그들 미사용 조합이 결코 발생하지 않도록 보증하였기 때문에, 그들 입력 변수의 조합들에 대한 함수 출력이 무엇이든(1이든 0이든) 무관하다는 것이다. 이 무관 조건들은 함수를 더 간소화 하는데 사용할 수 있다.

무관계조건은 함수가 그런 입력 조합에 대해서 항상 1이라는 이유 때문에 MAP에서 1로 표기할 수 없다는 것을 인식해야한다. 또, 함수가 미사용 입력 조합에 대해서 0이 요구된다하여 0으로 MAP에 표기할 수는 없다. 그러므로 무관계조건을 1이나 0들과 구별하기 위하여 x(dont' care)라는 기호를 쓴다.

함수를 간소화하기 위해 인접 사각형의 조합을 선택할 때, 우리는 x를 가장 간단한 표현을 얻을 수 있도록, 1이나 0으로 사용할 수도 있고 또는 단순화 과정에서 보다 큰 면적을 한데 묶는데 기여하지 않으면 전혀 쓰지 않을 수도 있다.

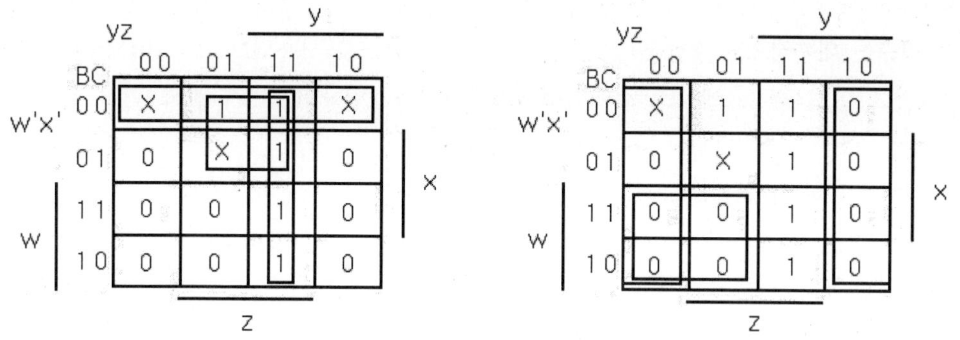

(a) 1과 X를 묶어서 F=w'z + yz (b) 0과 X를 묶어서 F=z(w'+y)

그림 5-10 무관계조건을 사용한 예

예를 들어 다음 불 함수 F(W, X, Y, Z)=Σ(1, 3, 7, 11, 15)와 무관계조건은 d(W, X, Y, Z)=Σ(0, 2, 5)이다. 식을 간단히 하면 다음과 같다.

식에서 F의 최소항은 함수 F를 1로 만드는 변수들의 조합이며, D는 최소항이 결코 일어나지 않는 무관계조건이다. [그림 5-10]에 간략화 과정이 나타나 있다. 그림 (a)에서 1과 X는 최대한의 인접 사각형들을 묶을 수 있도록 편리한 방법으로 짰다. 문관계 조건항 X를 모두 다 사용할 필요는 없으며, 항을 간단히 하는데 유용한 만큼만 사용하면 된다.

그림 (a)에서는 하나의 X를 사용했고 나머지는 2개의 X는 사용하지 않았으며 곱의 합형으로 함수를 간소화 하였다.

$$F = w'z+yz$$

그림 (b)에서는 함수의 보수를, 0과 X를 적당히 한데 묶어 간단히 하였다. 최선의 결과가 그림에 표시된 바와 같이 2개의 X를 포함시켜 얻어졌다. 이 보수화된 함수는 다음과 같다.

$$F = z'+wy$$

다시 보수를 취하면 합의 곱형의 함수를 얻을 수 있다.

$$F = Z(w'+Y)$$

위에서 두 가지 방법으로 얻은 결과는 같다. 무관 조건이 포함되었을 때는 이것이 항상 옳은 것은 아니다. 사실상 X가 1과 묶을 때 사용되고 또 0으로 묶을 때도 쓰여진다면 결과적으로 나온 두 함수는 대수적으로 같을 수가 없다. 그림(a)에서는 1로 사용되고 그림 (b)에서는 0으로 사용되었다 만일 그림 (a)에서 w'z 대신에 w'x'를 선택하였다면 F는 다음과 같이 된다.

$$F=w'x'+yz$$

그러나 이는 합의 곱형으로 얻어진 수식과 대수적으로 일치하지가 않는데, 그 이유는 첫 번째 경우에는 X가 1로 묶여지고, 두 번째 경우에는 0으로서 묶어졌기 때문이다.

또, 이 예에서는 최소수의 문자로 된 표현이 꼭 단 한가지만은 아니라는 사실을 보여주고 있다. 이런 경우는 때때로 설계자에게 같은 개수의 문자로 된 2개항 중에서, 선택하는 어려움을 안겨 주기도 한다.

5-3-2 테이블(tabulation method)을 이용한 논리 함수의 간소화

테이블 이용법은 Quine-mccluskey 방법이라고도 하는데, 변수가 5개나 6개를 넘으면 도표 이용법은 이용자의 선택에 따라 결과가 좌우될 수 있으므로 시행착오를 범할 수가 있지만, 이것은 불 함수에 대한 간소화된 표준형을 표시하도록 단계적인 절차에 따라 결과가 얻어지게 되어 있다. 이 방법은 AB+AB=a의 관계에 기초를 두며 여기서 B는 1의 변수만을 뜻한다. 간소화 절차는 다음과 같다.

① 최소화 하려는 함수를 표준형 SOP형식으로 표시한다.
② 모든 적항(敵港)을 검사하면서 AB+AB=A 의 관계에 의하여 여러 번 축소하여 옮겨 기입한다. 이때 간소화된 새로운 적항은 원래의 항에 비하여 1개의 변수가 적어진다.
③ 간소화된 변수의 자리에는 "_"를 기입한다.
④ 새로 얻어진, 즉 1개의 변수가 "-"로 바뀐 적항에 대해 다시 ②의 절차를 행한다.

모든 적항에 대하여 더 이상 축소할 수 없게 되어 남은 것은 피간소화 함수의 연합으로 얻어진 것으로서, 기초 함축 함수(Primeimplicant : PI)가 된다.

테이블 방법의 이점은 주어진 함수에서 발생되는 모든 초기 PI(기초 함축 함수)를 사용함으로서 필요없이 중복될 수 있는 연산 기법의 단점을 보완 할수 있다. 가능한 모든 PI가 구해지면 주어진 함수의 최소형들이 만들어 진다.

표 5-5 진리표(Ⅳ)

10진수	A B C D	f(A,B,C,D)
0	0 0 0 0	1 m_0=A'B'C'D'
1	0 0 0 1	0
2	0 0 1 0	0
3	0 0 1 1	0
4	0 1 0 0	1 m_4=A'BC'D'
5	0 1 0 1	1 m_5=A'BC'D
6	0 1 1 0	1 m_6=A'BCD'
7	0 1 1 1	0
8	1 0 0 0	0
9	1 0 0 1	0
10	1 0 1 0	0
11	1 0 1 1	1 m_{11}=AB'CD
12	1 1 0 0	1 m_{12}=ABC'D'
13	1 1 0 1	1 m_{13}=ABC'D
14	1 1 1 0	1 m_{14}=ABCD'
15	1 1 1 1	1 m_{15}=ABCD

〈표 5-5〉에 주어진 진리표로부터 만들어진 SOP를 기록하면 다음과 같다.

f(A, B, C, D) = A B C D + A B C D +A B CD ABCD +ABCD+ABC D
+ABCD+ABCD+ABCD

함수 f(A,B,C,D)에서 1개의 변수만이 다른 모든 적항 내의 그 변수를 생략하여 동일하게 만든다. 즉, A B C D와 A B C D의 2개의 항은 A-CD로 간소화되며, 빈자리 "-"는 그 변수가 생략되었음을 뜻한다. 이와 같이하기 위해여 적항을 A→1, A→0으로 표시하는 특별한 표를 작성한다. 이때, 우선 첫째 줄에는 "1"이 전현 포함되지 않는 항을, 두 번째 줄에는 "1"이 1개 포함된 항들을 ,세 번째 줄에는 "1"이 2개 포함된 항들을, 네 번째 줄에는 "1"이 3개 포함된 항들을, 마지막에는 모든 변수가 "1"인 항을 〈표 5-6〉과 같이 나열한다.

표 5-6 간소화 제1단계

적항(product)	1과 0의 표시
A B C D	0 0 0 0 행에 1이 없음
A B C D	0 1 0 0 행에 1이 1개
A B C D	0 1 0 1 행에 1이 2개
A B C D	0 1 1 0 행에 1이 2개
A B C D	1 1 0 0 행에 1이 2개
A B C D	1 0 1 1 행에 1이 3개
A B C D	1 1 0 1 행에 1이 3개
A B C D	1 1 1 0 행에 1이 3개
A B C D	1 1 1 1 행에 1이 4개

AB+AB=A의 관계를 모든 적항에 대해서 적용하는 대신 인접 적항(1개의 변수가 다른 것) 사이에서만 적용하면 된다. 만약, 2개의 행이 결합된다면 1개의 열이 서로 다르게 된다. 즉, 1개의 행 중 1개의 열이 "1"이라면 다른 행의 같은 열은 "0"이 되어야 한다. 2개의 행을 묶어 간소화하는 과정은 다음과 같다.

0000
}→0- 00
0100

〈표 5-6〉은 〈표 5-5〉에 표시한 함수에 대한 제1단계 간략화 과정에서 이 기법을 적용하는 과정을 보여주고 있다.

〈표 5-7〉에서는 첫째 0000과 0100의 결합으로 0-00을 얻는다. 표에서 0000과 0100의 끝에 있는 "V"의 표는 그것들이 PI가 아니라는 뜻이다. 두 번째로 0100과 "1"이 2개 들어있는 행들과 결합시키다. 제1단계 간략화의 두 번째 행에 0100과 0101의 결합으로 얻어진 010-를 기입하여 같은 방법으로 0100과 1100에서 -100을 구하여 다음 행에 기입한다.

A+A=A

의 관계로부터 이미 결합에 사용되었던 행이라 하더라도 다시 다른 행과 결합시켜도 된다.

이와 같은 과정을 반복하여 〈표 5-7〉의 간략화 표를 작성한다.

이때 본래의 표에서 결합 표시 "V"가 없는 행이면 그것은 PI가 되고, 그 다음 단계의 간략화 과정으로 넘어간다. 이것이 끝나면 다시 1단계 간소화 방법에 따른다.

표 5-7 간소화 2,3단계

		제1단계 간소화		제2단계 간소화	
A B C D		A B C D		A B C D	
0 0 0 0	V	0 - 0 0	*	- 1 0 -	*
0 1 0 0	V	0 1 0 -	V	- 1 - 0	*
0 1 0 1	V	- 1 0 0	V	1 1 - -	*
0 1 1 0	V	0 1 - 0	V		
1 1 0 0	V	- 1 0 1	V		
1 0 1 1	V	- 1 1 0	V		
1 1 0 1	V	1 1 0 -	V		
1 1 1 0	V	1 1 - 0	V		
1 1 1	V	1 - 1 1	*		
		1 1 - 1	V		
		1 1 1 -	V		

예를 들면, 0-00과 01-0는 둘째와 셋째 변수가 다르므로 서로 결합할 수 없다. 그러나 -100과 -101은 결합하여 -01-로 간략화 된다. 즉, 2개의 행을 결합 시킬 때 "-"가 같은 위치에 있지 않으면 그들은 서로 결합할 수 없다.

〈표 5-7〉에서 예를 든다면 0-00은 다음 3개이 행 모두가 B의 자리에 "1"이 들어 있기 때문에 그들과 결합할 수 없으므로 PI가 된다. 이상의 과정에서 00-00과 1-11은 더 이상 결합될 수 없는 항들로써 PI가 되며 *표로 표시하였다. 마지막 3단계에서 얻어진 변수들은 서로 결합될 수 없으므로 PI가 된다.

[그림 5-11]은 MAP 방식을 이용하여 구해본 PI들이다.

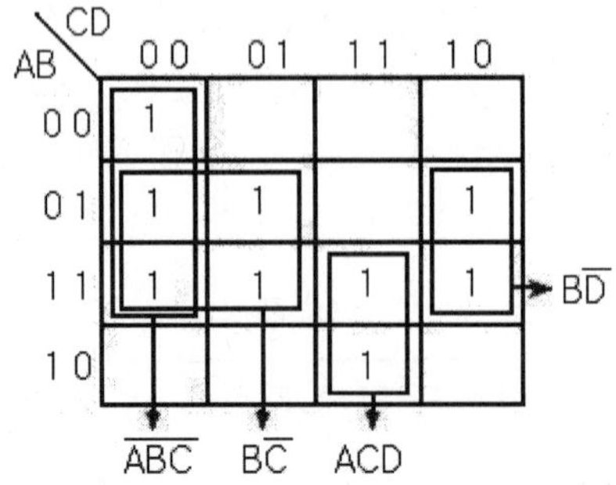

그림 5-11 도법에 의한 PI

〈표 5-7〉로부터 4개항의 PI를 구했으나 본래의 모든 적항을 만족시키는 PI를 골라내기 위해서는 선택표를 작성해야 한다.

〈표 5-8〉의 각 열은 원래 함수의 SOP에 포함되어 있는 최소항으로 각 형은 앞에서 구한 PI로 작성된다. 작성된 표에서 각 PI에 포함되는 최소항들을 찾아 서로 표차되는 칸에 "V" 표를 기입한다. 예를 들어 1100의 최소항은 -1-0, -10- 및 11--의 3가지 PI가 열에 포함된다.

표 5-8 선택표

최소항 \ PI	최 소 항								
	0000	0100	0101	0110	1011	1100	1101	1110	1111
* 0 - 0 0	V	V							
* - 1 - 0		V		V		V		V	
* 1 - 1 1					V				V
* - 1 0 -		V	V			V	V		
1 1 - -						V	V	V	V

〈표 5-8〉에 완성된 선택표를 작성했는데 다음과 같은 규칙에 따라 검토하면 착오를 방지하고 꼭 필요한 PI항을 결정할 수가 있다.

① "-"가 없는 PI에는 단 1개만의 최소항이 할당되며, "-"가 1개 있는 경우에는 2개의 최소항이, "-"가 2개인 경우에는 4개의 최소항이, 그리고 "-"가 NRO인 경우에는 2개의 최소항이 할당된다.

② 한 개 또는 두 개 이상의 최소항이 특정 PI에만 포함될 때 이를 필수 기초 함축 함수(essential prime implicant ; EPI)라고 하며, 표에 *로 표시해 놓았다. 앞에서 주어진 0-00, -1-0, 1-11과 -10-은 필수 PI이다.

③ 필수 PI도 아니고 무조건 소거 PI도 아닌 PI를 선택성 PI(eligible-PI)라고 하며, 주어진 함수를 최소화 논리 함수식으로 표시할 경우 이들 중 일부를 PI와 함께 사용되어야 한다.

④ 최소항이 모두 점검되고도 남아 있는 중복되는 PI는 무조건 소거되며, 앞의 예에서는 11--가 이에 속하는데 [그림 5-11]에도 표시되어 있다.

따라서 최종적으로 필수 PI로 얻어지는 논리 함수는 다음과 같이 도법에서 얻은 결과와 같다.

$$f(A, B, C, D) = A'C'D' + BC' + BD' + A'C'D'$$

예제 5 f(A, B, C, D) = 4Σ(0, 1, 2, 8, 10, 11, 14, 15)의 불 함수를 테이블 방식에 의해 간소화하여라.

(풀이)

1단계 : 0과 1이 일어있는 항을 구별하여 기록한다.

2단계 : 첫 번째 항과 두 번째 항을 차례로 결합시켜 PI를 구하여 기록한다.

3단계 : 2단계와 같은 방법으로 최종적인 필수 PI를 구하여 그들로 이루어지는 논리화로 표시한다.

〈표 5-9〉에서 * 표시가 되어 있는 항을 000-, -0-0과 1-1-이다. 따라서 구하는 함수는 $f(A, B, C, D) = A'B'C' + B'D' + AC$ 이다.

표 5-9 PI 결정 순서

10진수	1 단계	2 단계		3 단계	
	A B C D	결합	A B C D	결합(10진수)	A B C D
0	0000 V	0, 1	0 0 0 - *	0, 2, 8, 10	- 0 - 0 *
1	0001 V	0, 2	0 0 - 0 V	0, 8, 2, 10	- 0 - 0
2	0010 V	0, 8	- 0 0 0 V		
		2,10	- 0 1 0 V	10,11,14,15	1 - 1 - *
8	1000 V	8,10	1 0 - 0 V	10,14,11,15	1 - 1 -
10	1010 V	10,11	1 0 1 - V		
11	1011 V	10,14	1 - 1 0 V		
14	1111 V	10,15	1 - 1 1 V		
15	1111 V	14,15	1 1 1 - V		

5-4 코드 변환 논리회로

각종 코드를 상호 변환할 때는 카르노도를 이용하면 간단하게 논리 회로를 간략화 시킬 수 있다.

5-4-1 2421코드에서 BCD코드로 변환

〈표 5-10〉은 2421코드에서 BCD코드로 변환하는데 쓰이든 진리표이며 2421코드는 10진수의 0에서 9가지의 값이 되도록 각 자리에 비트의 값을 기혹한 것이다. 예를 들면, 1 0 1 1 의 2진수는 2, 2 및 1의 자리값이 각각 1이므로 해당되는 숫자인 2, 2, 1을 모두 합하면 5가 된다. 8421코드의 자리 비트와 비교하면 11이라는 값에 해당되며 2진수로는 0101과 동일한 값이 된다. 이것을 다시 쓰면 ABCD=1011D의 입력에 대한 출력은 WXYZ이 진리표로부터 카르노도를 그리면 출력측의 각 자리값에 해당되는 카르노도를 만들어서 간략화시켜야 한다.

표 5-10 2421코드와 8421코드를 진리표

10진수	2	4	2	1	10진수	8	4	2	1
	A	B	C	D		W	X	Y	Z
0	0	0	0	0	0	0	0	0	0
1	0	0	0	1	1	0	0	0	1
2	0	0	1	0	2	0	0	1	0
3	0	0	1	1	3	0	0	1	1
4	0	1	0	0	4	0	1	0	0
11	1	0	1	1	5	0	1	0	1
12	1	1	0	0	6	0	1	1	0
13	1	1	0	1	7	0	1	1	1
14	1	1	1	0	8	1	0	0	0
15	1	1	1	1	9	1	0	0	1

이 진리표로부터 최소항식을 이용하여 SOP 표준식과 논리식을 만들고 진리표에 해당사항이 없는 칸에는 돈 케어(don't care) d를 기록한다.(그림 5-12 참조)

$W = \Sigma(14,\ 15)$

$X = \Sigma(4,\ 11,\ 12,\ 13)$

$Y = \Sigma(2,\ 3,\ 12,\ 13)$

$Z = \Sigma(1,\ 3,\ 11,\ 15)$

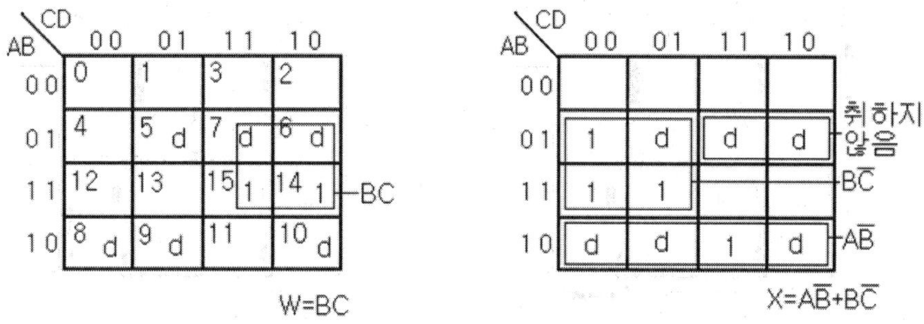

(a) W비트값 (b) X비트값

그림 5-12

5-4-2 BCD 8421코드에서 3초과 코드로 변환

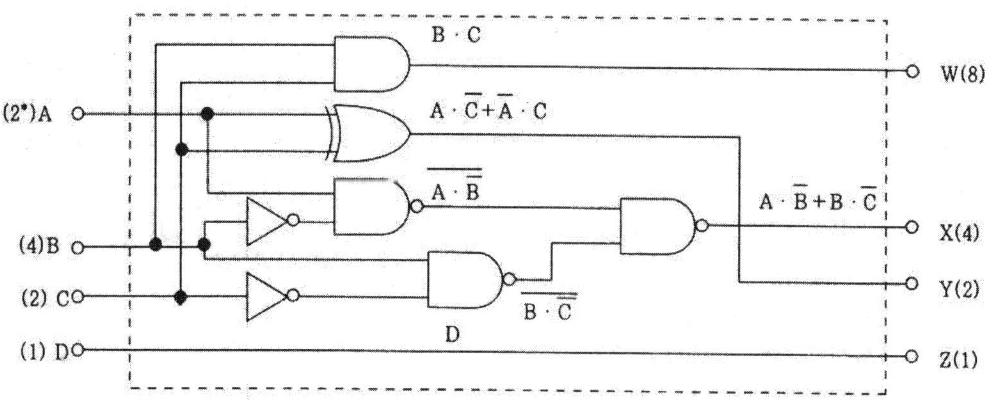

그림 5-13 2421 코드의 8421 BCD코드로의 변환 회로도

〈표 5-11〉은 BCD 코드와 3초과 코드를 상호 대응시킨 진리표이다. 이 진리표로부터 최소항을 이용하여 적의 합으로 나타내면 다음과 같다.

$W = \Sigma(5, 6, 7, 8, 9)$

$X = \Sigma(1, 2, 3, 4, 9)$

$Y = \Sigma(0, 3, 4, 7, 8)$

$Z = \Sigma(0, 2, 4, 6, 8)$

10진수에 해당되지 않는 곳의 카르노도에는 "d"를 기록하여 간략화 시킨다.

표 5-11 BCD코드와 3초과코드의 상관진리표

10진수	8	4	2	1	10진수	3초과 코드			
	A	B	C	D		W	X	Y	Z
0	0	0	0	0	3	0	0	1	1
1	0	0	0	1	4	0	1	0	0
2	0	0	1	0	5	0	1	0	1
3	0	0	1	1	6	0	1	1	0
4	0	1	0	0	7	0	1	1	1
5	0	1	0	1	8	1	0	0	0
6	0	1	1	0	9	1	0	0	1
7	0	1	1	1	10	1	0	1	0
8	1	0	0	0	11	1	0	1	1
9	1	0	0	1	12	1	1	0	0

[그림 5-14]는 카르노도를 그린 것이며 [그림 5-15]는 그 논리 회로도를 나타낸 것이다.

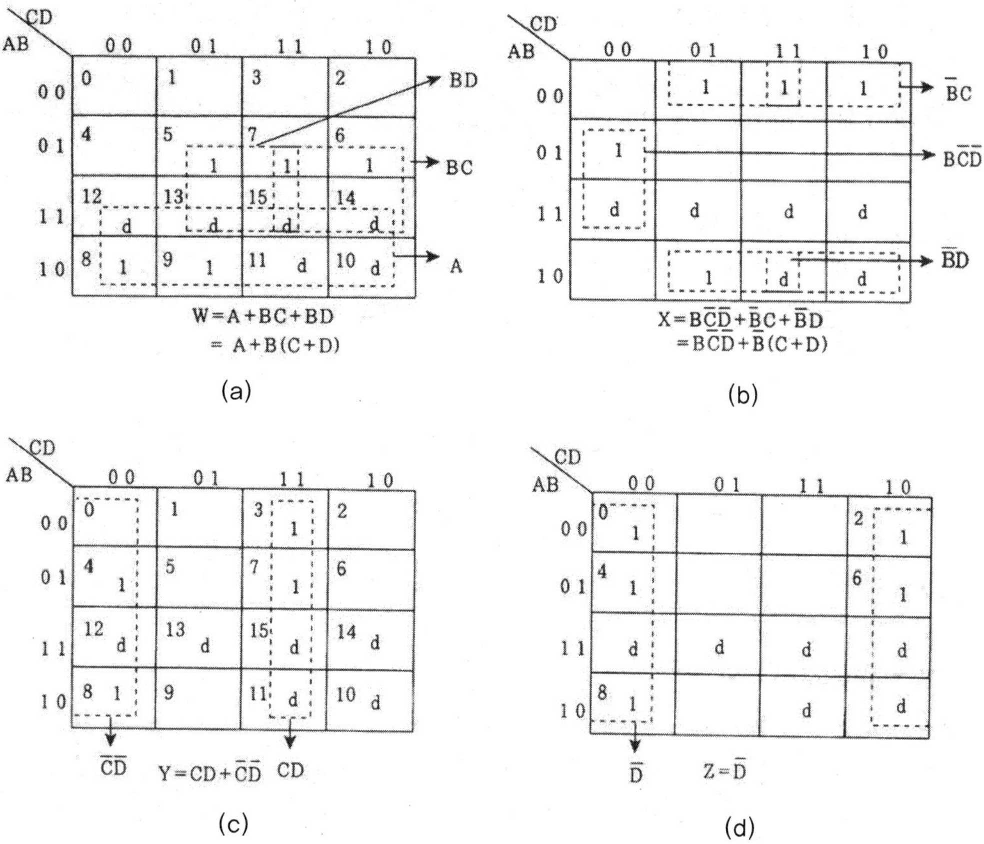

그림 5-14 8421 코드의 3초과 코드로의 변환도

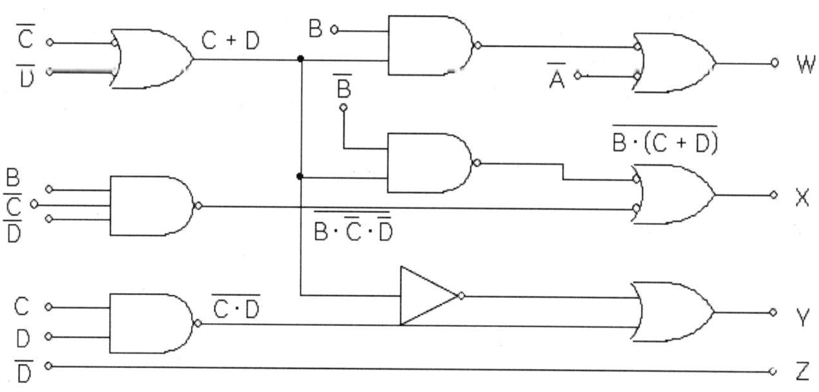

그림 5-15 BCD 8421코드를 3초과 코드로 변환시키는 논리 회로

5-4-3 BCD 코드에서 7세그먼트(segment) 표시용 코드로 변환

7세그먼트 표시 장치는 그 내부에 LED를 조합시킨 뒤 10진수의 숫자로 직접 볼 수 있게 만든 것이다.

논리 회로 인코더에서 산들어진 BCD(8542)값을 7개 출력선의 구동 신호로 변하여 등간의 10진수로 표시한다. [그림 5-16]은 7세그먼트 10진 표시기가 만드는 숫자를 표시하고 있다.

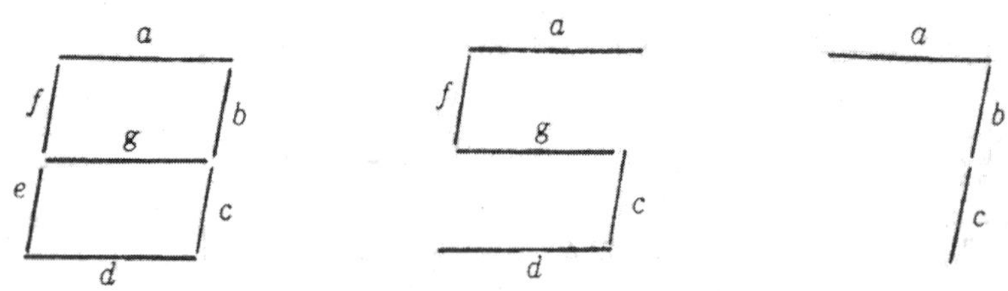

(a) 7개의 표시용 세그먼트 (b) 10진수 5의 표시 (c) 10진수 7의 표시

그림 5-16 7세그먼트 10진 표시기

〈표 5-12〉는 BCD코드와 7 세그먼트 표시용 코드의 상호관계를 표시한 것이다.

4개의 입력(A, B, C, D)과 7개의 출력 비트(a, b, c, d, d, f, g)로 되어 있으므로 7개의 출력 하나 하나에 대한 최소항의 곱의 합(SOP)을 만들어 카르노도에 표시하여 간략화 시키면 된다.

표 5-12 BCD 코드와 7세그먼트 코드의 관계

10진수	A	B	C	D	a	b	c	d	e	f	g
0	0	0	0	0	1	1	1	1	1	1	0
1	0	0	0	1	0	1	1	0	0	0	0
2	0	0	1	0	1	1	0	1	1	0	1
3	0	0	1	1	1	1	1	1	0	0	1
4	0	1	0	0	0	1	1	0	0	1	1
5	0	1	0	1	1	0	1	1	0	1	1
6	0	1	1	0	0	0	1	1	1	1	1
7	0	1	1	1	1	1	1	0	0	0	0
8	1	0	0	0	1	1	1	1	1	1	1
9	1	0	0	1	1	1	1	0	0	1	1

1 = 해당 시그먼트 ON, 0 = 해당 시그먼트 OFF

먼저 a열의 출력을 합하면 다음과 같다.

$$a=\Sigma(0,\ 2,\ 3,\ 5,\ 7,\ 8,\ 9)$$

이들 숫자에 해당되는 카르노도의 칸에 1을 써서 간략화 시키면 논리식이 얻어지는데 [그림 5-17]에 카르노도와 논리 회로도를 나타내었다.

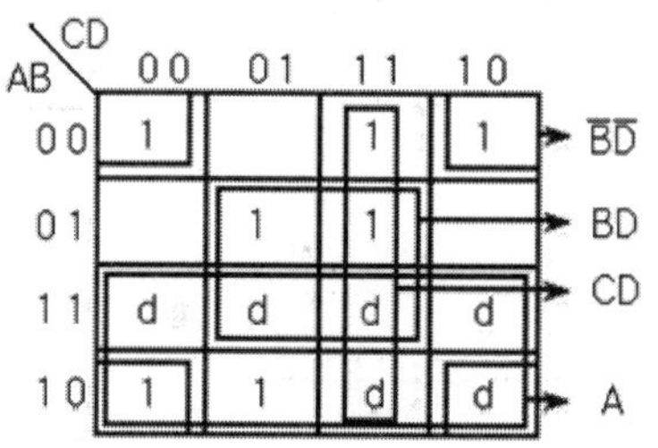

(a) 카르노도

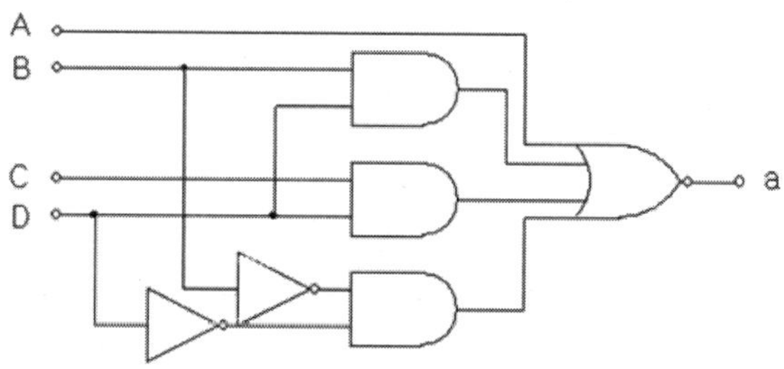

(b) 회로도

그림 5-17 출력 a에 대한 카르노도와 논리 회로

나머지 출력 b에서 g까지도 같은 방법으로 간략화된 논리 회로를 얻을 수 있으며, 이렇게 만들어진 7개의 논리 회로를 직접 회로화시켜서 한 개의 소자로 만든 것이 7447이다. 이 소자는 논리 표시기 7세그먼트를 디코더로 활용된다.

5-4-4 그레이 코드에서 2진 코드로의 변환

그레이 코드와 2진 코드의 상호 변환 방법에 대해서는 제2장에서 배웠다. 여기에서는 상호 변환할 수 있는 논리 회로의 작성에 관해 알아보기로 하자.

〈표 5-13〉은 그레이 코드와 2진 코드의 상호 관계를 표시하고 있다.

표 5-13 비트에 대한 그레이 및 2진 코드

10진수	그레이 코드			10진수	2진 코드		
	g_3	g_2	g_1		b_2	b_2	b_1
0	0	0	1	0	0	0	0
1	0	0	1	1	0	0	1
3	0	1	1	2	0	1	0
2	0	1	0	3	0	1	1
6	1	1	0	4	1	0	0
7	1	1	1	5	1	0	1
5	1	0	1	6	1	1	0
4	1	0	0	7	1	1	1

이 표에 의하면 2진 코드는 그레이 코드의 조합으로부터 직접 구할 수 없고 2진 코드와 그레이 코드의 상호 조합으로부터 구할 수 있다. 따라서 b_1은 b_2와 b_1의 조합 관계, 즉 그들의 EX-OR 관계를 갖고 출력으로 되는 것을 알 수 있다. 이것은 카르노도법으로 할 수 있으나 생략하고, 바로 그들의 EX-OR 관계가 성립되는 것으로부터 구해 보면 그 논리식은 다음과 같다.

$$b_1 = (g_1 \oplus b_2),\ b_2 = (g_2 \oplus b_3),\ b_3 = g_3$$

이 논리식을 논리 회로로 표시한 것이 [그림 5-19]이며, 이것은 그레이 코드로부터 2진 코드로 변환시킨 회로이다. 이번에는 2진 코드를 그레이 코드로 변환시키는 것에 대해 알아보자.

진리표에서 그레이 코드는 2진 코드의 2비트 또는 1비트의 조합으로부터 얻을 수 있다. 즉 g_1은 b_1과 b_2의 조합(EX-OR)관계)으로 얻을 수 있고, g_2도 마찬가지로 b_2와 g_3의 EX-OR 관계로부터 구해짐을 알 수 있다.

마지막의 g_3는 b_3의 값을 그대로 취하면 된다. 그들의 관계를 논리식으로 표시하면 다음과 같으며 2진 코드를 그레이 코드로 변환한 논리 회로는 [그림 5-19]와 같다.

$$g_1 = b_1 \oplus b_2, \quad g_2 = b_2 \oplus b_3, \quad g_3 = b_3$$

5-5 각종 조합 논리회로

5-5-1 패리티 발생기와 검사기

배타적 논리 회로와 일치 회로는 착오 검출과 수정용 코드를 필요로 하는 시스템에 매우 유용하며, 데이터를 전송하는 도중에 생기는 착오를 검출하는데 쓰인다.

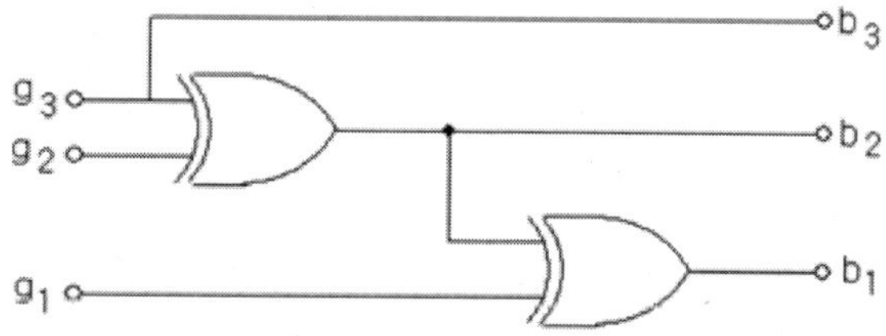

그림 5-18 그레이 코드의 2진 코드 변환 회로

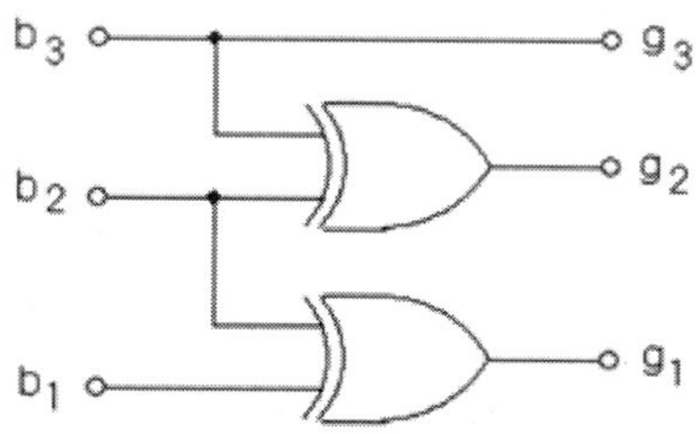

그림 5-19 2진 코드의 그레이 코드 변환 회로

패리티 비트는 2진 정보와 함께 추가되어 전송되는 비트로서 전송 정보와 1의 개수를 홀수 또는 짝수로 만들어 준다. 패리티 비트를 포함한 정보가 전송되며, 수신 후 착오를 검출하기 위하여 패리티 비트가 검사되는데, 검사될 패리티 비트를 방생시키는 회로를 패리티 비트 발생기라 하고, 수신측에서 패리티 비트를 검사하는 회로를 패리티 검사기라고 한다.

홀수 패리티 비트와 함께 3개의 비트를 전송하는 경우를 예로 들어보면, 〈표 5-14〉는 패리티 발생에 대한 진리표이다. 3개의 전송 비트 A, B, C는 입력이 되고 출력 P는 패리티 비트 발생분이다. P는 전송되는 3개 비트 중의 1의 숫자가 짝수일 때만 "1"이 되고 홀수일 때는"0"이 된다.

표 5-14 홀수 패리티 발생

정 보 A B C	발생 패리티 P
0 0 0	1
0 0 1	0
0 1 0	0
0 1 1	1
1 0 0	0
1 0 1	1
1 1 0	1
1 1 1	0

이 진리표로부터 카르노도법을 이용하여 논리식을 간략화시키면 다음과 같다.

즉, 두 입력에 대한 EX-OR 게이트와 일치 회로(equivalence gate)로 구성하고 있음을 알 수 있다. 이로부터 논리 회로를 실현시킨 것이 [그림 5-20]이다.

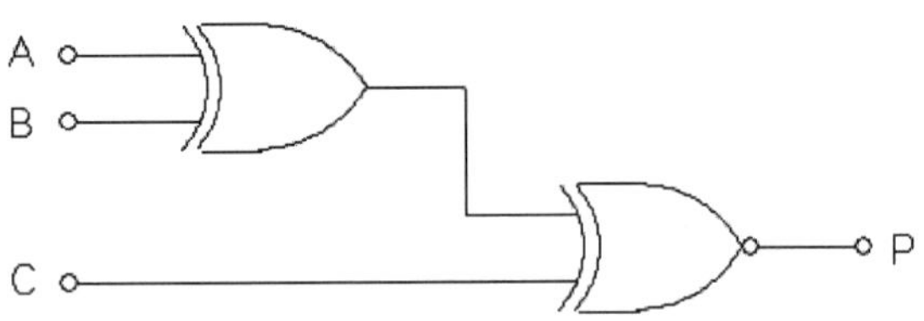

그림 5-20 홀수 패리티 비트 발생 회로

다음에는 수신측에서 받아들이는 4개의 비트(3개의 전송 비트와 패리티 비트)를 검사하여 에러를 찾아내야 한다. 즉, 검사된 패리티가 홀수이면 이상 없으나, 짝수라면 전송도중에 착오가 발생했음을 알 수가 있다.

표 5-15 홀수 패리티 검사 진리표

	A B C P	CH 패리티 검사
0	0 0 0 0	1
1	0 0 0 1	0
2	0 0 1 0	0
3	0 0 1 1	1
4	0 1 0 0	0
5	0 1 0 1	1
6	0 1 1 0	1
7	0 1 1 1	0
8	1 0 0 0	0
9	1 0 0 1	1
10	1 0 1 0	1
11	1 0 1 1	0
12	1 1 0 0	1
13	1 1 0 1	0
14	1 1 1 0	0
15	1 1 1 1	1

〈표 5-15〉는 홀수 패리티에 대한 검사 진리표이다. 이 표로부터 출력 CH는 카르노도법을 이용하여 간략화 시키면 다음과 같음을 알 수 있다.

$$CH = (A \odot B) \odot (C \odot P)$$

이 논리식은 일치 회로 3개로 구성되어 있음을 뜻하는 것으로 회로는 [그림 5-21]의 4비트 홀수 패리티 검사 회로가 된다.

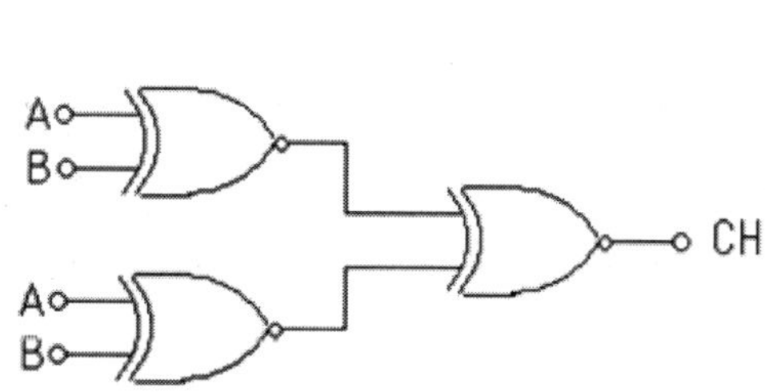

그림 5-21 4비트 홀수 패리티 검사 회로

5-5-2 비교기

비교기(Magnitude comparator)는 두 수의 크기를 비교하는 조합 회로로서 한 수가 다른 수보다 큰가, 작은가 또는 같은가를 결정하는 동작이다. 비교기는 두 수 A와 B를 비교하여 들의 상대적 크기의 결과는 A〉B, A=B 또는 A〈B를 지시하는 3개의 2진식 변수(binary variable)로서 규정지어 진다.

2개의 n비트의 수를 비교하기 위한 회로는 2^{2n}개의 기입항을 진리표에 갖고 있으며, n=3이기만 해도 번거롭기는 하나 어느 정도의 규칙성을 가지고 있다. 디지털 함수는 원래 잘 정의된 규칙성을 가지고 있어, 보통 그의 존재가 알려져 있다면 알고리즘(algorithm : 산법)적인 과정에 의하여 설계할 수 있다. 여기서, 이 방법을 4비트 크기의 비교기 설계에 대한 알고리즘을 유도함으로써 예시한다. 이것은 사람이 두 수의 상대적 크기를 비교하기 위하여 사용하는 과정의 직접적인 응용이다.

각각 4비트를 갖은 2개의 수 A와 B를 생각하자. 다음과 같이 내림차순으로 수들의 계수를 쓴다.

$$A=A_3A_2A_1A_0$$
$$B=B_3B_2B_2B_0$$

여기서 각 첨자가 있는 글자는 그 수의 숫자(digit)들의 하나를 나타낸다. 모든 종류 숫자의 쌍이 같으면, 즉 $A_3=B_3$, $A_2=B_2$, $A_1=B_1$, $A_0=B_0$이면 두 수는 같다. 그 수가 2식일 때는 이 숫자는 1이나 0이며, 각 비트 쌍의 동등 관계는 논리적으로 동치 함수로 다음과 같이 표시할 수 있다.

$$X_1= A_iB_i+A'_iB'_i(i=1, 2, 3)$$

여기서, 위치 I에 있는 비트의 쌍이 같으면, 결과적으로 양쪽이 다같이 1이거나 0일 때만 $X_1=1$이다.

2개의 수 A와 B의 동등 관계는 기호(A=B)로 지정되는 출력 2진식 변수에 의하여 한 조합 회로에 표시된다. 이 2진식 변수는 입력 수 A와 B가 같으면 1과 같고, 그렇지 않으면 그것은 0과 같다. 동등 조건이 존재하려면 모든 x_1 변수가 1과 같아야 한다. 이것은 모든 변수의 AND 동작을 말하는 것이다.

$$(A=B)=X_3X_2X_1X_0$$

2진식 변수(A=B)는 두 수의 모든 숫자의 쌍들이 같을 경우만 1과 같다.

A가 B보다 큰가 작은가를 결정하기 위하여 가장 높은 위로부터 시작하여 상위 숫자의 쌍의 상대적 크기를 검사한다. 그 두 숫자가 같으면, 다음으로 낮은 위치의 숫자의 쌍을 비교한다. 같지 않은 숫자의 쌍에 도달할 때까지 이 비교를 계속한다. A의 대응하는 숫자가 1이고 B에 대응하는 수자가 0이면 A〉B라고 결정한다. A의 대응하는 숫자가 0이고 B의 대응하는 숫자가 1이면 A〈B가 된다. 이 일련의 비교는 논리적으로 다음 두 불 함수로 표시할 수 있다.

$$(A>B) = A_3B_3' + X_3A_2B_2' + X_3X_2A_1B_1' + X_3X_2X_1A_1B_1'$$
$$(A<B) = A_3'B_3 + X_3A_2'B_2 + X_3X_2A_1'B_1 + X_3X_2X_1A_0'B_0$$

기호 (A〉B)와 (A〈B)를 A.B 또는 A〈B일 때 각각 1과 같게 되는 2진식 출력 변수이다. X3을 예로 들면 다음과 같은 논리식으로 된다.

$$\begin{aligned} X_3 &= A_3 \odot B_3 \\ &= A_3B_3 + A'_3B'_3 \end{aligned}$$

바로 유도된 3개 출력 변수의 게이트 구현은 그것이 어떠한 양의 반복을 포함하고 있기 때문에 생각보다는 간단하다. “동등하지 않은 (unequal)” 출력은 “동등한(equal)” 출력을 발생시키는데 필요한 것과 같은 게이트를 쓸 수 있다. 이 4비트 크기 비교기의 논리도를 [그림 5-22]에 나타내었다.

4개의 출력은 동치(exclusive-NOR) 회로로 발생시키며, AND게이트에 인가하여 출력 2진식 변수(A=B)를 얻도록 한다. 이것은 다단계(multilevel)의 구현으로써 분명히 알 수 있듯이, 그것은 규칙적인 모양을 가지고 있다. 4개 이상의 비트를 가진 2진수에 대한 크기 비교기 회로를 얻는 과정은, 이 예로부터 분명하다. 같은 회로는 2개의 BCD숫자의 상대적 크기를 비교하기 위하여 사용할 수 있다. SN7485 IC는 보통 TTL 4비트 비교기 소자로 사용하고 있다.

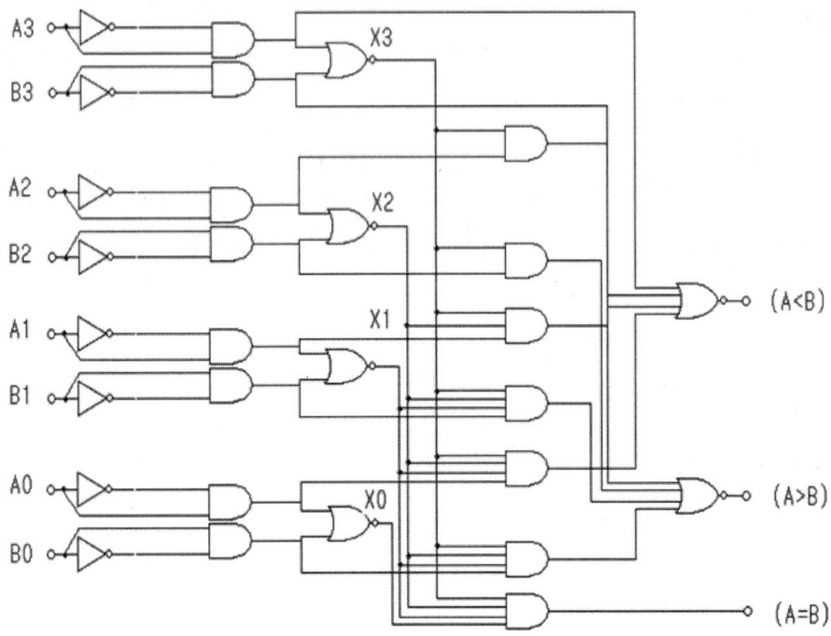

그림 5-22 4비트 비교기

[그림 5-23]은 4비트 워드 두 개의 크기를 비교하는 비교기의 응용 회로이다. 클록 펄스 발진기에는 두 개의 타이머가 내장된 NE556이 사용되었는데, SW1을 누르면 A클록 펄스를 카운터한 숫자가 표시되고, SW2를 누르면 B클록 펄스의 카운터 값이 표시된다.

이때 두 수의 입력이 비교기인 SN7485에 입력되면 5번 핀에서 A〉B일 때의 출력이 나LED를 점등시킨다. 이때, 캐스케이드 입력인 2, 3, 4번 핀 모두 SW3을 "H" 레벨의 전원(Vcc)에 연결한다. 다시 두 수를 비교하고 싶으면 10진 카운터 SN7490의 2, 3번 핀을 전원(+5V)에 연결하여 리셋(reset)시키면 새로운 숫자를 표시할 수 있게 된다.

이번에도 두 수가 A=B일 때 자동적으로 발진을 멈추는 응용회로도 고려해 볼 수 있다. 즉, B숫자는 비안정 멀티바이브레이터를 사용하여 임의로 정해서 표시하게 하고, A의 숫자는 단안정 멀티바이브레이터를 사용하여 스위치를 누를 때마다 펄스가 하나씩 카운트되어 B의 트리고 및 드레시 홀드 입력에 인가시키도록 하여 비안정의 발진을 멈추게 한다. 발진이 멈추는 상태를 보고 두 수의 크기가 같음을 인지할 수 있는 것이다.

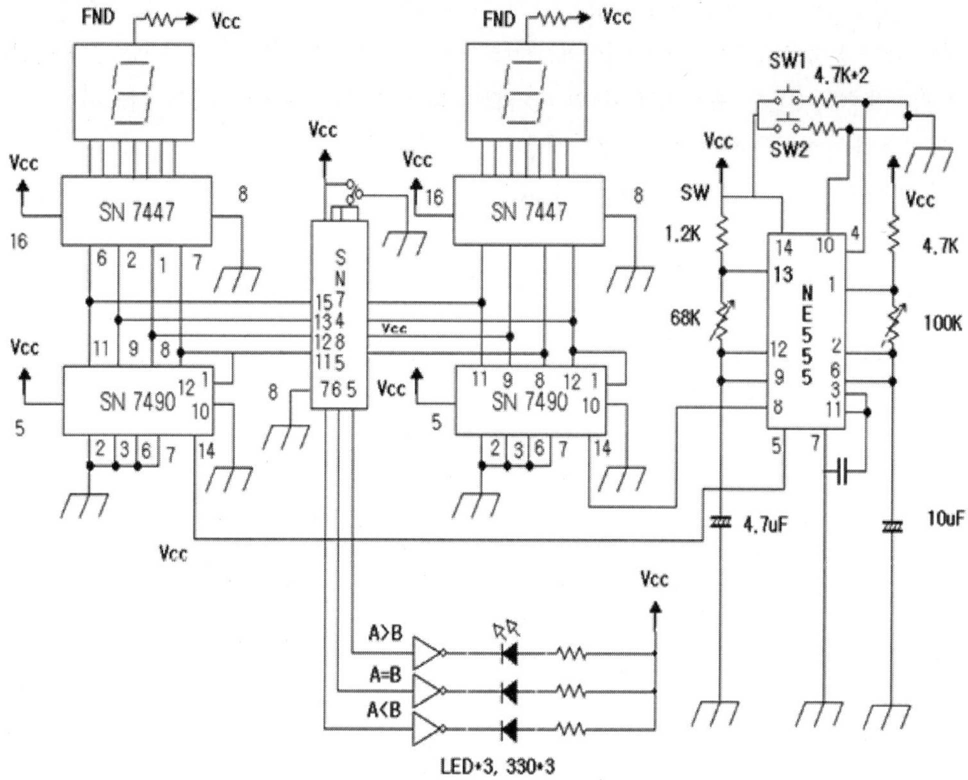

그림 5-23 비교기의 응용회로

5-5-3 디코더와 인코더

정보의 이산적인 양은 디지털 시스템에서는 2진식 코드로 표시된다. n비트의 2진식 코드는 2^n개까지의 코드화된 정보의 이산적 요소를 나타낼 수 있다. 디코더(decoder : 해독기, 복호기)는 n개의 입력선으로부터의 2진식 정보를 최대 2^n개의 독자적인 출력선으로 변환하는 조합회로이다. 디코드된 n비트의 정보가 사용되지 않는 또는 무정의 조합들을 갖고 있다면, 디코더의 출력은 2^n개보다 적은 출력을 갖고 있을 것이다.

따라서 n개의 입력에 대하여 m개의 출력이 나오는 디코더를 x×M 디코더라 한다. 여기서 제시한 디코더는 $m \leq 2^n$이므로 n-to-m라인 디코더라고도 한다. 그의 목적은 n개의 입력 변수의 2^n개의 최소항을 발생시키는 것이다.

[그림 5-24]의 3-to-8 하인 디코더를 생각해 보자. 3개의 입력이 8개의 출력으로 복호(즉, 해독)되는데, 각 출력은 3입력 변수의 최소항의 하나를 나타낸다. 3개의 인버터는 입력들의

보수(또는 보원)를 제공하여 주며, AND 게이트의 각 하나는 최소항의 하나를 발생시킨다. 이 디코더의 특수한 응용은 2진식 코드에서 8진식 코드로의 변환이다. 입력 변수는 2진수를 나타내며, 그때의 출력은 8진수 체계에서 8개의 숫자를 나타낸다. 그러나 3-to-8라인 디코더는 3비트 코드를 복호하여 8개의 출력을 얻는데 사용할 수 있다.

이 출력은 코드의 각 요소당 하나씩 된다.

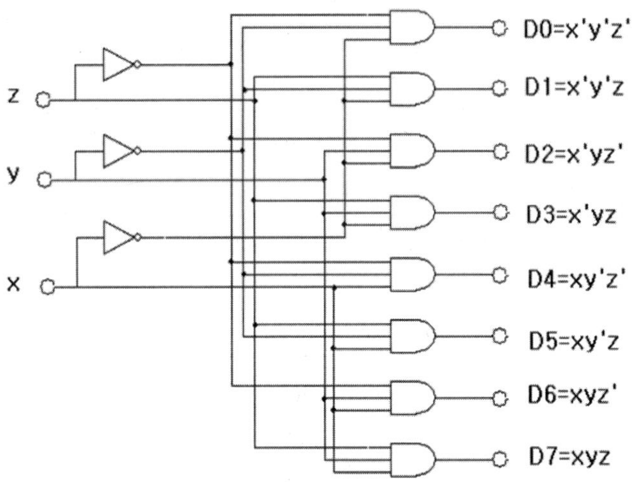

그림 5-24 비교기의 응용회로

표 5-16 3-to-8 디코더에 대한 진리표

입력			출력							
x	y	z	D_0	D_1	D_2	D_3	D_4	D_5	D_6	D_7
0	0	0	1	0	0	0	0	0	0	0
0	0	1	0	1	0	0	0	0	0	0
0	1	0	0	0	1	0	0	0	0	0
0	1	1	0	0	0	1	0	0	0	0
1	0	0	0	0	0	0	1	0	0	0
1	0	1	0	0	0	0	0	1	0	0
1	1	0	0	0	0	0	0	0	1	0
1	1	1	0	0	0	0	0	0	0	1

디코더의 동작표는 〈표 5-16〉에 열거된 입력-출력 관계로부터 더욱 분명하게 할 수 있다.

출력변수는 임의의 한 시각에는 한 출력만이 1과 같게 될 수 있기 때문에 서로 배타적이라는 것을 알 수 있다. 그 값의 1과 출력은 그 시점의 입력선에서 얻을 수 있는 2진수의 등가적 최소항을 나타낸다.

임의의 불 함수는 최소항의 합인 표준 형식으로 표시할 수 있기 때문에, 디코더가 최소항을 발생시키도록, 그리고 외부적 OR 게이트가 합을 형성하도록 조합 회로를 하나의 n-to-2^n 라인 디코더와 m개의 OR 게이트로 구현시킬 수 있다.

디코더와 OR 게이트 방법으로 조합 회로를 구현하는 과정은 그 회로에 대한 불 함수가 최소항의 합으로 표현되는 것을 필요로 한다. 이 형식은 쉽게 진리표로부터 얻어지거나 또는 최소항의 합으로 그 함수를 전개하여서 얻을 수 있다. 그 다음에 n개의 입력 변수의 든 최소항을 발생하는 디코더를 선정한다. 각 OR 게이트에 대한 입력을 각 함수에서 최소항의 표에 따라 그 디코더의 출력으로부터 선택한다.

인코더(encoder : 부호기)는 디코더의 기능으로부터 반대되는 동작을 만들어내는 디지털 회로이다. 인코더는 2^n(또는 그 이하)의 입력선과 n개의 출력선을 가지고 있으며 출력선은 입력 값에 대한 2진식 코드를 발생시킨다. 인코더의 예는 〈표 5-17〉에 주어진 8-to-2진식 인코더 진리표와 같다.

표 5-17 8-to-3 인코더의 진리표

입력								출력		
D_0	D_1	D_2	D_3	D_4	D_5	D_6	D_7	x	y	z
1	0	0	0	0	0	0	0	0	0	0
0	1	0	0	0	0	0	0	0	0	1
0	0	1	0	0	0	0	0	0	1	0
0	0	0	1	0	0	0	0	0	1	1
0	0	0	0	1	0	0	0	1	0	0
0	0	0	0	0	1	0	0	1	0	1
0	0	0	0	0	0	1	0	1	1	0
0	0	0	0	0	0	0	1	1	1	1

그것은 8개의 숫자들이 각각을 나타내는 8개의 입력과 대응하는 2진수를 발생하는 3개의 출력을 가지고 있다. 임의의 주어진 시간에 단 하나의 입력만이 1의 값을 갖는다는 것을 가정했으며, 그렇지 않는다면 그 회로는 아무 의미가 없다. 그것은 입력이 표에서 주어진 진리표로부터 결정할 수 있는 OR게이트로 구성되어 있다. 낮은 차수의 출력 비트 z는 입력측 8진수 숫자 4, 5, 6 또는 7에 대해서 1이다. 이 조건을 다음의 불 함수로 출력을 표현할 수 있다.

$$x = D_4 + D_5 + D_6 + D_7$$
$$y = D_2 + D_3 + D_6 + D_7$$
$$z = D_1 + D_3 + D_5 + D_7$$

이 인코더는 [그림 5-25]와 같이 3개의 OR 게이트로 구성된다. 표에서 정의한 인코더가 가진 제한은 언제나 한 입력만이 1이 될 수 있다는 것이다.

즉, 두 입력이 동시에 1일 때 3개의 모든 출력이 1이 되기 때문에 인코더의 출력은 111이 되며, 이것은 2진수로 3이나 6의 어느 것도 나타내지 않는다. 이와 같이 문제를 해결하기 위해 인코더 회로는 우선순위(Priority)를 세워 한 입력선만이 후호화(enco-der)되도록 보장받아야 한다. 놓은 수의 첨자 입력에 110이 될 것이다.

8-to-3 인코더에서 발생하는 또 하나의 문제점은 모든 입력이 0일때 전부 0인 출력을 얻게 되는 것이다. 문제점은 모든 입력이 0일 때 전부 0인 출력을 얻게 되는 것이다. 문제는 전무 0인 출력이 D0가 1일때 발생한다는 것이다. 이러한 문제점은 모든 입력에 0이 아니라는 사실을 나타내기 위하여 하나의 출력을 추가로 내줌으로써 해결할 수 있다.

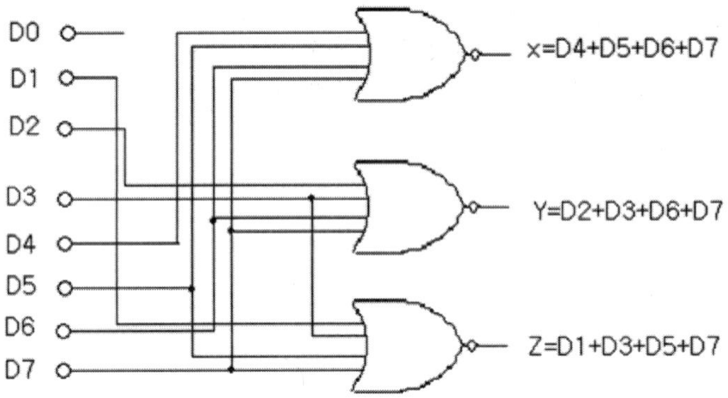

그림 5-25 8-TO-3 Line 인코더

우선순위 인코더는 우선순위 함수를 포함하는 인코더 회로이다. 우선순위 인코더의 동작은 동시에 2개의 이상의 입력이 1일 때 가장 놓은 우선순위를 가진 입력을 우선으로 취하는 것이다. 4입력 우선순위 인코더의 지리표가 〈표 5-18〉에 주어졌다([그림 5-26] 참조). X는 무정의 상태로서 2진값이 0 또는 1이 될 수 있다는 것을 나타내준다. 입력 D3가 가장 높은 우선순위를 가지고 있기에 다른 입력에 관계없이 이 입력이 1이면 xy에 대한 출력은 11이다. D2는 다음 단계의 우선순위 이다. D3=0인 조건하에 D2=1이면 다른 하위 우선순위에 관계없이 출력은 10이다.

D1에 대한 출력은 상위 입력이 0일 때만 발생되고 우선순위 단계는 내려가게 된다. v로 표시되는 유효 출력 지시계(validoutput-indicator)는 하나 또는 여러 개의 입력이 1일 때만 1을 나타낸다. 모든 입력이 0일 때 회로는 다른 두 출력은 사용할 수 없게 된다.

표 5-18 우선순위 인코더의 진리표

입력				출력		
D_0	D_1	D_2	D_3	X	Y	Z
0	0	0	0	X	X	0
1	0	0	0	0	0	1
x	1	0	0	0	1	1
x	x	1	0	1	0	1
x	x	x	1	1	1	1

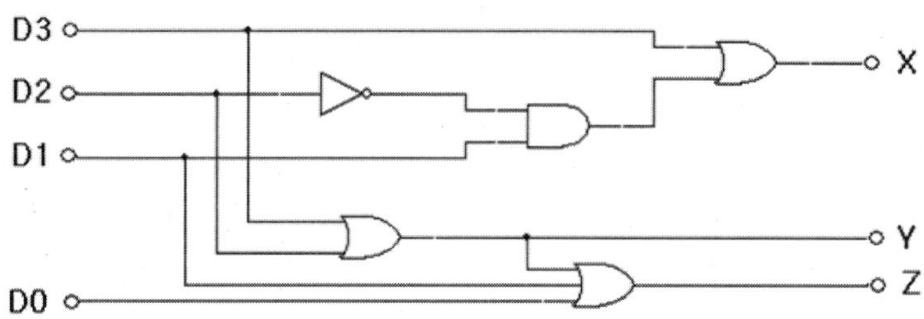

그림 5-26 4입력 우선순위 인코더

출력 x와 y를 간소화한 MAP은 [그림 5-27]에 나타내었다. 두 함수에 대한 최소항은 〈표 5-18〉로부터 유도된다. 표는 단지 5개의 행이지만 각각의 무정의 상태를 처음에 0으로, 그리고 나서 1로 대치시켰을 때 모두 16개의 입력 조합을 알게 된다. 예를 들어, 표의 세 번째 행에서 X100은 X에 0 또는 1을 할당하게 되므로 0100과 1100을 나타낸다. 우선 순위 인코더의 간소화된 불 함수는 MAP으로부터 얻는다. 출력 z의 상태는 모두 입력 변수의 OR함수이다. 우선순위 인코더의 논리식은 다음과 같다.

$X=D_2+D_3$

$Y=D_3+D_1D_2'$

$Z=D_0+D_1+D_2+D_3$

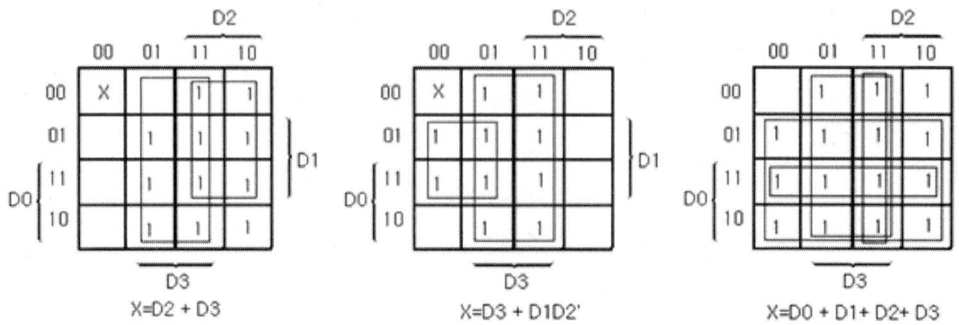

그림 5-27 우선순위 인토더의 MAP

5-5-4 멀티플렉서와 디멀티플렉서

많은 수의 데이터(정보)를 적은 수의 채널이나 선을 통해 레지스터에 전송하는 장치를 멀티플렉서(MUX)라고 한다. n개의 입력 신호가 가해지면 선택선의 제어에 의하여 하나의 입력선이 선택되게 하는 조합 회로이다. [그림 5-28]은 4-to-1 멀티플렉서이다. 4개의 입력들은 각각 선택선에 의하여 AND 게이트에서 해독되어 진다. 즉, 하나의 게이트가 출력이 1이면 나머지 3개는 0이 되어 OR 게이트에 입력되고 다시 출력된다. 그리고 다음 단의 레지스터 X에 입력되면 그곳에서 데이터가 저장되든지, 또는 다른 신호(transfer pulse)에 의하여 옮겨진다.

A, B, C, D의 4개의 입력이 MUX를 통하여 나오는 출력 Y는 다음 단의 레지스터(또는 D형 플립플롭)에 입력되고 전송 펄스에 의하여 출력으로 나타난다.

S_1	S_0	Y
0	0	10
0	1	11
1	0	12
1	1	13

(a) 함수표

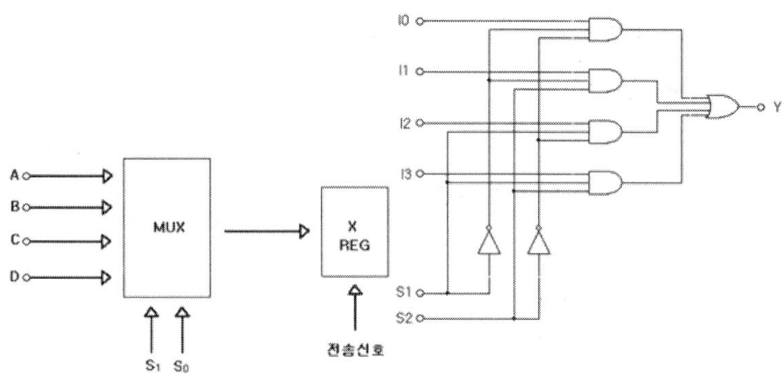

(b) 블록선도

그림 5-28 4-to-1 멀티플렉서 논리회로

이와 같이 MUX를 데이터 선택이라고도 말할 수 있는데 다음과 같은 곳에 이용된다.

① 디코더처럼 회로 동작을 제어하는 인에이블(enable) 입력을 사용할 수 있으므로 많은 입력을 갖는 MUX IC 확장에 유용
② MUX를 컴퓨터 시스템 내에서의 2개 이상의 출발원(出發源)들을 하나의 목적지에 연결하는데 사용
③ 공통적으로 사용되는 버스 시스템의 구성
④ 불 함수의 실현
⑤ 마이크로 프로그램의 선택 비트 기능
⑥ 조합 논리 시프트 레지스터 역할
⑦ 논리 연산 회로의 결합 등

멀티플렉서는 본질적으로 이미 이용될 수 있게 되어 있는 OR 게이트를 가진 디코더라는 것을 알 수 있다. 선택되어진 디코더로부터의 최소항들은 입력선으로 제어될 수 있다. 구현된 함수에 포함되어진 최소항은 그들의 해당되는 입력선을 1로 만들어서 선택되고, 그 함수에 포함되지 않을 최소항은 그들의 입력선을 0과 같게 만들어서 동작 불능생태로 된다. 이것은 2^n-to-1 멀티플렉서를 가지고, n개의 변수의 임의의 불 함수를 구현하는 방안을 제공한다. n+1개 변수의 불 함수가 있다면, 이들 변수 중에서 n개를 취하여 그들을 멀티플렉서의 선택선에 접속한다. 한수에 남아있는 단일 변수가 멀티플렉서의 입력에 사용된다. 이 단일 변수 입력에 대한 이들 네 가지 값의 이용과 기타의 다른 변수들의 선택선에 대한 접속으로 멀티플렉서를 이용하여 임의의 함수를 발생시킬 수 있다.

예를 들어, 3변수의 함수 F(A, B, C)=Σ(1, 3, 5, 6)을 생각해 보자. 이 함수는 [그림 5-29]와 같이 4-to-1 멀티플렉서로 구현할 수 있으며 2개의 변수 B와 C는 그 순서대로 선택선에 인가된다. 즉 B는 S1에 C는 S_0에 연결한다. 멀티플렉서의 입력들은 0, 1, A 및 A'이다.

BC=00일 때는 I_0=0이므로, 출력은 F=0이다. 따라서 최소항 m_0=A'B'C'와 m_4=AB'C' 양쪽이 0 출력을 이룬다. 그것은 A값에는 관계없이 BC=00일 때는 출력이 0이 되기 때문이다. I1=1이므로, BC=01일 때 출력은 F=1이다. 즉 최소한 m_1=A'B'C와 m_5=AB'C 양쪽의 A값에는 관계없이 BC=01일 때는 출력이 1이 되고 BC=10일 때는 입력 I_2가 선택되며 A는 이 입력에 접속되어 있으므로, 출력은 최소항 m_6=ABC'에 대해서만 I와 같고, 최소항 m_2=A'BC'에 대해서 아니다. 왜냐하면 A'=1일 때 A=0이기 때문이다. 또 I_2=0이므로 F=0이다. 마지막으로 입력 I_3가 선택된다. A'가 이 입력에 연결되어 있으므로, 출력은 m3=A'BC에 대해서만 1과 같을 것이고 m7=ABC에 대해서는 아니다.(즉, 출력은 0이다.)

이 정보를 그림 (b)에 나타내었다.

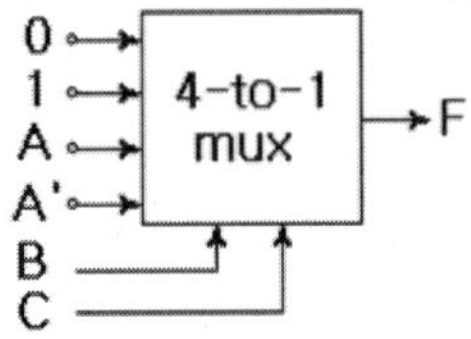

(a) 블록선도

최소항	입력			출력
	A	B	C	F
m_0	0	0	0	0
m_1	0	0	1	1
m_2	0	1	0	0
m_3	0	1	1	1
m_4	1	0	0	0
m_5	1	0	1	1
m_6	1	1	0	1
m_7	1	1	1	0

(b) 진리표

	I_0	I_1	I_2	I_3
A	0	①	2	③
A'	4	⑤	⑥	7

(c) 구현도

그림 5-29 멀티플렉서호 $F(A,B,C)=\sum(1,3,5,6)$을 구현

멀티플렉서를 구현하는 방법은 우선 함수를 그의 최소항의 합의 형식으로 표시한다. 최소항에 대해 선정된 일련의 순서대로 배열한 변수를 A, B, C, D … 라고 가정한다. 여기서, A는 n개의 순서대로 배열된 변수 중 가장 왼쪽의 것이며, … B, C, D … 는 나머지 n-1개의 변수이다. n-1개의 변수를 멀티플렉서의 선택선에 연결하되, B는 높은 순서의 선택선에, C는 다음으로 낮은 순서의 선택선에 접속하며, 가장 낮은 차례의 선택선은 s_0에 접속한다. 이제 단일 변수 A를 생각하자. 이 변수는 변수의 순서에서 가장 높은 자리의 위치에 있으므로, 그것은 최소항의 표에서 첫 번째 반(半)에 포함되어 있는 최소항 0에서 3까지는 보수화되고, 최소항 4에서 7까지는 보수화되지 않는다.

멀티플렉서의 입력을 열거하고, 그들 아래에다 2행으로 모든 최소항을 열거한다. 첫째 행에는 A가 보수화된 이들 최소항을, 그리고 둘째 행에는 보수화되지 않은 A를 갖는 모든 최소항을 그림 (c)에서 보인 것과 같이 열거한다. 이 함수의 모든 최소항에 원을 그리고, 각 열(烈)을 따로따로 조사한다.

① 한 열에 있는 2개의 최소항에 원이 그려져 있지 않으면, 해당하는 멀티플렉서의 입력에 0을 인가한다.
② 2개의 최소항에 원이 그려져 있지 않으면, 해당하는 멀티플렉서의 입력에 1을 인가한다.
③ 아래쪽의 최소항에 원이 그려져 있고 위쪽의 것에는 원이 그려져 있지 않으면 A를 해당되는 멀티플렉서의 입력이다 인가한다.
④ 위쪽의 최소항에 원이 그려져 있고, 아래쪽의 것에 원이 그려져 있지 않으면, A를 해당되는 멀티플렉서의 입력에다 인가한다.

디 멀티플렉서는 멀티플렉서와는 반대로 데이터를 한 선으로 받아서 2^n개의 가능한 출력선을 만들어 내고 제어 신호에 의하여 한 개의 출력선을 선택하여 데이터를 다음 단으로 전송하는 회로이다.

다시 말하면, 한 개의 인에이블 입력을 가지고 있는 디코더와 같은 기능은 가지고 있다고 볼 수 있다. [그림 5-30]은 인에이블(E) 입력을 가진 2-to-4디코더로서 디멀티플렉서로서의 기능을 갖는데, 이 디코더는 인버터 AND, NAND 또는 NOR 게이트로 구성하고 있다.

또 대부분의 IC 디코더들은 회로 동작을 제어하기 위해, 하나 이상의 인에이블 입력을 갖고 있다. 만일 인에이블 입력 E가 1이면, A와 B의 값에 무관하게 모든 출력이 1이 된다. 인에이블 입력 E가 0일 때, 회로는 보수로 표현된 출력을 산출하는 디코더를 동작한다. 이것을 진리표로 작성하면 그림 (b)와 같다. 진리표에서 X는 무정의 조건이다.

E=0일 때만 정상적인 디코더 연산이 일어나며 0상태에 있는 출력만 선택된다.

입력			출력			
E	A	B	D_0	D_1	D_2	D_3
1	x	x	1	1	1	1
0	0	0	0	1	1	1
0	0	1	1	0	1	1
0	1	0	1	1	0	1
0	1	1	1	1	1	0

(a) 진리표

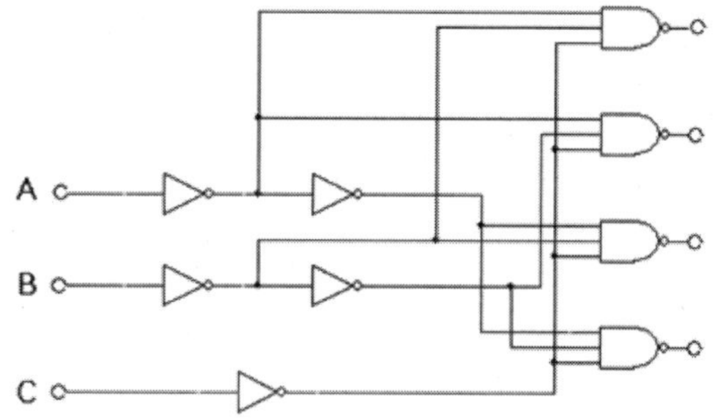

(b) 논리회로

그림 5-30 인에이블(E) 입력을 가지고 있는 2-to-4 디코더

[그림 5-31]은 인에이블을 갖는 디코더와 디멀티플렉서에 대한 블록도이다. 그림에서 만일 디코더의 E가 입력선이고, A와 B가 선택선들로서 취급한다면 디멀티플렉서와 같은 기능을 수행한다. 이것은 [그림 5-30]의 (b)에 있는 이 회로의 진리표로부터 증명될 수 있다. 예를 들어 선택선 AB=10이면 D_2는 입력 E와 동일하게 되고 다른 모든 출력은 1이 된다. 디코더와 디멀티플렉서의 연산들은 동일한 회로에서 얻어지기 때문에 인에이블 입력을 가지고 있는 디코더는 디코더/디멀티플렉서로 간주할 수 있다. 회로를 디멀티플렉서로 만드는 것이 바로 인에이블 입력이며, 디코더/디멀티플렉서를 함께 접속하여 큰 디코더 회로를 구성할 수 있다. 일반적으로 인에이블 입력들은 좀더 많은 입출력들을 가진 함수로 확장시켜 2개 이상의 IC연결에 유용하다. 디코더나 디멀티플렉서는 컴퓨터 시스템내의 데이터 및 마이크로 프로그램의 제어 논리나 타이

밍 순차 설계 등에 이용된다.

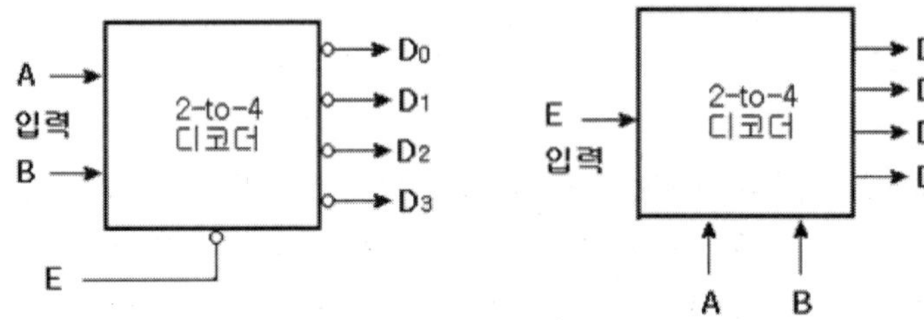

(a) 인에이블 있는 디코더 (b) 디컬티플렉서

그림 5-31 디코더와 디멀티플렉서의 블록도

[그림 5-32]와 같이 인에이블 입력을 통해 연결된 2개의 3-to-8디코더는 4-to-16디코더를 형성하였다. w=0일 때 위의 디코더는 인에이블이 되고 아래의 것은 디제이블(disalie) 상태가 된다. 이때 아래 디코더의 출력들은 모두 0이 되고 위의 디코더의 출력들은 0000D부터 0111까지의 최소항들을 출력시킨다. W=1일 때 인에이블 조건은 역으로 된다.

따라서 위의 디코더의 출력들이 0인 반면, 아래 디코더의 출력들은 100부터 1111까지 최소항을 출력시킨다. 이 보기는 IC에서의 인에이블 입력의 중요성을 보여주고 있다.

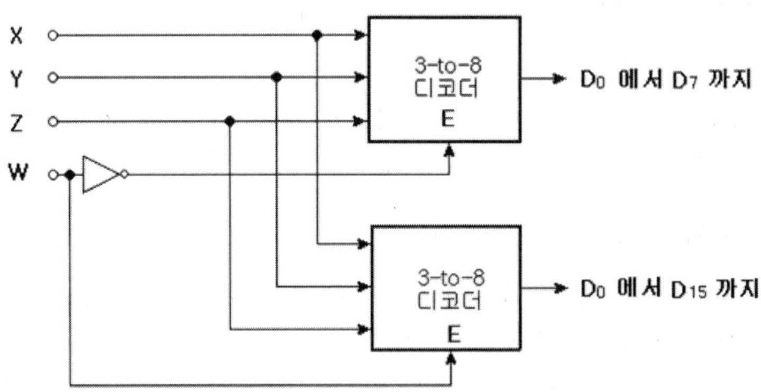

그림 5-32 2개의 3-to-8디코더로 구성된 4-to-16 디코더 회로

5-5-5 다이오드 매트릭스(matrix는 array)

앞에서는 디코더를 논리게이트로 사용하여 실현시켰으나, 다이오드를 배열하여 여러 가지 10진 출력을 얻을 수 있도록 만든 것을 다이오드 매트릭스라고 한다. 다이오드 7세그먼트 표시기나 그 밖의 램프 및 RED의 구성에도 사용된다.

[그림 5-33]은 IC 74154(4-to-16)와 다이오드 매트릭스를 사용하여 10진 표시기인 FND 구동시키는 그림이다. 〈표 5-19〉는 그 동작에 대한 진리표를 나타낸 것으로서 MSIMC14495의 드라이버 칩에 공통 캐소드 LED 표시기를 사용하면 같은 결과를 얻을 수 있다. 참고로 [그림 5-34]는 다이오드 배열의 3초과 코드구성도를 나타낸 것이다.

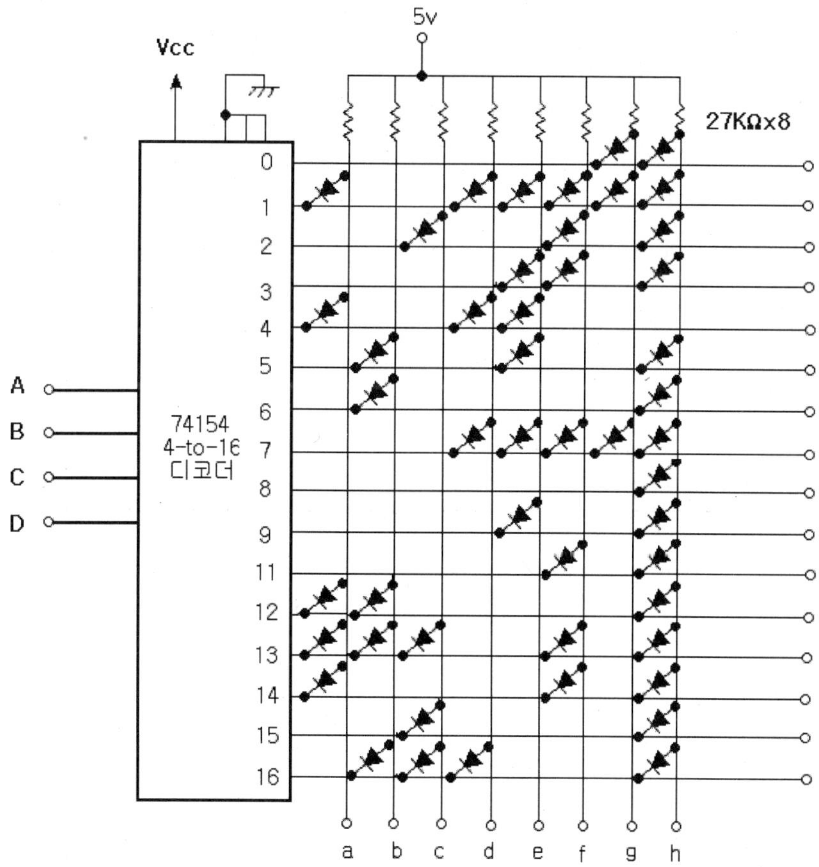

그림 5-33 7-세그먼트 표시용 다이오드 배열

표 5-19 7-세그먼트 표시용 다이오드 배열의 진리표

10진수	입력 D C B A	a b c d e f g h	7-segment, F N D
0	0 0 0 0	1 1 1 1 1 1 0 0	0
1	0 0 0 1	0 1 1 0 0 0 0 0	1
2	0 0 1 0	1 1 0 1 1 0 1 0	2
3	0 0 1 1	1 1 1 1 0 0 1 0	3
4	0 1 0 0	0 1 1 0 0 1 1 1	4
5	0 1 0 1	1 0 1 1 0 1 1 0	5
6	0 1 1 0	1 0 1 1 1 1 1 0	6
7	0 1 1 1	1 1 1 0 0 0 0 0	7
8	1 0 0 0	1 1 1 1 1 1 1 0	8
9	1 0 0 1	1 1 1 1 0 1 1 0	9
10	1 1 0 0	1 1 1 1 1 0 1 0	8(A)*
11	1 0 1 1	0 0 1 1 1 1 1 0	B
12	1 1 0 0	0 0 0 1 1 0 1 0	C
13	1 1 0 1	0 1 1 1 1 0 1 0	D
14	1 1 1 0	1 1 0 1 1 1 1 0	2(E)*
15	1 1 1 1	1 0 0 0 1 1 1 0	F

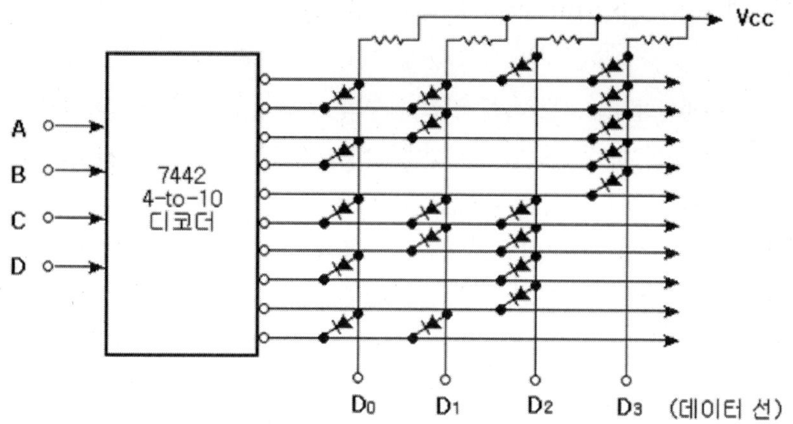

그림 5-34 ROM 다이오드 배열

5-6 프로그램가능 논리장치(Programmable Logic Device: PLD)

앞 단원에서 집적회로(IC)를 집적도에 따라 SSI, MSI, LSI, VLSI 등 4가지로 구분하였음을 이미 학습하였다. 이 절에서는 집적회로를 특수 용도에 따라 범용 IC(Standard IC)와 특수 주문자용 IC(ASIC: Application Specific IC)로 크게 두 가지로 나눌 수 있다.

이를 다시 분류하면 범용 IC는 일반 소비자용으로 기억소자, 마이크로프로세서, TTL/CMOS IC, OP AMP.(리니어 IC), A/D 변환기, 디지털 신호처리 장치 등이 이에 속하고 ASIC는 주문자가 요구하는 특수 기능을 만족하고 시스템업체나 설계자가 개발한 반도체를 칩 상태로 제조한 것으로 완전 주문형 IC, 부분 주문형 IC, 특수 주문형의 ASSP(Application Specific Product) IC 그리고 프로그램 가능 논리장치인 PLD(Programmable Logic Device) 등이 이에 속하며 그 중 가장 중요하게 사용되는 PLD에 관해서 자세히 연구해 보기로 하자.

PLD는 프로그램 가능한 칩으로 생산되며 기본적으로 AND-OR 2단의 배열로 구성된다. 실제 입력(True input)과 보수입력(Complement input)으로 AND 어레이에 적용된 입력변수의 곱의 항(Minterm : 최소항)은 OR 어레이를 통하여 합의 형태(Sum of Product)로 출력 단에 나타나게 된다.

PLD는 AND-OR 어레이에서 프로그램 가능의 퓨즈를 사용하며 PLA, PLE, PAL 등 다음의 3가지로 분류할 수 있다.

5-6-1 PLA(Programmable Logic Array)

PLA는 AND 어레이와 OR 어레이의 입력 모두가 프로그램이 가능한 PLD의 일종으로 통성 있게 프로그램이 가능하고 주어진 입력에 따라 고정된 출력을 시킬 수 있음으로 ROM과 비슷한 기능을 가지나 동작속도와 집적도가 다소 저하되는 단점이 있다.

조합 회로에서는 가끔 돈 케어(don't care) 조건들이 이용되는데, ROM으로 조합 회로를 만들 경우 어드레스 입력에 돈 케어 조건이 생기면 이때의 워드는 프로그램 할 필요가 없으며, 처음 상태인 0 또는 1의 상태로 남게 된다. 그 결과, ROM에서처럼 이용 가능한 모든 비트의 조합들을 사용하면 낭비하게 되므로, 유용한 것만 사용할 필요가 있다. 따라서 이러한 낭비되는 돈 케어 조건의 경우에도 사용 가능한 LSI가 개발된 것이 PLA(programmable logic array)이다.

예를 들면, 12비트 카드 코드를 6비트 영문 숫자 코드로 변환하는 변환기의 ROM에서 입력은 12선이다. 따라서 2^{12}-to-6의 ROM에서 실제로 사용하는 문자 코드는 47개뿐이므로 47개의 유효 입력 비트만 존재한다면, 다른 입력 조합은 돈 케어 조건이기 때문에 4096-47=4049개의 워드는 필요 없어져 낭비하는 것이 된다. 이러한 낭비되는 조건을 없애주기 위하여 만들어진 PLA는 경제적이고 ROM과 비슷한 개념으로 동작하면서도 변수 전체를 디코딩하지 않고 필요한 것만 디코딩한다.

[그림 5-35]는 PLA의 블록선도로서 n개의 입력과 m개의 출력, k개의 곱항(AND), m개의 합항(OR)으로 구성되어 있다.

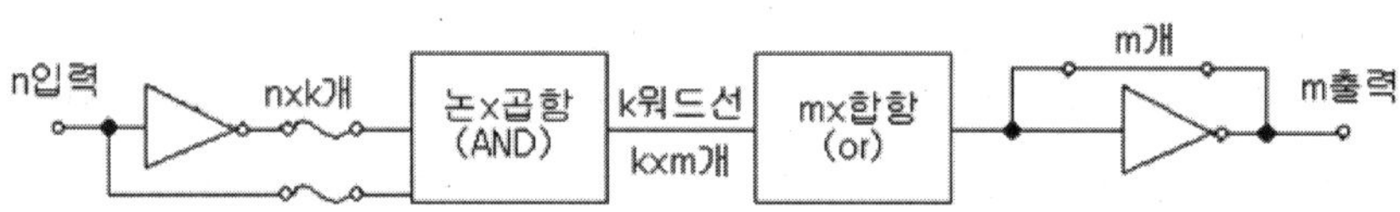

그림 5-35 PLA 블록선도

PLA에는 몇 가지 형식이 있으나 LSI화 PLA는 프로그래밍 방법에 따라 FPLA(Field programmable logic array)와 MPLA(Mask programmable logic array)로 나누어지고 있다.

[그림 5-36]은 일부 PLA의 내부 구조이다. 3개의 입력과 3개의 AND 게이트 그리고 2개의 출력으로 구성되고, 각 입력의 과입력의 보수는 모든 게이트의 입력에 연결고리를 통해 연결한다. 출력 인버터에도 연결 고리가 존재한다.

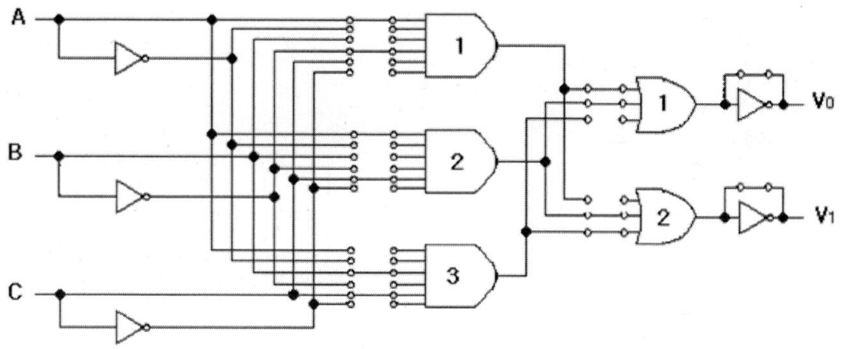

그림 5-36 PLA의 내부 구조

[그림 5-37(a)]의 조합회로의 진리표를 살펴보면 ROM은 최소항(minterm)의 합으로 회로를 실현하며, PLA는 곱의 합의 함수로 표현되므로 이들 함수는 [그림 5-37(b)]의 맵에서 구해진다.

$$F_1 = AB' + AC \qquad F_2 = AC + BC$$

이 조합회로에는 3개의 서로 다른 곱항 AB', AC, BC 등이 있다. 이 회로는 3개의 입력과 2개의 출력을 가지며 [그림 5-37(a)]의 PLA는 이 조합회로를 실현하는데 사용되었다.

[그림 5-37(c)]는 PLA의 프로그램표로서 3가지로 설명이 된다. 첫째는 곱항에 번호를 붙인 것이고, 두 번째는 AND게이트와 입력사이의 통로를 규정하고, 세 번째는 AND게이트와 OR게이트 사이의 통로를 규정한다. 표에서 출력이 있을 때는 1로 표시하고, -로 표시된 것은 연결이 불필요한 곱항이며, T(true)는 각 출력변수 밑에 출력 인버터가 건너뛰는 경우를 말하며, 출력 인버터에 연결고리가 그대로 떼지 않고 남게 되는 것을 뜻한다.

PLA 내부구조 회로에서, OR 게이트의 열려있는 오픈상태는 입력이 0처럼 작동하고, 출력인버터를 단락한 것은 이 회로를 손상하지 않고 통과함을 뜻한다. 일반적으로 PLA을 사용하여 2단계 AND-OR을 구성하나, 입력변수가 많을 때는 곱항의 AND게이트만으로는 부족함으로 그때는 3단계 XOR-AND-OR을 구성한다.

A	B	C	F_1	F_2
0	0	0	0	0
0	0	1	0	0
0	1	0	0	0
0	1	1	0	1
1	0	0	1	0
1	0	1	1	1
1	1	0	1	0
1	1	1	1	1

(a) 진리표

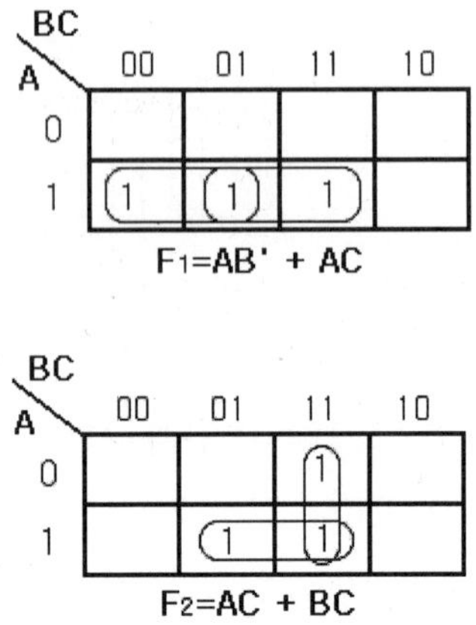

	곱항 \ 구분	A	B	C	F_1	F_2
AB'	1	1	0	-	1	-
AC	2	1	-	1	1	1
BC	3	-	1	1	-	1
					T	T

(c) PLA프로그램표　　　(b) 간략화 도표

그림 5-37 PLA의 실현 단계

예제 1 논리 함수가 다음과 같을 때 3개의 입력, 4개의 곱항, 2개의 출력을 가질 때 PLA를 사용하여 조합회로를 실현하라.

$$F_1(A, B, C) = \Sigma(3, 5, 6, 7)$$
$$F_2(A, B, C) = \Sigma(0, 2, 4, 7)$$

(풀이)

이들 두 함수는 카르노 맵을 이용하여 간략화 된 논리식을 만들 수 있다. 또 정상상 및 보수 상태로 간략화 시킨다.

A	B	C	F_1	F_2
0	0	0	0	1
0	0	1	0	0
0	1	0	0	1
0	1	1	1	0
1	0	0	0	1
1	0	1	1	0
1	1	0	1	0
1	1	1	1	1

(a) 진리표

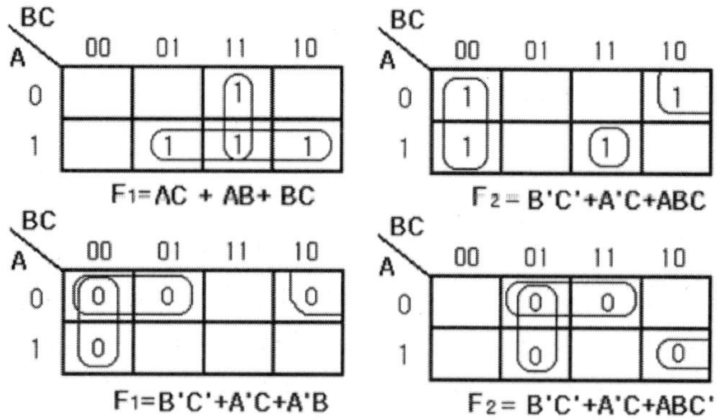

(b) 간략화 도표

	곱항 \ 구분	A	B	C	F_1	F_2
		입력			출력	
B'C'	1	-	0	0	1	1
A'C'	2	0	-	0	1	1
A'B	3	0	0	-	1	-
ABC	4	1	1	1	-	1
					C	T

(c) PLA 프로그램표

그림 5-38 결합회로 실현 순서도

위의 도표로부터 곱항의 수를 최소로 하면 다음의 논리식을 얻는다.

$F_1' = (B'C' + A'C' + A'B') \rightarrow F_1 = (B'C' + A'C' + A'B')$

$F_2 = B'C' + A'C' + ABC$

위의 그림은 4개의 곱항으로 이루어진 B'C', A'C', A'B', ABC의 조합회로에 대한 PLA의 프로그램 표이다. 문제에서 F_1'의 본래의 함수는 곱의 합의 항이므로 F_1'는 출력인버터 전에 발생하여 인버터를 거치므로 PLA의 출력은 F_1이 된다. F_1은 C(보수)로 표시되었으나 정상의 출력이다.

예제 2 다음에 3개의 입력과 4개의 출력인 함수로 표시될 때 PLA로 설계하라.

$$F_0\ (A,\ B,\ C) = A'B' + A'C'$$

$$F_1\ (A,\ B,\ C) = AC' + B$$

$$F_2\ (A,\ B,\ C) = A'B' + B'C'$$

$$F_3\ (A,\ B,\ C) = B + AC$$

(풀이)

PLA의 내부구조를 알기 쉽게 그리면 [그림 5-39(b)] 와 같다. PLA의 AND 게이트의 곱의 항 부분은 ROM과 달리 선택된 입력변수의 곱항만으로 실현하였다. 배열중의 필요점에 스위치 소자를 써서 연결함으로써 AND 배열 내에서 곱항들을 구성하였다. 출력에 필요한 곱항들을 선택하기 위해 OR 배열 내에 스위치 소자를 사용하였다. 또 이것과 등가 AND-OR 배열로 그리면 그림 (d)와 (e)와 같다.

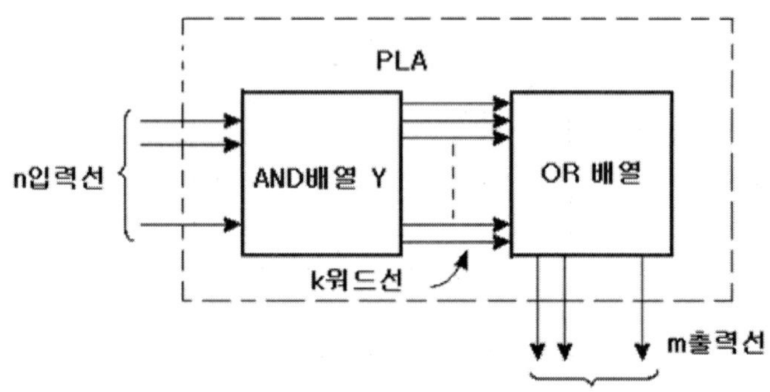

(a) PLA 논리배열 구조

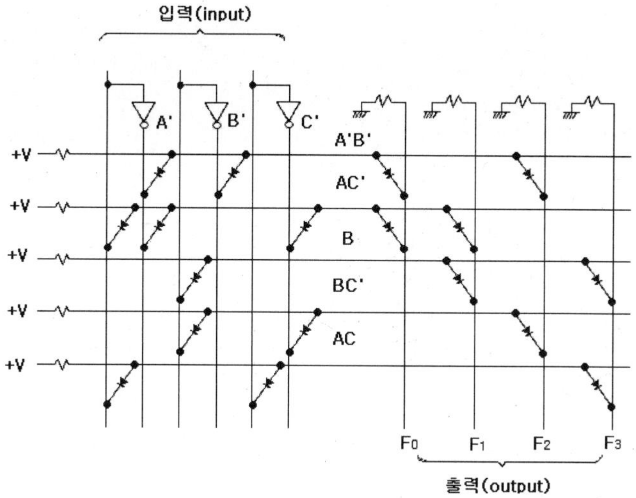

(b) PLA 구성회로

구문 / 곱항	입력			출력			
	A	B	C	F_0	F_1	F_2	F_3
A'B'	0	0	-	1	0	1	0
AC'	1	-	0	1	1	0	0
B	-	1	-	0	1	0	1
BC'	-	1	0	0	0	1	0
AC	1	-	1	0	0	0	1
				T	T	T	T

F의 출력값
F_0=A'B'+AC'
F_1=AC'+B
F_2=A'B'+BC'
F_3=B+AC

(c) PLA 프로그램표

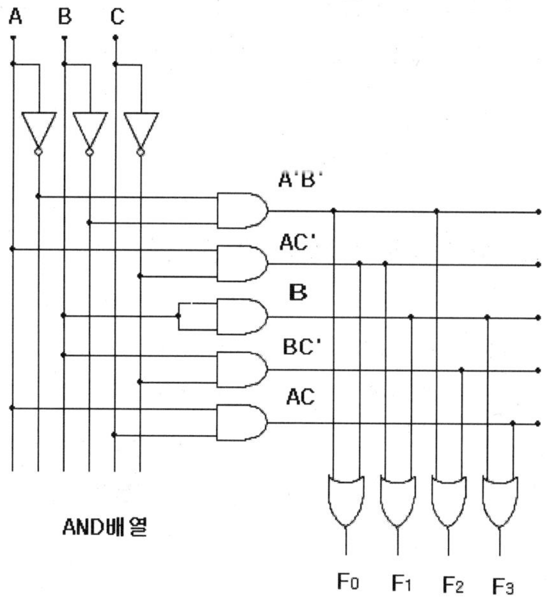

(d) 2단계 PLA 등가 AND-OR 회로

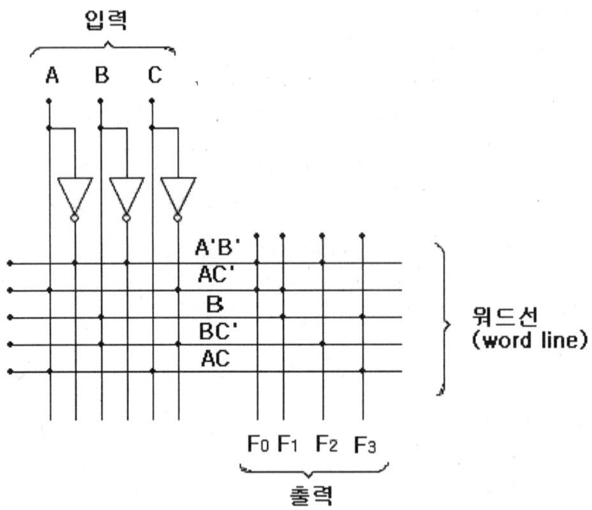

(e) 배열 등가회로

그림 5-39 3입력 4출력 PLA

위에서 설명된 PLA는 AND-OR 배열로 이루어졌지만, 입력변수가 많을 경우 곱항의 AND게이트만으로는 부족하다. 이 문제 해결을 위해서는 3단계 PLA를 사용하여 EX-OR-AND-or 배열로 구성한다.

PLA의 응용 분야는 대용량 ROM과 랜덤 논리(무작위 논리) 코드 변환기의 대체용, 계산기 주변 기기의 제어용, 마이크로 프로그래밍, 문자 발생기, 어드레스 매핑(mapping), 순차 제어 신호 발생기 등이다.

5-6-2 PLE(Programmable Logic Element)

PLE는 고정된 AND 어레이와 프로그램이 가능한 OR 어레이로 구성되며 모든 입력조합에 대한 출력과 응용에 매우 적합하고 기능이 PROM과 비슷하다.

[그림 5-40]에서 4개의 입력은 고정된 16개의 AND 어레이에 연결되고 이는 프로그래밍 되어 4개의 OR 어레이에 연결되어 출력된다.

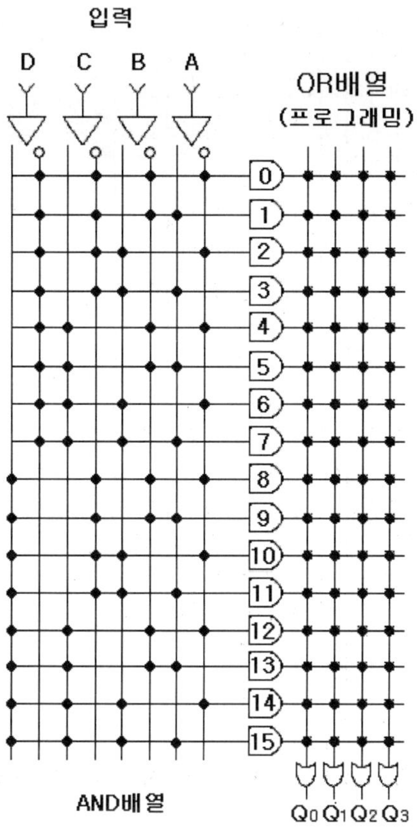

그림 5-40 16-4 AND-OR 배열의 PLE 기본구조

5-6-3 PAL(Programmable Array Logic)

PAL는 고정된 OR 어레이와 프로그래밍이 가능한 AND 어레이로 구성되어 있는 논리소자로 현재 많이 사용하는 PLD의 일종이다. 프로그램 작성이 용이하나 PLA보다 유연성이 다소 떨어진다.

[그림 5-41]는 4입력-4출력으로 4개의 입력은 버퍼와 인버터를 거쳐 3-wired AND 게이트 입력에서 프로그래밍 후 고정된 OR게이트로 출력된다.

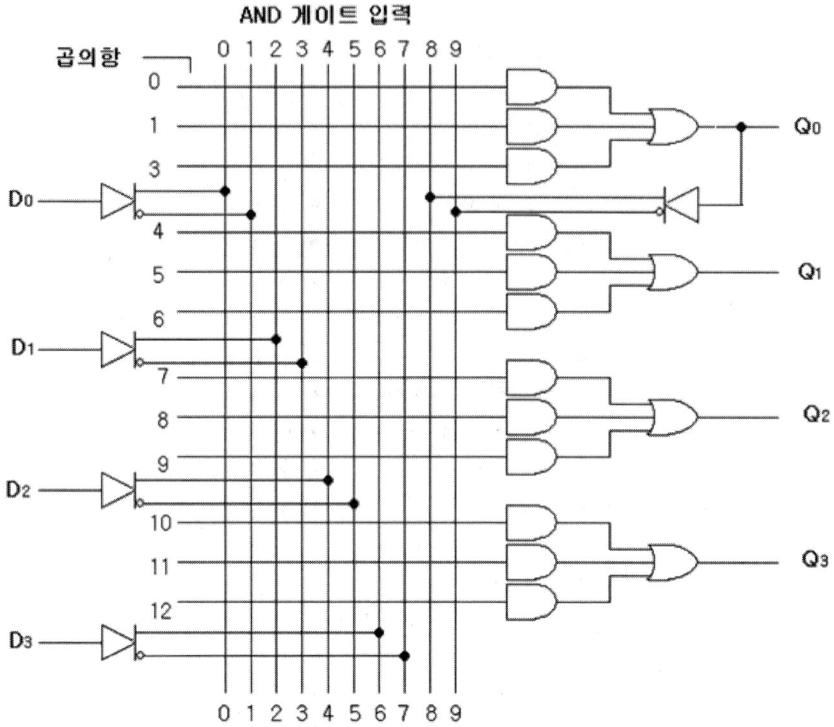

그림 5-41 4-4 AND-OR 구조의 PAL

연습문제

1. 다음 불 함수를 곱의 합(SOP)으로 간소화된 표현으로 바꾸어라.

   (1) $F=(A, B, C)=\Sigma(2, 3, 5, 7)$

   (2) $F=(A, B, C, D)=\Sigma(4, 6, 7, 15)$

2. 다음 불 함수를 곱의 합형으로 간소화된 표현으로 바꾸어라.

   (1) $\overline{XY}+YZ+\overline{X}Y\overline{Z}$

   (2) $\overline{A}B+B\overline{C}+\overline{BC}+B\overline{C}+\overline{BC}$

진리표

X	Y	Z	F1	F2
0	0	0	0	0
0	0	1	1	0
0	1	0	1	1
0	1	1	0	0
1	0	0	1	1
1	0	1	1	1
1	1	0	0	1
1	1	1	1	0

3. 다음의 진리표를 참조하여

   (1) F1와 F2를 최대항의 곱으로 표시하여라.

   (2) 곱의 합형으로 함수를 간소화하여라.

   (3) 합의 곱형으로 함수를 간소화하여라.

4. 다음을 합의 곱형으로 나타내어라.

   (1) $F(x, y, z)=\Pi(0, 1, 3, 5)$

   (2) $F(A, B, C, D)=\Pi(0, 1, 2, 3, 10)$

5. 다음 논리식을 ① 간소화시키고 ② AND와 OR게이트만을 사용하여 실현하라.

(1) $\overline{AC}+\overline{BC}+ABC$

(2) $(A+\overline{B}+D)(\overline{A}+B+D)(C+D)(\overline{C}+\overline{D})$

6. 다음 함수를 NAND 또는 NOR 게이트로 실현하여라. 단, 4개의 게이트만 사용할 수 있다.

$F=\overline{W}XZ+\overline{W}YZ+\overline{X}Y\overline{Z}+X\overline{Y}WZ$

$d=WYZ$

7. 다음 함수를 NOR게이트로 실현하여라.

(1) $A\overline{B}C\overline{D}+\overline{A}BC\overline{D}+A\overline{BC}D+\overline{A}B\overline{C}D$

(2) $A\overline{C}+ACE+AC\overline{E}+\overline{ACD}+\overline{ADE}$

8. 8421 BCD 코드를 2421 코드로 변환하는 조합 논리 회로를 그려라.

9. BCD 코드로부터 10진수 7을 나타낼 수 있는 BCD 7-세그먼트 디코더를 설계하여 그려라.

10. 2진 코드를 그레이 코드로 변환하는데 4비트의 경우에 어떻게 논리 회로가 구성될 수 있는지 진리표와 변환 회로를 그려라.

11. 3초과 코드를 8421 BCD 코드로 변환시키는 논리 회로를 구성하여라.

12. 카르노도를 이용하여 다음 식을 간단히 하여라.

(1) $Z=\overline{AC}+A\overline{B}+C\overline{D}+\overline{BD}$

(2) $Z=\overline{A}B\overline{CD}+B\overline{C}D+ACD+\overline{AB}C+\overline{B}C\overline{D}$

13. 다음 논리식을 카르노도로 표시하여라.

(1) $X=AB\overline{C}D+\overline{A}BC$

(2) $Z=AB\overline{D}+B\overline{C}D\overline{ABD}$

14. 카르노도를 이용하여 다음 식을 간단히 하여라.

(1) $Z = m_2 + m_3 + m_4 + m_9$(돈 케어 d : m_5, m_7, m_{10})

(2) $Z = B\overline{CD} + \overline{AB}C + A\overline{C}D + \overline{A}BC + \overline{ABC}D$

(무관계조건 d = $\overline{ABCD}$, $ABCD$, $A\overline{B}C\overline{D}$)

15. 다음 카르노도로부터 논리 함수 Z를 구하여라.

CD \ AB	0 0	0 1	1 1	1 0
0 0		d	1	
0 1			1	
1 1			d	
1 0			1	d

CD \ AB	0 0	0 1	1 1	1 0
0 0			1	
0 1		d	d	d
1 1	1	d	1	1
1 0			d	

CD \ AB	0 0	0 1	1 1	1 0
0 0	1	d		1
0 1	1	d	d	
1 1			1	1
1 0			1	1

16. 다음 카르노도에서 논리 함수 Z의 부정인 Z를 구하여라.

17. 테이블법으로 다음의 불 함수를 간단히 하여라.

(1) $F(x, y, z) = \pi(0, 1, 4, 5)$

(2) $F = ACE + \overline{A}C\overline{DE} + ABRA\overline{C}DE$, $d = D\overline{E} + \overline{AD}E + \overline{ADE}$

(3) $F = (A, B, C, D, E, F, G) = \sum(20, 28, 52, 60)$

18. 입력으로 3비트의 수를 받아서 입력의 제곱에 해당되는 2진수의 출력을 얻는 조합회로를 설계하여라.

19. BCD로 표현되는 10진수 디짓(digit)을 입력으로 하고 입력 9의 보수로 출력이 되는 회로를 설계하여라.

20. 4개의 비트로 구성된 2진수를 받아서 그 수의 보수를 생성하는 조합 회로를 설계하여라.

21. 다음 패리티 검출 회로에서 코드어 1010과 1101에 대하여 고유한 지시 값을 나타내고 있음을 증명하여라.

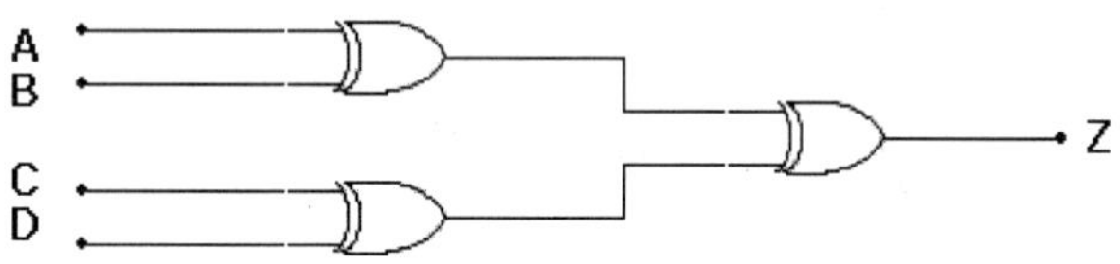

22. 비교기 입력으로 10과 10, 11과 10을 공급할 때 그 회로를 통해서 각 게이트 출력의 논리 레벨을 밝혀라.

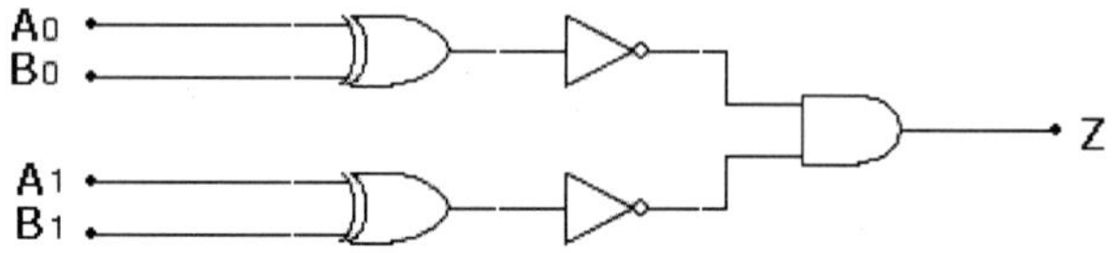

23. 진리표가 다음과 같이 주어지 때 논리식과 회로를 그려라.

(1)

X	Y	Z	F1
0	0	0	0
0	0	1	0
0	1	0	0
0	1	1	1
1	0	0	1
1	0	1	1
1	1	0	1
1	1	1	1

(2)

X	Y	Z	F1
0	0	0	1
0	0	1	1
0	1	0	1
0	1	1	0
1	0	0	0
1	0	1	0
1	1	0	0
1	1	1	0

24. 4비트 비교기에서 A=1010, B=1001에 대해서 비교기의 연산을 분석하여라.

25. 2진수 1011을 디코딩하여 출력에 1이 나올 수 있는 논리식과 논리 회로를 그려라.

26. 다음 그림은 BCD-to-2진 변환기의 블록선도이다. BCD의 각 자리수에 대한 2진수의 자리값을 기록하여라.

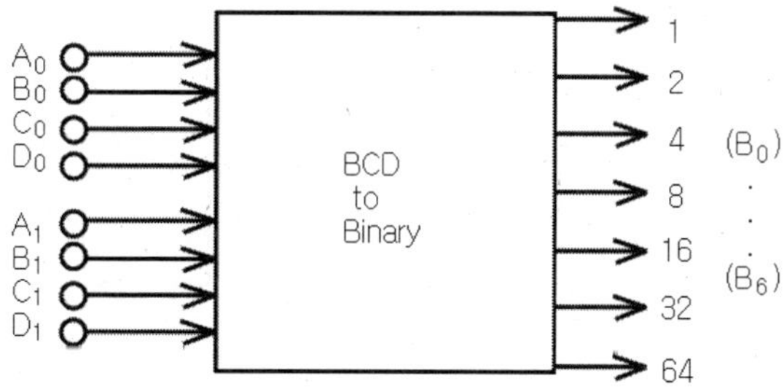

27. 8421 BCD 코드를 3초과 변환기 회로로 설계하여 그려라. 단, BCD 입력과 3초과 2진수를 입력하여 3초과 코드 출력을 얻어낸다.

28. 2비트 비교기에서 다음 파형과 같은 입력이 인가되었을 때 출력이 A=B인 파형을 밝혀라. 출력에서 1은 그 입력들이 같음을 지적하는 것으로 가정한다.

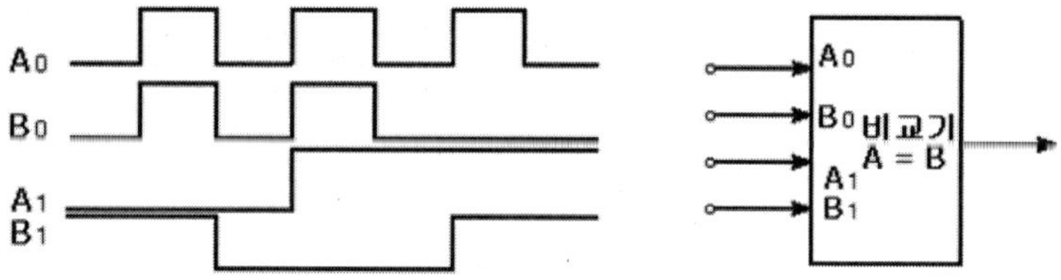

29. 디코딩 게이트의 각 출력이 1일 때 입력의 2진 코드를 밝혀라. 단, A=MSB이다.

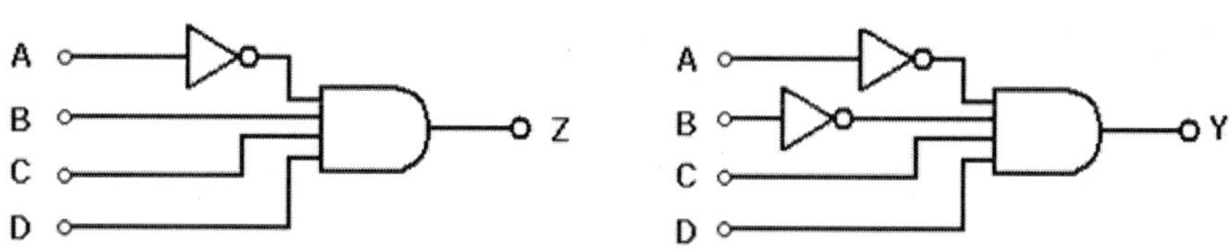

30. 다음 코드어의 각각의 출력이 1이 나타나는 논리 게이트를 그려라.

(1) 1101　　　　(2) 11011

(3) 101010　　　　(4) 111110

31. 다음 7-세그먼트 디코더에 4개의 입력 펄스가 인가 될 때 표시기에 나타나는 카운터의 시퀀스(순차)를 밝혀라.

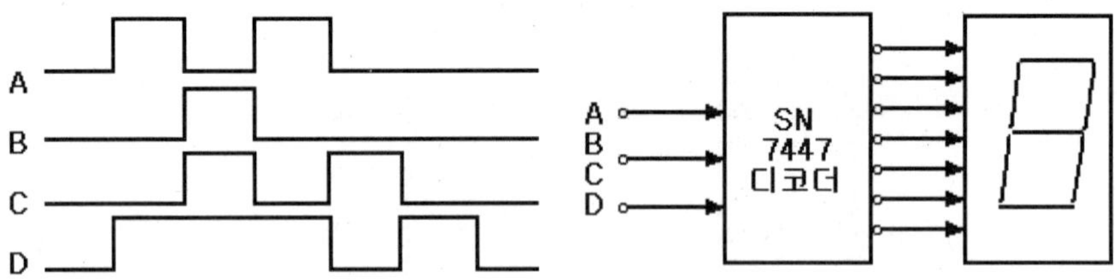

32. 다음 함수를 멀티플렉서로 구현하여라.

$$F = (A,B,C,D) = \sum(0,1,3,4,8,9,10)$$

33. 디코더의 출력이 다음과 같을 때 출력 Y의 값을 구하라.

X	Y	m_3	m_2	m_1	m_0
0	0	0	0	0	1
0	1	0	0	1	0
1	0	0	1	0	0
1	1	1	0	0	0

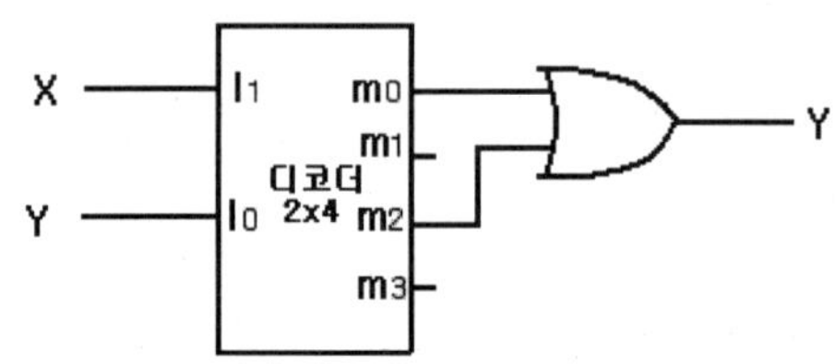

34. MUX의 출력이 다음과 같을 때 출력 Y의 값을 구하라.

(1)

A	B	So
1	0	1
1	1	0

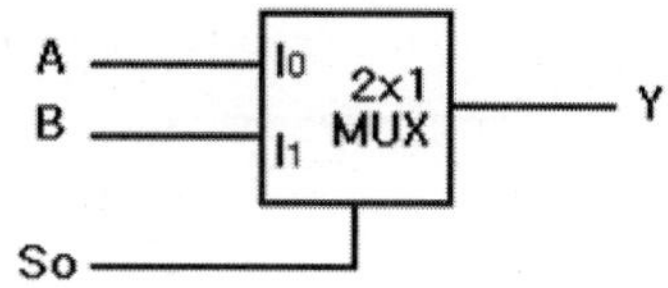

(2)

A	B	So
1	0	1
1	1	0

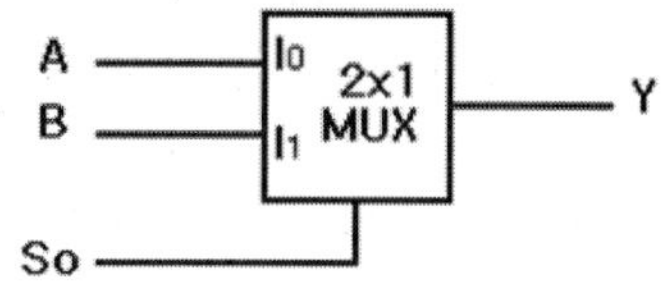

35. ROM의 3비트 각각의 출력을 구하라.

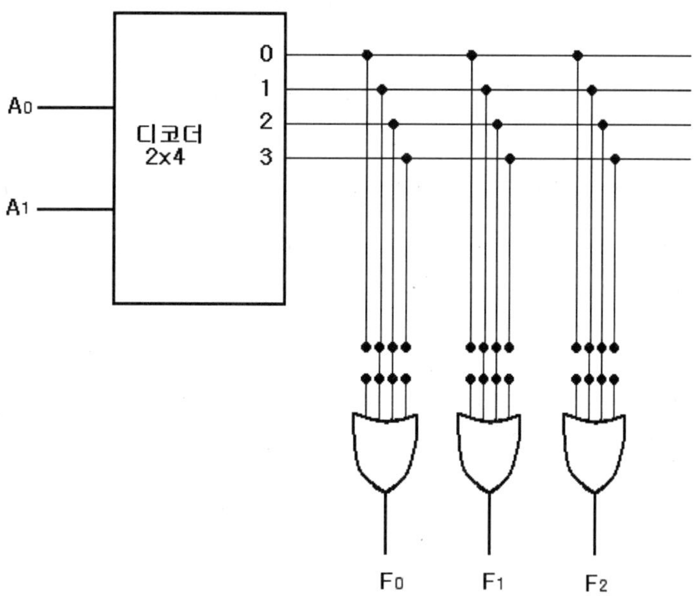

36. 다음의 ROM 회로에서 입력코드 $A_0 A_1 A_2$가 101일 때 데이터의 출력 $D_3D_2D_1D_0$의 값을 구하라.

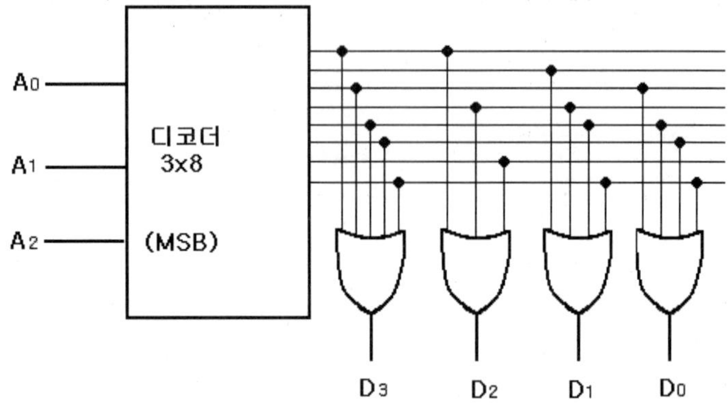

37. PLD에 대하여 설명하고 그 응용 분야를 들어보아라.

38. 집적회로(IC)를 용도에 따라 분류하라.

06 연산회로

6-1 가산기(Adder)

디지털 컴퓨터는 여러 가지 정보의 관련된 문제를 처리한다. 그 중에 연산 처리 작용이 매우 중요한 기능 중의 하나가 된다. 기본적인 연산은 물론 2진수의 가산으로부터 수행되는데 이것에 대한 지식은 제2장에서 이미 배운바와 같다. 1과 1이 더해질 때 2진수로 "10"이 되는데 "1" 이하라는 자리올림수는 그 위 자리 수에 더해지게 된다. 따라서 두 수의 2진수를 더하면 그 결과는 합과 캐리(Carry)가 발생하여 출력되므로 그 기능에 따르는 회로를 설계하는데, 이 회로에는 반가산기와 전가산기가 있다. 이에 대해 알아보자.

6-1-1 반가산기

두 개의 2진수 A와 B를 더하면 그 합계 S와 자리올림수 C가 발생하는데, 이때 동시에 두 출력이 나타나는 회로를 반가산기(Half Adder)라고 하며 논리식은 다음과 같다.

$$S=\overline{A}B+A\overline{B}=A\oplus B$$

$$C=AB$$

이 논리식은 〈표 6-1〉로부터 얻어진 것으로서 논리 회로로 표시하면 [그림 6-1]과 같이 Ex-OR 회로와 자리올림 표시회로로 구성할 수 있다.

표 6-1 반가산기의 진리표

A	B	S	C
0	0	0	0
0	1	1	0
1	0	1	0
1	1	0	1

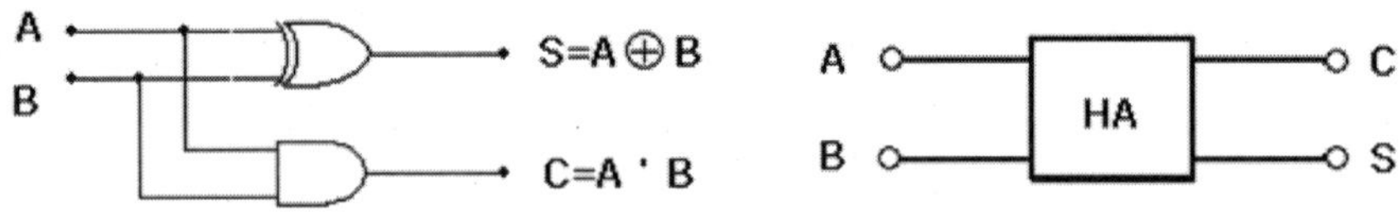

(a) 논리회로 (b) 심벌(기호)

그림 6-1

이 논리식을 변형하면 다른 형의 반가산기 회로를 구성할 수도 있다.

$$S=\bar{A}B+A\bar{B}=A\bar{A}+\bar{A}B+A\bar{B}+B\bar{B}=\bar{A}(A+B)+\bar{B}(A+B)$$
$$=(A+B)(\bar{A}+\bar{B})=(A+B)\cdot(\overline{AB})$$

즉, $C=AB$

$$\bar{C}=\overline{AB}=\bar{A}+\bar{B}$$
$$\bar{\bar{C}}=C=\overline{\bar{A}+\bar{B}}$$

위의 논리식을 변형하여 [그림 6-2, 6-3]과 같은 반가산기 회로를 구성할 수도 있다.

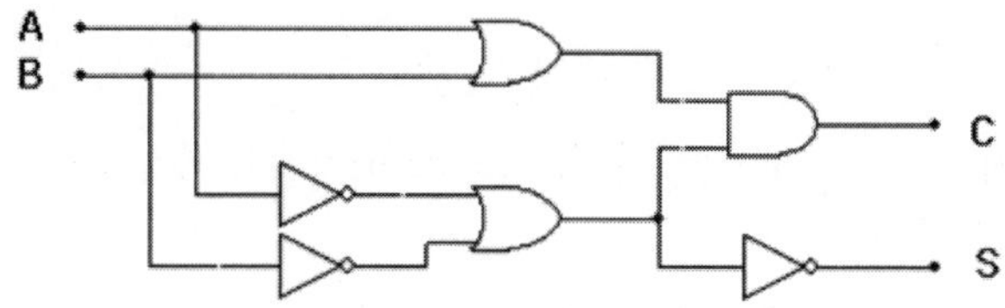

그림 6-2 변형된 반가산기

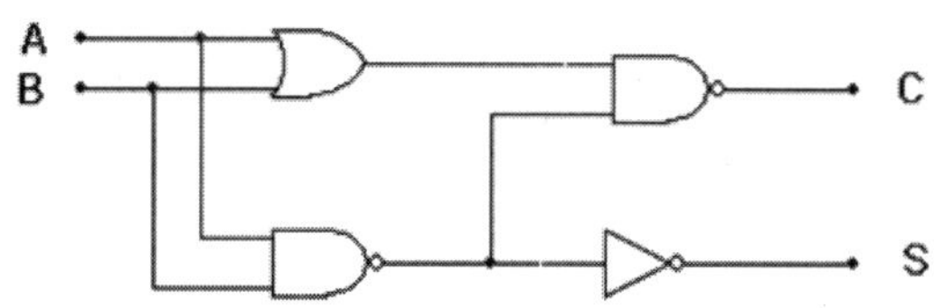

그림 6-3 변형된 반가산기 회로

예제 1 논리식 $S=(A+B)(\overline{AB})$, $C=AB$로 표시되는 반가산기를 변형시 NAND 게이트로 구성되는 논리식과 같은 논리 회로를 그려라.

(풀이)

$$S=AB'+A'B=AA'+A'B+AB'+BB'$$
$$=A(A'+B')+B(A'+B')=A+(AB)'+B*(AB')$$
$$=\overline{\overline{A*(AB)'+B*(AB)'}}=\overline{\overline{A*(AB)'}}\ \overline{\overline{*B*(AB)'}}$$
$$C=AB=\overline{\overline{AB}}$$

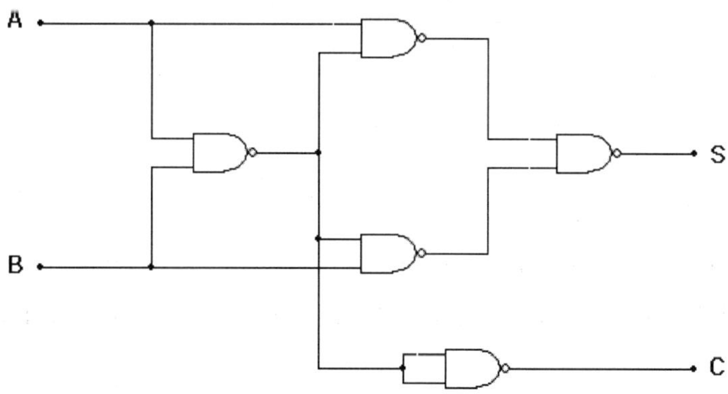

그림 6-4 5개의 NAND 게이트로 구성된 반가산기 회로

6-1-2 전가산기

A, B의 두입력 외에 한 개의 캐리를 3입력으로 하여 가산을 수행하는 회로를 전가산기(Full Adder : FA)라고 한다.

전가산기는 〈표 6-2〉로부터 최소항의 합 (SOP)를 만들어 부울대수를 이용하여 간략화 시켜보자.

$$
\begin{aligned}
S &= A'B'C_i + A'BC_i' + AB'C_i' + ABC_i = C_i(A'B + AB') + C_i(A'B' + AB) \\
&= C_i'(A \oplus B) + C_i(A \oplus B)' \\
&= C_i \oplus (A \oplus B)' \\
&= C_i \oplus (A \oplus B)
\end{aligned}
$$

$$
\begin{aligned}
C_O &= A'BC_i + AB'C_i + ABC_i + ABC_i = C_i(A'B + AB') + AB(C_i' + C_i) \\
&= C_i(A \oplus B) + AB
\end{aligned}
$$

표 6-2 전가산기의 진리표

A	B	C_i	C_o	S
0	0	0	0	0
0	0	1	0	1
0	1	0	0	1
0	1	1	1	0
1	0	0	0	1
1	0	1	1	0
1	1	0	1	0
1	1	1	1	1

여기서 Ci : 입력캐리, Co : 출력캐리이다.

이에 따른 전가산기의 계통도는 [그림 6-5]이고, [그림 6-6]은 전가산기의 논리회로이다.

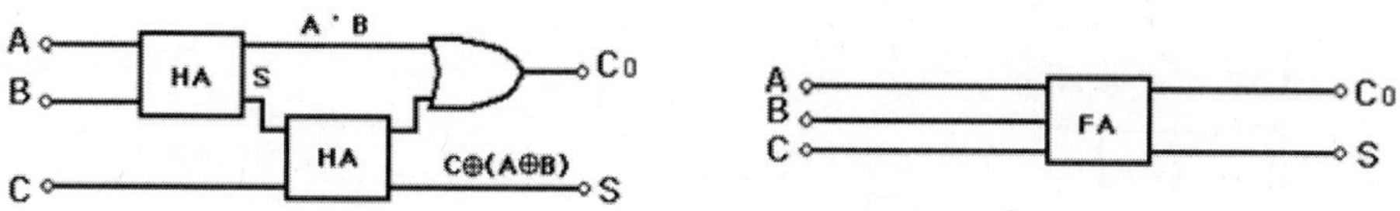

(a) HA를 이용한 전가산기 (b) 전가산기의 블록선도(기호)

그림 6-5 전가산기의 계통도

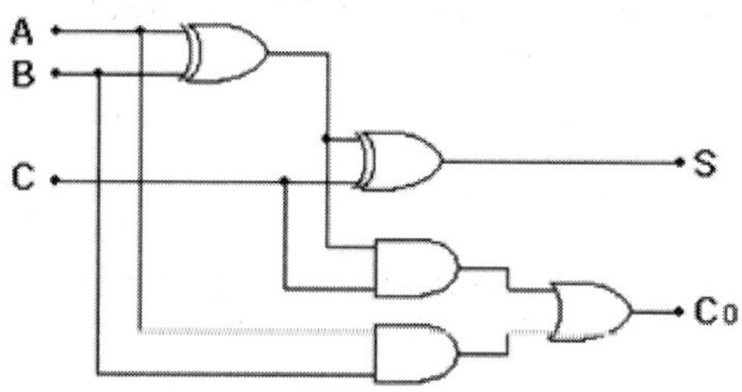

그림 6-6 전가산기의 논리회로

예제 2 전가산기의 논리식으로부터 AND, OR, NAND 게이트로 구성되는 식으로 변형시켜서 회로를 그려라. 단, S=A⊕B이다.

(풀이)

$$Sn = C_i \oplus (A \oplus B) = Ci \oplus S$$

$$= C_i \oplus S$$

$$= \overline{C_i}S + C_i\overline{S}$$

$$= C_i\overline{C_i} + \overline{C_i}S + C_i\overline{S} + S\overline{S}$$

$$= C_i(\overline{C_i} + \overline{S}) + S(\overline{C_i} + \overline{S})$$

$$= (C_i + S) \cdot (\overline{C_i} + \overline{S})$$

$$C_0 = C_i(A \oplus B) + AB$$

$$= C_i \cdot S + AB = \overline{\overline{C_iS + AB}}$$

$$= (\overline{\overline{C_iS}} \cdot \overline{\overline{AB}})$$

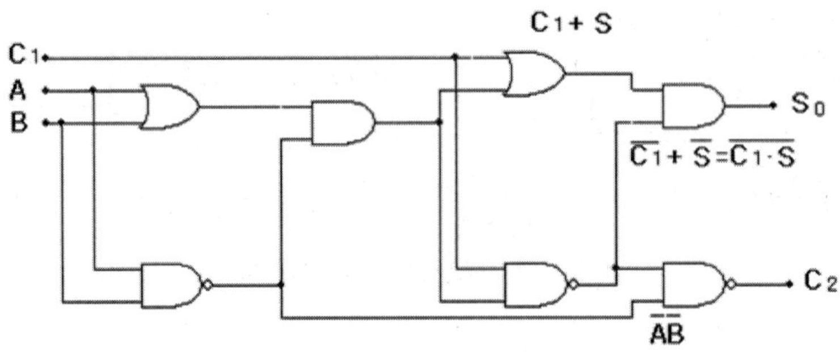

그림 6-7 각종 게이트로 이루어진 전가산기 회로

예제 3 전가산기의 진리표로부터 논리식을 간략화 시켜보고 최소항을 카르노도에 옮겨서 풀어라.

(풀이)

$$S = ABC_i + \overline{AB}C_i + A\overline{BC_i} + \overline{A}B\overline{C_i} = C_i(AB + \overline{AB}) + \overline{C_i}(A\overline{B} + \overline{A}B)$$

$$= \overline{C_i}(\overline{A} \oplus \overline{B}) + \overline{C_i}(A \oplus B) = (A \oplus B) \oplus C_i$$

$$C_0 = AB + A\overline{B}C_i + \overline{A}B + C_i(A\overline{B} + \overline{A}B)$$

$$= AB + C_i(A \oplus B)$$

즉, $S = (A \oplus B) \oplus C)$

$C_0 = AB + C_i(A \oplus B)$

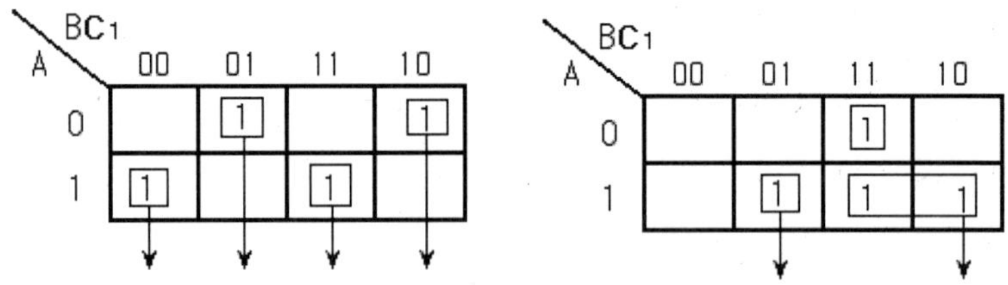

6-1-3 직렬가산기

[그림 6-8]은 직렬 2진 가산기 회로이다. 이 경우 A_n, B_n은 FA의 입력으로서 가산의 합계 출력과 자리올림수 C_n이 발생된다. 이때, C_n은 1비트 시간지연 후 다음 비트의 가산 때에 자리올림수 입력 C_{n-1}로써 합산해지게 된다.

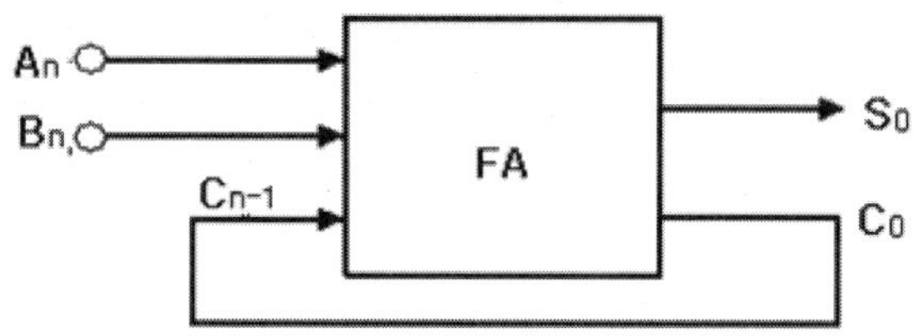

그림 6-8 직렬2진 가산기 회로

따라서 전가산기 하나로써 각 비트의 입력 신호를 차례로 합산해 나간다. 직렬 2진 가산기는 병렬 2진가산기 회로에 비해서 연속 속도가 각 비트씩 연산하므로 느리다.

6-1-4 병렬가산기

2진 병렬 가산기는 2개의 2진수의 산술적 합을 만드는 디지털 회로를 가진 것이다. 그것은 다음 전가산기로 입력 캐리로 연결된 하나의 전가산기로부터 출력 캐리에 종속된 전가산기로 되어있다.

[그림 6-9]의 (a)는 4비트의 2진 병렬 가산기를 구성하기 위하여 4개의 전가산기 회로를 상호 접속을 한 것이다.

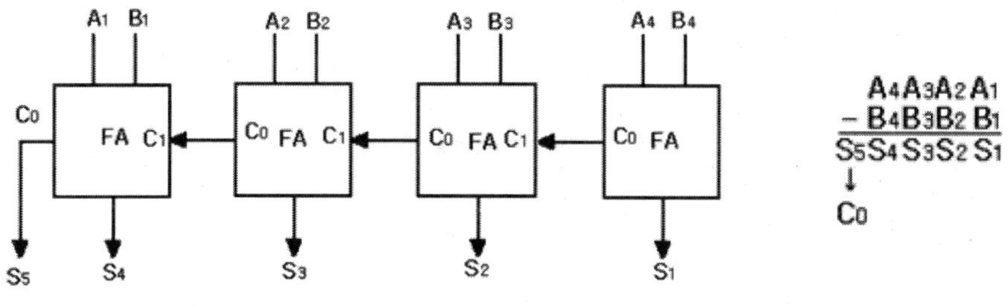

(a) 병렬 4비트 가산기 (b) 4비트의 가산 예

그림 6-9 병렬 4비트 가산기의 동작

A의 피가산수 비트와 B의 가산 비트는 왼쪽에서 오른쪽으로 첨자의 숫자에 의해서 나타나 있으며 첨자 1은 차수의 비트를 표시한다. 캐리 C는 전가산기를 통하여 연쇄적으로 접속되어 있다. 이 가산기의 입력 캐리는 C_i이고 출력 캐리는 C_0이며 출력 S들이 필요한 합의 비트를 발생시킨다. 4비트 전가산기 회로가 IC 패키지 내에 포함되어 있을 때는 피가산수 비트에 대한 4개의 단자, 가수비트에 대한 4개 단자, 그리고 입력과 출력 캐리에 대한 2개의 단자를 가지고 있다.

n비트의 병렬 가산기는 n개의 전가산기를 필요로 하며 그것은 4비트, 2비트, 및 1비트의 전가산기 IC를 몇 개의 패키지로 종속 접속하여 구성할 수 있다. 한 패키지로부터의 출력 캐리는 다음 단으로 높은 차례의 비트를 가진 패키지의 입력캐리에 접속되어야 한다.

가. 2진 가산기와 감산기

2진수의 감산은 앞에서 설명한 것과 같이 보수에 의해서 편리하게 행할 수 있다. 감산A-B는 B에 대한 2의 보수를 취하여 A에 더한다(1의 보수도 가능하다.). 2의 보수는 1의 보수를 취하고 최하위 비트에 1을 더해서 얻을 수 있다. 1의 보수는 인버터회로를 사용하여 얻을 수 있고 입력 캐리를 통해 합에 1을 더한다. 또한 이 회로는 각 데이터 입력B와 이에 대응하는 전가산기의 입력 사이에 인버터가 있는 병렬 가산기로 구성되어있다.

입력 캐리C1은 감산을 행할 때 1이어야 한다. 그러므로 행해지는 연산은 A더하기 B에 대한 1의 보수 더하기 1이 된다. 이것은 A더하기 피에 대한 2의 보수와 같다. 비 부호수에 있어서 A≥B일 때 A-B 이고, A〈B일 때 V에 대한 그의 보수에서 A를 뺀다. 부호수에 있어서는 오버플로가 없는 한 결과는 A=B이다. 가산과 감산의 연산을 하나의 2진 가산기로 된 하나의 회로를 결합할 수 있다. 이것은 각 전가산기에 Ex-OR 게이트를 포함함으로써 행해진다.

4비트 감산기 회로를 [그림 6-10]에 나타내었다. 모든 입력 M은 연산을 제어한다.

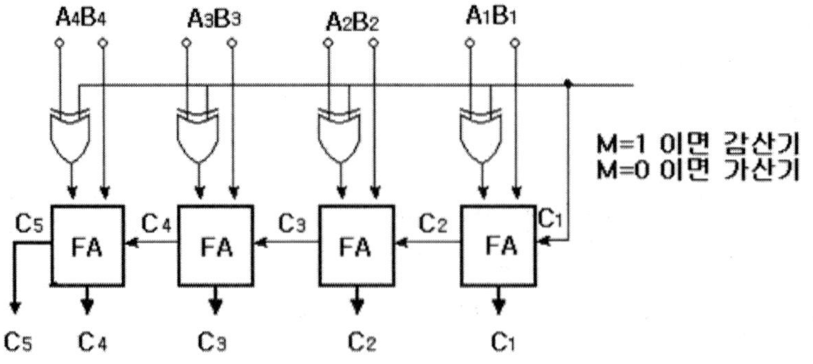

그림 6-10 2진 가′ 감산기 회로(4bit adder-subtracter)

M=0이면 회로는 가산기이고, M=1이면 회로는 감산기이다. Ex-OR 게이트는 입력 M과 입력 B의 1비트를 받아들인다. M=0일 때 B⊕0=B이므로, 전가산기는 B의 값을 받고 입력 캐리는 0이다. M=1일 때 B⊕1=B'이고, C_i=1이다. 입력 B는 모두 보수로 되고 입력 캐리를 통해 1을 더한다. 그러므로 회로는 A의 B에 대한 그의 보수를 더하는 연산을 행한다.

나. 캐리의 전파

병렬로 된 2개의 2진수 덧셈은 피가산수와 가수의 모든 비트가 동시에 계산을 위하여 이용될 수 있다는 것을 의미한다. 어떠한 조합 회로에서나 마찬가지로 신호는 2의 출력단자에서 올바른 출력의 합을 입수하기에 앞서 게이트들을 통하여 전파되어야한다. 그 전체 전파시간은 대표적으로 게이트의 전파 지연과 회로에서의 게이트 단계의 수를 곱한 것과 같고, 병렬 가산기의 최장 전파 지연은 가산기를 통하여 캐리가 전파하는데 필요한 시간이다. 합의 출력의 각 비트는 입력 캐리의 값에 따르기 때문에 임의의 가산기에서 주어진 단계의 s 값은 그 단계로 입력 캐리가 전파된 후에나 그의 정상적인 최종 값에 있게 된다. [그림 6-10]의 출력 S를 보자. 입력 A_4와 B_4는 이 가산기로 입력 신호가 인가되자마자 그의 정상 값에 도달한다. 그러나 입력 캐리 C_4는 C_5가 정상 상태의 값을 얻을 때까지는, 그의 최종 정상 상태의 값으로 정착되지 않고 비슷하게 C_3는 C_2를 기다려야 하며, 이리하여 C_1까지 내려가게 된다. 따라서 캐리가 모든 단계를 통하여 전파된 후에만 최종출력 S_4와 캐리 C_5가 그들의 최종 정상 상태의 값으로 정착하게 될 것이다.

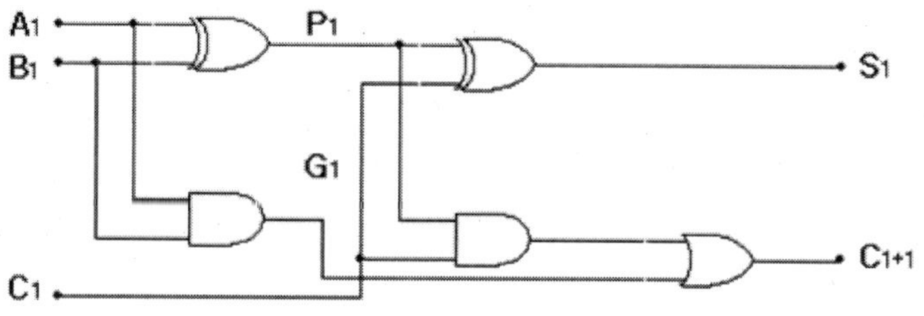

그림 6-11 전가산기 회로

캐리가 전파하는데에 대한 게이트 단계의 수는 전가산기 회로로부터 알 수 있으며 [그림 6-11]에 나타내었다. 입력과 출력 병렬 가산기에서 대표적 단계를 나타내기 위하여 첨자 I를 사용한다. P_i와 G_i에서의 신호는 그들의 각 게이트를 통하여 전파된 후 그들의 정상 상태의 값으로 정착된다. 이들 2개 신호는 모든 전가산기 공통이며 입력 피 가산수와 가수의 비트에만 따른다. 입력 캐리 C_i로부터 출력캐리 C_{i+1}에 이르는 신호는 AND게이트와 OR게이트를 통하여 전파하는데, 이들은 2개의 게이트 단계를 구성한다.

병렬 가산기 4개의 전가산기가 있을 때 출력 캐리 C_5는 C_1에서 C_5까지 2*4=8개의 게이트 단계를 갖는다. 즉, N비트의 병렬 가산기에 0은 캐리가 전파하기 위한 2n개의 게이트 단계가 있다. 그 가산기의 전체 전파시간은 하나의 반가산기에 8개 게이트 단계를 합한 것에 대한 전파 시간이 된다.

캐리의 전파시간은 2개의 수를 병렬 덧셈하는 속도에 대한 제한인자이다. 병렬 가산기 또는 임의의 조합 회로는 항상 그의 출력 단자에 어떠한 값을 갖게 되지만, 신호가 입력에서부터 출력으로 까지 연결된 게이트를 통하여 전파하는데 충분한 시간이 주어지지 않는다면, 그 출력은 정당하지 못할 것이다. 모든 다른 산술동작은 연속적인 덧셈으로써 감축시키는 해결책은 감축된 지연 시간을 가진 보다 빠른 게이트를 사용하는 것이다.

병렬 가산기에서 캐리 전파 시간을 감축시키는 몇 가지 기법이 있다. 가장 광범위하게 사용되는 기법은 앞보기 캐리의 원리를 사용하는 것인데, 아래에 기술되어 있다. [그림 6-11]에 나타난 전가산기 회로에서 2개의 새로운 2진식 변수를 정의하면 다음과 같다.

$$P_1 = A_1 \oplus B_1$$
$$G_1 = A_1 B_1$$

또한, 출력의 합과 캐리는 다음과 같이 표시할 수 있다.

$$S_1 = P_1 \oplus C_1$$
$$S_1 = P_1 \oplus C_1$$

G_1는 캐리 생성이라 하며, 그것은 A와 B가 모두 1일 때는 입력 캐리에 관계없이 출력 캐리를 만든다. P_1는 전파캐리라고 하는데, 그것은 이것이 C_1에서 C_{1+1}의 캐리의 전파와 관련된 항이기 때문이다.

각 단계에서의 캐리의 출력에 대한 논리식은 다음과 같다.

$$C_2 = G_1 + P_1 + C_1$$
$$C_3 = G_2 + P_2 + C_2 = G_2 + P_2(G_1 + P_1C_1) = G_2 + P_2G_1 + P_2P_1C_1$$
$$C_4 = G_3 + P_3C_3 \equiv G_3 + P_3 + P_2 + G_1 + P_3P_2P_1C_1$$

상기 논리식은 적의합 형식으로 표시되어 있기 때문에, 각 함수는 OR 게이트와 AND게이트로 구성할 수 있다. C_2, C_3 및 C_4에 대한 3개의 논리식을 [그림 6-12]에 나타낸바와 같이 앞보기 캐리 발생기로 구성된다. C_4는 C_3와 C_2가 전파하는 것을 기다릴 필요가 없다. 사실상 C_4는 C_2및 C_3와 동시에 전파한다.

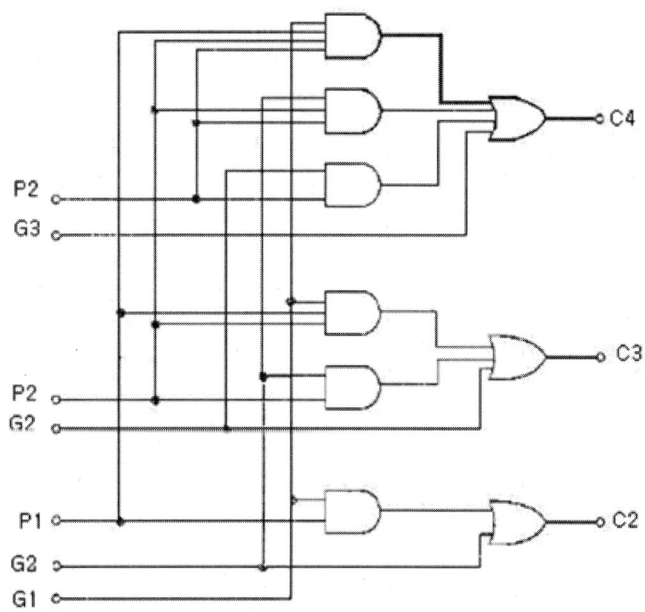

그림 6-12 앞보기 캐리 발생기의 논리회로

앞 보기 캐리 구조를 갖는 4비트 병렬 가산기의 구성은 [그림 6-13]에 나타내었다.

각 합의 출력은 2개의 Ex-OR 게이트를 필요로 한다. 첫 Ex-OR의 출력은 변수 P1를 생성하고 AND게이트는 변수 G_1을 발생시킨다. 모든 P와 G들은 2개의 게이트 단계에서 발생된다. 이 캐리는 앞 보기 캐리 발생기를 통하여 전파되고, 제2의 Ex-OR 게이트에 대한 입력으로서 인가된다. P와 G의 신호가 그들의 정상 상태의 값으로 정착된 후 모든 출력 캐리가 게이트의 2개 단계를 지연하고서 발생된다. 따라서 S_2에서 S_4까지의 출력은 같은 전파 지연 시간을 갖는다. 출력캐리 C_5에 대한 2단계 회로는 나타나 있지 않다.

예제 4 두 개의 4비트 2진수가 다음과 같을 때, 이들의 가산 결과를 기록하라.

$A_4A_3A_2A_1 = 1101$

$B_4B_3B_2B_1 = 0101$

(풀이)

```
  1 1 0 1
+ 0 1 0 1
---------
1 0 0 1 0
S5 S4 S3 S2 S1
(C5)
```

예제 5 논리게이트를 사용하여 2비트 병렬 가산기를 구성하고, 10+11=101의 가산이 성립되는 것을 확인하라.

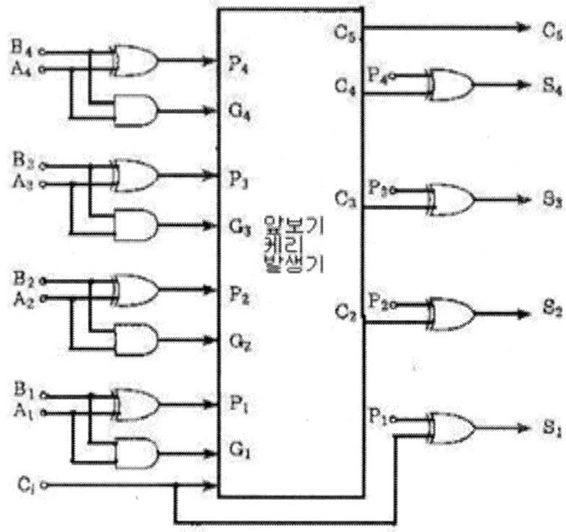

그림 6-13 앞보기 캐리 발생기를 가진 4비트 전가산기

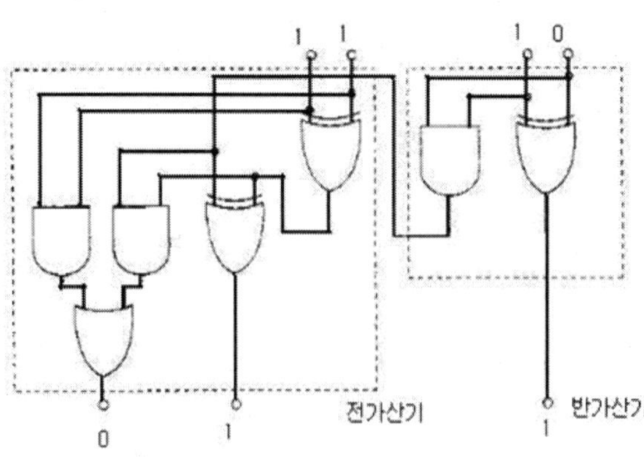


```
   1 1
+  1 0
------
 1 0 1

S3 S2 S1
```

그림 6-14 2비트 병렬가산기

6-1-5 BCD(8421) 가산기

디지털 회로를 사용한 2진수 연산에서 많이 사용되는 코드에는 BCD코드가 있다.
BCD코드의 대표적인 8421코드에 대한 가산 회로를 보면 다음과 같다.
8421 코드는 앞에서 기술한 것과 같이 4개의 비트를 사용하여 10진수와 각 숫자를 표시하는 방식이다.

5	3	9	……	(10진수)
0101	0011	1001	……	(8421코드)

또 8421코드에서는 10진수의 0-9까지의 2진수를 표시할 수 있지만, 10(1010)이상은 사용하지 않으므로 의미가 없다. 이러한 이유에서 8421코드의 가산에 대응되는 10진수의 합계가 9를 넘을 때는 2진수의 덧셈은 무의미하게 된다.
예를 들면 10진수 8과 6을 합하여 2진수로 행하면

8	……		1000
+ 6	……	+	0110
14	……		1110

과 같이 되나 1110은 8421코드에서 사용하지 않으므로 의미가 없다. "1"과 "0"으로 된 4개의 비트로 구성되는 8421코드 형식으로 만들 수 있는 것의 총수는 0000-1111까지의 16개이다. 그러나 실제의미를 갖는 8421코드와 대응하는 10진수는 0-9까지이므로, 10진수와 대응되는 6개의 코드는 사용하지 않는다. 즉, 사용하지 않는 6개의 코드는 빼 놓아야 한다.
따라서 8421코드로 표시하려면 합이 9를 넘을 땐 여기에 6(0110)을 더해야 8421코드의 값을 얻게 된다. 예를 들면 다음과 같다.

1000	……	8(BCD값으로 표시)
0110	……	6(BCD값으로 표시)
1110	……	14(2진 값으로 표시)
+ 0110	……	6(8421코드로 변환시키기 위하여 6을 더한다)
0001 0100	……	14(8421코드의 값)

[그림 6-15]는 8421 가산기 회로를 구성한 것이며, 2진 가산기를 사용하여 8421 코드의 디짓의 가산을 행하고, 그 합이 9(1001)을 넘었을 때는 6을 더하여 8421코드의 가산을 하도록 구성되어 있다.

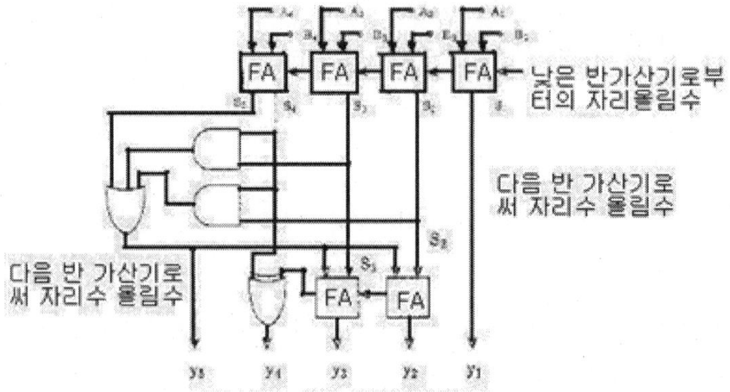

그림 6-15 4비트 8421 가산기

그림에서 계산하고자 하는 두 BCD 입력 다섯을 A_4 A_3 A_2 A_1 및 B_4 B_3 B_2 B_1이라 하자. 이들의 합이 S_4 S_3 S_2 S_1이라 하면 다음과 같이 표시된다.

$$
\begin{array}{r}
A_4 \;\; A_3 \;\; A_2 \;\; A_1 \\
+B_4 \;\; B_3 \;\; B_2 \;\; B_1 \\
\hline
S_4 \;\; S_3 \;\; S_2 \;\; S_1
\end{array}
$$

이 합이 9보다 클 때 그림의 AND게이트에서 S_3 및 S_4의 값을 검색하게 된다. 이 AND게이트로의 두 입력이 모두 "1"일 때, 이 게이트의 출력은 "1"이 되고, 그 "1"의 출력이 OR게이트에 들어가면, OR의 출력은 "1"이 된다. 또한 AND 게이트는 S_4 및 S_2의 값을 검색하게 되는데, 이 두 입력이 동시에 "1"이면 이 게이트의 출력은 "1"이 되고 그것이 OR 게이트로 전달되어 역시 OR 게이트의 출력이 "1"이 된다.

이상과 같이 2개의 AND 게이트와 1개의 OR 게이트에서 입력이 9보다 큰 것인가 여부를 검출한다. S_4 S_3 S_2 S_1이 9(1001)보다 클 때 8421코드 형식으로 출력을 변환시키기 위해서는 결과에 6(0110)을 더해주어야 한다. 즉

$$\begin{array}{r} S_4\ S_3\ S_2\ S_1 \\ +\ 0\ \ 1\ \ 1\ \ 0 \\ \hline Y_5\ Y_4\ Y_3\ Y_2\ Y_1 \end{array}$$

첫 번째 줄의 S_4은 그대로 Y_1이 되고, 그림 중의 하단의 가산기엔 OR 게이트의 출력 1과 S_3 S_1의 출력이 가해짐으로써 이루어진다. [그림 6-15]는 한자리수의 10진수를 합산하는 경우 대응하는 8421 가산회로이지만, 10진수의 자리수가 많을 경우에는 자리수 만큼의 8421 가산기를 더 접속해야 한다. 예를 들어 4자리수 (4324+5432)를 계산하려면 4개의 8421 가산기를 종속 접속하면 된다.

6-1-6 3초과 가산기

3초과 코드는 BCD 코드에 3을 더한 4비트로 구성된 코드이다. 3초과 코드의 가산에서는 두 개의 3초과 코드 수를 더했을 때, 3비트 군에서 자리올림수가 발생하지 않으면 전체의 합이 6초과 코드가 되므로, 이를 3초과 코드를 바꾸기 위해서는 3(0011)을 빼 주어야 한다. 그러나 자리올림수가 발생하면 3(0011)을 더해주어야 한다. 자리올림수가 발생하면 BCD 코드로 환원된다. [그림 6-16]은 3초과 코드 가산기 회로이다.

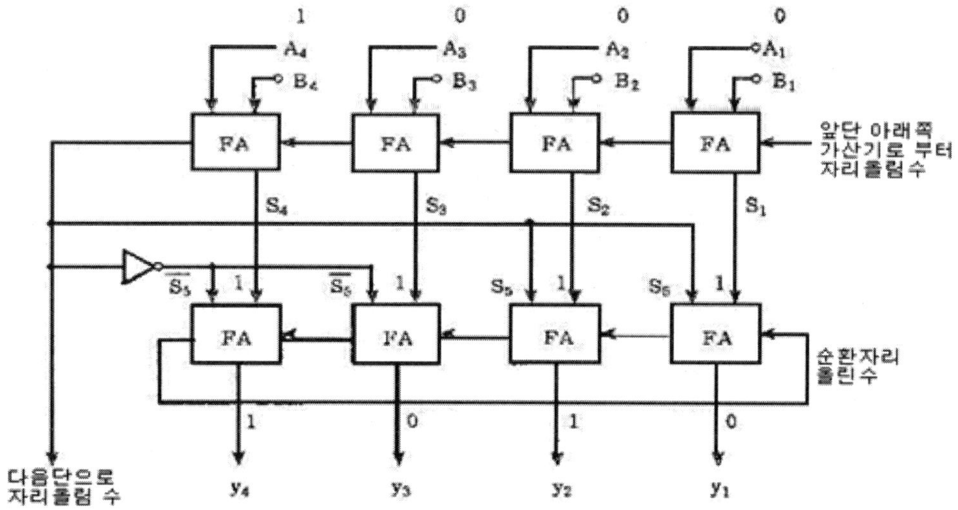

그림 6-16 4비트 3초과 가산기

그림에서 두 개의 3초과수를 윗 단의 가산기에 가하면 보정되지 않은 합계 $S_5 S_4 S_3 S_2 S_1$을 얻는다.

여기서 S_5의 수에 의해서 3(0011)을 더하거나, 빼거나 한다. 즉, 자리올림수가 있을 때는 "1"이 되고, 없을 때는 "0"이 된다. 따라서 하단의 가산기에 $S_5 S_4 S_3 S_2 S_1$과 함께 $S_5 S_5 S_5 S_5$를 가한다. 자리 올림수가 있을 때 S_5는 "1"이 되고 $\overline{S_5}\,\overline{S_5}\,S_5 S_5$는 0011이 되어 3이 더해지게 된다.

자리올림수가 없을 때는 S_5가 "0"이 되므로 $S_5 S_5 S_5 S_5$는 1100이 된다. 이때 1100은 0011의 1의 보수가 되므로 3을 뺀 것과 같은 의미가 된다. 아래 단의 가산기중 맨 왼쪽의 가산기에는 순환 자리올림수가 발생되어 올바른 3초과 코드의 덧셈을 해주게 된다.

예를 들면 다음과 같다.

$$\begin{array}{rrrrr} & A_4 & A_3 & A_2 & A_3 \\ + & B_4 & B_3 & B_2 & B_1 \\ \hline S_5 & S_4 & S_3 & S_2 & S_1 \end{array}$$

	1000	5의 3초과 코드
	0101	2의 3초과 코드
	1101	7의 6초과 코드로 수정되지 않음
	1100	12를 더한다(즉, 3을 뺀다).
①	1001	순화자리올림수
↳	1	
	1010	7의 3초과 코드를 얻는다.

6-2 감산기 회로

6-2-1 반감산기

2진수의 감산은 이미 배운 바와 같이 보수를 이용하여 수행하는 방법 외에 감산기를 사용하여 직접 실행한다. 2진수의 감산을 실행할 때 〈표 6-3〉과 같이 자리내림수와 차의 두 출력이 동시에 나타나게 된다. 이와 같은 회로를 반감산기라 하며, 진리표에서와 같이 A와 B가 같을 때, 그 차는 0이고 서로 다를 때는 1이 된다. 이것은 상호 배타적이므로 Ex-OR 회로식으로 나타낸다.

또, 입력 A는 "0"이 되고 B가 "1"일 때만 자리내림수 "B"는 "1"이 되는데, 이런 관계의 논리식은 다음과 같이 D와 B의 논리적(AND)로 나타낸다.

$$D = \overline{A}B + A\overline{B}$$
$$B = \overline{A}B$$

표 6-3 반감산기의 진리표

A	B	자리내림수(B)	차(D)
0	0	0	0
0	1	1	1
1	0	0	1
1	1	0	0

[그림 6-17]은 반감산기 회로를 나타내고 있으며, 차의 Ex-OR 회로와 자리내림수의 AND 회로로 구성되어 있다.

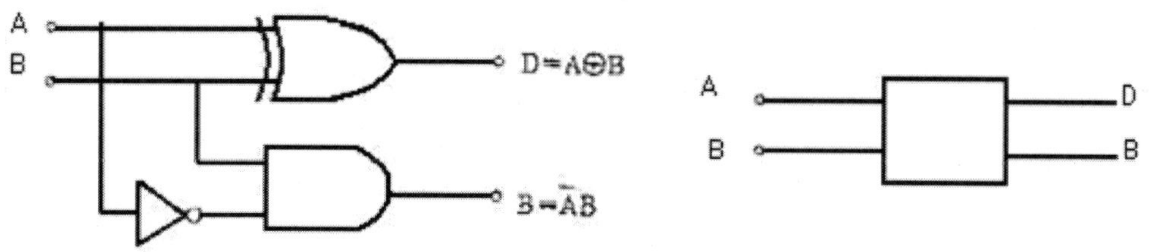

그림 6-17 반감산기 회로

예제 6 반감산기 동작을 수행할 수 있는 회로를 NAND 게이트를 사용하여 구성하라.

(풀이)

$$D = \overline{A}B + A\overline{B}$$

$$D = \overline{\overline{\overline{A}B}} + \overline{\overline{A\overline{B}}} = (\overline{\overline{A}B})(\overline{A\overline{B}})$$

$$B = \overline{A}B$$

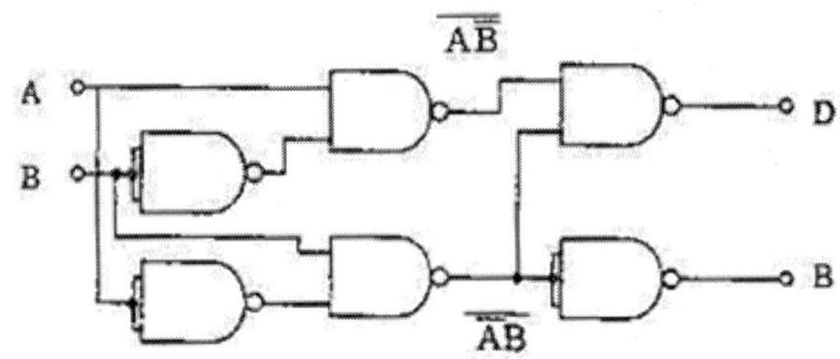

그림 6-18 NAND 이용 반감산기

6-2-2 전감산기

두 입력 A, B 외에 또 하나의 자리내림수 Bi을 입력하여 감산을 수행하는 회로를 전감산기라고 한다. 〈표 6-4〉와 같이 전감산기는 차(D)와 자리 내림수를 출력으로 하며, 두 개의 반감산기와 한 개의 OR 게이트를 사용하여 구성할 수 있다.(그림 6-19 참조)

전감산기의 논리식은 다음과 같다.

$$D = \overline{AB}B_i + \overline{A}B\overline{B_i} + A\overline{BB_i} + ABB_i$$

$$D = B_i \oplus (A \oplus B)$$

$$B_0 = \overline{ABB_i} + \overline{A}B\overline{B_i} + \overline{A}BB_i + ABB_i$$

$$B = \overline{A}B + B_i\overline{(A \oplus B)}$$

표 6-4 전감산기의 진리표

입력			출력	
A	B	B_i	D	B_o
0	0	0	0	0
0	0	1	1	1
0	1	0	1	1
0	1	1	0	1
1	0	0	1	0
1	0	1	0	0
1	1	0	0	0
1	1	1	1	1

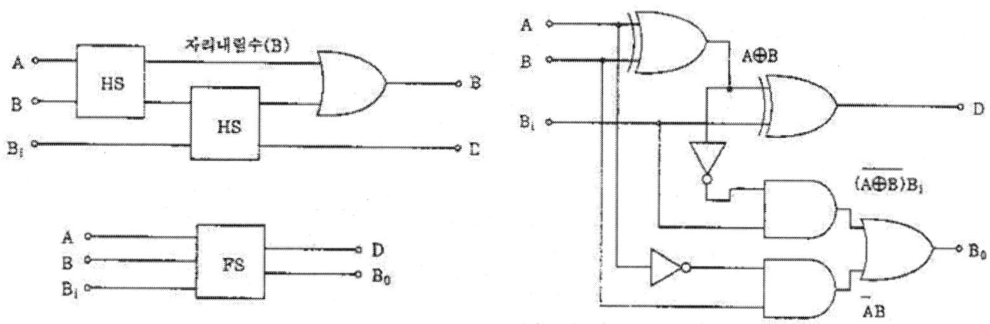

(a) 계통도 (b) 논리 회로

그림 6-19 전 감산기의 블록선도와 논리회로

6-2-3 병렬감산기

2진수의 병렬 감산은 병렬 가산 때와 같은 순서로 진행한다. [그림 6-20]은 4비트 병렬 감산기 회로이다. 한 개의 반감산기와 3개의 전감산기를 사용한 것이다.

$$\begin{array}{r} A_4 \ \ A_3 \ \ A_2 \ \ A_1 \\ -\ B_4 \ \ B_3 \ \ B_2 \ \ B_1 \\ \hline D_4 \ \ D_3 \ \ D_2 \ \ D_1 \end{array}$$

(a) 4비트 감산의 예

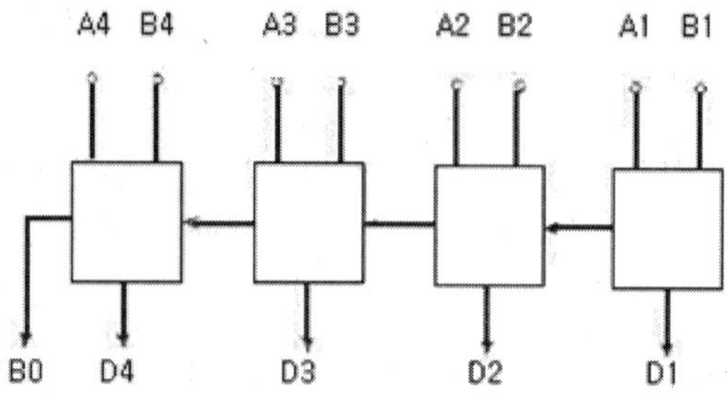

(b) 병렬 4비트 감산기

그림 6-20 4비트 병렬감산 동작

6-2-4 가산기를 이용한 가감산기

회로에서 Ex-OR 회로가 버퍼로 동작시는 가산기 IC7483에 의해서 A_1+B_1가 되고 인버터로 동작시는 보수를 취하여 더해지므로 감산 동작을 한다.(그림 6-21 참조)

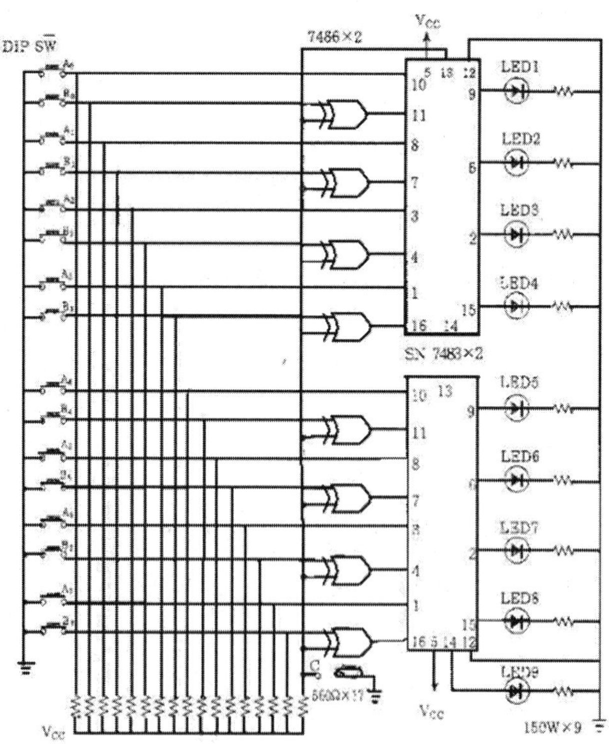

그림 6-21 8비트 가감산기 회로

6-3 곱셈기 및 나눗셈 회로

6-3-1 곱셈기 회로

2진수 곱셈 방법에는 세 가지가 있는데 우선 첫 번째는 완전한 하드웨어적인 방법이고, 둘째는 소프트웨어적인 방법이고, 셋째는 병렬가산기와 3개의 레지스터와 소프트웨어적인 방법으로 계산하는 방법이 있다.

그러나 첫 번째 방법은 비용이 절약되기는 하지만 연산시간이 많이 걸리고, 두 번째 방법은 논리회로로만 구성해야 함으로 비용이 많이 드나 연산시간이 가장 바르고 세 번째 방법은 위의 두 가지 방법의 결점을 보완 절충시킴으로 컴퓨터 계산기에 가장 많이 사용된다.

다음은 하드웨어적인 곱셈기로 조합 논리 회로로 구성할 수 있다. 이 기능이 어떻게 수행되는지 그 예로써 4비트의 수를 곱하는 과정을 이해하면 회로의 구성이 가능하다.

다음 곱셈과정을 알아보기로 하자.

	A_3	A_2	A_1	A_C	곱해지는 수(피승수)
×			B_1	B_C	곱수(승수)
	M_3	M_2	M_2	M_C	첫째부분 곱
− M_3	M_2	M_1	M_0		둘째부분 곱
M_4	M_3	M_2	M_1	M_C	곱의 결과

다시 말하면, 2진수 피승수(A)가 1111이고 승수(B)가 10일 때 이들을 곱하면 11110이 됨을 알 수가 있다. 따라서 첫째 부분 곱을 A_3 A_2 A_1 A_0에 B_1을 AND 게이트에 연결함으로써 구해지고, 둘째 부분의 곱은 A_3 A_2 A_1 A_0에 B_1을 AND게이트에 연결함으로써 구해지며, 이들 두 개의 출력을 캐리를 고려하여 병렬 가산기에 입력시키면 곱0의 결과가 얻어지게 된다.

[그림 6-22]는 4비트 입력과 2비트 입력을 곱하는 곱셈기를 나타낸 회로이다.

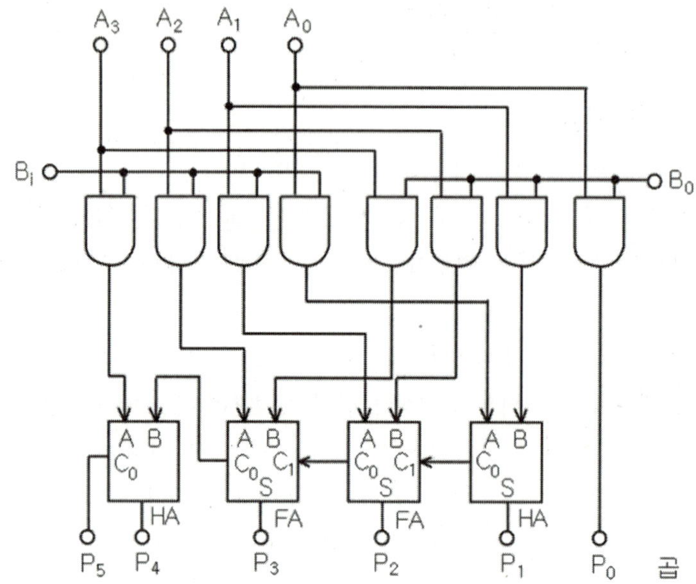

그림 6-22 4-to-2 곱셈회로

그리고 [그림 6-2]3은 제2장에서 설명된 것과 같은 병렬가산기와 3개의 레지스터로 이루어 4비트 2진수의 곱셈기를 보여주고 있다.

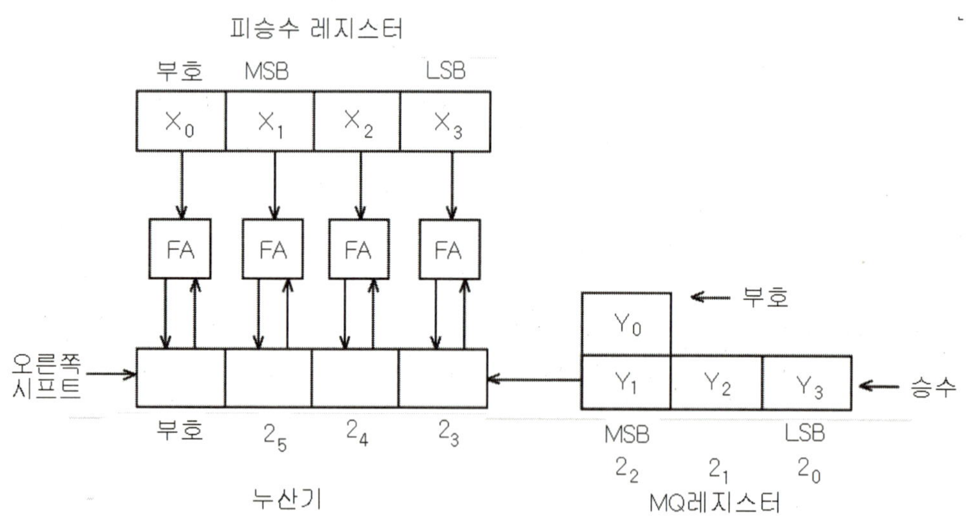

그림 6-23 3개의 레지스터를 사용한 4비트 2진수 곱셈기

승수와 피승수가 각 레지스터에 기억된 뒤에 곱셈이 이루어진 과정은 다음과 같다.

(1) 두 수의 부호 비트를 확인한다.
 부호 비트가 서로 같으면 양(+)이고 다르면(-)이 된다. 그 밖에 모든 레지스터의 부호 비트를 리셋 시킨다.
(2) MQ 레지스터(Memory and Quotient register)의 2비트가 1인지 0인지를 확인한다.
 1일 때는 누산기의 내용과 피승수를 병렬가산기에 더하여 누산기에 집어넣고 0일 때는 덧셈을 하지 않는다.
(3) 누산기와 MQ 레지스터를 동시에 우측으로 1비트씩 시프트 시킨다.
(4) 승수의 2번째(LSB에서)비트가 현재 2^0 비트 자리에 들어와 있다. 위의 (2), (3) 단계를 되풀이한다.
(5) 여기서 승수의 MSB가 MQ레지스터의 2^0위치에 있음으로 위의 (2), (3) 단계를 되풀이 한다.

이상으로 곱셈은 끝나고 전체의 곱셈 결과는 MQ레지스터에 남아 있게 되므로, 부호는 단계 (1)에서 결정된 것을 취하면 된다.

6-3-2 나눗셈기 회로

곱셈 방법처럼 나눗셈도 다음의 과정으로 진행된다.

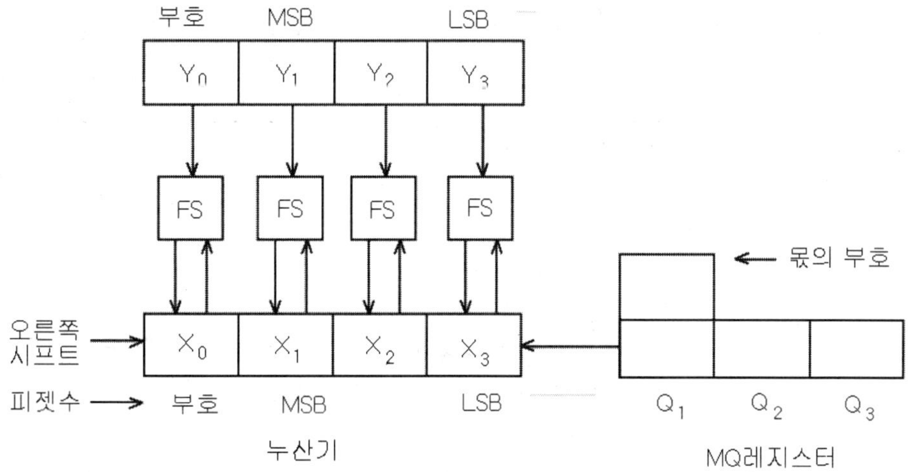

그림 6-24 4비트 2진수 나눗셈기

(1) 제수와 피제수를 누산기의 각 제자리 레지스터에 미리 기억시키고 나누기 과정이 끝나면 그 몫(Quotient)은 MQ 레지스터에 기억시킨다.
(2) 두 개의 부호비트를 조사하고 몫의 부호를 결정한다.
(3) 두 수를 비교하여 그 결과 제수가 크면 나눗셈을 진행시키고 피제수가 크면 나누지 않는다.
(4) 누산기와 MQ의 내용을 왼편으로 1자리 시프트 시킨다.
(5) 제산 결과 제수가 누산기 수보다 작으면 누산기로부터 제수를 빼고 MQ레지스터의 가장 우편 비트에 1을 넣는다. 만일 제수가 더 크면 빼지 않는다.
(6) 누산기와 MQ레지스터의 내용을 함께 왼쪽으로 1자리 시프트 시킨다.
(7) MQ레지스터에 n비트 몫이 나타날 때까지 위의 단계(3)에서(7)을 되풀이한다.
(8) MQ레지스터의 부호 비트에 몫의 부호를 넣는다. 그리고 MQ의 내용이 몫이 되고 셈은 끝난다.

6-4 연산 응용 회로

6-4-1 연산 논리 장치

마이크로컴퓨터의 프로세서 논리 동작이 갖는 기능 중의 하나가 연산 논리 기능이고, 이러한 기능을 갖는 장치를 연산 논리 장치(Arithmetic Logic Unit : ALU)라고 하는데, 이것은 조합 논리 회로 중에 하나이다. [그림 6-25]는 4비트 ALU의 계통도를 나타내고 있다.

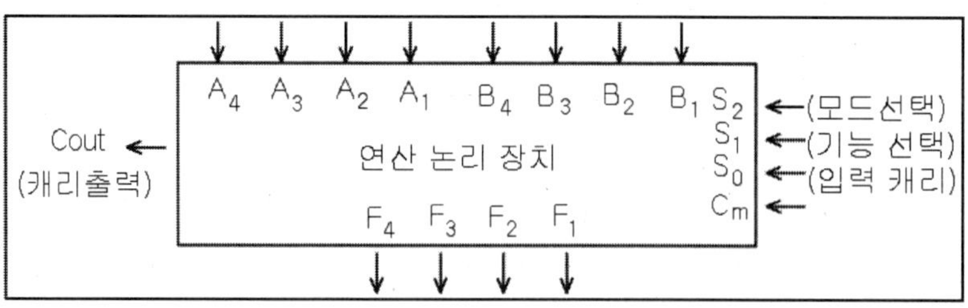

그림 6-25 4비트 ALE 계통도

ALU는 연산 회로가 논리 회로가 결합된 상태에서 [그림 6-26]과 같이 멀티플렉서에 연결하여 출력을 얻는다.

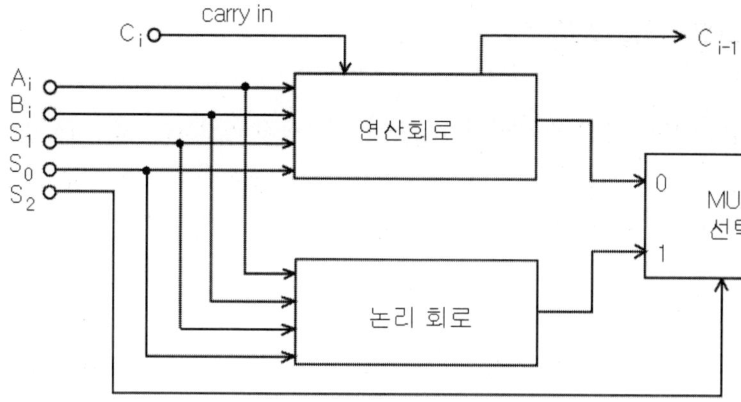

그림 6-26 논리회로와 산술회로의 결합

논리 회로를 설계하는데 있어서 가장 간단한 방법은 [그림 6-27]과 같다. n비트 논리회로에 대해서는 이런 회로가 n개가 필요하게 된다. 여기서 논리 연산을 하는 4개의 게이트, 즉 OR, Ex-OR, AND, NOT가 각 기능을 수행하면 멀티플렉서의 두 선택 변수(S_1, S_0)는 이들을 출력시키기 위하여 게이트 중에서 어느 하나를 선택한다.

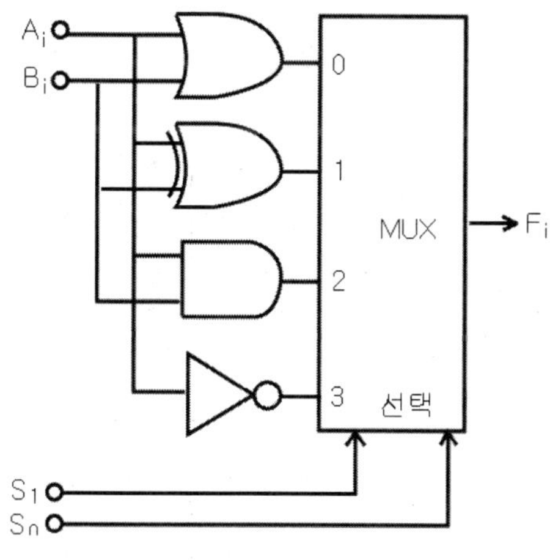

(a) 논리 회로

S_1	S_0	출력	연산
0	0	$F_1 = A_1 + B_1$	OR
0	1	$F_1 = A_1 \oplus B_1$	Ex-OR
1	0	$F_1 = A_1 B_1$	AND
1	1	$F_1 = \overline{A}$	NOT

(b)

그림 6-27 ALU 논리회로의 1단

6-4-2 4비트 가감산기

이미 배웠던 감산기에는 보수를 이용하는 방법을 사용하지 않았으나 여기서는 보수를 이용하여 가감산기 기능을 갖는 회로를 설계하고자 한다. 우선 선택 변수 S=0일 때는 가산(A+B)을, S=1일 때는 감산 (A-B)을 수행하도록 하는 산술 연산 기능만을 갖는 회로라고 가정하면, 다음과 같은 설계순서를 결정해야 한다.

① 병렬 가산은 A+B로, 병렬 감산은 $A+\overline{B}+1=A-B$의 기능을 갖도록 결정
② 선택 변수 S=0일 때 가산을, S=1일 때는 감산을, 입력변수 A, B와 전가산기의 입력 X, Y는 $A_1=X_1$, $B_1=Y_1$로 캐리 등과 조합회로의 구성 등을 결정
③ 진리표 와 논리식을 결정
④ 진리표로부터 카르노도법을 이용하여 간소화된 논리식을 결정
⑤ 최종 논리식으로부터 4비트 연산 회로 작성

[그림 6-28]은 가감산 동작을 결정하는 과정을 나타내고 있다. 그림(a)는 가산과 감산의 기능을 나타내고, 그림 (b)는 입력 변수와 선택 변수와의 관계 및 조합 회로의 구성을 나타내고 있다.

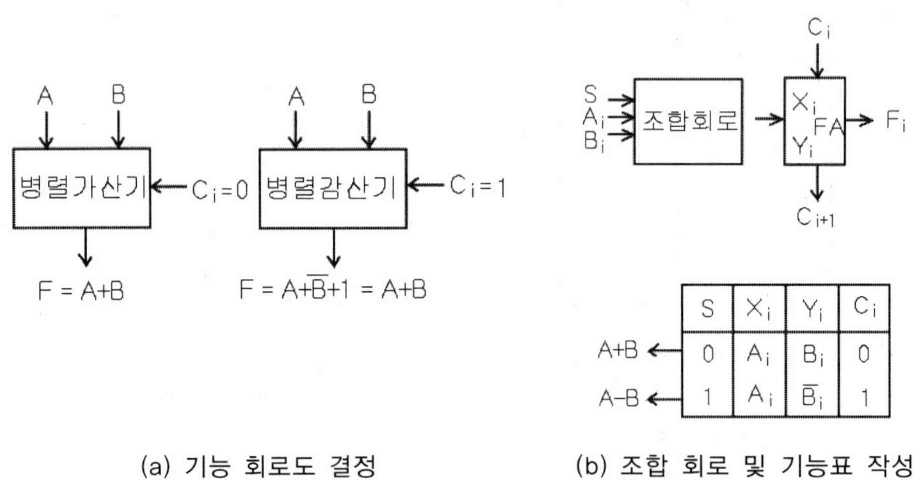

S	X_i	Y_i	C_i
0	A_i	B_i	0
1	A_i	$\overline{B_i}$	1

그림 6-28 가감산기 설계 순서

표 6-5 조합 회로의 진리표와 논리식

입력			출력	
S	A_1	B_2	X_1	Y_1
0	0	0	0	0
0	0	1	0	1
0	1	0	1	0
0	1	1	1	1
1	0	0	0	1
1	0	1	0	0
1	1	0	1	1
1	1	1	1	0

〈표 6-5〉는 입력과 출력 변수를 나타내는 진리표이고, [그림 6-29]은 카르노도법에 의한 논리식의 간소화의 방법을 보여주고 있다. 여기서 정리된 조합 회로의 출력 함수는 다음과 같다.

$$X_1 = A_1$$
$$Y_1 = B_1 \oplus S$$

이 식으로부터 출력 X1는 입력 A_1와 어느 경우에서나 같아야 하고 S=0일 때, Y_1는 B_1와 같고 S=1일 때는, B_1의 보수와 같다는 것을 알 수 있다.

[그림 6-30]은 Ex-OR 회로와 전가산기를 사용한 4비트 가감산기를 논리식을 구성한 것이다.

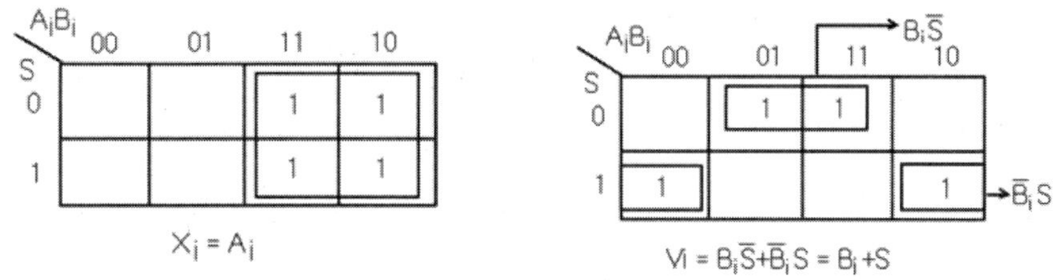

그림 6-29 카르노도

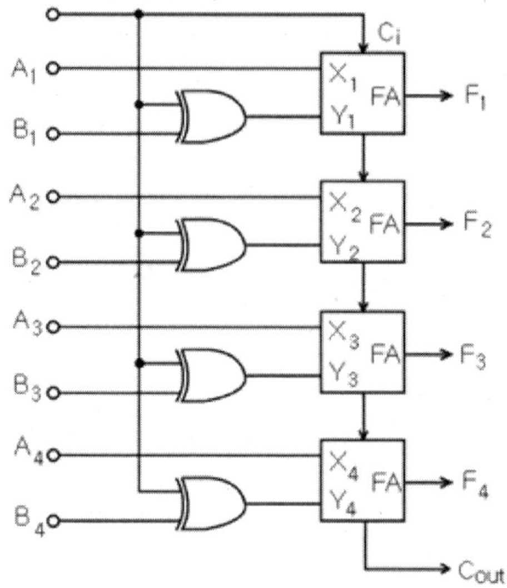

그림 6-30 4비트 가감산기 회로도

예제 7 기능 선택신호 S_1, S_0에 의하여 다음의 기능표와 같은 연산이 이루어지는 4비트 가감산기를 설계하여라. 여기서 외부 입력변수 : A_1, B_1, 전가산기의 입력변수 : X_1, Y_1 전가산기의 출력변수: F_1, 캐리 : C_1 이다.

표 6-6 4비트 연산 기능표

기능 선택			Y	출력	기능
S_1	S_0	C_1			
0	0	0	0	F=A	A를 전
0	0	1	0	F=A+1	A를 증가
0	1	0	B	F=A+B	A 더하기 B
0	1	1	B	F=A+B+1	A+1 더하기 B
1	0	0	$\overline{B}$	$A=A+\overline{B}$	A에 B의 1의보수를 더함
1	0	1	$\overline{B}$	$F=A+\overline{B}+1$	A에 B의 2의보수를 더함
1	1	0	1	F=A-1	A를 감소
1	1	1	1	F=A	A를 전송송

$$C_{ext}=T/0.7R_{ext}=1\times10^{-6}/0.7(5\times10^3)=286[pF]==300[pF]$$

단, 안정 M/V에서 200[ns]의 펄스 폭을 얻으려면, 내부저항이 2[㏀]이므로 이것을 이용하여 두 번째 외부 콘덴서 Cext를 구한다.

$$C_{ext} = T/0.7R_{ext} = 200 \times 100^{-9}/0.7(2 \times 10^3) = 143[pF] == 150[pF]$$

(풀이)

위의 기능표로부터 전가산기의 Y입력 변수 S_1과 S_0 함수이고, 출력변수 F_1는 A_1과 Y_1 및 C1의 합산에 의하여 결정된다는 것을 알 수 있다. 기능표로부터 다음 순서에 따라 설계한다.

① $S_1 = S_0 = 0$일 때 $Y_1 = 0$
  $S_1 = S_0 = 1$일 때 $Y_1 = 1$
② $S_1 = 0, S_0 = 1$일 때 $Y_1 = B_i$
  $S_1 = 1, S_0 = 0$일 때 $Y_1 = \overline{B_i}$
③ 카르노도 작성
④ 카르노도로부터 간소화된 논리식을 얻는다.
  $X_1 = A_1$
  $Y_1 = B_i S_0 + \overline{B_i} S_1 (i = 1, 2, \cdots, n)$
⑤ 1단의 가산회로 구성

(1) 1단의 가감산 회로

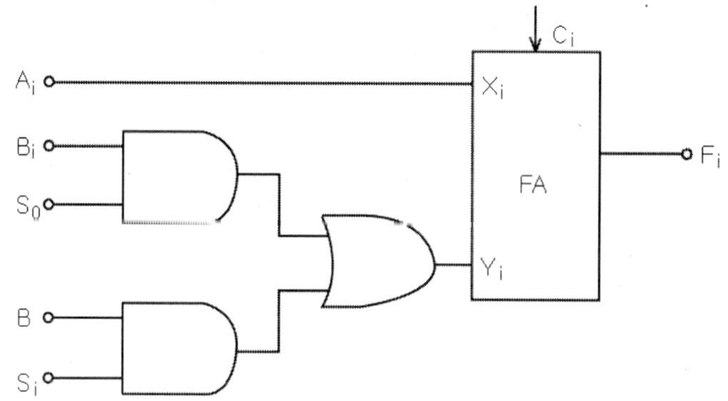

(2) 4개의 전 가산기를 사용하여 다음 그림과 같이 4비트 가감산기를 구성한다.

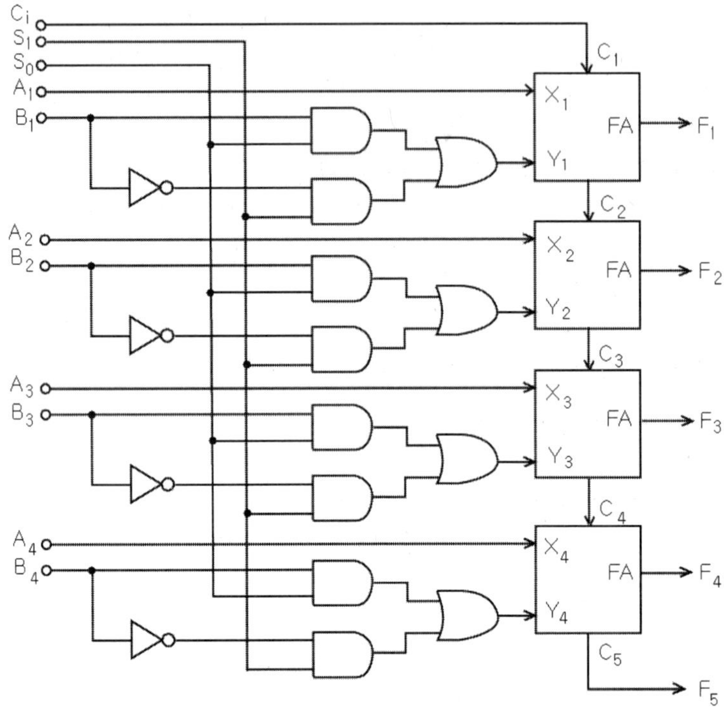

그림 6-31 완성된 4비트 가감산기

연습문제

1. 다음의 두 회로가 서로 동등함을 보여라. 그리고 그들의 논리함수가 동일함을 확인하여라.

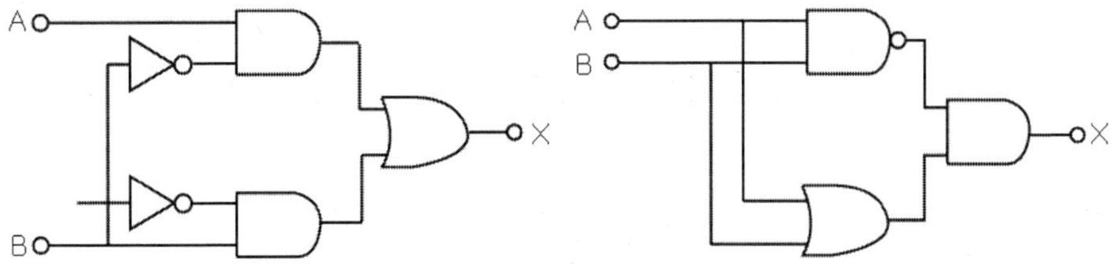

2. 반가산기 진리표를 기록하고 합계와 자리올림수를 나타내기 위한 논리회로에는 어떤 것이 적당한지 그려보아라.

3. 반가산기를 나타내는 회로를 OR, AND, NAND, NOR 게이트를 사용하여 구성하여라.

4. 전가산기에서 다음과 같은 입력에 대한 회로내의 각 점의 논리 상태를 결정하여라.

(1) A=1, B=1, C=1 (2) A=0, B=1, C=1

5. 전가산기와 전감산기의 논리 회로를 그리고, 아울러 논리식도 기록하여라.

6. 6×6=36을 계산할 때 각 레지스터의 내용이 어떻게 달라지는지 단계별로 기록해 보라.

7. 36÷6=6을 계산할 때 각 레지스터의 내용이 어떻게 달라지는지 단계별로 기록해 보라.

8. 선택변수 S와 데이터 입력 A 및 B가 있는 산술연산 회로를 설계하여라.

9. 선택변수 S_0과 S_1을 가지고 다음 표와 같은 산술 연산을 수행하는 연산 회로를 설계하여라.

S_1	S_0	C_1=0	C_1=1
0	0	F=A+B	F=A+B+1
0	1	F=A	F=A+1
1	0	$F=\overline{B}$	$F=\overline{B}+1$
1	1	$F=A+\overline{B}$	$F=A+\overline{B}+1$

10. 전가산기 회로의 입력이 다음과 같은 논리식을 가질 때 그림의 ALU 회로를 참조하여 기능 선택별 출력과 기능을 표에 기록하여라.

$$X_1 = S_2\overline{S_1} * \overline{S_0}B_1 + S_2S_1\overline{S_0} * \overline{B_1},\ Y_1 = S_0B_1 + S_1\overline{B_1},\ C_1 = \overline{S_2}C_1$$

	S_2	S_1	S_0	C_1	출력(F)	기능
산술연산	0 0 0 0	0 0 0 0	0 0 1 1	0 1 0 1		
	0 0 0 1	1 1 1 1	0 0 1 1	0 1 0 1		
논리연산	1 1 1 1	0 0 1 1	0 1 0 1	X X X X		

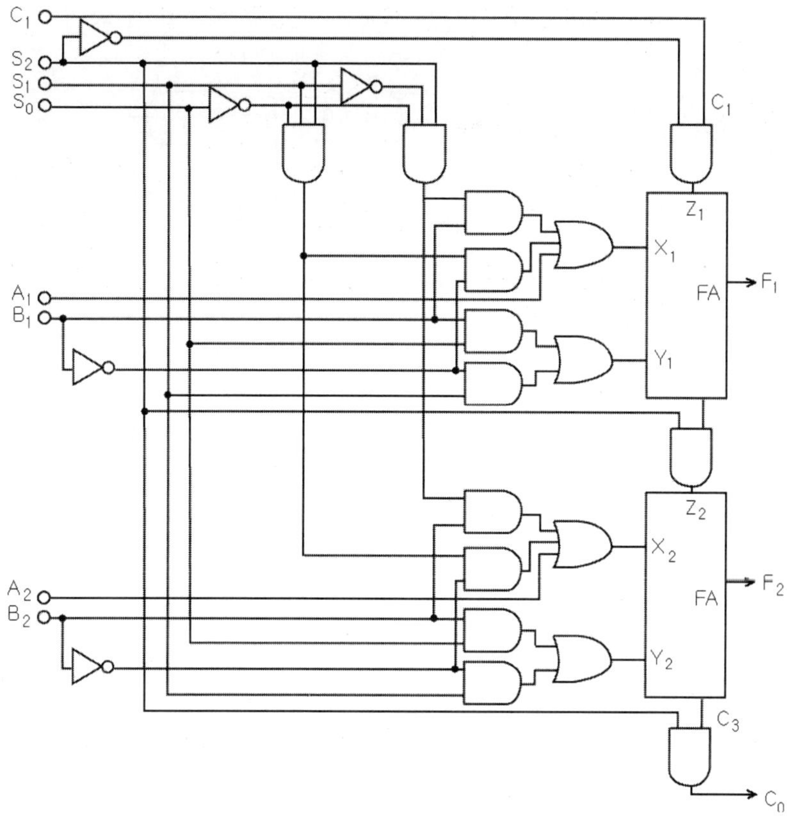

11. 전가산기 Sn, Cn의 값을 다음 표와 같이 주어질 때 논리회로를 구성하라.

A	B	C	출력
0	0	0	0
0	0	1	0
0	1	0	0
0	1	1	
1	0	0	1
1	0	1	1
1	1	0	1
1	1	1	1

12. 다음 회로는 디코더회로이다. 입력 A, B, C에 대한 출력 파형을 그려라.

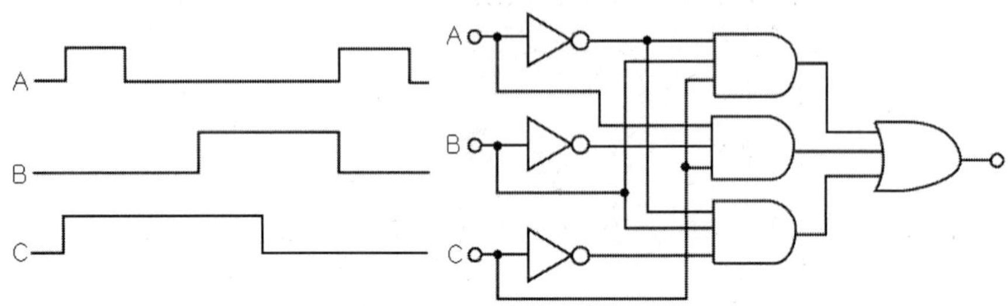

07 펄스발생회로와 플립플롭 회로

파형 발생기의 하나인 멀티바이브레이터(multivibrator)는 두 개의 능동 소자를 이용하여 한 쪽이 도통(on) 상태가 되고, 다른 쪽이 차단(off)상태로 되는 것을 이용하여 데이터(정보)를 저장(기억)시켰다가, 일정한 시간을 두고 펄스 또는 구형파를 발생하게 하는 회로이다. 이렇게 발생된 파형은 직류전압을 갖는 클록 펄스라 하고, 이 클록 펄스 발생회로의 순차(시퀀스)의 방법을 펄스 계수기인 카운터(counter)에 이용하게 되는데, 본 장에서는 이 펄스 발생회로의 종류와 동작 원리, 그리고 카운터에 응용되는 과정 등을 자세히 설명하고자 한다.

7-1 펄스발생회로

스위칭 회로의 기본이 도는 인버터는 결합 소자가 활용되어 서로의 입출력을 결합시켜 줌으로써 데이터를 저장하거나 일정 간격의 구형파를 발생시키는데 이용된다.

그 종류에는 일정 간격의 구형파를 발생하는 비안정 멀티바이브레이터, 1개의 일정 폭을 갖는 구형파 발생용 단안정 멀티바이브레이터, 데이터를 저장할 때 사용되는 쌍안정 멀티바이브레이터, 파형 정형에 사용되는 슈미트 트리거 등이 있으며 그 동작 원리, 실제 사용되는 회로, 제품 및 응용 등에 관하여 알아보기로 한다.

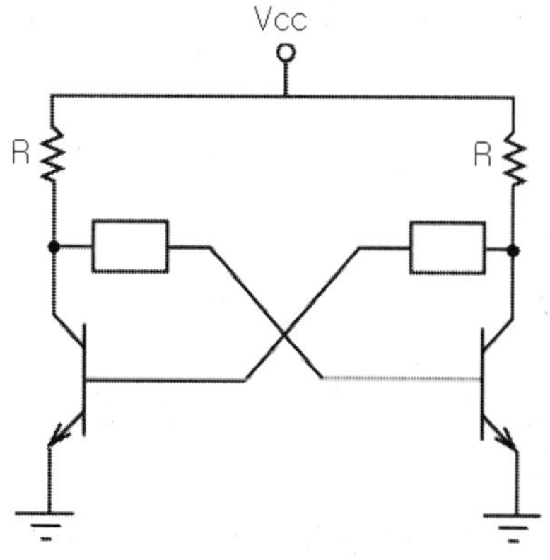

그림 7-1 멀티바이브레이터의 종류

멀티바이브레이터는 [그림 7-1]과 같이 2단 증폭기에서 정궤환시켜 만든 발진기이다. 두 개의 증폭기단의 결합 소자로서는 저항과 콘덴서가 사용되며 이들의 소자 사용 조건에 따라 앞에서 기술한 3종류의 멀티바이브레이터가 얻어진다.(표 7-1 참조). 이상과 같은 멀티바이브레이터는 현재 거의 다 집적 회로 소자로 만들어져 사용되고 있다.

표 7-1 멀티바이브레티의 종류

멀티바이브레이터의 종류	결합소자	안정 상태수	주요 용도
비안정 멀티바이브레이터	양쪽 모두 C	0	펄스발생(클록) 동기, 분주
단안정 멀티바이브레이터	한쪽 C 다른쪽 R	1	펄스발생 지연, 기억
쌍안정 멀티바이브레이터	양쪽 모두 R	2	계수, 기억, 펄스발생, 레지스터용

7-1-1 비안정 멀티바이브레이터

비안정 멀티바이브레이터(astable or free running multivibrator)는 2단의 CR 결합, 고주파 증폭기에 정궤환(양 되먹임: positive feedback)이 걸리도록 회로를 구성한 것으로, 양쪽능동소자가 안정상태를 유지하지 못하며, 세트 상태와 리셋 상태가 번갈아 가며 바뀌는 발진기이다. 이회로는 능동 소자의 포화와 차단 영역을 이용하기 때문에 직사각형파 출력이 발생하므로, 디지털 장치에서 클록 발생기로 많이 사용된다.

가. 트랜지스터 비안정 멀티바이브레이터

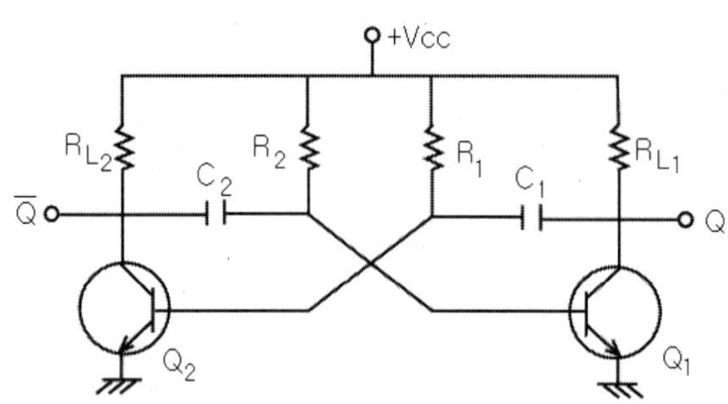

그림 7-2 비안정 멀티바이브레이터의 기본형

[그림 7-2]와 같이 2개의 트랜지스터 인버터 상호간의 입출력을 콘덴서로 결합시킨 것이 기본 회로가 되는데, 이 회로는 Q_1이 도통 상태이면 Q_2는 차단 상태, Q_2가 도통 상태이면 Q_1이 차단상태가 되어, 이 두 가지 상태가 모두 안정하지 못하다.

처음 전원을 가하면 $R_{L1}-C_1$과 R_1을 통하여 Q_2의 베이스 전류 I_{B2}가, $R_{L2}-C_2$ 및 R_2R2를 통하여 Q_1의 베이스 전류 I_{B1}이 각각 흐르게 된다. 그러나 인버터 I과 인버터II사이의 미세한 개별차에 의하여 어느 한 쪽 트랜지스터의 컬렉터 전류 I_C가 다른 쪽보다 조금 더 흐르게 되며, 따라서 I_C가 조금 더 흐른 쪽의 컬렉터 전위는 덜 흐른 쪽의 컬렉터 전위보다 낮아지게 된다. 컬렉터 전위가 낮아지면 반대편 베이스 전류 I_B가 작아지므로, 컬렉터 전류도 작아져서 컬렉터 전위는 더욱 높아지게 되어 컬렉터 전위가 낮았던 트랜지스터의 바이어스 전류가 증가하여 컬렉터 전류는 더욱 커지게 되고, 따라서 컬렉터 전위는 더욱 더 낮아지게 된다. 이상의 과정이 아주 빠르게 반복 상승 작용을 일으켜 순식간에 한 쪽 트랜지스터는 포화 상태, 다른 쪽은 차단 상태로 된다.

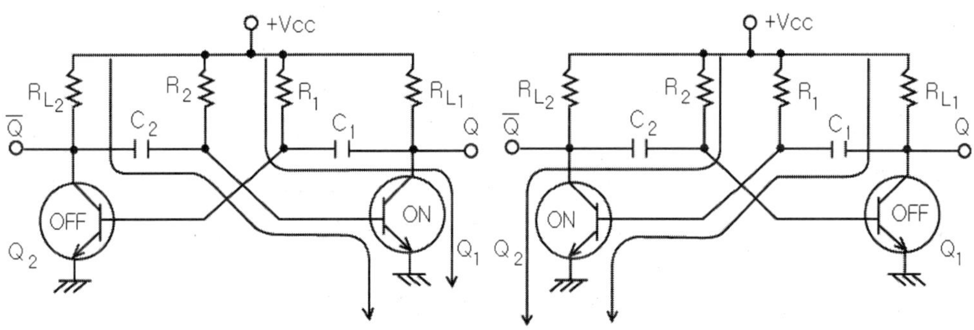

그림 7-3 비안정 M/V 동작시 전류의 흐름도

Q_1이 ON, Q_2가 OFF 상태라고 하면, C_1에 Q_1의 베이스 쪽이 부로 충전되어 있던 전하는 [그림 7-3]의 (a)와 같이 R_1, C_1, Q_1을 통하여 $T=RC$ 시정수로 방정되기 시작하며, C_1의 전하가 완전히 방전된 다음, 다시 Q_1의 베이스 쪽이 정으로 V_{CC}를 향하여 충전되기 시작한다. C_1에 충전된 전압이 0.3V 이상으로 되면 Q_1의 CE간 포화 전압 $V_{CE(SAT)}=0.2V$와 직렬로 합성되어 Q_2에는 다시 베이스 전류 I_{B2}가 흐르기 시작하고, 이어서 I_{C2}가 흐르기 시작한다. I_{C2}가 흐르기 시작하면 $V_{CE2}=V_{CC}-V_{BE1}$과 직렬로 합성되어 Q_1의 베이스 전압 V_{BE1}이 0.8V 이하로 내려가 I_{B1}이 감소되기 시작한다. I_{B1}이 충분히 작아지면 $\{I_{B1} \langle (V_{CC}/R_L * 1/h_{fe})\}$ I_{C1}이 감소되기 시작하여 V_{CE2}이 증가하게 되고 I_{B2}는 더욱 증가하게 되므로 IC_2가 증가하여 V_{CE2}는 더욱 감소하게 되어 V_{C2}와 V_{CE2}의 직력 합성 전압이 0.5V 이하로 되면 Q_1은 차단

상태이고 Q_2는 포화 상태로 바뀐다. 이때 C_1에는 그림(b)와 같이 $T\delta 1=R_{L1}C1$의 시정수로 Q_2의 베이스를 통하여 $V_{C1} = V_{CC} - V_{BE2}$까지 신속히 충전($R_{L1} < R_1R_2$)되며, C_2에 충전되어 있던 전하 R_2, C_2, Q_2를 통하여 $T\delta_2 = R_2C_2$의 시정수로 서서히 방전되고, 다시 역방향으로 $V_{CB} = V_{CC} - V_{CE2}$를 향하여 0.3(V)가 넘으면 앞의 과정이 순식간에 반복되어, 다시 Q_1은 포화, Q_2는 차단 상태로 바뀌며, 이들 과정은 끊임없이 반복되어 출력에는 R_1, C_1, R_2, C_2에 의하여 정해지는 T를 주기로 하는 구형파가 얻어진다.

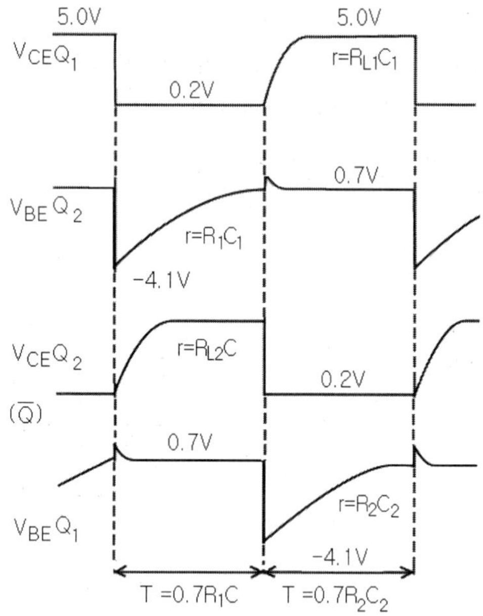

그림 7-4 비안정 M/V의 각부 파형

[그림 7-4]에 Q_1, Q_2의 컬렉터 및 베이스의 전압 파형을 비교하여 그려 놓았는데 T_1 및 T_2의 파형은 각각 단안정 멀티바이브레이터에 트리거 펄스를 가한 후의 컬렉터 및 베이스 파형과 같음을 알 수 있을 것이다. Q_1, Q_2의 준안정 상태 시간 T_1, T_2 및 T는 다음과 같이 계산한다.

$$E_1 = E_{as} - (E_{as} - E_0)e^{-\frac{T}{\tau_d}}$$

$$T = \tau_d \ln\frac{E_{as} - E_0}{E_{as} - E_{E1}} = RC\ln\frac{V_{CC} - V_{CE(sat)} + V_{CC} - V_{BE}}{V_{CC} - V_{CE(sat)-0.3}}$$

여기서 $V_{CC} = 5[V]$라면,

$$T_1 = \ln\frac{9.1}{4.5}R_1C_1 = 0.7R_1C_1$$
$$T_2 = 0.7R_2C_2$$
$$T_2 = 0.7R_2C_2$$

그리고 $R = R_1 = R_2$, $C = C_1 = C_2$이면, T=1.4 RC가 되어 다음과 같은 주파수를 얻는다.

$$f = \frac{1}{T} = \frac{1}{1.4RC} = \frac{0.7}{RC}$$

기본회로에서는 R_LC를 통하여 C에 전하가 충전됨에 따라 V_{CE}가 상승하게 되므로, 출력파형의 상승 부분이 지수적으로 상승하여 완전한 구형파가 얻어지지 않는다. 이와 같은 단점을 보완한 회로가 [그림 7-5]이다. 이 회로에서는 타이밍 콘덴서 C에 충전되는 전류가 R_L을 통하지 않고 R_C를 통하게 되므로, 출력에는 거의 완벽한 구형파가 얻어지게 되므로 출력에는 거의 완벽한 구형파가 얻어지게 된다.

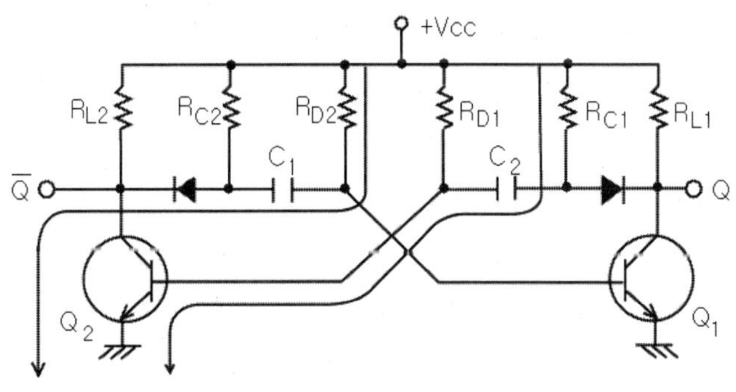

그림 7-5 리딩 엣지를 개선한 M/V

다이오드 D_1 및 D_2는 C에 전하가 충전될 때는 RC만을 통하도록 하고, 방전될 때는 다이오드를 통하여 트랜지스터의 CE간으로 전류가 흐르도록 하기 위하여 마련된 것이다. 기본 회로 동작을 설명할 때 발진이 처음 시작되는 조건으로 2개의 인버터 사이에 개별차가 존재하도록 하였으나, 2개의 인버터가 전혀 개별차가 없이 되었다면 2개의 인버터 출력레벨은 적당한 타협점에 머물게 될 것이며, 발진은 시작되지 않을 것이다. 이때에는 타이밍 저항 R_D를 각각 컬렉터측에 다이오드를 통하여 연결해 주면 발진 불능 상태를 방지할 수 있다.

나. 논리 게이트 비안정 멀티바이브레이터

논리 게이트 인버터를 사용한 쌍안정 멀티바이브레이터의 입출력 사이에 시간 지연회로를 부가하여 간단한 비안정 멀티바이브레이터를 만들 수 있다. [그림 7-6]의 (a)는 논리 게이트 사용의 비안정 멀티바이브레이터이고, 그림 (b)는 변형 TTL 게이트사용의 비안정 멀티바이브레이터이다.

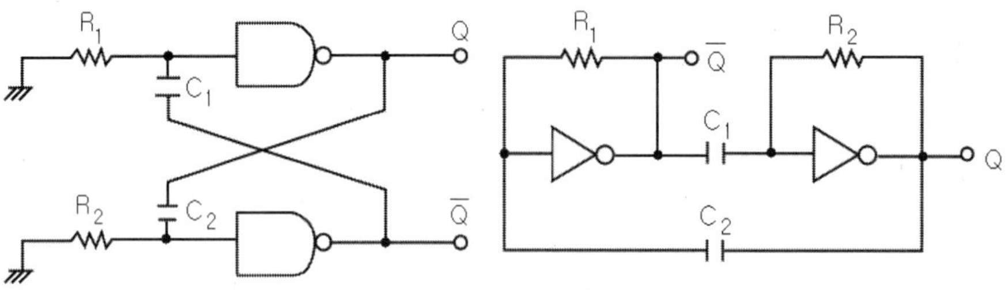

(a) (b)

그림 7-6 TTL을 사용한 비안정 M/V

TTL과 같이 전류 흡입형인 경우에는 입력과 접지 사이에 연결되는 타이밍 저항의 값을 선정할 때 입력으로부터 흘러나오는 전류의 값이 얼마나 되느냐 하는 것이 중요하다.

입력으로부터 흘러나오는 전류는 타이밍 저항 R을 통하여 접지로 흐르게 되므로, R 양단에 전력을 H레벨로 판정하게 되어 발진은 이루어지지 않게 된다. 일반적으로 TTL의 경우에는 약(1KΩ)이하로 선정하면 안정하게 발진이 이루어지며, 따라서 TTL 게이트의 스위칭 가능 주파수 발진에 적합하다. [그림 7-6]의 (a)는 저항 R을 각각 출력측에 연결한 것이다. 여기에 가변저항을 R_1과 R_2를 통해 GND에 연결하면 콘덴서의 충방전 시간을 조절할 수 있으므로, 2배 정도의 주파수 발진이 가능하게 되고 출력 파형도 개선된다.

[그림 7-7]은 타이밍 소자를 X-tal로 대치하여, 이것에 의해 정해지는 특정 주파수만을 안정하게 발진하도록 한 회로로서, 트리머 콘덴서(trimmer condencer)를 가변하면 발진 주파수의 미세 조정이 가능하다. 또한 게이트 입력 한 개에 인에이블 단자를 만들어 이 단지의 레벨이 "1"일 때는 발진되도록, "0"일 때는 발진이 정지되도록 개선해 놓았다.

MOS논리 게이트의 경우는 전압형(voltage mode)이므로 [그림 7-8]과 같이 외부에서 접속하는 타이밍 소자수가 적어져 회로 구성이 간단하고, 전류에 무관하여 저항값의 선정에 거의 제약을 받지 않으므로, 큰 값의 저항을 사용할 수 있다. 단, 타이밍 콘덴서의 누설 전류를 감안하여 그 이상의 전류를 공급할 수 있도록 적당한 크기의 저항을 선정하면, MOS 논리게이트의 스위칭 가능 주파수 이하의 아주 낮은 주파수에서도 발진이 가능하며, 일반적으로 수(MΩ)정도를 사용하면 발전시킬 수 있다.

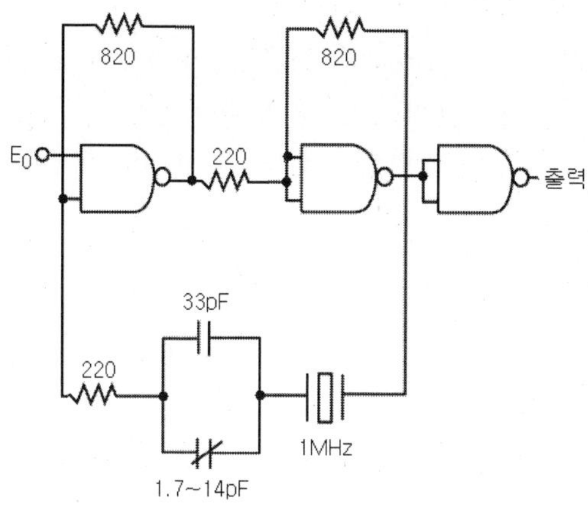

그림 7-7 X-tal을 사용한 M/V

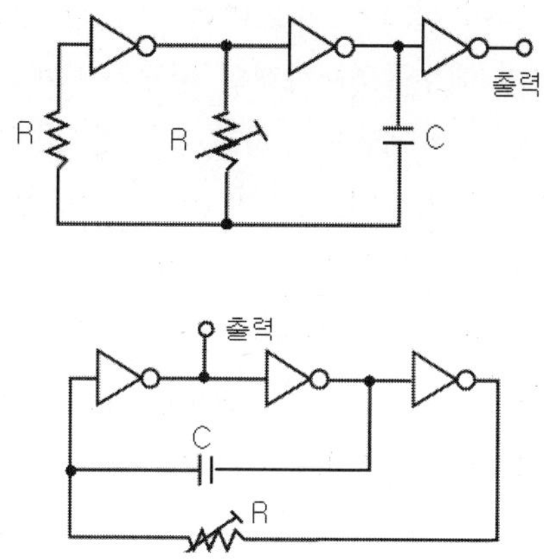

그림 7-8 CMOS를 사용한 M/V

나. IC 비안정 멀티바이브레이터

비안정 멀티바이브레이터용 IC는 여러 종류가 생산되고 있는데, 그 중 가장 널리 사용되고 있는 것이 NE555 및 MC 1555이다.

NE555의 구조는 [그림 7-9]와 같으며 비안정 또는 단안정으로 동작시킬 수 있고 V_{CC}의 범위가 3-5(V)로 넓으며, 출력전류도 수백(mA) 정도로 크다. 또한 입력 임피던스가 높아서 타이밍 저항을 큰 값으로 선택할 수 있으므로, 누설 전류가 적은 콘덴서를 선택하면, 수십 초까지의 발진 주기도 가능하며, 특히 콘덴서에 충전되는 전압의 극성은 단방향이므로 큰 용량의 전해 콘덴서도 사용 가능하다. NE555의 5번 핀에 신호 전압을 가하면 임계 전압과 트리거 레벨을 변화시킬 수 있어 발진 주파수를 변경시킬 수 있으며, 임의의 신호를 가하면 FM의 출력도 얻게 되어 스위칭 레귤레이터 등에 이용된다.

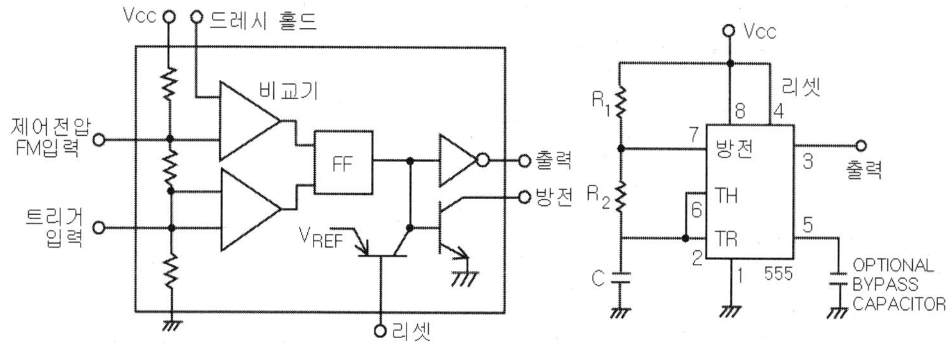

그림 7-9 NE 555형 IC 비안정 멀티바이브레이터(타이머)

그 밖에 펄스폭 변조(PWM)회로와 펄스위치변조(PPM)등에도 사용할 수 있다.

555의 내부구조는 2개의 비교기, 2개의 트랜지스터, 동일값의 저항 3개와 1개의 플립플럽 및 출력 인버터로 구성하고 있으며, 회로 동작을 살펴보면, 처음에 콘덴서 C의 충전 전압이 0[V]라고 가정하면, 트리거 2번 단자와 드레솔드의 6번 단자의 전압은, 전원 전압 Vcc의 1/3과 2/3 ($V_{CC}/3$, $2V_{CC}/3$) 즉, 비교기의 기준전압 이하가 되어 F/F출력은 "0"(Low, 리셋상태)이 되고, 출력은 "1"(High)이 된다. 이때 충정용 콘덴서는 충전을 계속하고 방전용 단자 8번은 개방된다. 그러나 반대로 트리거 단자전압이 $V_{CC}/3$ 이상이고 드레솔드 단자전압이 $2/3V_{CC}$ 이상일 때는 비교기의 기준전압 이상이 됨으로 F/F의 출력은 "1"이 되고 출력단자 3번에서는 "0"(Low)가 되어, 이때 콘덴서는 8번 단자를 통해 방전을 하게 된다. 타이밍 콘덴서의 전압 Vc는 $V_{CC}/3 - 2V_{CC}/3$ 사이에서 충방전을 반복함으로 일정한 주기의 클럭 파형을 출력으로 얻어진다.

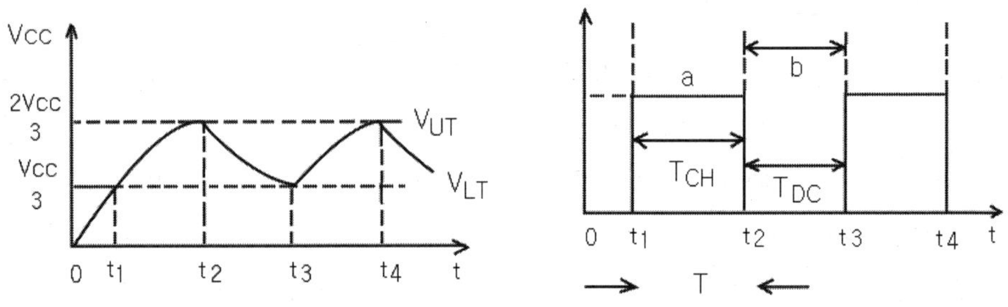

(a) 콘덴서 양단전압 파형　　(b) 출력전압 파형과 전유율

그림 7-10 콘덴서 양단전압과 출력 파형

[그림 7-10]은 콘덴서 양단전압, V_C의 변화와 전압 파형을 보여주고 있다.

V_C가 $1/3V_{CC}$에서 $2/3V_{CC}$까지 충전되는 시간 T_{CH}과 반대로 $2/3V_{CC}$에서 $1/3V_{CC}$까지 방전되는 시간 T_{DC}는 다음 식으로 주어진다.

$$T = RC\ln\frac{(V_{CC} - V_{LT})}{(V_{CC} - V_{UT})}$$

$$= RC\ln 2$$

$$= 0.7RC$$

$$(\text{단 } T = T_{CH} + T_{DC}, R = R_1 + R_2)$$

$T_{CH} = 0.7(R = R_1 + R_2)C$ ……… 충전시간
$T_{DC} = 0.7R_2C$ ………………… 방전시간

따라서, 출력 펄스의 주기 T와 주파수 f는

$T = T_{CH} + T_{DC} = 0.7(R_1 + 2R_2)C$

$f = 1/T = 1.43/(R_1 + 2R_2)C$

듀티사이클(Duty cycle) $= (R_1 + R_2)/(R_1 + 2R_2) \times 100\%$

펄스의 점유율(Dutyratio또는 Duty factor충격계수) $= T_{CH}/T = a/a+b$

예제 1 555 타이머 이용 기본 비안정 M/V 회로에서 R_1=4.7[KΩ], R_2=100[KΩ], C=0.1[μF]일 때의 출력주파수 f를 구하라.

(풀이)

$$f = 1.43/(R_1 + 2R_2)C = 1.43/(4.7 \times 10^3 + 2 \times 100 \times 10^3)0.1 \times 10^{-6} = 7\,[Hz]$$

7-1-2 단안정 멀티바이브레이터

단안정 멀티바이브레이터(monostable multivibrator)는 1개의 안정 상태와 1개의 준 안정 상태를 갖는 회로이다. 즉, 한쪽의 베이스 결합 소자를 RC 충방전 회로로 변형하여 준안정 상태의 시간을 결정하도록 한 것이다. 외부 트리거 입력이 없을 때는 안정 상태(보통 Q=0)에 있다가 트리거 입력이 가해지면 준 안정(Q=1)상태로 되고, RC 시정수에 의하여 정해지는 시간 T가 경과되면, 다시 안정 상태로 복귀한다. 이 회로는 펄스의 폭을 사용자 임의로 결정할 수 있으며, 필요한 시기에 트리거를 가하여 1개의 펄스를 발생시킬 수 있으므로, 펄스폭 정형, 시간 지연 회로 및 주기가 일정하고, 듀티 비가 일정한구형과 발진기 등에 사용된다.

가. 트랜지스터 단안정 회로

[그림 7-11]은 트랜지스터 단안정 멀티바이브레이터의 기본 회로도이다. 이 회로에 처음 전원을 가하면 Q_1에는 R_L, C, 및 R을 통하여 베이스에 전류가 가해지고, Q_2에는 R_L고 10(pF)

-10(㏀)의 병렬 회로를 통하여 베이스 전류가 가해지므로 $I_{B1} > I_{B2}$가 되며, 따라서 $V_{CE1} < V_{CE2}$가 되므로 다시 $I_{B1} \gg I_{B2}$로 되고, $I_{C1} \gg I_{C2}$가 되며 $V_{CE1} \ll V_{CE2}$로 된다. 이상의 과정이 반복, 상승작용을 일으켜, 결국 Q_1은 ON, Q_2는 OFF, 즉 Q=0, Q=1의 안정 상태에 돌입된다.

단자 T에 외부로부터 가해진 트리거 펄스는 48[pF]의 콘덴서와 10(㏀)의 저항에 의하여 미분되고 펄스는 트레일링 에지에서 발생된 부펄스가 다이오드를 통하여 Q_1의 베이스에 가해져 I_{B1}을 차단시킨다. I_{B1}이 차단되면 I_{C1}이 흐르지 않아 Q_1은 차단되고, 따라서 V_{CE1}은 Vcc를 향하여 상승하기 시작하며, 다음 식에 따라 V_{CE1}이 약 2(V) 이상으로 상승하면 즉, I_{B2}가 흐르게 되고 따라서 IC_2가 흐르기 시작하여 V_{CE2}는 하강하기 시작한다. 타이밍 콘덴서 C에는 Q_1 베이스 쪽이 "-"로 4.3[V]($V_C = V_{CC} - V_{BE1}$)가 충전되어 있으므로 V_{CE2}가 5[V] 이하로 떨어지면 V_{BE1} 0.8[V] 이하로 되어 I_{B1}이 감소된다. V_{CE2}가 4.8[V] 이하가 되면 V_{BE1}이 0.5(V) (BE간 컷 인 전압) 이하로 되어, I_{B1}은 더이상 가해질 수 없어 미분된 부의 트리거 펄스가 가해지지 않아도 Q_1은 완전히 차단 상태(준안정 상태)로 되고, Q_2는 포화상태로 유지된다. 타이밍 콘덴서 C에 충전되어 있던 전하는 Q_2가 ON됨에 따라 [그림 7-11]과 같이 타이밍 저항 R을 통하여 시정수 τ d = (=RC)로 방전이 시작되며, 완전히 방전되면 역방향으로 4.8[V]($V_{CC} - V_{CE(SAT)}$)를 향하여 충전되기 시작한다. 시간이 T만큼 경과되어 역방향 충전 전압이 0.3[V] 이상의 되면 $V_C + V_{CE2}$가 Q_1의 BE간 컷인 전압(V)인 0.5(V) 이상으로 되어 Q_1의 베이스 전류가 흐르기 시작하며, 따라서 I_{C1}이 흐르기 시작하고 V_{CE1}이 하강하기 시작한다.

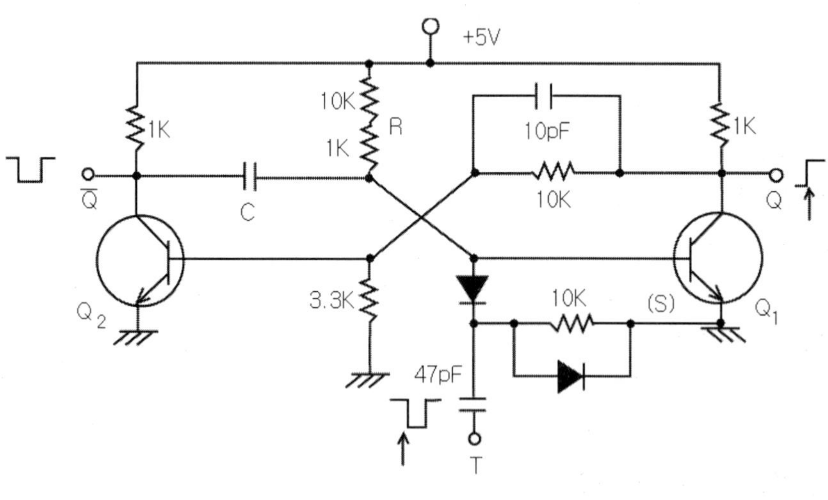

그림 7-11 단안정 멀티바이브레이터 기본회로도

V_{C1}이 하강하면 I_{B1}가 감소하기 시작하고, I_{C2}가 감소되어 V_{CE2}가 상승하기 시작하며, I_{B1}은 $R_L C$를 통하여 가해지므로 더욱 상승하게 되어, V_{CE2}가 더욱 하강하게 된다. V_{CE1}이 약 2.1(V) 이하로 하강하면 V_{BE2}가 0.5(V) 이하로 하강하면, V_{BE2}가 0.5(V)이하로 되어 I_{B2}가 0으로 되며, 따라서 Q_2는 차단되고 그림 (b)과 같이 C에는 시정수 $\tau_C(=R_L L)$로 4.3V $(V_{CC}-V_{BE1})$까지 다시 충전된다. 충전이 완료되면 R을 통하여 I_{B1}이 계속 가해지므로 Q_1은 도통상태(안전상태)를 유지하게 된다. [그림 7-12]은 각부 파형을 나타내었다. 그림에서 준안정 상태를 유지하는 시간 T는 다음과 같이 계산된다.

$$E_1 = E_{as} - (E_{as} - E_0)e^{-\frac{T}{\tau_d}}$$

$$T = \tau_d \ln \frac{E_{as} - E_0}{E_{as} - E_{E1}} = RC \ln \frac{V_{CC} - V_{CE(sat)} + V_{CC} - V_{BE}}{V_{CC} - V_{CE(sat)} - 0.3}$$

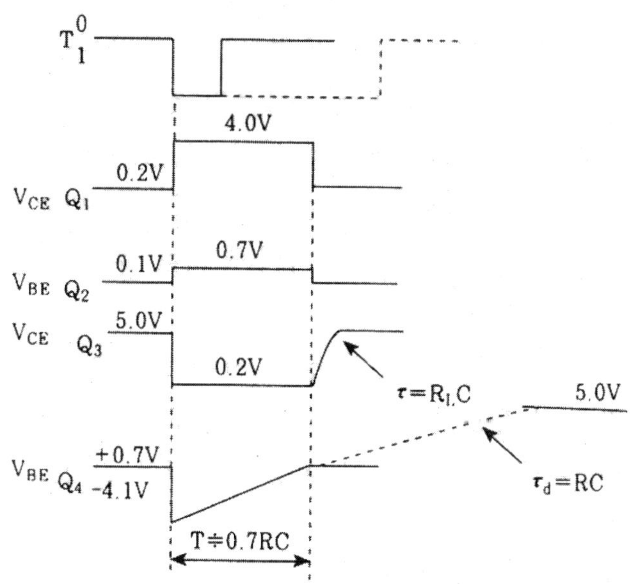

그림 7-12 단안정 M/V 각부 파형

여기서, E_{AS}:방전시의 재출전 최종 목표값=$V_{CC}-V_{CE(sat)}$, E_0:충전전압=$-(V_{CC}-V_{BE})$, E_1:재충전 목표값=0.3(V)이며, V_{CC}=5(V)일 때의 T는 다음과 같이 된다.

$$T = RC1n\ 9.1/4.5 = 0.7RC$$

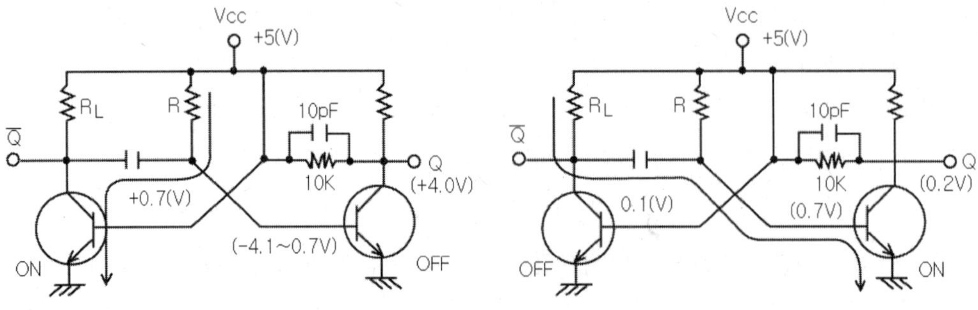

(a) 방전할 때 (b) 충전할 때

그림 7-13 단안정 멀티바이브레이터의 동작설면도

또, 트랜지스터 Q_2의 베이스에 다이오드 OR 게이트를 연결하여 차단 상태의 트랜지스터를 ON 상태로 만들고, 리딩 에지 트리거 동작을 일으켜 상태전환을 시킬 수도 있다. 단안정 멀티바이브레이터에 외부로부터 가해지는 트리거 펄스의 최소주기는, 준안정 상태 시간 T와 타이밍 콘덴서 C에 전하가 충전되는데 소요되는 시간에 의하여 결정된다. 트리거 펄스가 가해진 후, 준안정 상태가 완료되기 전에 다시 또 트리거 펄스가 가해지면 C에 충전되었던 전하의 방전을 방해하게 되어, 준안정 상태의 시간이 길어지게 될 것이며, 도한 시간 T가 지난 후 C에 충분한 전하가 충전지기 전에 트리거 펄스가 가해지면, C에 충전된 전하의 방전 시간이 그만큼 짧아지게 되어 준안정 상태 시간 T도 짧아질 것이다.

이상과 같은 관계를 고려할 때 준안정 상태 시간 T의 오차를 충분히 작게 하기 위하여, 트리거 펄스의 최소 주기는 준안정 상태 시간 T와 C에 전하가 충분히 충전되는데 소요되는 시간(일반적으로 3RC 이상)의 합 이상이 되어야 한다.

$$최소\ T = 0.7RC + 3R_LC$$

$$최대\ T = 0.7RC/0.7RC + 3R_LC = R/R + 4.3R_L$$

나. 논리게이트 단안정 멀티바이브레이터 회로

정밀도가 그다지 크게 요구되지 않는 간이형 단안정 멀티바이브레이터는 IC 논리 게이트를 사용하여 간단하게 제작 사용하는 경우가 종종 있다. 기본회로는 그림과 같으며 이는 단순히 게이트의 지연 시간을 이용하고 있으므로 TTL의 경우 정도의 출력 펄스를 얻을 수 있다.

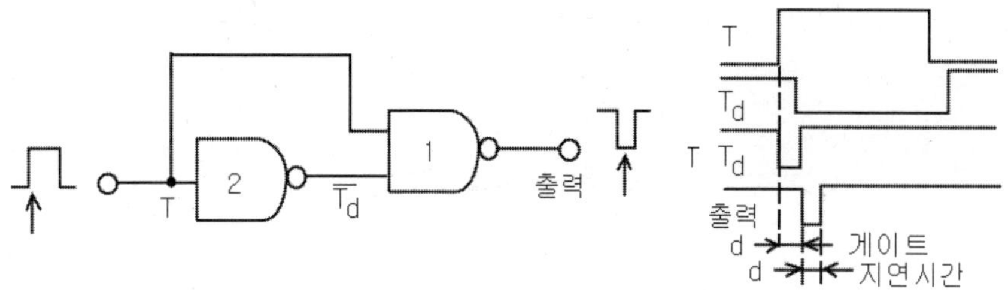

그림 7-14 기본 논리게이트 단안정 M/V

이와 같은 기본회로는 출력 펄스의 폭이 좁을 뿐 아니라, 폭의 가변도 불가능하며 또한 입력 펄스의 폭은 출력 펄스의 폭보다 길게 유지되어야만 한다. 이러한 단점 중 일부를 보완한 것이 RC 지연 회로를 이용한 그림의 회로이며, 트리거 펄스가 가해진 후 타이밍 콘덴서 C에 충전되어 있던 전하가 타이밍 저항 R을 통하여 시정수로 방전되어 게이트 1의 임계 전압 이하로 될 때까지 출력 펄스가 얻어진다.

이 경우 타이밍 저항 R값은 TTL, DTL과 같은 전류 흡입 논리(current sinking logic)에서는 250(Ω)-1(KΩ) 정도로 낮게 선택해야 되므로, 그다지 긴 출력 펄스를 얻을 수 없고, 또한 이 회로 역시 트리거 펄스가 바로 출력 게이트의 입력에 가해지고 있으므로, 입력 펄스의 폭은 출력 펄스의 폭보다 길어야 된다. 이상의 회로들은 트리거 입력 펄스 폭이 출력 펄스의 폭보다 길어야 된다는 제약이 있었으나, [그림 7-15]와 같이 출력을 트리거 입력 게이트에 궤환시켜 래칭시킴으로써 이러한 제약 사항을 해결할 수 있다.

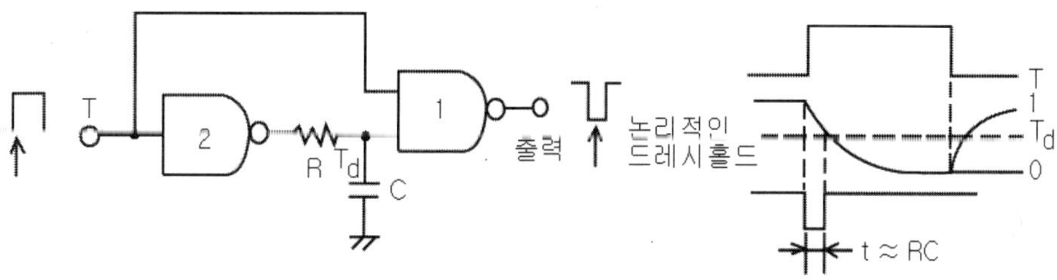

그림 7-15 RC 지연 단안정 M/V

이 회로는 게이트 3에 트리거 입력이 가해지면 출력 펄스가 발생되며, 출력 펄스를 입력 게이트에 궤환시켜 놓았기 때문에 출력 펄스가 유지되는 동안, 게이트 2의 입력은 트리거 입력 펄스에 관계없이 계속 트리거 조건을 만족하고 있으므로, C의 전하는 게이트 1의 임계 전압까지 계속 방전하게 되어, 출력 펄스는 RC에 의하여 정해지는 시간T로 항상 일정하게 유지된다. 이 회로도 기본 트랜지스터 단안정 멀티바이브레이터에서와 같이, 출력펄스가 끝난 후 C에 충분한 전하가 충전되어야 하며 타이밍 저항 R을 통하여 충전되므로 듀티 비는 25(%) 정도로 낮다.

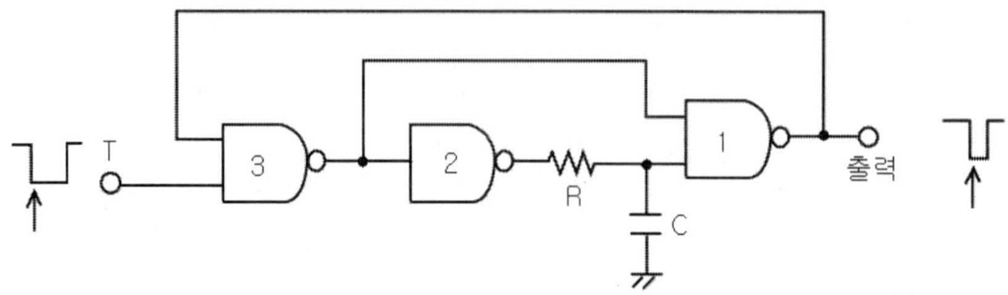

그림 7-16 게이트 이용 RC 단안정 M/V

[그림 7-16]의 회로에서는 게이트 3개를 사용하여 회로를 구성하였으나 [그림 7-17]과 같이 R, C의 위치를 바꾸면 2개의 게이트로써 같은 기능을 실현시킬 수 있다. 이 회로에서는 게이트 2의 출력이 "0"으로 될 때 C에 충전되어 있던 전하에 의하여 게이트 1의 입력에 부의 전압이 걸리게 되므로, R에 병렬로 다이오드를 연결해 주면 부의 전압도 감소시킬 수 있고 듀티 비도 개선할 수 있다.

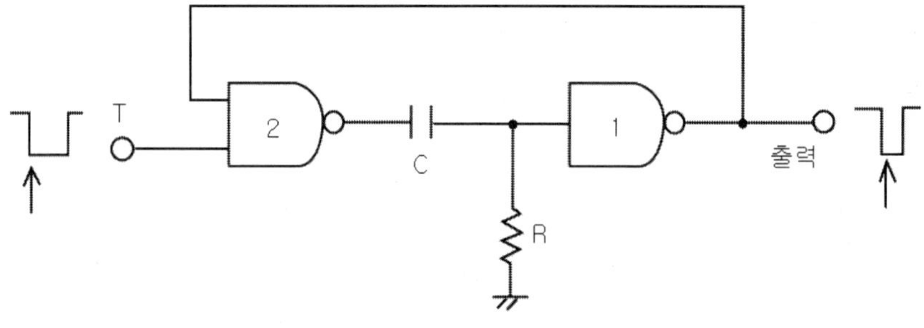

그림 7-17 개선된 RC 단안정 M/V

다. IC 단안정 멀티바이브레이터

IC 단안정 멀티바이브레이터는 TTL NAND게이트에 의한 것과 전용 IC에 의한 두 가지 방법이 있다. [그림 7-18]의 A는 TTL NAND 게이트를 이용한 단안정 M/V회로이고, 그림 (b)는 각 게이트의 입출력 파형을 나타내고 있다.

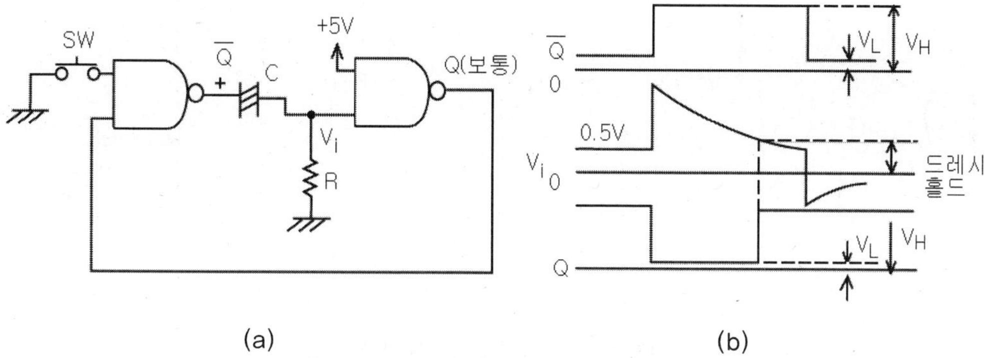

그림 7-18 TTL NAND 게이트 이용 단안정 M/V

트리거 입력 이전 상태에서는 Q의 출력은 0상태이고 Q의 출력은 1의 상태이다. V_{IN}의 전압은 전류가 평상시 1㎃정도 R을 통해 흐르므로 0.5[V]정도의 전위를 갖고 있다. 만일, 스위치 SW를 누르면 순간적으로 Q_1는 "1"의 상태가 되고 충전 전류는 C와 R을 통해 흘러 V_{in}의 전압은 V_H 상태인 "1" 상태로 되어 Q의 출력은 V_L인 "0"상태로 된다.

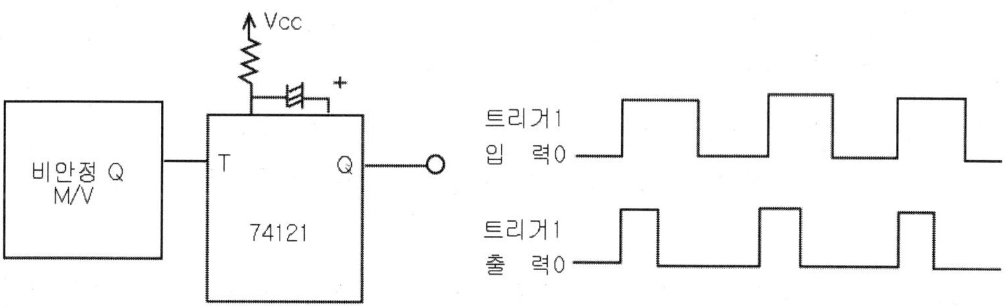

그림 7-19 펄스폭이 일정한 출력 발생회로

이때 C의 충전 전류는 감소하게 되어, V_{IN} 전압은 드레시 홀드 전압 이하로 내리면 Q의 출력은 "1"의 상태로 된다. 즉, 이때는 Q의 상태는 "1"의 상태를 유지하게 되고, 만일 이때 SW를 원래의 개방 상태로 복귀시키면 Q는 "0"의 상태가 괴고, 순간적으로 V_{in} 전압은 "-" 전압으로 하강하였다가, 다시 원래의 +0.5[V]로 돌아간다. 트리거 입력에 비안정 멀티바이브레이터를 연결하면 연속적인 단안정 출력을 얻을 수 있으나, [그림 7-20]와 같이 SN74121의 IC나 [그림 7-21]과 같은 555형의, 타이머를 사용하여 단안정 출력을 얻어 응용할 수도 있다.

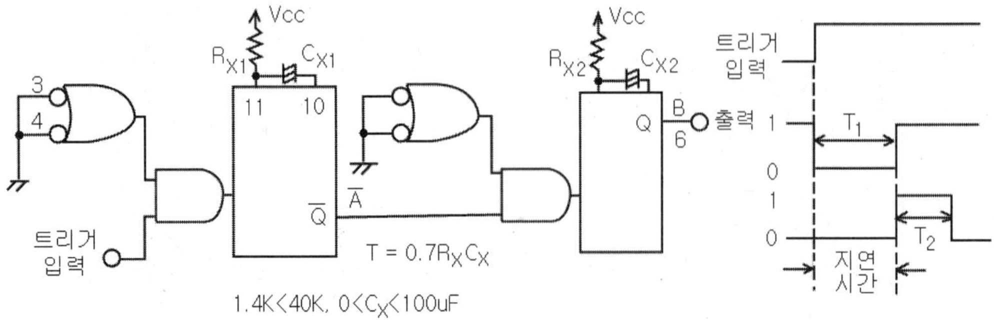

그림 7-20 SN74121을 사용한 시간 지연회로와 출력파형

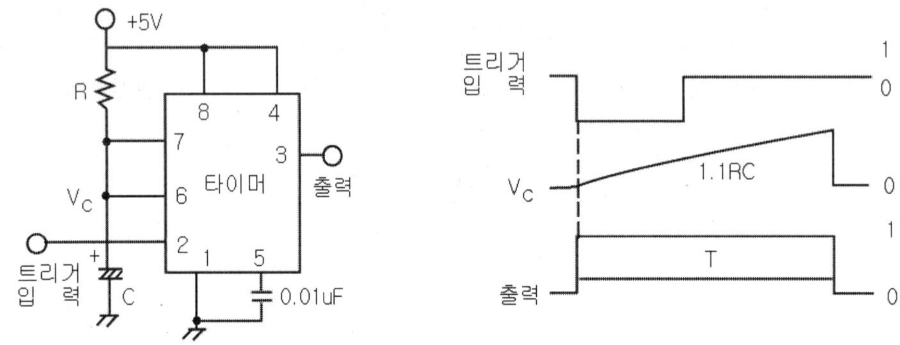

(a) 단안정 M/V 회로도 (b) 파형

그림 7-21 555형 타이머를 사용한 단안정 M/V

단안정 멀티바이브레이터는 지금까지 설명한 바와 같이 시간 지연이나 펄스 폭이 일정한 출력 발생 및 기계적 스위치에서 발생하는 채터링(chattering) 방지 회로 등에 응용된다. 또, 듀티 비가 일정한 구형파를 발생시키려면 SN74121 2개를 플립플롭 형태로 입출력을 상호 연결하면 된다. SN74122로서는 재 트리거 이용의 시간 지연을 얻을 수 있다.

예제 2 TTL NAND 게이트를 이용한 단안정 멀티바이브레이터 회로에서 R=10[㏀] C=100[㎊]이고, 트리거 입력이 50[㎑]일 때의 입출력 파형을 그려라.

(풀이)

$$T = 0.7\ RC\text{에서}$$
$$= 0.7(10\times10^{3})(100\times10^{-12})$$
$$= 0.7[\mu s]$$

$1/f = 1/50 \times 10^{3} = 20[\mu s]$

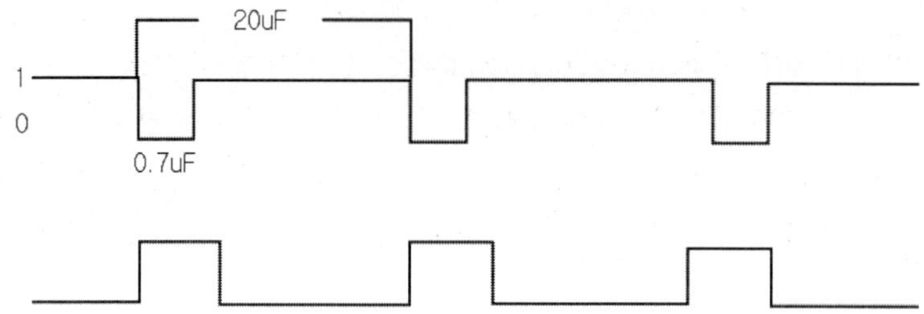

그림 7-22

예제 3 74121 이용한 IC 단안정 멀티바이브레이터에서 R_{ext}=5[KΩ]일 때, 트리거 입력이 1[μs]의 시간 지연후에 200[ns]의 스트로브를 얻는 회로를 설계하라.

(풀이)

먼저 1[μs]의 시간 지연용 외부 콘덴서 용량을 구하면,

$$C_{ext} = T/0.7R_{ext} = 1 \times 10^{-6}/0.7(5 \times 10^{3}) = 286[pF] \equiv 300[pF]$$

단, 안정 M/V에서 200[ns]의 펄스 폭을 얻으려면, 내부저항이 2[KΩ]이므로 이것을 이용하여 두 번째 외부 콘덴서 Cext를 구한다.

$$C_{ext} = T/0.7R_{ext} = 200 \times 100^{-9}/0.7(2 \times 10^{3}) = 143[pF] \equiv 150[pF]$$

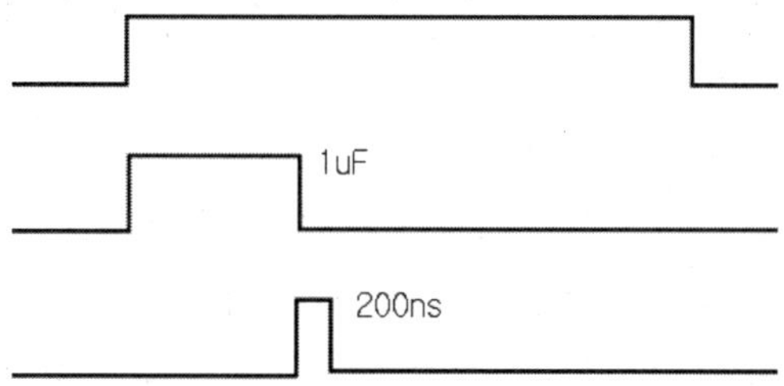

그림 7-23

7-1-3 쌍인정 멀티바이브레이터

쌍안정 멀티바이브레이터(bistable multivibrator)는 쉽게 구별될 수 있는 두 가지의 안정된 상태, 즉 세트, 리셋 상태를 갖는 회로로서 데이터의 저장이나 전송, 계수 등에 사용된다. 이러한 쌍안정 멀티바이브레이터에는 [그림 7-24]과 같은 인버터 두 개를 서로의 입력과 출력에 연결하여 포화 상태로 동작하는 증폭기 두 개를 정궤환 되도록 연결한 것이 기본 회로가 된다.

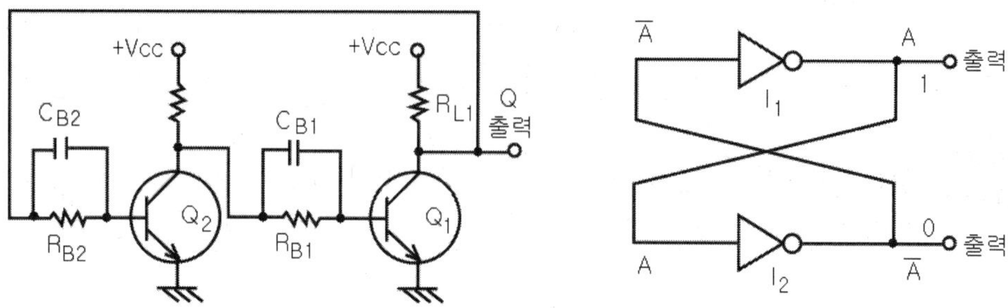

(a) 트랜지스터 인버터 (b) 논리게이트 인버터 회로

그림 7-24 쌍안정 멀티바이브레이터의 기본회로

이 회로에서 Q_2가 차단 상태라면, Q_2의 컬렉터 전위는 VCC가 되고, 따라서 Q_1의 베이스에 전류 IB1이 많이 흘러 Q_1은 도통(포화) 상태가 된다. 이때 Q_1은 포화 상태가 되므로, 거의 0V가 되어 Q_2의 베이스에는 전류 I_{B2}가 흐르지 못하여 Q_2는 차단 상태가 유지된다. 어떤 자극에 의하여 그 반대의 상태가 되었다면, 그 상태 또한 그대로 유지될 것이다. 즉, 두 트랜지스터는 항상 서로 반대의 상태인 포화 또는 차단 상태를 번갈아 갖게 되며, 외부에서 어떠한 자극이 가해지지 않는다면, 그 상태는 언제까지나 유지될 것이다. 이와 같은 관계를 "이 회로는 두 개의 안정 상태를 갖는다."라고 한다.

[그림 7-24]의 기본 멀티바이브레이터는 외부에서 사용자 임의로 상태를 결정지어 줄 수 있는 입력 단자가 없다. 따라서 사용자가 필요에 따라 상태를 결정할 수 있도록 하기 위해서는 [그림 7-24]와 같이 입력 단에 외부에서 신호를 가할 수 있는 또 다른 입력 단자가 부가되어야 한다. 이 회로는 다이오드 OR 게이트를 활용한 기본 메모리 회로로써, 차단되어 있던 트랜지스터의 베이스에 전류를 흘러 줌으로서 상태를 전환 시킬 수 있게 되어 있다.

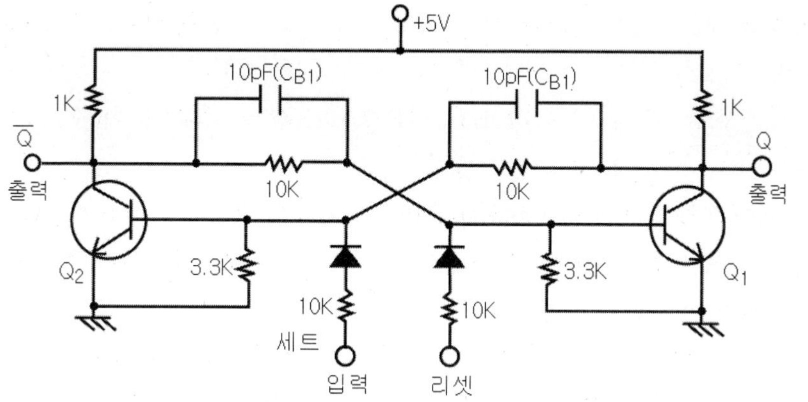

그림 7-25 다이오드 OR 게이트에 의한 RS 플립플롭

Q_1과 Q_2의 컬렉터 측은 항상 서로 반대의 상태를 갖게 되므로, Q_1의 컬렉터측을 Q라 할 때 Q_2의 컬렉터 측은 Q`로 표시한다. Q_1이 도통, Q_2가 차단 상태라고 하면 Q_1은 포화 상태이므로, Q점의 전위는 0.2V정도가 되며, 이는 다시 10㏀에 의해 분압되어 Q_2의 베이스에 가해진다.

$$V_{B2} = V_{CE1} \cdot 3.3K\Omega/10K\Omega + 3.3K\Omega = 0.2 \cdot 3.3/13.3 = 0.05[V]$$

그러나, Q_2의 베이스에 전류가 흐르도록 하려면 V_{B2}가 0.8V 이상이 되어야 하므로, Q_2는 차단상태가 유지되며, 따라서 Q_2의 컬렉터에 연결된 부하 저항 1㏀을 통하여 다음과 같이 높은 전압이 가해지게 된다. Q_1의 베이스에 전류를 흐르도록 하려면 V_{B1}이 0.8[V] 이상이 되어야 하므로 I_{B2}에 흐를 수 있는 조건이 만족되며, 이때 I_{B1}은

$$I_{B1} = V_{CC} - V_{BEI}/10K\Omega + 1K\Omega - V_{BEI}/3.3K\Omega = 4.3/11 \cdot 10^3 = 0.2[mA]$$

로 되어 Q_1은 h_{fe}가 50일 때, I_{B1}에 의하여 Q_1의 컬렉터에 흘릴 수 있는 전류 I_{C1}은

$$I_{C1} = I_{B1},\ h_{fe} = 0.2 \times 50 = 10[mA]$$

가 되지만, Q_1의 컬렉터 부하저항 1[㏀]에 의하여 I_{C1}이 제한되므로

$$I_{C1}max = V_{CC}/R_C = 5 \times 10^3 = 5[mA]$$

밖에 되지 않아 Q_1은 완전히 포화상태가 된다. 이때 Q_1의 전위는 다음과 같이 된다.

$$V_Q = V_{CC} - V_{CC} - V_{BE}/10K\Omega + 1K\Omega \cdot 1K\Omega = 5 - 0.4 = 4.6[V]$$

이상의 계산에 의하여 Q 및 Q의 전위는 논리 1일 때 4.6V 논리 0일 때 0.2V이며, 트랜지스터의 h_{fe}는 30 이상만 되면 충분함을 알 수 있다. 특히 h_{fe}가 이보다 큰 트랜지스터를 사용한다면 RB의 값을 크게 하여 전위를 높여 주거나, 3.3㏀의 저항을 부전압(-V_{BB})에 걸어 트랜지스터가 차단될 때 속도를 높여질 수 있다. Q가 "0", Q "1"일 때 세트 단자에 H레벨을 가하면 IC1도 못하므로 Q는 "1"이 되고 세트잔자에 가해지고 있는 신호가 제거되어도, I_{B2}가 Q_1의 컬렉터측에서 계속 공급되므로 Q는 "1", Q "0"상태를 유지하게 된다. 저항 R(10㏀)에 병렬로 연결된 커패시터CB(10㎊)는 포화 상태의 트랜지스터가 차단 상태로 또는 차단 상태의 트랜지스터가 포화 상태로 될 때 신속히 스위칭 되도록 하기 위한 스피드 업 커패시터이다.

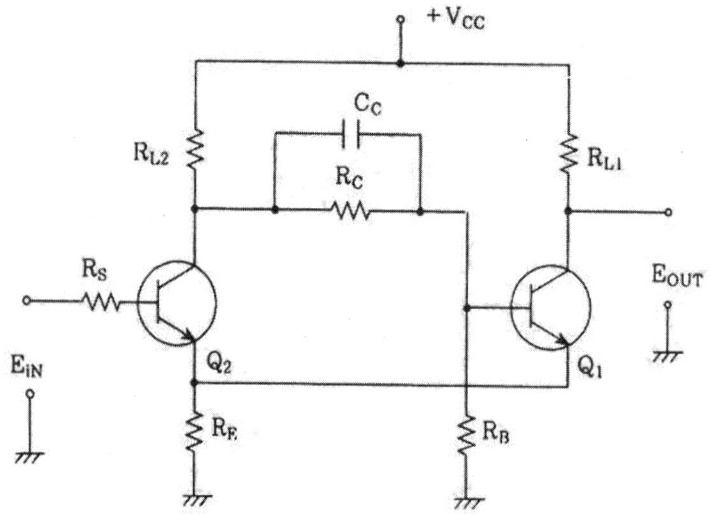

그림 7-26 슈미트 트리거 회로

[그림 7-26]과 같이 인버터 2개를 종속 접속하고 출력의 일부를 입력에 정궤환시킨 것이 슈미트트리거(Schmitt trigger)의 기본 회로이다. Q_2가 차단될 만큼 E_{in}이 충분이 낮으면 R_{L2}, RC 및 CC를 통하여 Q_1에 I_{B1}이 흐르게 되어, Q_1은 포화 상태가 된다. 이때 V_{CC1}가 R_{L1}과 RE에 의하여 분압된 전압 $V_{RE(L)}$가 Q_2의 BE간이 역방향 바이어스가 되도록 Q_1, Q_2의 이미터가 결합된 부분에 걸리게 한다. 만약, 입력 전압이 증가하여

$$E_{in} \geq V_{RE(H)} + V_{RE(SAT)} = UTL$$

로 되면, Q_2는 서서히 포화 상태로 전환되어 V_{CE2}도 서서히 낮아지게 되고, V_{BE1}은 결합 콘덴서 CC에 충전되어 있던 전압에 의하여 급속히 낮아져 I_{C1}도 급속히 감소하기 시작한다. I_{C1}이 작아지게 되면 V_{RE}는 R_{L2}와 RE에 의하여 전압 $V_{RE(H)}$쪽으로 바뀌게 되므로, R_{L2}가 R_{L1}보다 크다면 V_{RE}는 낮아지게 되어 V_{CE1}는 더욱 낮아져 I_{C1}은 더욱 감소되고 결국 Q_1은 차단된다. E_{in}이 다시 낮아지기 시작하여

$$E_{in} < V_{RE(H)} + V_{RE(SAT)} = LTL$$

로 되면, V_{CE1}의 전위는 서서히 상승하기 시작하여 V_{CE2}이 0.5[V] 이상 되며 I_{B1}이 흐르기 시작하고 Q_1은 신속히 차단되고, 따라서 Q_1는 포화상태로 된다. Q_1이 차단되는 E_{in}을 UTL, Q_1이 다시 도통되는 E_{in}을 LTL이라고 하며, 히스테리시스 전압 $V_{(H)}$는

$$V_{(H)} = UTL - LTL$$

로서 다음과 같이 계산된다.

$$\begin{aligned} UTL &= V_{RE(L)} + V_{BE(ON)} \\ &= R_E/R_E + R_{L2}(V_{CC} - V_{CE(sat)}) + V_{BE(ON)} \\ LTL &= V_{RE(H)} + V_{BE(sat)} \\ &= R_E/R_E + R_{L2}(V_{CC} - V_{CE(sat)}) + V_{BE(sat)} \end{aligned}$$

위 식에서 $V_{RE(on)} \fallingdotseq V_{BE(sat)}$이므로 같다고 하면,

$$V_{(H)} = (R_E/R_E + R_{L1} - R_E/R_E + R_{L2})(V_{CC} - V_{CE(sat)})$$
$$V_{(H)} = (R_{L2} - R_{L1})R_E/(R_E + R_{L1})(R_E + R_{L2})(V_{CC} - V_{CE(sat)})$$

$V_{(H)}$는 정의값을 가져야 하므로 $R_{L2} \geq R_{L1}$이어야 되고, 만약 R_{L2}가 R_{L1}보다 작아지면 UTL과 LTL이 바뀌게 되며, 입력이 UTL과 LTL 사이에 놓이게 되면 출력에는 인버터, I, II에 의하여 정해지는 지연 시간을 주기로 하는 발진 상태가 되어, 출력 파형의 리딩 에지와 트레일링 에지에

채터링 현상이 발생하게 된다. 그러나 입력 레벨이 UTL과 LTL사이를 이행하는 시간이 인버터의 지연 시간보다 짧아지도록 신호 주파수가 아주 높아지면 입출력간의 지연 시간을 극소화하기 위하여 UTL과 LTL을 역으로 하여 사용해야 된다. [그림 7-27]은 슈미트 트리거 회로의 입출력 관계도이며 [그림 7-28]은 논리 게이트를 사용한 간이형 슈미트 트리거 회로이다.

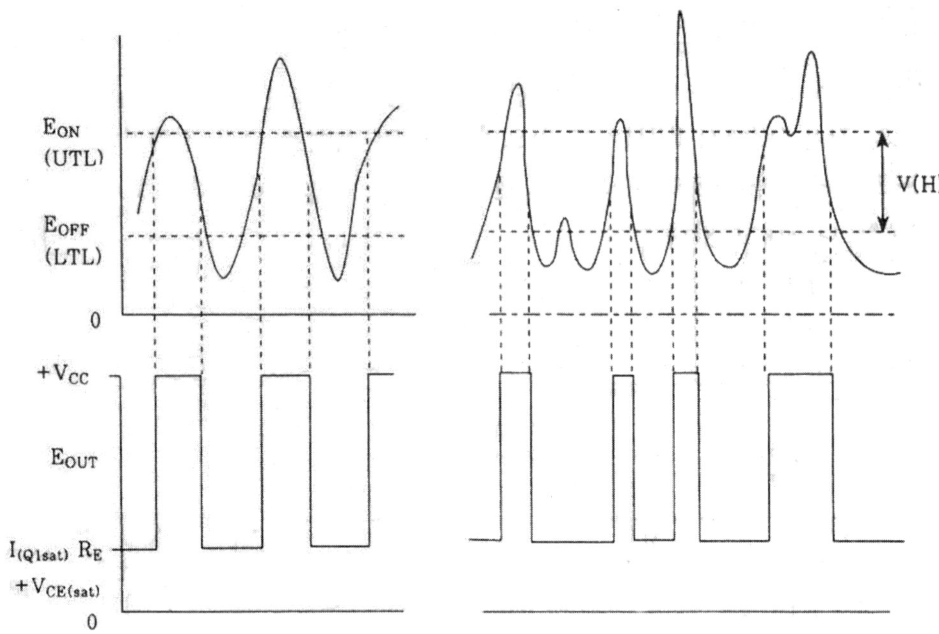

그림 7-27 슈미트 트리거의 입출력 파형

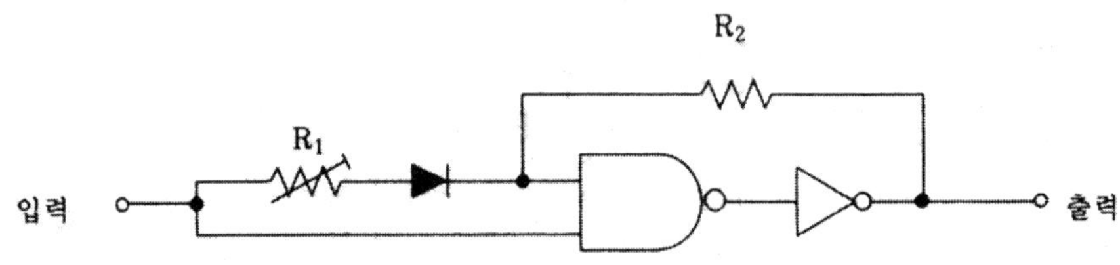

그림 7-28 논리게이트 이용 슈미트 트리거

IC 74 LS132 소자는 슈미트 트리거 인버터 기능을 갖고 있으며, 다음 [그림 7-28]과 같은 회로를 구성할 경우 만일 출력이 "1"일 때, 출력은 "0"의 상태로 된다. 그때 콘덴서 C는 방전을 하는데 LTL에 이르게 될 때 "1"의 상태로 동시에 전환된다.

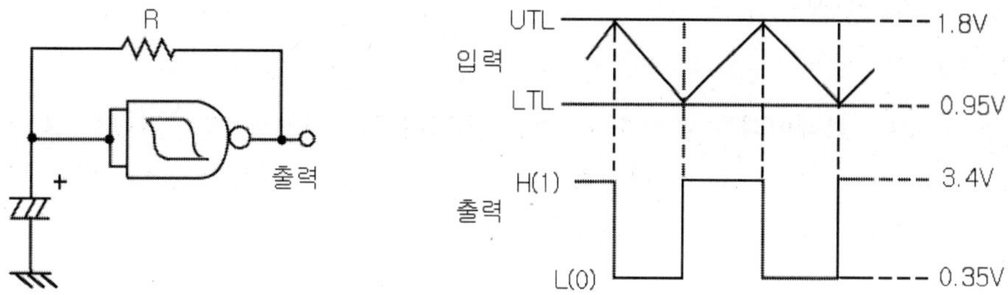

(a) 슈미트 트리거 회로 (b) 입출력 파형

그림 7-29 74 LS 132를 이용한 슈미트 트리거회로와 입출력 파형

이때의 주기는 R과 C의 값이 의존하며 주파수 f는 다음과 같이 표시된다. 여기서 비례 상수 k의 값은 0.3에서 0.8사이에 있으며, 트리거 레벨에 따라 정해진다.

[그림 7-30]은 슈미트 트리거 회로를 펄스 폭 변별기(pulse width discriminator)에 응용한 경우를 나타내고 있다.

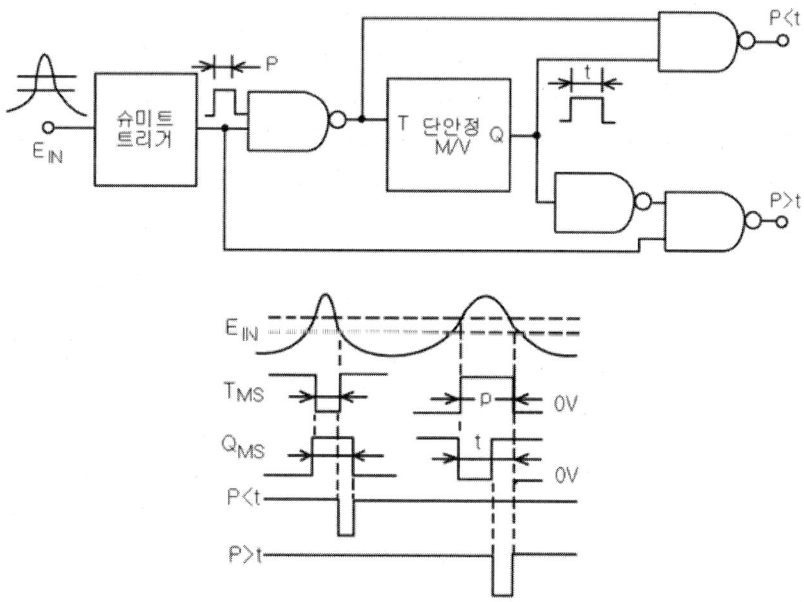

그림 7-30 펄스 폭 변별기

7-2 플립플롭 회로

쌍안정 멀티바이브레이터를 플립플롭(flip flop)이라고도 하는데, 디지털 정보를 저장하는 기억 소자(memory cell)로 사용된다. 그 종류와 동작 상태에 대하여 알아보기로 한다.

7-2-1 RS 플립플롭

가. 래치(LATCH)기억 회로

플립플롭은 외부의 신호를 없애면 한쪽의 트랜지스터는 안정 상태를 유지하고 외부의 신호가 들어오기 전까지 안정 상태(기억상태)를 유지하는 회로를 래치회로라고 한다. 래치 기억 회로를 논리 게이트로 사용하여 나타나면 [그림 7-31]과 같으며, 세트 · 리셋 입력의 조합에 따른 Q의 값은 진리표를 참조한다. 실제 래치 플립플롭의 출력은 신호가 입력에 가해진 후 두 개의 인버터가 갖는 전달 지연 시간만이 경과되면 상태 전환이 완료되므로, 실제 카운터 회로 등에 멀티바이브레이터를 응용할 때에는 대부분 신호의 변화에 의하여 동작시키고 있다. 즉, 신호가 "1"에서 "0"으로 변할 때 (trailing edge) 또는 "0"에서 "1"로 변할 때(leading edge) 트리거 되도록 하는 것이다.

[그림 7-31, 7-32]는 기본 래치 회로의 응용 회로와 같이 하면 그림 B의 파형과 같이 게이트 신호가 "1"인 동안에 발생되는 완전한 구형파가 얻어진다.

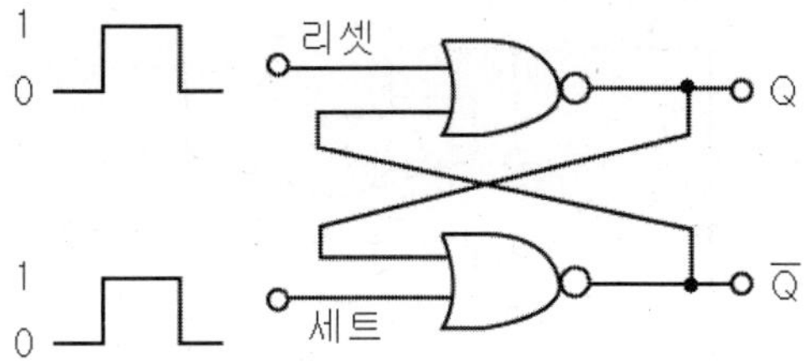

R	S	Q_{n+1}
0	0	Q_n(불변)
0	1	1
1	0	0
1	1	부정(금지)

(a) NOR 게이트

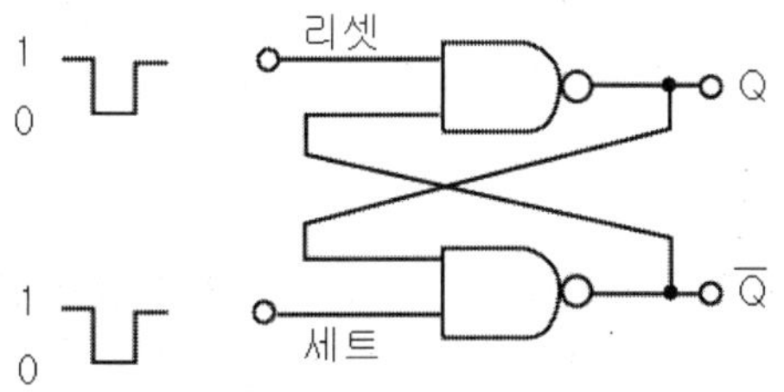

R	S	Q_{n+1}
0	0	부정(금지)
0	1	1
1	0	0
1	1	Q_n(불변)

(b) NAND 게이트

그림 7-31 RS 래치회로 및 진리표

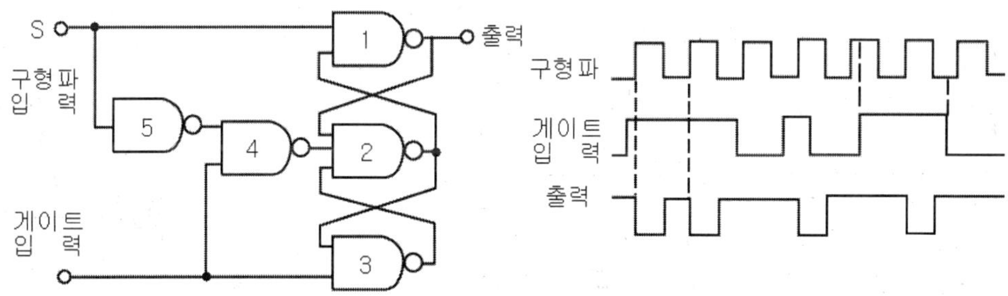

그림 7-32 게이트 회로와 출력파형

[그림 7-33]는 기계적인 스위칭에서 생기는 잡음 발생 현상인 채터링(chattering)을 방지하는 회로이다. 스위칭 속도가 빠른 논리 회로에서 기계적 토글 스위치 등을 입력에 연결하여 쓸 때 매우 편리하다.

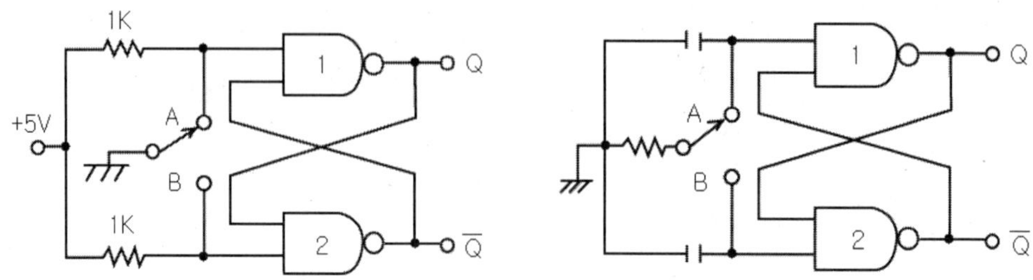

그림 7-33 채터링 방지회로

나. 기본 RS 플립플롭

앞에서 설명한 쌍안정 멀티바이브레이터를 사용한 [그림 7-25]의 RS 플립플롭의 입력 단에 파형 형성용 RS 미분 회로를 첨가한 것이 [그림 7-34]의 회로이고, 거쳐 발생된 신호 파형은 그림 (b)와 같으며, 이 미분 신호가 각 트랜지스터의 베이스에 인가되어 Q_1과 Q_2를 교대로 도통 상태를 만든다.

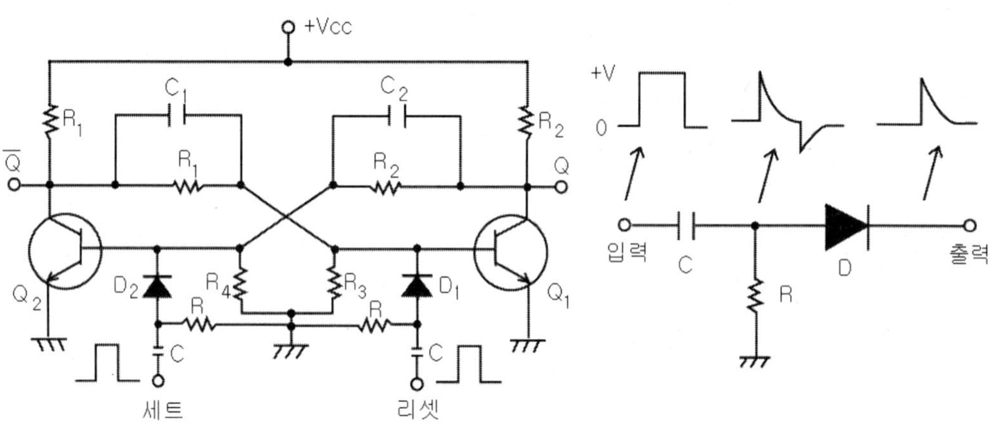

그림 7-34 기본 RS 플립플롭 회로

[그림 7-35]는 기본 RS 플립플로브이 논리 회로와 RS 상태에 따른 타이밍 차트를 나타내고 있다. 이 회로가 초기 안정 상태(T=0)인 R=0, S=0, Q=0, Q=1일 때 T_1에서 S=1, R=0의 입력이 가해지면 NOR게이트 2의 출력은 0이 되고 ΔT 후에 Q=1이 된다.

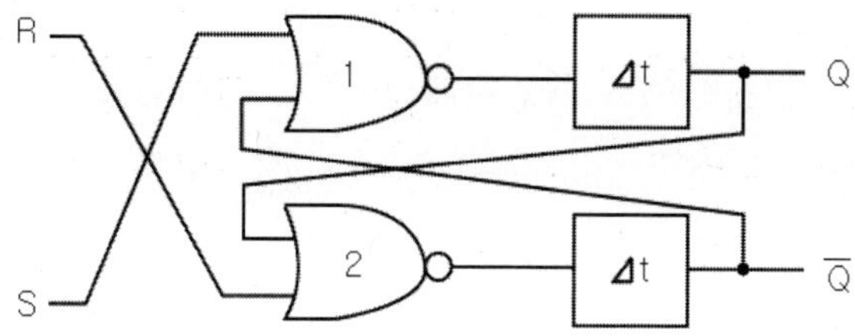

(a) 논리회로

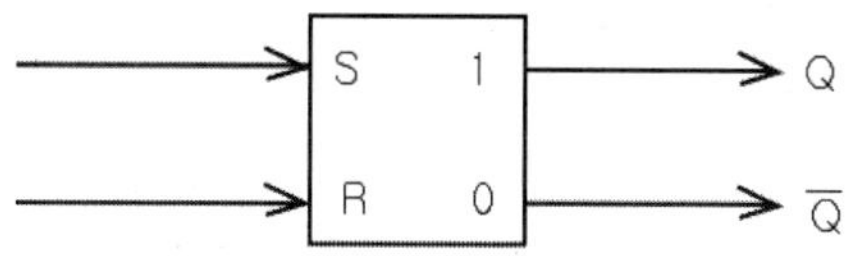

(b) 논리기호

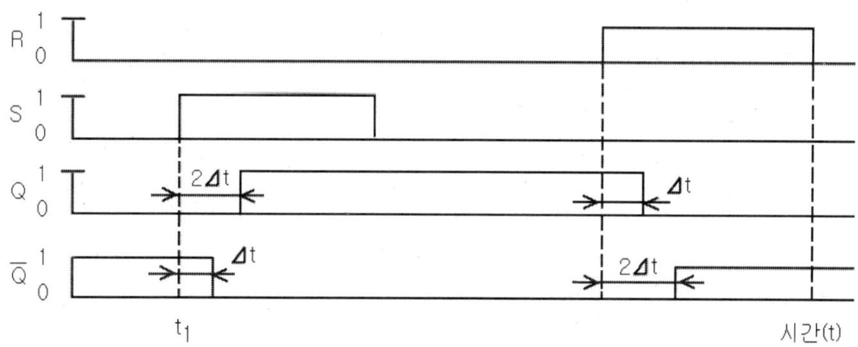

(c) 타이밍 차트

그림 7-35 RS 플립플롭의 논리회로

이 상태에서 만일 S=0, R=0이 되면, Q=1, Q=0의 상태를 그대로 유지하게 되며, 이와 같은 상태에서 만일 S=0, R=1의 입력이 0으로 되면, 출력은 안정하게 유지되며 입력은 최소한 2ΔT 이상을 유지시킬 필요가 있는데, 이러한 RS 플립플롭 회로를 클리어 세트(clear set)플립플롭이라고 한다.

〈표 7-2〉에서 보는 바와 같이 S=1, R=1의 입력에 대하여는 출력을 결정할 수 없는 부정상태로 되며, 이러한 입력은 금지되어야 한다.

만일 이와 같은 입력이 가해진다면 Q=Q=0의 상태가 되어 두 개의 출력이 달라야 하는 원칙에 어긋나므로 바람직하지 못하고, S=1, R=0일 때는 Q가 1이 되는 세트의 상태로도, S=0, R=1일 때는 Q가 0이 되는 리셋 상태로 전환됨을 알 수 있다.

표 7-2 플립플롭의 상태 전환표

입력		현재상태	다음상태	
S(t)	R(t)	Q(t)	Q(t+1)	
0	0	0	0	불변(Qn)
0	0	1	1	
0	1	0	0	
0	1	1	0	토글링(Qn+1)
1	0	0	1	
1	0	1	1	불변(Qn)
1	1	0	부정(indeterminate)	
1	1	1	부정(indeterminate)	

다. 클록 RS 플립플롭

기본 RS 플립플롭에는 부가되는 입력이 없으므로 그때 생기는 오동작을 방지하기 위하여 [그림 7-36]의 (a)와 같이 R, S 입력 선에 AND 게이트 또는 NAND 게이트를 부가하여 시간 개념을 가할 수 있게 한 후, 클록 펄스(CLOCK 또는 TRANSFER PULSE)가 AND 게이트의 다른 입력에 가해지면 RS 플립플롭이 동작하게 된다. 이와 같은 회로를 클록 RS 플립플롭이라고 하며, 펄스는 플립플롭이 새로운 상태에 이를 수 있는 충분한 시간이 경과한 후에 끝맺어야 한다. 대부분 직접회로로 이루어진 플립플롭은 기본 설계 시 클록 입력 단자가 만들어져 있다. 그러면 클록 입력 단자가 부가된 RS 플립플롭 회로에 클록 입력이 인가될 때의 동작 상태를 알아보기로 하자.

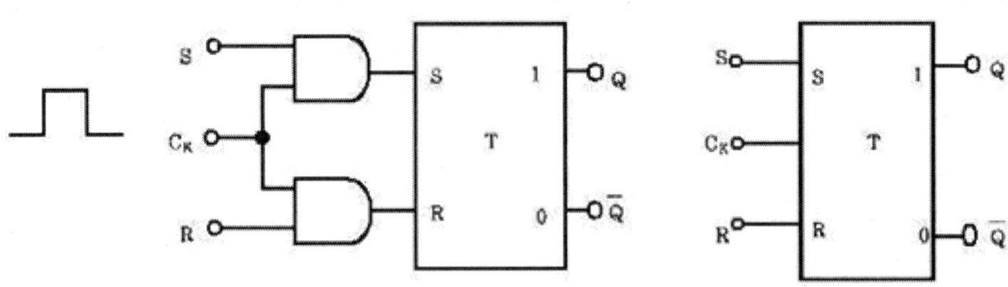

(a) 회로도 (b) 논리 기호

그림 7-36 클록 RS 플립플롭

[그림 7-37]은 클록 펄스 입력 회로가 부가된 RS 플립플롭의 회로도로서 R과 S의 전위에 따라 단자 T에 가해진 클록 펄스가 미분되어 Q_1 또는 Q_2에 작용하도록 되어있다.

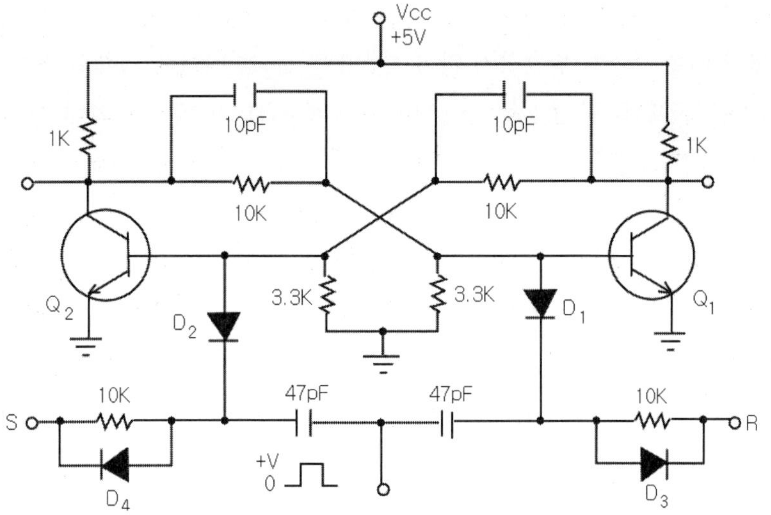

그림 7-37 미분회로가 있는 RST 플립플롭

[그림 7-38]에서와 같이 R 또는 S 단자가 GND 전위일 때는 T에 가해진 클록펄스가 RC회로에 의하여 미분되며, P점에 펄스의 트레일링 에지에서 부의 펄스가 발생하며, D_1 또는 D_2를 통하여 Q_1 또는 Q_2의 베이스에 가해지고 있는 베이스 전류를 차단시켜 줌으로서 Q_1 또는 Q_2를 차단 상태로 만든다.

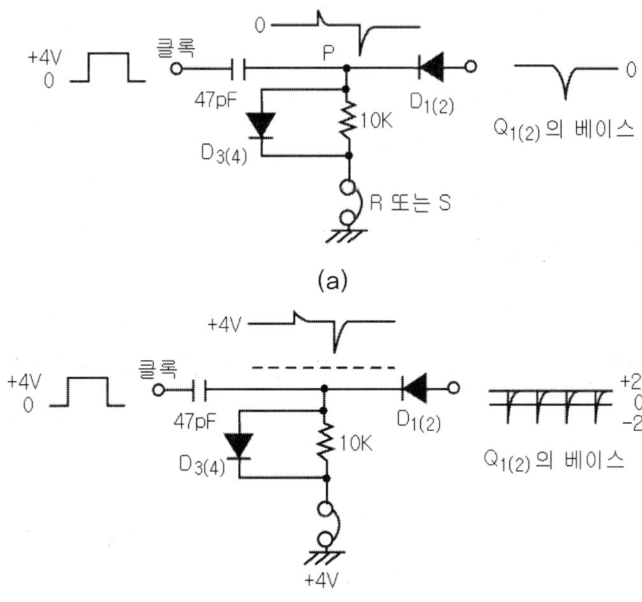

그림 7-38 미분회로를 통과한 클럭펄스 모양

반대로 R이 “0”이고 S가 “1”일 때 Q는 “0” Q는 “1”, 즉 반면 R 또는 S에 +4V의 전위가 가해지면 P점에 미분 펄스가 발생하지 않아 Q_1 또는 Q_2의 상태에 영향을 주지 못한다. R이 “1”이고 S가 “0”일 때 클록 펄스의 트레일링 에지에서 Q_1의 베이스 쪽에 부펄스가 가해져 Q_1은 차단되고, 따라서 Q_2는 도통되며 출력 Q_1은 “1”, 즉 세트 상태가 된다.

리셋 상태가 된다. R과 S 모두에 “1”이 가해지면 클록 펄스가 미분되지 않으므로, Q 및 Q의 상태는 변화하지 않는다. 즉, 불변상태이다. 반면, R과 D에 모두 “0”이 가해지면 Q_1 및 Q_2 모두의 베이스에 부펄스가 가해지므로 모두 차단되며, 펄스가 끝난 다음에는 양쪽 소자의 개별 차에 의하여 어느 한쪽은 “1”이, 다른 쪽은 “0”으로 인가된다. [그림 7-39]은 RST 플립플롭의 파형에 대한 타이밍 차트이고, [그림 7-40]는 프리셋 및 클리어 단자가 있는 플립플롭 회로이다.

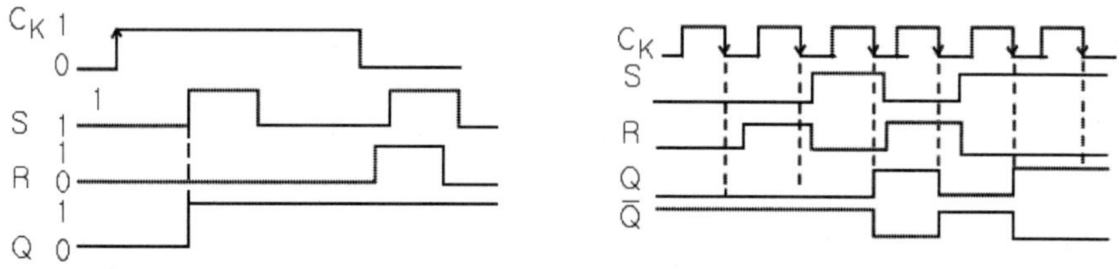

(a) 리딩 에지 트리거형 (b) 트레일링 에지 트리거형

그림 7-39 RST 플립플롭의 타이밍 차트

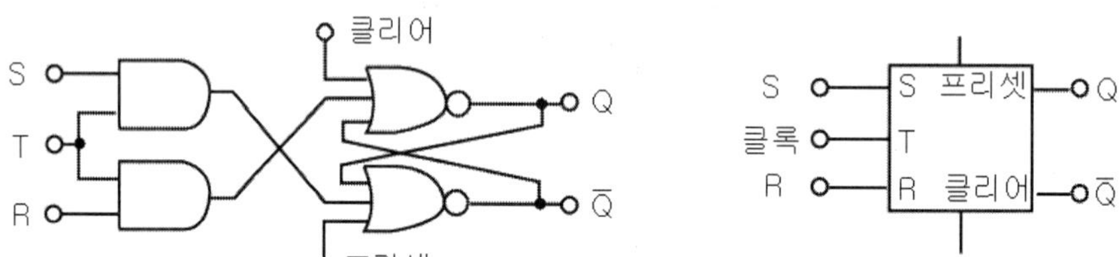

(a) 회로도 (b) 논리 기호

그림 7-40 프리셋 및 클리어 단자가 있는 RS 플립플롭

라. 에지 트리거 플립플롭

앞에서 언급한 부정 상태의 문제를 해결하기 위하여 클록펄스의 폭을 2ΔT정도로 만들고, 입력은 그동안에 안정하게 유지하도록 해야 한다. 실베 펄스의 폭은 2ΔT보다 대단히 크므로 [그림 7-41]과 같이 클록 입력 단자 앞에 펄스 정형 회로를 부가하게 된다. 펄스 정형 회로는 입력 펄스가 리딩 에지인지 검출하여, 폭이 2ΔT의 출력 펄스를 만들어내므로 클록 펄스에

관계없이 원하는 출력을 얻을 수 있다.

이 플립플롭의 논리적 작용은 마스터 · 슬레이브형과 동일하지만, 트리거 또는 클록되는 방법은 다르다. 그림 (a)는 다음에 논할 D형 플립플롭의 일종으로서 데이터 입력이 H일 때 클록펄스의 리딩 에지에 의해 트리거 되므로, 출력 파형은 상태 반전이 된다. 트리거 에지형은 JK 플립플롭에서도 리딩 에지에 의해서 리딩된다. 그림 (b)는 클록 입력과 데이터 입력에 따라 토글되는 근거를 보여 주고 있다.

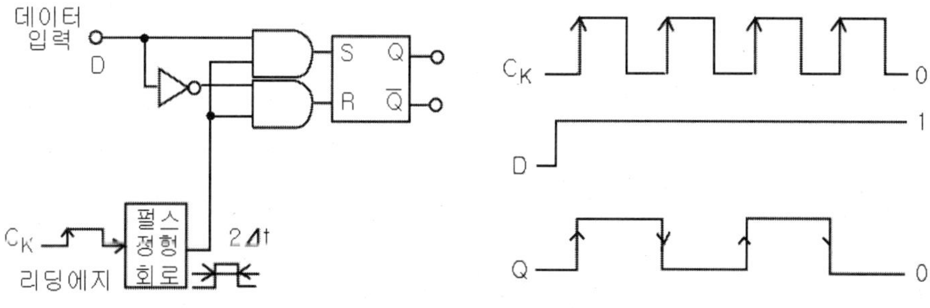

(a) 에지트리거 회로 (b) 타이밍 차트

그림 7-41 리딩 에지 트리거 회로

마. 마스터 · 슬레이브(MASTER/SLAVE) 플립플롭

펄스 폭 문제를 해결하는 또 다른 방법은 [그림 7-42]와 같이 플립플롭을 두 개 직렬로 연결한 마스터 · 슬레이브형의 플립플롭이다. 마스터 부분은 에지 트리거 RS 플립플롭이고, 슬레이브 부분은 클록 펄스가 역으로 될 때 트리거 되고, 그때 마스터 출력에 의해 제어된다. 즉, 클록 펄스가 "1"로 상승할 때, 첫째 RS 플립플롭이 입력에 따라 동작하고, 둘째 RS 플립플롭은 클록 입력단자에 인버터가 설치되어 있어서 동작되지 않는다. 그러므로 새로운 출력은 차단되어 다음 단 입력으로 작용하지 못한다.

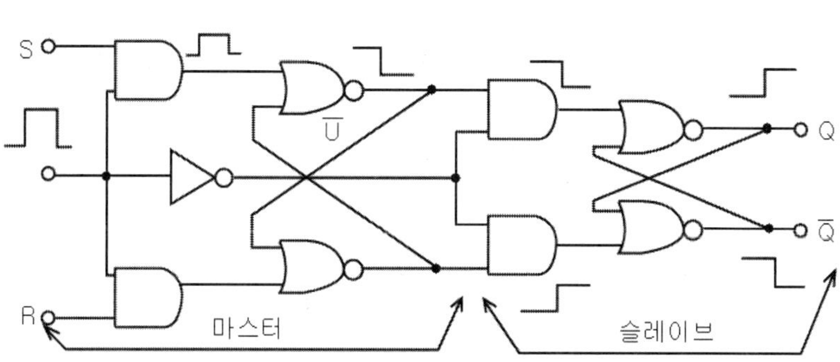

그림 7-42 마스터 슬레이브 플립플롭

클록 펄스가 “0”으로 바뀌면, 첫째 플립플롭은 동작이 정지되고, 둘째 플립플롭은 첫째 플립플롭에 저장된 출력과 연결되어 내부에서 데이터의 전달이 이루어져 원하는 안정한 출력을 얻을 수 있다.

출력 Q는 클록 펄스가 다시 0으로 떨어지기 전까지는 바뀌지 않게 되는데, 이러한 동작 관계는 [그림 7-42]에 표시되어 있는 바와 같다. 즉, 마스터 부는 CK의 파형 1에서 동작하고 슬레이브 부에서는 파형 2 상태에서 동작하여 트레일링 에지일 때, Q의 출력은 0에서 1의 상태로 전환된다. [그림 7-43]의 파형은 마스터 · 슬레이브의 타이밍 동작을 나타내는 것으로서 다음과 같이 동작한다.

① 클록 펄스가 리딩 에지이므로, 슬레이브는 동작하지 않는다.(마스터와 슬레이브 분리)
② 마스터가 동작되고 R 및 S의 신호가 받아들여진다. R=0이므로, U출력은 0에서 1로 되는 H 상태가 된다.
③ 마스터는 클록 펄스가 트레일링 에지이므로 동작을 멈춘다.
④ 슬레이브가 동작하고 U 및 U신호가 받아들여진다. U의 0에서 1로 되는 파형과 역방향의 클록 펄스 파형이 결합하여 S의 파형 역시 0 → 1로 진행하는 파형이 되고, Q의 파형은 1 → 0으로 진행하는 파형이 되므로, Q의 파형은 1 → 0으로 진행하는 리딩 에지 파형이 된다.

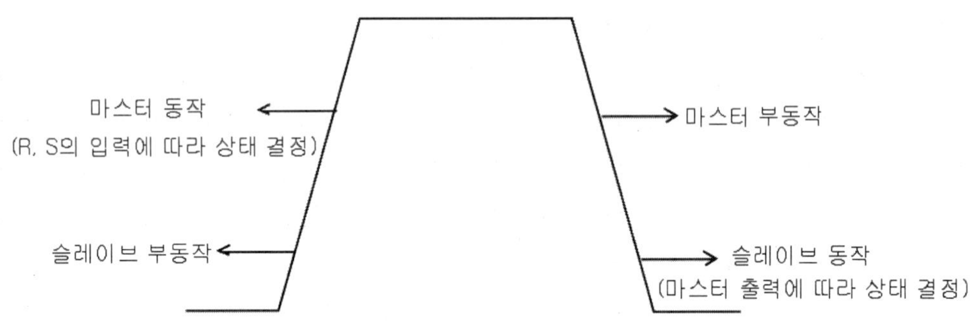

그림 7-43 마스터 슬레이브의 타이밍 동작

7-2-2 D(data)형 플립플롭

D형 플립플롭은 [그림 7-44]과 같이 하나의 클록 입력과 하나의 데이터 입력을 갖는 플립플롭이다. CK가 인가되면 데이터 입력 D의 신호 상태가 출력에 나타나게 된다. 즉, 입력 D가 1일때 출력도 1, D가 0일 때는 출력도 0 상태로 되는데, 반드시 클록펄스가 인가 될 때만 출력이 나타난다. 다시 말하면 CK가 없으면 출력은 현 상태를 유지하므로 데이터를 저장하는 기능을 갖는 것이다. 따라서 데이터 전송용 레지스터에 이용할 수 있는 것이다.

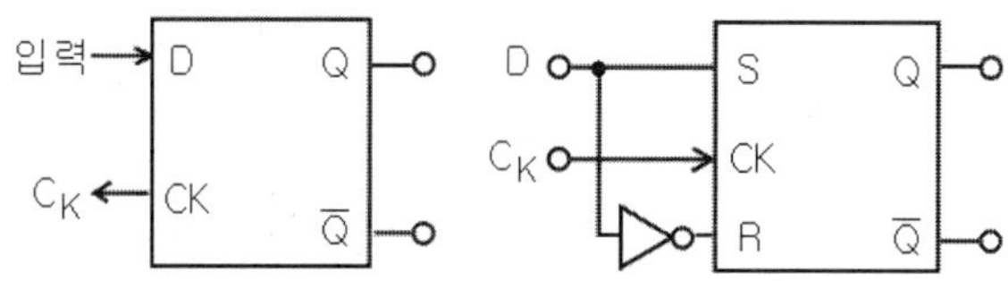

(a) 논리기호 (b) RS FF의 변경

D	Q
0	0
1	1

(C) 신리표

그림 7-44 D형 플립플롭

D형 플립플롭은 클록 펄스의 리딩 에지에 의해서 플립플롭을 트리거시키면 입력 D의 신호가 그대로 출력 Q에 나타나며, 클록 펄스의 주기만큼 입력 신호가 출력측에 지연되어 나타나므로, 지연작용을 갖는 지연(DELAY) 플립플롭이라고도 한다. [그림 7-45]는 D형 플립플롭의 타이밍 차트를 보여주고 있다. 그림 (a)는 데이터(D)의 논리값에 대한 리딩에서 트리거 되는 상태를 보여 주고, 그림 (b)는 시프트 또는 지연 상태를 보여 준다.

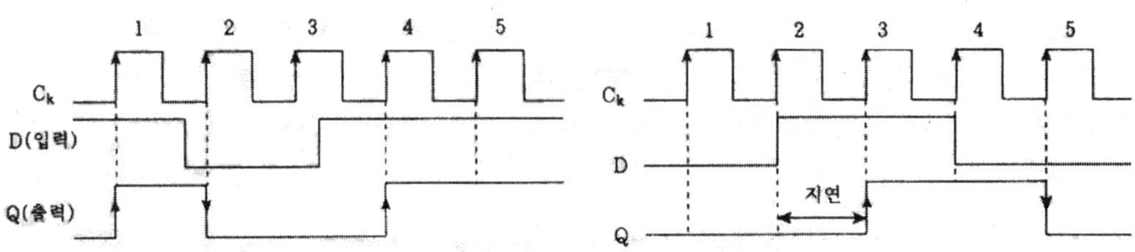

(a) (b)

그림 7-45 D형 플립플롭의 타이밍 차트

7-2-3 JK 플립플롭

JK 플립플롭은 집적 기술이 발달함에 따라 제작 비용도 보통 수준이 되어 근래에는 가장 많이 쓰이고 있다. JK 플립플롭의 동작은 각 입력이 1일 때를 제외하고는 RS 플립플롭과 같으나, 두 개의 입력에 모두 1이 가해졌을 때 클록이 가해지면, 출력 상태는 클록이 가해지기 전의 상태와 반대로 된다. 이와 같은 동작은 [그림 7-46]와 같이 RS 플립플롭을 조금 변형하면 이루어질 수 있다. 이 회로에서 J입력은 RS 플립플롭의 S입력과 K입력은 R입력과, 각각 대응된다. 이 플립플롭의 특징은 RS 플립플롭에 궤환 회로가 부가됨으로써 RS 플립플롭에서는 사용할 수 없었던 모든 입력이 1인 경우에도 사용할 수 있어 좀 더 이용 범위가 넓다는 것이다.

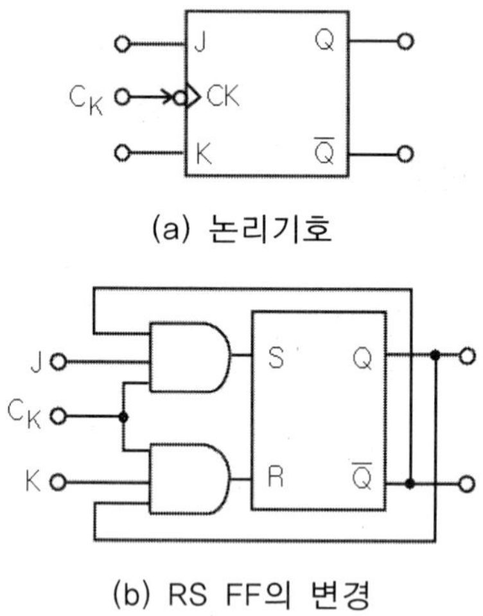

그림 7-46 JK 플립플롭

표 7-3 JK- F/F 상태 전환표

입력		현재상태	다음상태
J	K	Q(t)	Q(t+r)
0	0	0	0
0	0	1	1 Q(t)
0	1	0	0
0	1	1	0
1	0	0	1
1	0	1	1
1	1	0	1 $\overline{Q}$(t)
1	1	1	0

[표 7-3]은 JK 플립플롭의 상태 전환표(transition table)로서 그로부터 표 하단에 기록되어 있는 입출력 관계식을 얻을 수 있다. 식에서 r는 플립플롭의 상태 전환에 필요한 지연 시간보다 커야 한다. JK 플립플롭을 반전 동작이 이루어지도록 하기 위해서 JK입력에 각각 "1"을 가하고 클록 펄스를 가하면 2⊿t후에 출력의 상태는 전환하게 되며, 이상의 절차가 반복되어 클록 펄스가 "0"으로 될 때까지 출력은 4⊿t의 주기로 진동하게 되므로 출력의 상태를 특정값("1" 또는 "0")으로 결정할 수 없는 상태가 되는 경우가 생긴다. 이때는 여러 가지 방법을 고려해야 하는데 이것에 관해서는 MS JK 플립플롭에서 다시 설명하고자 한다.

예제 4 다음과 같은 파형이 JK 플립플롭에 인가되었을 때 출력을 그려라.

(풀이)

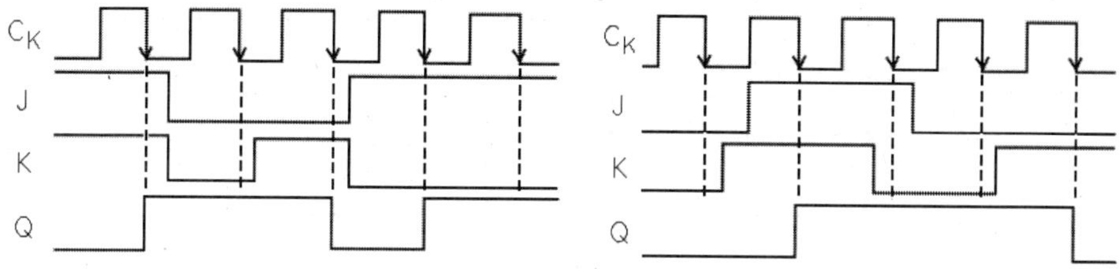

그림 7-47

JK플립플롭은 플립플롭 중에서 가장 널리 사용되는 RS 플립플롭과 T형 플립플롭의 특징을 결합한 것으로 매우 융통성이 있다고 보겠다. 그러나 정진행 펄스 에지로 트리거 되는 경우에는 다음과 같은 문제점이 있다.

즉 J=1, K=1이고 출력 Q=1로 나타난다. 그러나 클록 펄스의 지속 시간이 Δt 보다 커서 계속 "1"의 상태로 머물고 있으면 J=1, K=1, Q=1의 상태에서 이 플립플롭의 출력은 이와 같이 클록 펄스가 "1"일 때 출력상태가 변화되면 입력 측에 변화를 주어 오동작이 발생하게 된다. 이런 현상을 레이스(race) 현상이라고 하는데, 이를 방지하려면 클록펄스의 지속 시간 Δt를 짧게 하거나, 부진행 에지 트리거(negative edge trigger) 방식을 쓰면 된다. 또는, 기본 회로에 마스터 · 슬레이브 플립플롭을 이용하는 것이다. 이 회로는 앞에서 설명한 RS MS 플립플롭과 동일한 원리이나, 회로 구성상 출력이 입력으로 궤환되어 있는 점이 다르다. [그림 7-48]은 MS JK 플립플롭의 회로 구성과 동작 파형을 나타낸 것이다.

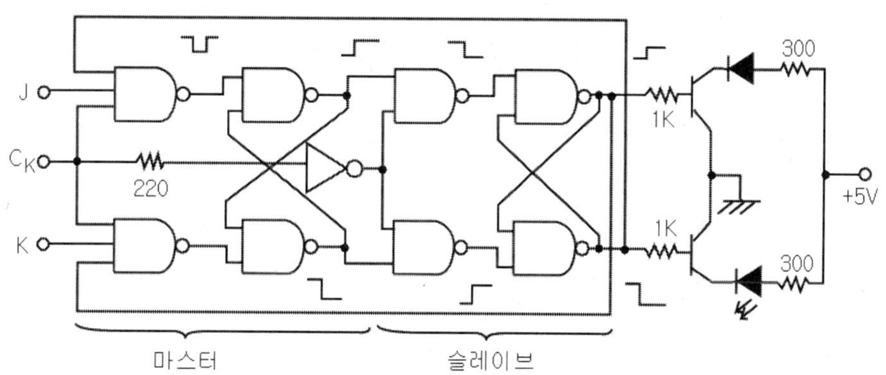

(a) 회로도

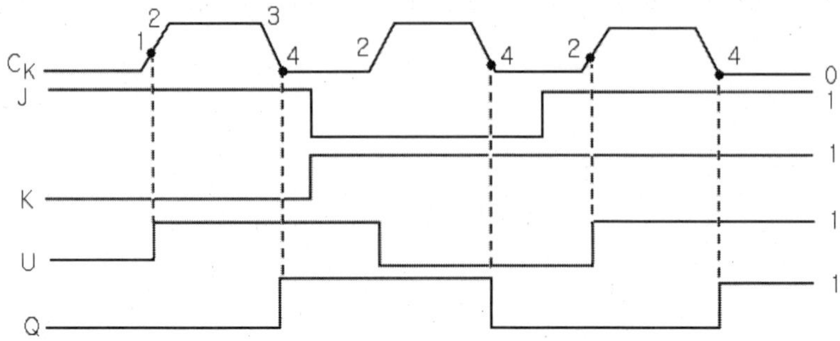

(b) 타이밍 차트

그림 7-48 MS JK-플립플롭

7-2-4 T(toggle)형 플립플롭

T형 플립플롭은 또 다른 플립플롭의 하나로서 카운터 회로에 쓰이는 특별한 플립플롭이다. [그림 7-49]은 JK 플립플롭을 이용하여 T형 플립플롭을 만드는 한 가지 방법으로서, T입력이 0일 때는 출력의 상태는 변함이 없으나, T입력에 "1"이 가해지면 매 클록 펄스마다 출력 상태가 전환된다.

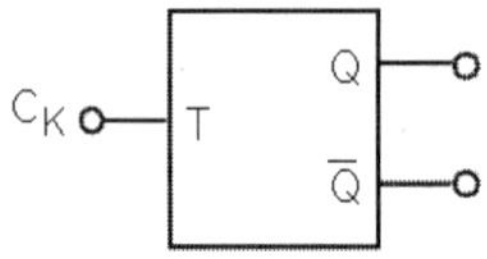

(a) 논리 기호

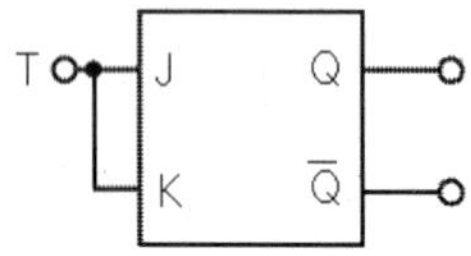

(b) JK FF의 변형

그림 7-49 T형 플립플롭

〈표 7-4〉는 이 플립플롭의 상태 전환표이며, 이 표로부터 다음과 같은 입출력 관계식을 얻을 수 있다.

$$Q(t+\tau) = \overline{T}(t)Q(t) + T(t)\overline{Q}(t)$$

표 7-4 T형 플립플롭의 상태 전환표

입력 T	현재상태 Q(t)	다음상태 Q(t+r)
0	0	0
0	1	1
1	0	1
1	1	0

예제 5 RS 플립플롭을 사용하여 T형 플립플롭을 구성하고 입출력 파형을 그려라.

(풀이)

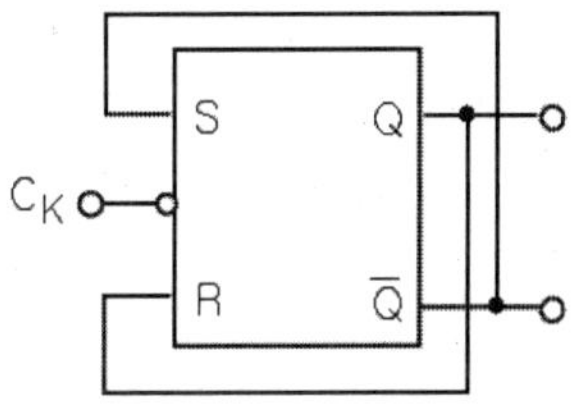

(a) T-FF

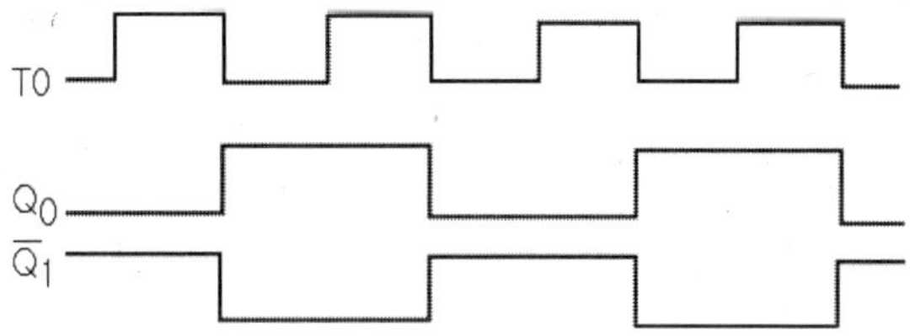

(b) 입출력 파형

그림 7-50

연습문제

1. NE 555 타이머를 사용한 비안정 멀티바이브레이터 회로에서 $R_1 = 1.5\,[K\Omega], R_2 = 4.7\,[K\Omega], C = 0.01\,[\mu F]$일 때 출력 주파수를 구하라.

2. 다음 RS 플립플롭에서 S와 R에 인가 파형이 그림과 같이 될 때, 출력 Q의 파형을 그려라.

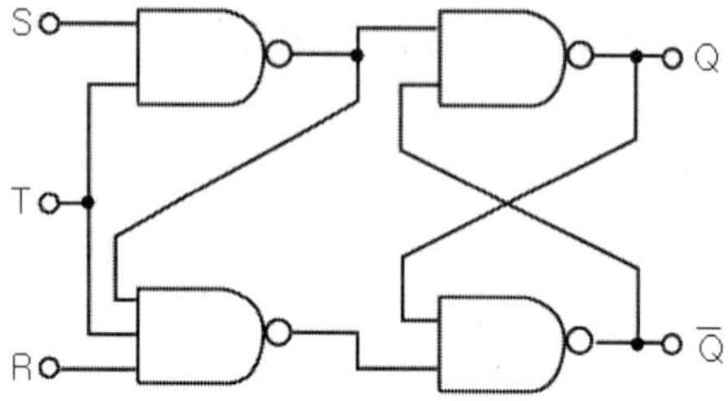

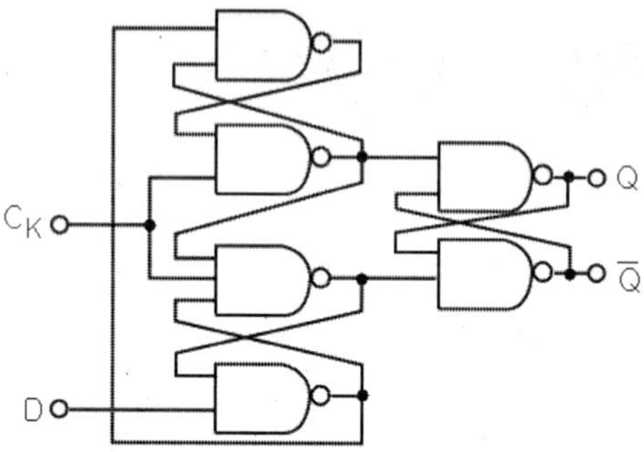

3. NOR 게이트와 NAND 게이트를 이용한 RS 플립플롭을 구성하여라.

4. D형 플립플롭을 사용하여 클록펄스가 입력될 때마다 토글되는 T형 플립플롭을 만들어라.

5. 다음 그림에서 플립플롭의 동작원리를 설명하고 상태 전환표를 작성하여라.

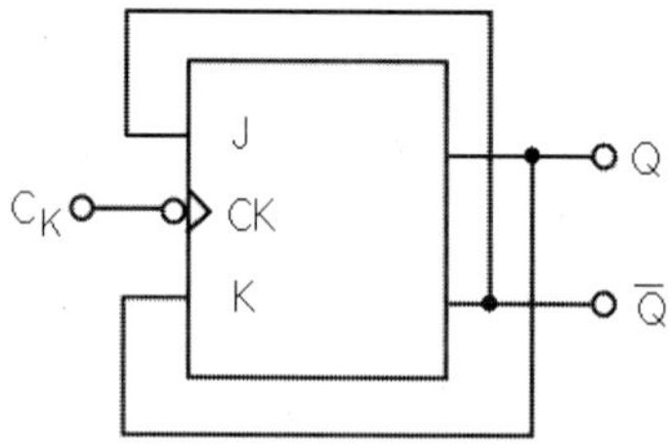

6. JK 플립플롭을 이용하여 D형 플립플롭을 구성하여라.

7. JK 플립플롭을 다음 그림과 같이 결선하였을 때 출력 Q의 동작을 기술하여라.

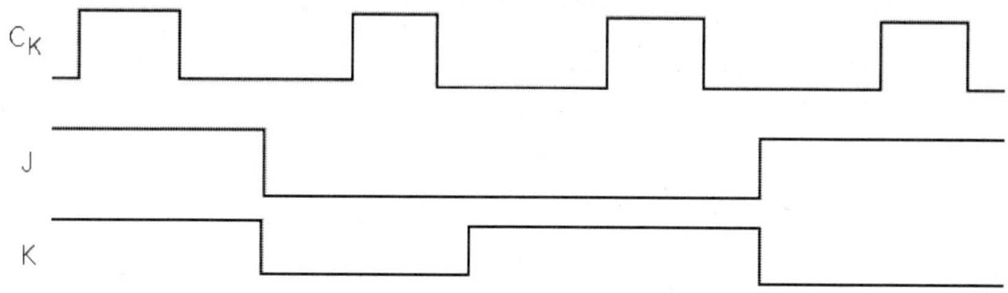

8. 다음 2단의 JK 플립플롭 회로에서 다음의 초기상태에 대한 Q_1, Q_2 값이 어떻게 변하는지를 파형으로 그려라.

9. 포지티브 에지 트리거 JK 플립플롭에 아래 그림과 같은 파형이 주어질 때 출력 Q의 파형을 그려라.

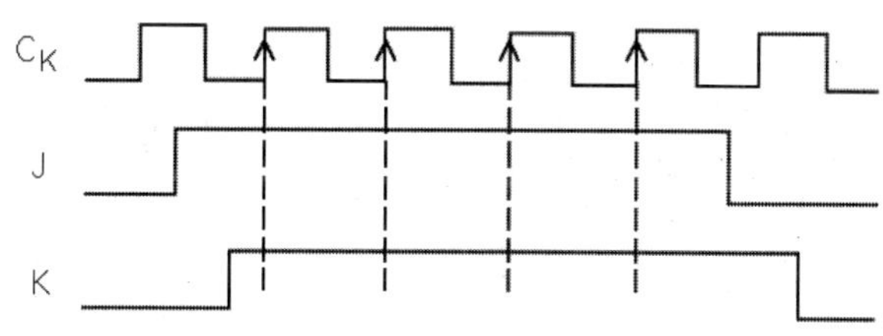

10. NOR 게이트와 NAND 게이트를 이용한 RS 플립플롭을 구성하여라.

11. 초기 값이 리셋 상태이고, 트레일링(네거티브)에지 트리거형 JK 플립플롭에 다음과 같은 파형이 입력될 때 출력 Q의 파형을 그려라.

12. 프리셋(PS)과 클리어(Clear) 단자를 갖는 에지 트리거형 JK 플립플롭에 다음과 같은 파형이 인가 될 때 출력 Q를 결정하여라.

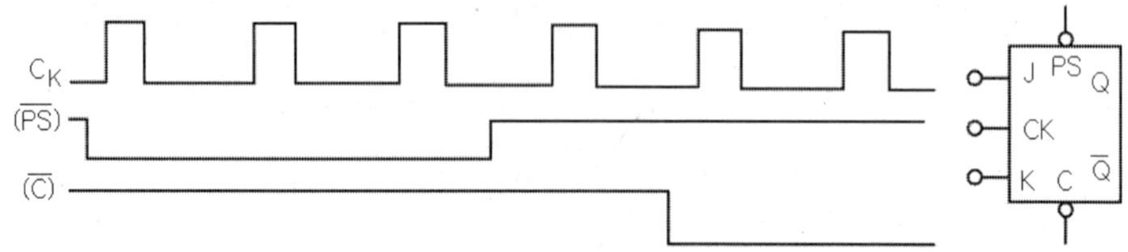

단, 초기값 Q는 LOW이고, $\overline{PS}$와 $\overline{C}$는 LOW 상태일 때 동작한다.

13. IC 74LS121을 사용하여 R_{ext}=1.0[kΩ]일 때, 출력 펄스 폭이 2.5[μs]가 되도록 외부 콘덴서 C_{ext}의 값을 구하라.

14. 다음과 같이 사인파가 입력될 때, 슈미트 트리거 회로의 출력 파형을 그려라.
(단, UTL = 2.5[V], LTL =2.1[V])

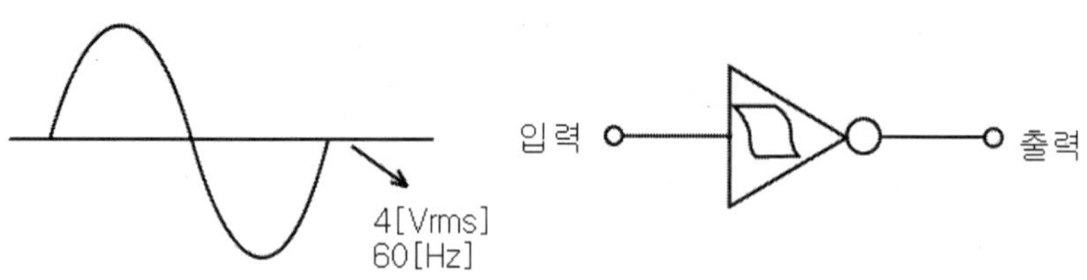

15. 슈미트 트리거 발진회로에서 R=2.7[kΩ], C=0.001[μF]일 때 발진 주파수를 구하라.
(단, K=0.5)

16. IC 14093을 사용하여 간단한 클록 발생회로를 그려라.

08 계수회로

이미 앞에서 배운 비안정 멀티바이브레이터는 계수기(counter)나 레지스터(shift register) 또는 기타 클록 신호를 공급하는데 이용되고, 단안정 멀티바이브레이터는 지연 시간(delay interval)이 고려된 여러 가지 신호 파형을 발생시키는 곳이나 그 외 펄스 폭을 변화시키는데 사용되며, 쌍안정 멀티바이브레이터는 각종 컴퓨터 회로 동작에 필요한 타이밍을 맞추는 데나 연산 작용 및 기억 소자 등에 사용된다.

여기서 이야기하는 디지털 계수기는 쌍안정 멀티바이브레이터(또는 플립플롭)를 사용하여 클록 펄스가 입력되면 출력이나 현재의 기억된 상태가 순차적으로 반전되거나 그대로 유지되는 순차 논리 회로의 일종으로서 디지털 시스템에 많이 사용된다.

계수기의 각단에 입력된 펄스는 차례로 계수되는데, 입력 신호가 동기 신호인지 또는 비동기 신호인지에 따라 계수기 이름을 구분하여 부르게 된다.

8-1 계수기 회로

8-1-1 비동기식 계수기

카운터 각 단의 플립플롭에 클록 펄스가 동시에 공급되는 동기 신호가 가해지는 것이 아니라 앞선 단의 출력을 차례로 입력 신호로 받아들여, 상태가 바뀌도록 설계된 계수기가 바로 비동기식 계수기(asynchronous counter)이다.

동기식 계수기와 비동기식 계수기를 간단하게 비교하여 보기로 하자. 동기식 계수기는 [그림 8-1]과 같이 구성되어 있으며 다음과 같은 특징을 지닌다.

① 클록 펄스(Ck)가 클록 입력 또는 트리거 입력에 직접 연결되어 계수기 플립플롭의 상태가 동시에 변한다.
② 동작 속도가 고속으로 이루어진다.
③ 설계가 쉽고 규칙적이다.
④ 제어 신호가 플립플롭의 입력으로 된다.
⑤ 회로가 복잡하고 큰 시스템에 사용된다.

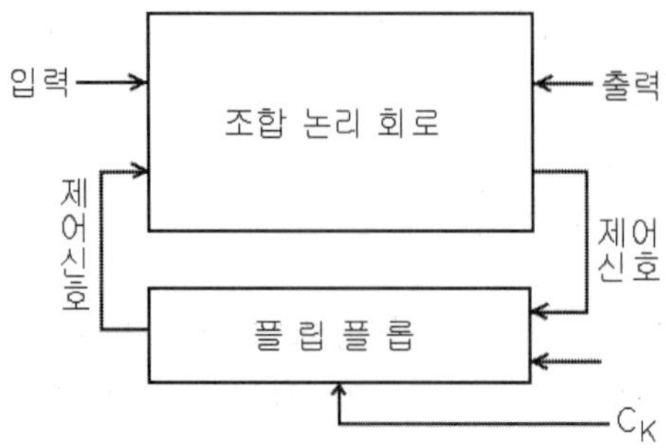

그림 8-1 동기식 계수기

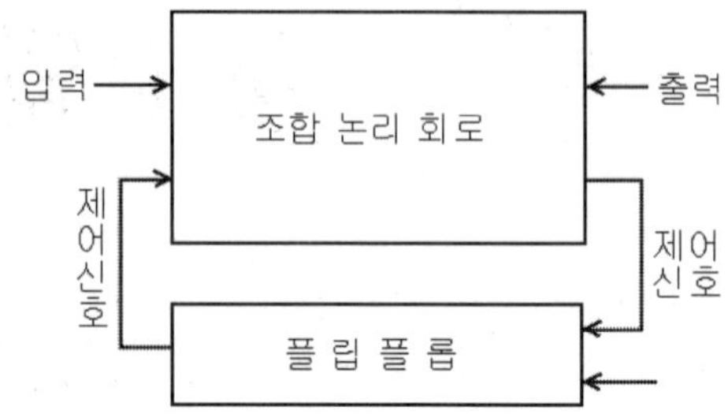

그림 8-2 비동기식 계수기의 구성도

가. 2진 리플 카운터

[그림 8-3]은 2단의 T형 플립플롭을 사용한 계수기 회로이다. 각 클록 펄스(Ck)는 입력측에 가해져 출력상태를 반전(toggle)시키며, 출력 Q와 $\overline{Q}$는 항상 논리적으로 반대가 되도록 결선되었다.

즉, 출력 Q가 논리 상태 "1"(set)이면 $\overline{Q}$는 논리 상태 "0"(reset)이고, 반대로 Q가 "0"이면 $\overline{Q}$는 "1"의 상태가 된다. 그림에서 보는 바와 같이 A단 (2^0단)의 출력 Q가 B단 (2^1단)의 입력측에 연결되어 있는데, 일반적으로 이 연속된 두 단의 출력 Q를 각각 A, B로 표시하여 구분하면 각 단의 출력 $\overline{Q}$는 $\overline{A}$, $\overline{B}$로 표시한다. 따라서 제1단의 출력 Q(A신호)는 제2단을 토글(상태전환)시키므로, 제2단의 출력은 제1단의 출력 Q가 높은 전압상태에서 낮은 전압 상태("1"에서 "0"으로)로 변화될 때 변화된다. 후단의 출력 주파수는 그 입력의 절반이 되는데 이것을 분주(分周)라고 한다.

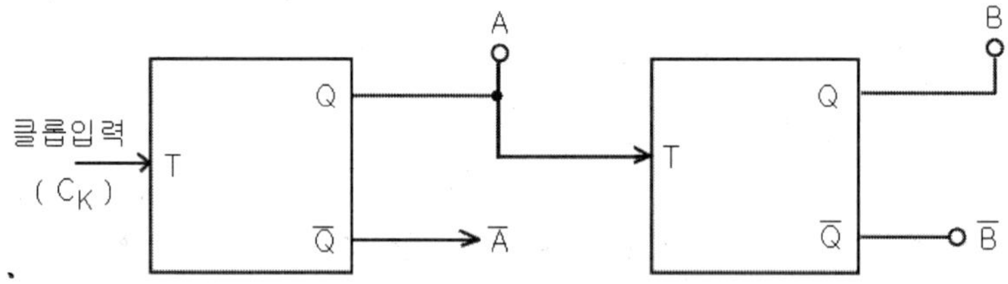

그림 8-3 2진 2단 계수기

[그림 8-4]는 2진 2단 계수기의 입력에 대한 출력의 상태 전환 파형을 나타내고 있는데 클록 신호가 높은 전압 상태에서 낮은 전압상태로 되는 트레일링 에지에서 각 출력 파형이 상태 반전되는 것을 알 수 있다. 이러한 2진 계수기의 계수표는 〈표 8-1〉과 같다. 여기서 알 수 있는 것은 2단 계수기에서는 4개의 펄스가 반복하여 된다는 점이다.

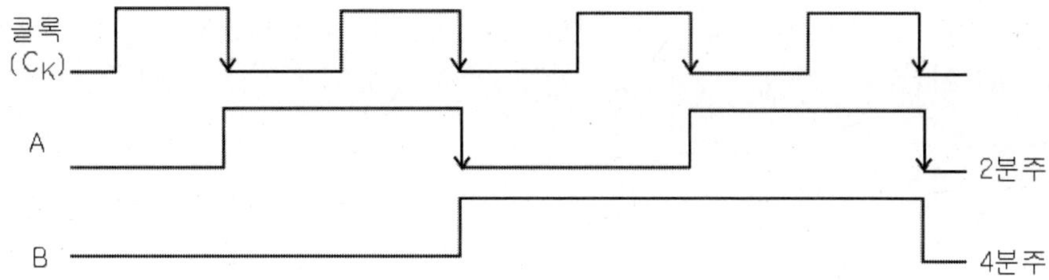

그림 8-4 2진 2단의 출력 파형

일반적으로 n단의 카운터는 2^n개의 펄스를 계수한다는 것이며, 따라서 다음과 같은 기본식을 얻을 수 있다.

$$N=2^n$$

여기서, N은 계수기에서 계수할 수 있는 수를 나타내고, n은 카운터의 단수 또는 비트수를 표시한다. 예를 들면, 4단의 계수기에서는 2^4=16개의 펄스를 셀 수 있고 5단의 계수기에서는 2^5=32개의 펄스를 셀 수 있다는 뜻이다.

표 8-1 2진 2단 계수표

입력펄스	출력	
	2^1(B)	2^0(A)
0	0	0
1	0	1
2	1	0
3	1	1
4(0)	0	0

[그림 8-5]는 4단 2진 계수기를 나타내고 있으며 24개의 입력 펄스마다 같은 계수를 반복한다.

4단 계수기에 대한 계수표는 〈표 8-2〉와 같으며 표에서 보는 바와 같이 2^0단의 상태는 펄스가 들어올 때마다 그 상태가 반전되고, 2^1단은 2단의 출력이 "1"에서 "0"으로 바뀔 때마다 또는 두 개의 출력 펄스가 입력될 때마다 반전된다. 마찬가지로 2^2단은 4개의 입력 펄스마다 출력이 반전되며 2^3단은 매 8개의 입력 펄스마다 반전된다.

따라서 각 단의 출력은 1, 2, 4, 8의 입력 펄스의 수를 2진수로 표시함을 알 수 있다. 4단의 계수기로 계수할 수 있는 최고의 2진수는 1111이고, 그 다음 입력 펄스가 인가되면 모든 출력이 0000으로 되돌아간다.

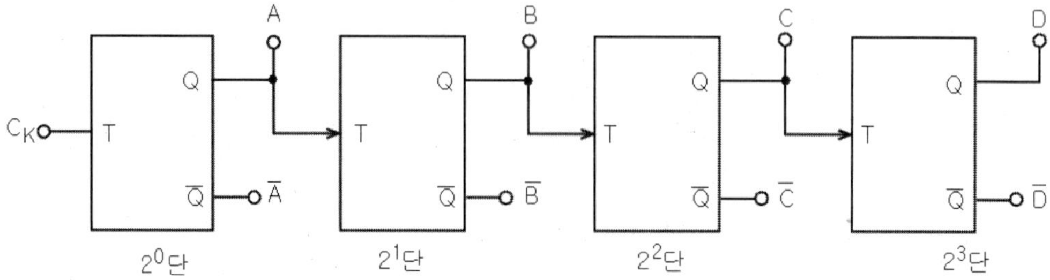

그림 8-5 4단 2진 계수기

표 8-2 4단 계수기의 계수 동작표

입력 / 펄스	2^3 (D)	2^2 (C)	2^1 (B)	2^0 (A)
0	0	0	0	0
1	0	0	0	1
2	0	0	1	0
3	0	0	1	1
4	0	1	0	0
5	0	1	0	1
6	0	1	1	0
7	0	1	1	1
8	1	0	0	0
9	1	0	0	1
10	1	0	1	0
11	1	0	1	1
12	1	1	0	0
13	1	1	0	1
14	1	1	1	0
15	1	1	1	1
16(or 0)	0	0	0	0

[그림 8-6]은 4단 계수기의 계수 파형(또는 타이밍 차트)이다. 그림에서 볼 수 있는 바와 같이 한 개의 클록 펄스가 인가될 때마다 2진수는 증가하는데, 이것을 상향 2진 계수회로(count up binary counter)라고 한다. 반대로, 각 단의 Q 출력이 다음 단의 T 입력에 인가될 때는 클록 펄스가 인가될 때마다 높은 자리수 1111에서부터 2진수는 하나씩 감소하여 마지막에는 0000으로 된다. 즉, 하향 계수가 이루어지므로 이것을 하향 2진 계수회로(counter down binary counter)라고 한다.

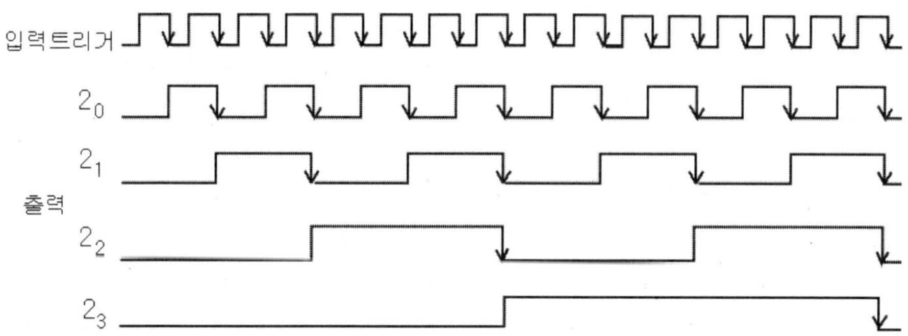

그림 8-6 4단 2진 계수기기의 계수 파형

나. 궤환 계수기

2^n 진 계수기는 2, 4, 8, 16 …… 등으로 계수되는 계수기이다. 따라서 계수되는 수를 계수기의 이름으로 쓰는 경우가 많다. 16개의 입력 펄스마다 계소 주기가 반복되는 계수기를 16진 계수기 또는 모듈러스 16진 계수기(modulus 16 counter)라고 하며 3단의 플립플롭으로 구성되는 계수기를 MOD-8 계수기라고 한다.

그런데 계수기를 사용하다 보면 어느 특정 수 이하에서 계수를 반복시키자 할 때가 생긴다. 예를 들면, 3단 계수기는 2^3=8개까지를 펄스를 셀 수 있는데 6개까지만 세고 다시 원상태 000으로 돌아가기를 원할 때가 있다. 이때는 8에서 6을 뺀 “2”만큼 앞서서 “0”으로 궤환시켜야 하므로 3진 계수기에 플립플롭 1단을 [그림 8-7]과 같이 연결하여 앞단에서 궤환 펄스를 받아 6까지만 계수하고 다시 궤환되는 MOD-6 계수기를 만들면 된다.

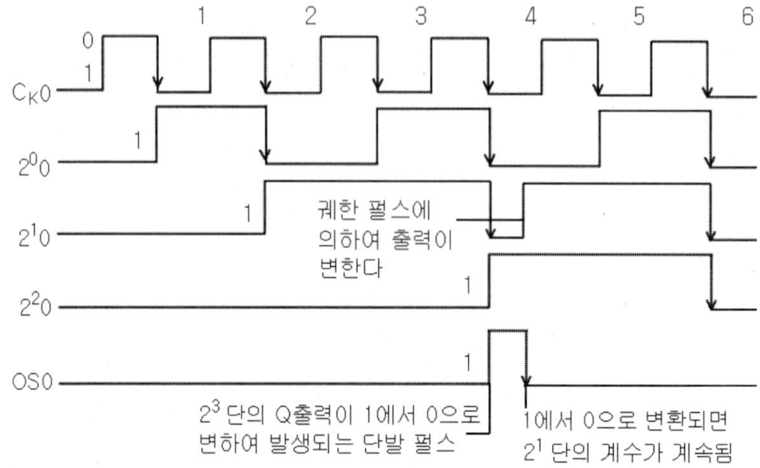

그림 8-7 궤한 펄스를 이용한 MOD-6 카운터

〈표 8-3〉은 MOD-6계수기의 궤환 계수표이다.(그림 8-8 참조).이 회로는 2단의 출력을 OR 게이트로 받아 2^1단의 입력측에 인가시키고 2^2단의 Q출력을 궤환 펄스 발생용 단안정 멀티바이브레이터로 입력측에 인가시켜 Q에서 궤환펄스가 발생되면 2^1단의 선단 OR게이트에 입력된다. 따라서 순식간에 6과 7을 계수하여 0으로 되며 클록 펄스 6일 때는 000으로 변하도록 만든 것이다.

표 8-3 MOD-6 계수기의 계수표

입력펄스	출력		
	2^2단	2^1단	2^0단
0	0	0	0
1	0	0	1
2	0	1	0
3	0	1	1
4	1	0	0
궤한 펄스에 의해서	1	1	0
5	0	1	1
6(0)	0	0	0

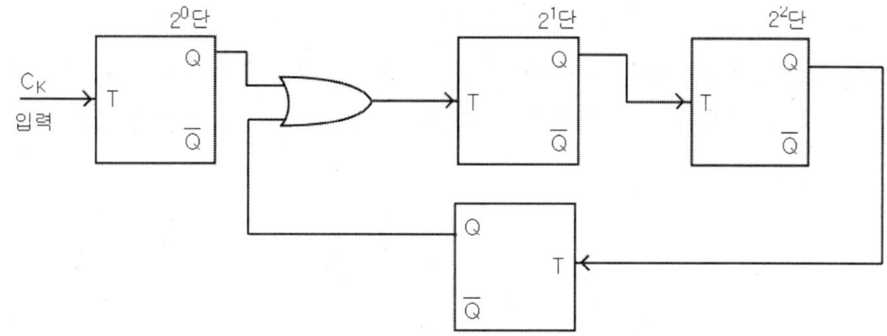

그림 8-8 MOD-6 궤한 이용 계수기 회로도

이 방식은 단안정 멀티바이브레이터의 출력 펄스 폭이 클록 펄스가 한 펄스 간격보다 짧도록 조절해야 하고, 또 한 단의 플립플롭이 계수 후 궤환 펄스를 발생할 계수까지 계수 과정이 진행되는데 충분한 시간이 필요하므로 너무 짧게 할 수도 없다. 이러한 단점 때문에 디코더를 사용한 리셋형 계수기를 사용하면 편리하다.

다. 디코더 사용 리셋형 계수기

이 계수기는 원하는 임의의 펄스 개수를 계수하는 과정에서 각 단의 합치되는 출력을 논리회로로 디코딩하여 계수기 전체를 "0"으로 리셋시키는 방식이다. 따라서 2진식 과정으로 계수가 진행되고 입력 펄스의 수와 2진식 계수만으로 표시된 수가 일치되는 장점을 갖고 있다.

MOD-10 계수기를 예로 들어보자. 이것은 입력 펄스의 수와 등가적인 2진식 계수를 하는 개별의 플립플롭의 소자 4개를 사용한 10진 계수기(decade counter)이다. 그러나 4단의 플립플롭은 2^4=16개의 펄스를 계수 할 수 있는 2진 리플 카운터이므로 0에서 9까지 계수가 진행된 후 다시 다음 계수 주기 0으로 리셋되어야 한다.

다음 과정은 10진 계수 동작을 하기 위한 순서이다.

① 계수기를 먼저 리셋시키다(계수 표시: 0000)
② 입력 펄스가 9(1001)까지 계수되도록 한다.
③ 그 다음 펄스 10(표시 1010)을 계수하는 과정에서 이들 4개의 출력을 동시에 NAND 게이트로 디코딩하여 단안정 멀티바이브레이터를 트리거시켜 각 단의 클리어 단자에 Q 출력의 부펄스가 가해지도록 한다.
④ 계수기 전체를 0으로 돌아가게 한 뒤 계속 계수가 이루어지도록 한다.

그러나 이 리셋 방식은 리셋되기 바로 전의 계수가 일시적이고, 또 단안정 M/V의 펄스 간격의 시간 조정이 필요한 단점이 있으므로 단안정 M/V를 사용하지 않고 마지막 계수 과정에서 직접 리셋시키는, 즉 NAND 게이트의 출력을 직접 연결하는 방식을 취하고 있다. [그림 8-9]는 디코더를 이용한 리셋형 10진 계수기의 회로 결선도이다.

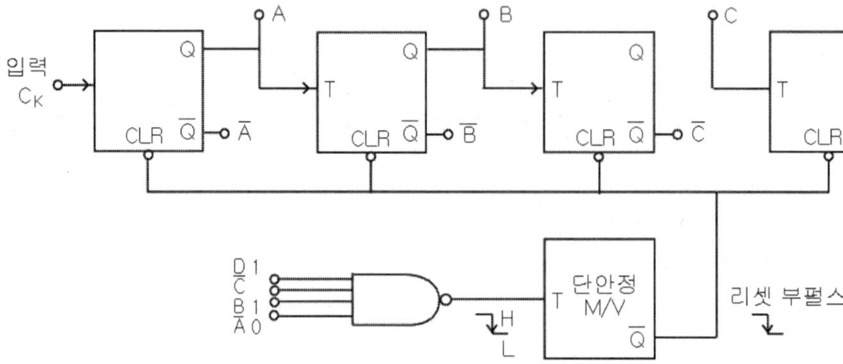

그림 8-9 디코더를 이용한 리셋형 10진 계수기

예제 1 MOD-6계수기를 마스터 리셋으로 설계하여라.

(풀이)

6진 계수기는 0에서 5까지 6개의 펄스만을 계수하고 6의 출력이 NAND게이트를 통하여 부펄스를 발생시킨 다음 리셋 단자를 구동 "0"이 되게 한다.

즉, 계수 자리수 6 대신에 0이 되도록 한 것이다. 따라서 여기에 대한 진리표는 〈표 8-4〉와 같으며, 회로는 [그림 8-10]과 같다.

표 8-4 6진 계수기 진리표

입력펄스	C	B	A
0	0	0	0
1	0	0	1
2	0	1	0
3	0	1	1
4	1	0	0
5	1	0	1
6(0)	1	1	0
0	0	0	0

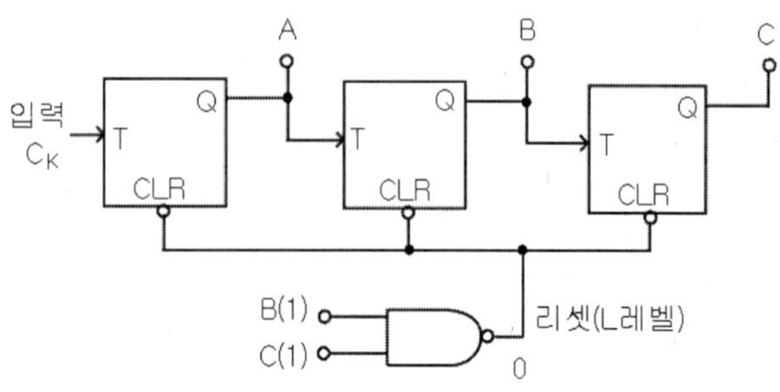

그림 8-10 6진 리셋형 계수기

라. 직접 리셋형 계수기(direct reset counter)

앞에서 설명했던 계수기들의 단점을 피하고 원하는 계수를 하기 위하여 직접 리셋 시키는 방식을 사용하게 되는데 이것을 직접 리셋형 계수기라고 한다. 이러한 비동기 계수기의 설계 방법은 다음과 같다.

① 앞단의 출력 1-〉0으로 바뀔 때마다 상태 반전(toggle)이 계속될 경우 입력은 앞단 출력으로부터 얻는다.
② ①의 경우만으로 원하는 상태 반전이 안되는 경우에는 입력으로 앞단 출력 이외의 곳으로부터 데이터 제어를 받아야 한다. 여기서 데이터 제어란 JK 플립플롭에서는 J와 K단자에 가하는 신호를 의미한다.
③ 앞단 출력이 1-〉0으로 되지 않는데도 상태 반전이 도는 경우에는 그 앞단 출력 중에서 1-〉0 으로 되는 것을 입력으로 취하고 또 데이터 제어를 받는다. MS JK 플리플롭을 사용하여 부논리 때 상태가 반전되는, 즉 게이트가 필요없는 계수기의 계를 예로 들어 보기로 하자.

(1) MOD-6 계수기

먼저 〈표 8-5〉와 같이 6진 계수기의 진리표를 작성하고 여기서 순서에 따라 설계하여 각 파형의 타이밍 차트와 논리 회로를 그린다.

표 8-5 MOD-6 계수기의 계수동작표

계수	C	B	A
0	0	0	0
1	0	0	1
2	0	1	0
3	0	1	1
4	1	0	0
5	1	0	1
6(0)	0	0	0

① 플립플롭의 소요 단수는 3개이다.
② A단 : 출력 A는 클록 펄스(Ck)가 입력될 때마다 상태 반전(토글)이 되므로 A단의 클록력

단은 Ck로 직접 연결하면 되고, $J_A = K_A = 1$로 하면 된다.

B단 : A의 출력이 1에서 0으로 변할 때마다 반전되므로, A단 출력을 클록 입력으로 한다. 그러나 Ck가 계수 5에서 6으로 진행할 때는 반전이 안되므로, 데이터 제어를 받아야 한다. 그러므로 A단 출력을 클록 입력으로 한다.

즉, 0->0으로 유지하도록 하는 데이터 제어인 JC=B로 하면 된다.

C단 : 계수가 5에서 6으로 진행할 때 C의 출력은 1->1로 유지하지 않고 1->0으로 반전되므로, 데이터 제어인 J_C=B조건으로 만들고, 또 A단의 출력을 받으면 된다.

이상을 종합하면,

$$\text{A단} : Ck_A = C_k, J_A = K_A = 1$$
$$\text{B단} : Ck_B = A, J_B = C', K_B = 1$$
$$\text{C단} : Ck_C = A, J_C = B, K_C = 1$$

이 되어 [그림 8-11]의 (a)와 같은 논리 회로가 구성되며, 입출력 파형을 나타낸 타이밍 차트는 그림 (b)와 같다.

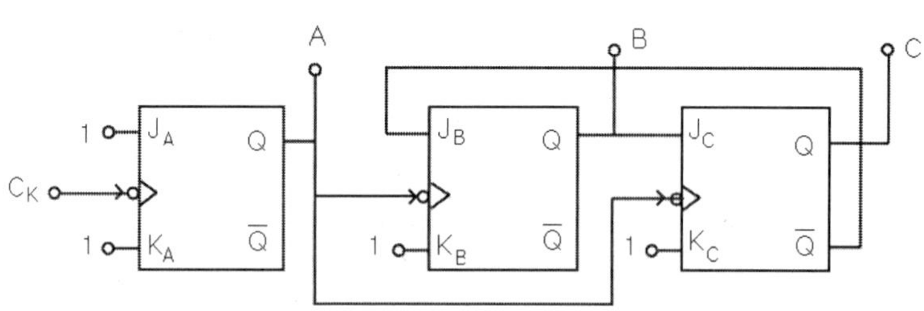

(a) MOD-6 계수기의 회로도

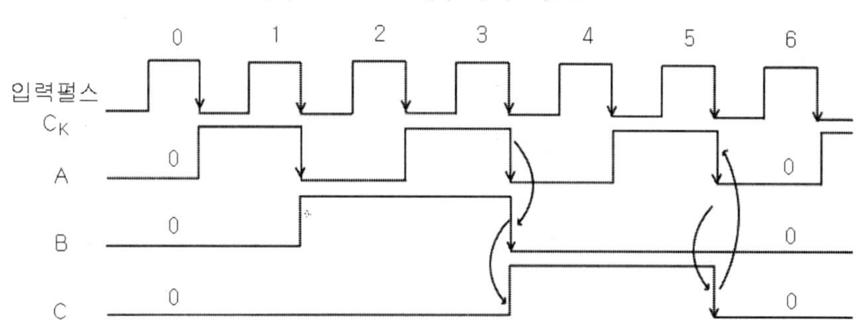

(b) 타이밍 차트

그림 8-11 MOD-6 계수기

(2) MOD0-10 계수기

〈표 8-6〉과 같은 10진 계수기(decade counter)의 계수표로부터 다음과 같이 설계한다.

표 8-6 MOD-10계수기의 계수 동작표

계수	D	C	B	A
0	0	0	0	0
1	0	0	0	1
2	0	0	1	0
3	0	0	1	1
4	0	1	0	0
5	0	1	0	1
6	0	1	1	0
7	0	1	1	1
8	1	0	0	0
9	1	0	0	1
10(0)	0	0	0	0

4단의 플립플롭으로 구성된다.

① A단 : 입력 펄스가 인가될 때마다 출력이 반전되므로 $Ck_A = CK, J_A = K_A = 1$이다.
② B단 : A단의 출력상태가 1에서 0으로 변할 때마다 반전되므로 $C_{KB} = A$이다. 그러나 마지막 펄스 때, 즉 계수 9에서 10으로 진행할 때 반전이 안되므로, 데이터 제어를 받아야 한다. 0->0으로 유지되므로 D출력을 J_B에서 받아야 한다. 즉 $J_B = \overline{D} = \overline{0}$이다.
③ C단 : B단의 출력이 1->0으로 변할 때마다 반전되므로, $Ck_C = B$, $J_C = K_C = 1$이다.
④ D단: 출력 A가 1에서 0으로 변할 때마다 B=C=1,B=C=0의 상태에서 반전되므로 $Ck_D = A$와 $J_D = BC$, $K_D = 1$의 데이터 제어를 받는다.

[그림 8-12]는 MS JK 플립플롭을 사용한 10진 계수기의 입출력 파형을 나타내고 있다.

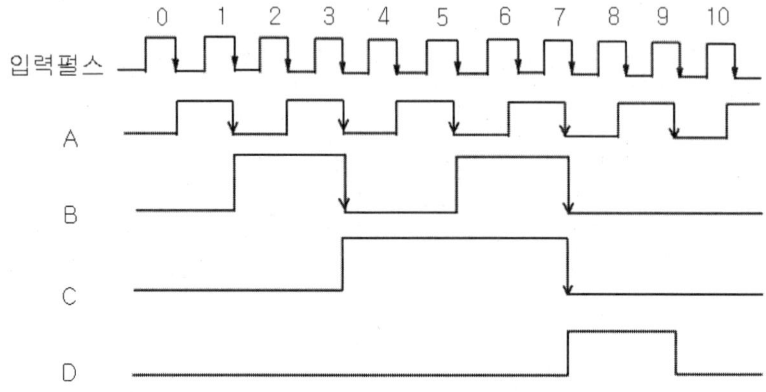

그림 8-12 MS JK 플립플롭을 사용한 10진 계수기 타이밍 차트

그러나 데이터 제어를 받아야 할 J_B와 J_D의 논리식은 카르노도법을 사용하여 다음과 같이 구할 수 있다. 〈표 8-7〉에서는 B단의 입력에 관계되는 C, D의 현재 상태와 다음 상태를 비교하여 출력 상태의 변화에 따른 J, K의 값을 구하여 카르노도에서 J_B를 구하고 똑같은 방식으로도 J_D도 구한다.

표 8-7 B단의 계수 동작표와 카르노도표

10진수	D	C	B	CS→NS		J_R	J_S
1	0	0	0	0	1	1	d
3	0	0	1	1	0	d	1
5	0	1	0	0	1	1	d
7	0	1	1	1	0	d	1
9	1	0	0	0	0	0	d

(a) 출력의 현재상태(CS) 및 다음 상태(NS)

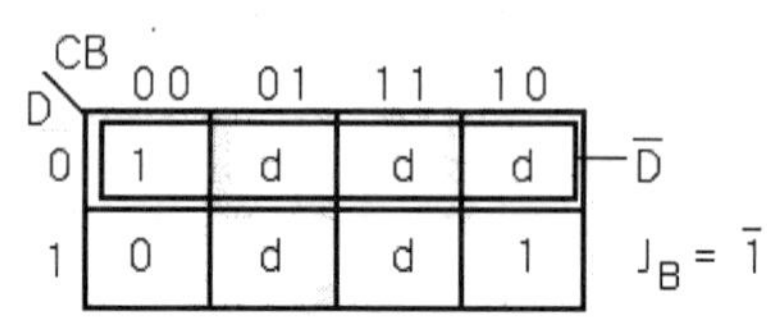

(b) 카르노도표

표 8-8 D단의 계수 동작표와 카르노도표

10진수	D	C	B	CS→NS		J_R	J_S
1	0	0	0	0	0	0	d
3	0	0	1	0	0	0	d
5	0	1	0	0	0	0	d
7	0	1	1	0	1	1	d
9	1	0	0	1	0	d	1

(a) 상태 동작표

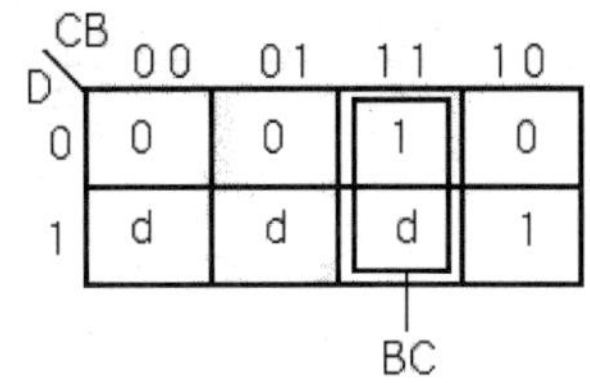

(b) 카르노도표

각 단의 플립플롭의 클록 펄스 입력(Ck)과 데이터 제어 등을 종합하면 다음과 같으며, [그림 8-13]과 같은 회로도를 얻게 된다.

① A단 : $Ck_A = Ck$, $J_A = K_A = 1$

② B단 : $Ck_B = A$, $J_B = \overline{D} = 0$, $K_B = 1$

③ C단 : $Ck_C = B$, $J_C = K_C = 1$

④ D단 : $Ck_D = A$, $J_D = BC$, $K_D = 1$

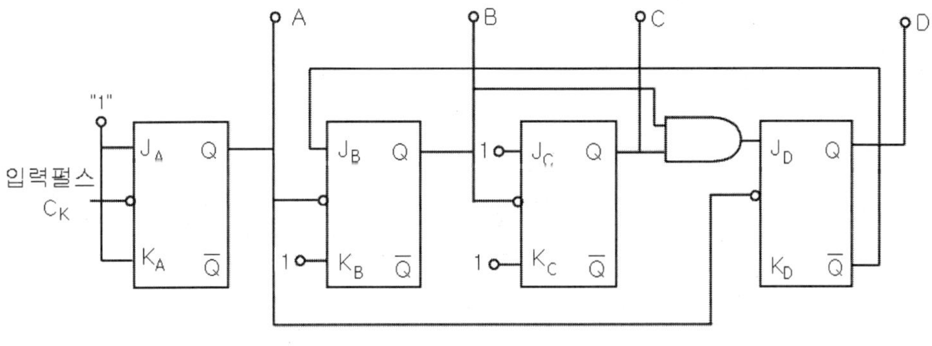

그림 8-13 MOD-10계수기의 회로도

(3) MOD-5 계수기

5진 계수기에 대한 비동기식 계수 동작표가 〈표 8-9〉에 주어졌다. 계수 동작표를 참조하여 다음과 같이 설계한다. 우선, 3단의 플립플롭이 필요함을 알 수 있으므로, 각 단에 대해서 생각해 보면 다음과 같다.

표 8-9 MOD-5 계수기 계수표

계수	C	B	A
0	0	0	0
1	0	0	1
2	0	1	0
3	0	1	1
4	1	0	0
5(0)	0	0	0

① A단 : 클록 펄스가 입력될 때마다 A의 출력이 바뀌므로, Ck를 직접 Cka입력에 연결하면 된다. 그러나 마지막 계수 때 0→1로 변환되지 않고, "0"으로 유지되도록 하려면 $\overline{C}$의 출력으로부터 클리어 신호를 받으면 된다. 즉, $J_A = \overline{C}$, $K_A=1$이 된다.

② B단 : A단의 출력이 1에서 "0"으로 바뀔 때마다 B단의 출력이 반전되므로 A출력을 그대로 트리거 입력(Ck 8)에 연결하면 된다. 즉, $J_B=K_B=1$이 된다.

③ C단 : C단의 출력이 A=B=1일 때는 0→1로, A=B=0일 때는 1→0으로 반전되므로 $J_C=AB$로 데이터 제어를 하면 되고, 트리거 입력으로는 클록 펄스(Ck)를 연결하면 된다. 즉, $K_C=1$이 되어야 한다.

[그림 8-14]는 MOD-5 계수 회로이다.

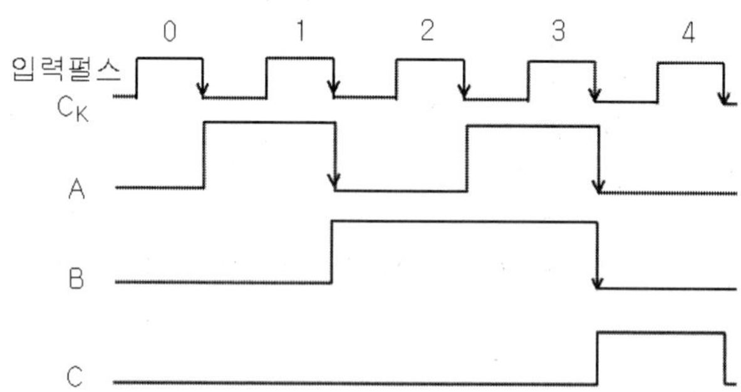

(a) 타이밍 차트

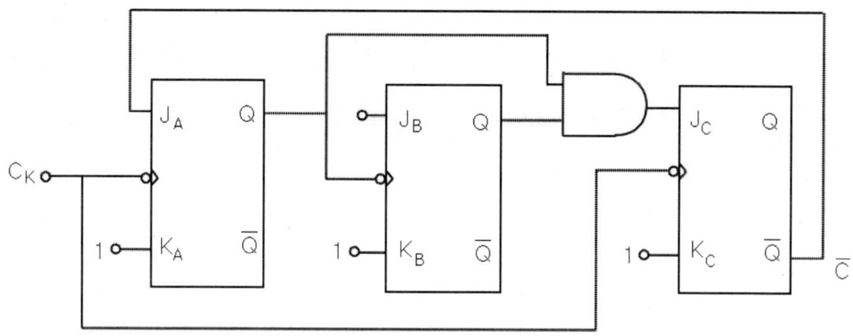

(b) 회로도

그림 8-14 MOD-5 계수기 회로도

(4) MOD-7 계수기

7진 계수기의 계수 동작은 〈표 9-10〉과 같다. 표로부터 플립플롭이 3단이 필요하다는 것을 알 수 있고, 각 단의 상태 반전은 다음과 같이 밝혀내어 설계하면 된다.

표 8-10 MOD-7 계수기의 계수 동작표

계수	C	B	A
0	0	0	0
1	0	0	1
2	0	1	0
3	0	1	1
4	1	0	0
5	1	0	1
6	1	1	0
7(또는 0)	0	0	0

① A단 : A단의 출력은 입력 펄스가 입력될 때마다 반전되는데, 마지막 펄스 B=C=1 일 때는 반전이 안되고 0→0으로 유지하므로, $J_A = \overline{BC}$의 데이터를 받아야 하며 $K_A=1$이어야 한다.

② B단 : B의 출력은 A=1일 때, 또는 BC=1일 때만 반전되므로 $J_B=K_B=A+BC$는 AND 게이트와 OR 게이트의 두 개의 IC칩을 사용하므로, 1종류의 칩 사용을 위해 NAND 게이트로

논리식을 바꾼다.

$$J_B = K_B = A + BC = \overline{\overline{A+BC}} = \overline{\overline{A} \cdot \overline{BC}}$$

③ C단 ; B단의 출력이 1에서 0으로 변할 때마다 C단의 출력이 반전되므로, B단의 출력을 Ckc에 입력시키면 된다. 따라서 Jc=Kc=1이 된다.

[그림 8-15]는 MOD-7 계수기의 타이밍 차트와 계수기를 나타내고 있다.

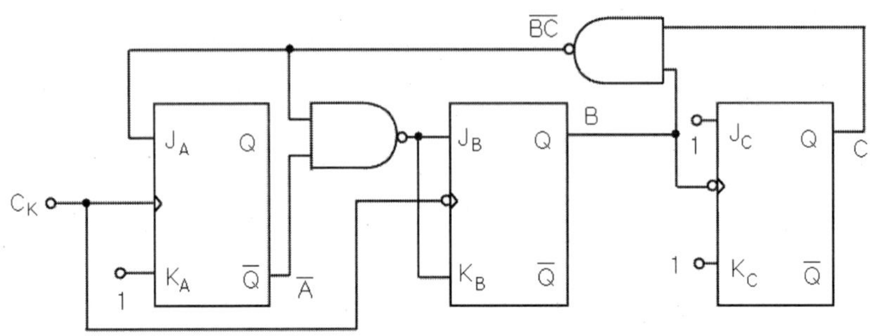

(a) 회로도

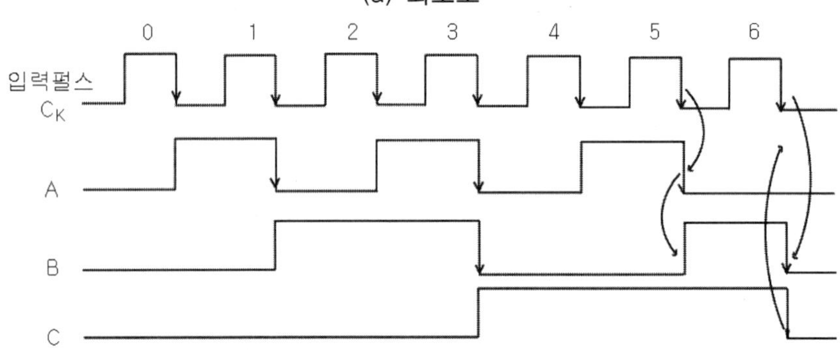

(b) 타이밍 차트

그림 8-15 MOD-7 계수기

8-1-2 동기식 계수기

이미 앞에서도 언급한 바 있는 동기식 계수기는 계수기 내에 들어 있는 각 플립플롭의 클록 입력에 클록 펄스의 입력선이 직접 연결되어 같은 시간에 "트리거"되는 계수기이며, 구성상 클록 입력선이 플립플롭에 병렬로 연결되어 있기 때문에 병렬 계수기라고도 부른다. 따라서 고속의 계수 회로에 이용되고 있을 뿐만 아니라, 값싼 IC 회로의 출현으로 소형화 되어 많이 이용하고 있다. 여기서는 각 플립플롭으로 MS JK 플립플롭을 사용하여 트레일링 에지에서 트리거 되어 출력이 반전되는 회로를 예로 들고, 또 카르노도법과 그 밖의 방법으로 계수기를 설계하는 과정을 소개하기로 하겠다.

① 설계하고자 하는 계수기의 계수표와 현재의 출력 상태에서 다음의 상태(next state)로 변할 때의 J,K 입력에 대한 동작 상태를 만든다.
② 계수표와 동작 상태표를 사용하여 각 단의 J, K 입력에 대한 카르노도를 만들고 최소화된 논리 함수를 구해낸다.
③ 최소화된 논리 함수로부터 완전한 동기식 계수기의 회로도를 작성한다.

〈표 8-11〉은 JK 플립플롭의 진리표와 출력 상태 변화에 따른 J, K 입력 상태 등을 표시한 동작 상태표를 참고로 소개해 놓았다.

표 8-11 JK 플립플롭에 대한 동작 상태표

J	K	출력	
		Q_{n+1}	상태
0	0	Q_n	불변
0	1	0	리셋
1	0	1	세트
1	1	$\overline{Q_n}$	반전

(a) 진리표

출력 상태변화			입력 상태	
Q_n	→	Q_{n+1}	J	K
0	→	0	0	d
0	→	1	1	d
1	→	2	d	1
1	→	1	d	0

(b) 입력에 따른 출력 상태

가. MOD-5 동기식 계수기

5진 동기식 계수기는 3단의 플립플롭으로 구성하여 각 단의 클록 입력단에 클록 펄스신호를 병렬로 직접 인가하여 5개의 펄스만 계수하고 다시 "0"의 상태로 돌아가 계수가 연속적으로 이루어지도록 하면 된다. 설계 과정은 다음과 같다.

① 계수표와 계수표의 상태 변화에 따른 J, K 상태를 결정하는 계수 상태표를 〈표 8-12〉와 같이 작성한다.

표 8-12 MOD-5 동기식 계수기의 계수 상태표

필드계수	C	B	A	J_A	K_A	J_B	K_B	J_C	K_C
0	0	0	0	1	d	0	d	0	d
1	0	0	1	d	1	1	d	0	d
2	0	1	0	1	d	d	0	0	d
3	0	1	1	d	1	d	1	1	d
4	1	0	0	0	d	0	d	d	1
5(또는 0)	0	0	0	-	-	-	-	-	-

② 카르노도를 작성한 다음 논리식을 구한다(그림 8-16 참조).

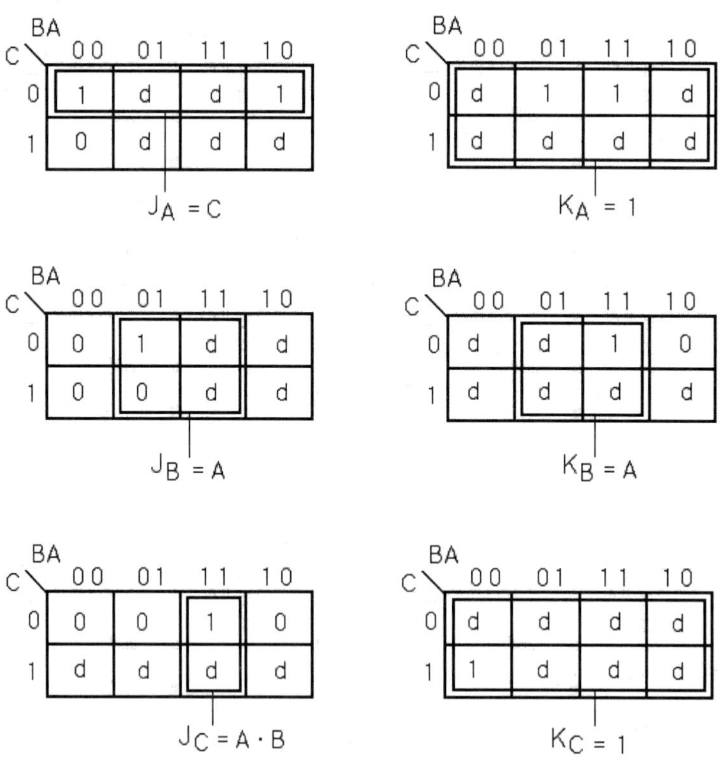

그림 8-16 MOD-5 동기식 계수기의 카르노도

③ 논리식으로부터 회로도를 작성한다(그림 8-17 참조).

$J_A=\overline{C}$, $K_A=1$(J_A의 데이터 입력은 $\overline{C}$로부터 제어된다)

$J_B=K_B=1$(데이터 입력 J_A와 K_B는 +5V 상태로 한다)

$J_C=AB$, $K_C=1$(J_C의 데이터 입력은 A와 B의 AND 게이트 출력으로 제어된다)

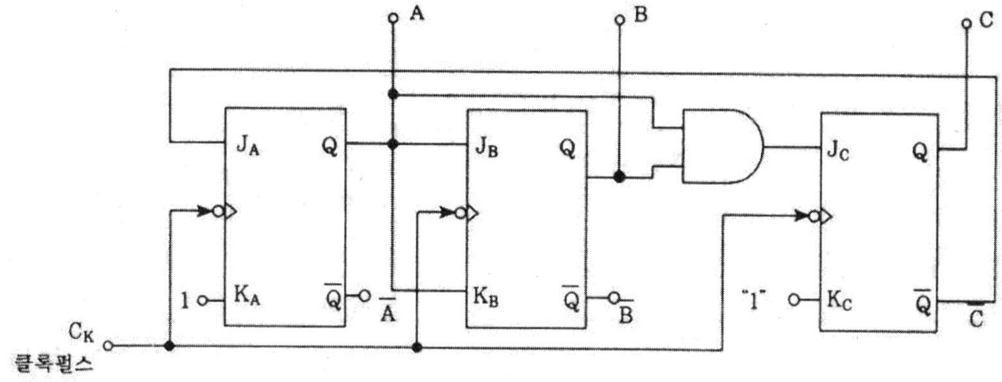

그림 8-17 MOD-5 동기식 계수기 회로도

이번에는 계수기의 모듈을 수정하여 직접 설계해 보기로 하자. J와 K의 상태가 동일하다고 보고(J=K), 각 출력 상태의 반전 상태로부터 각 단의 상태를 결정해 주어야 한다.

그러나 앞에서 설계한 계수기보다는 게이트의 수와 종류가 늘어나는 단점이 있다.

① A단 : 클록 계수가 4대 0으로 갈 때 A의 출력이 불변(0→0)하므로, $J_a=K_a=\overline{C}$의 데이터 제어가 필요하다.

② B단 : A의 출력이 1일 때만 B의 출력이 반전되므로, $J_B=K_B=A$가 된다.

③ C단 : C의 출력의 상태 반전은 A=B의 경우와 C=1일 때이다. 따라서 $J_C=K_C=AB+C$의 조건이어야 한다.

위의 논리식을 종합하여 MOD-5 동기식 계수기 회로를 그리면 [그림 8-18]과 같다.

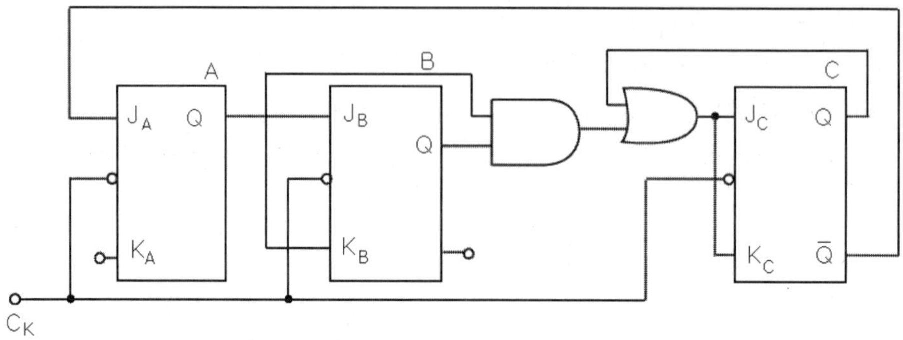

그림 8-18 J=K형 MOD-5 동기식 계수기

나. MOD-7 동기식 계수기

7진 동기식 계수기도 마찬가지로 3단의 플립플롭으로 구성되며, 앞에서 설계하는 방식에 따라 계수 상태표를 이용하여 계수기 회로도를 다음과 같이 설계할 수 있다.

① 계수 상태표를 작성한다(표 8-13 참조).

표 8-13 MOD-7 동기식 계수기의 계수 상태표

필드계수	C	B	A	J_A	K_A	J_B	K_B	J_C	K_C
0	0	0	0	1	d	0	d	0	d
1	0	0	1	d	1	1	d	0	d
2	0	1	0	1	d	d	0	0	d
3	0	1	1	d	1	d	1	1	d
4	1	0	0	1	d	0	d	d	0
5	1	0	1	d	1	1	d	d	0
6	1	1	0	0	d	d	1	d	1
7(또는 0)	0	0	0	x	x	x	x	x	x

② 카르노도를 작성하여 논리식을 구한다(그림 8-19 참조).

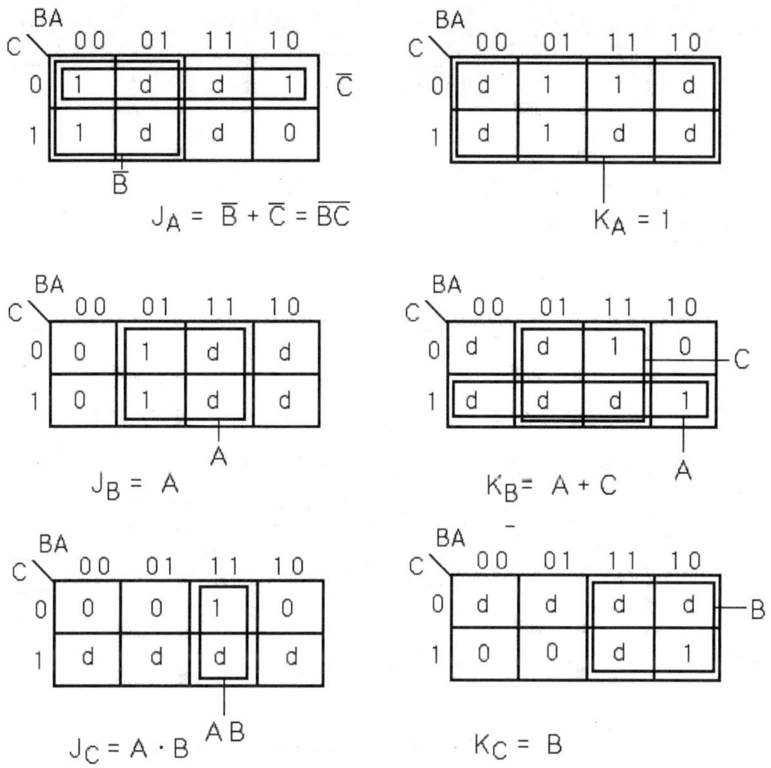

그림 8-19 MOD-7 동기식 계수기의 카르노도

③ 논리식으로부터 회로를 구성한다. 이때, 한 종류의 게이트인 NAND 게이트를 사용하여 회로도를 완성시키면 경제적이다.(그림 8-20 참조)

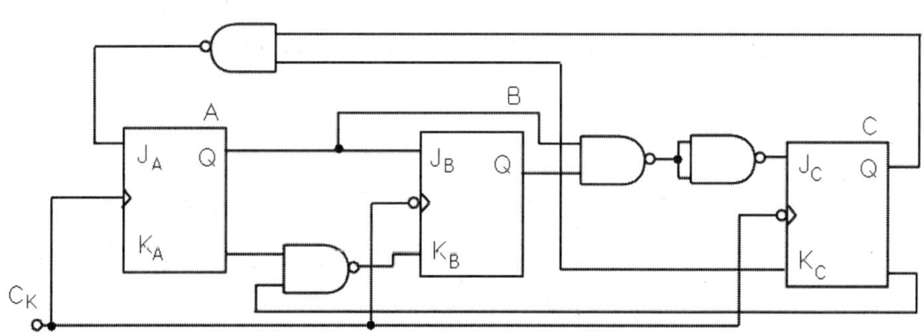

그림 8-20 MOD-7 동기식 계수기의 회로도

$J_A = \overline{B} + \overline{C} = \overline{BC}, K_A = 1$

(J_A의 데이터 입력은 B와 C 출력의 NAND 결합에서 얻는다.)

$J_B = A, K_B = A + C = \overline{\overline{A+C}} = \overline{\overline{A} \cdot \overline{C}}$ (K_B의 데이터는 $\overline{\overline{A} \cdot \overline{C}}$에서 얻는다.)

$J_C = BA = \overline{\overline{BA}}, K_C = B$ (J_C의 데이터 입력은 $\overline{\overline{BA}}$에서 얻는다.)

또, J=K인 조건으로 계수기를 수정하여 새로운 7진 계수기를 구성하는 논리식을 만들려면 다음과 같은 과정을 거쳐야 한다.

① A단 : A의 출력이 계수 6에서 0으로 진행할 때 불변이다.
이때는 B=C=1의 조선인 $\overline{BC}$ = 0의 데이터 제어가 필요하다.

② B단 : B단의 마지막 계수 0(또는 7)일 때는 1 → 0으로 반전되어야하므로 $A = J_B$이거나 BC = 1인 상태에서 아우러진다. 즉, $J_B = A + BC$이다.

③ C단 : C의 출력은 AB=1, BC = 1 인 경우에 반전(1 → 0)된다.
즉 $J_C = AB + BC = (A + BC) \cdot B$가 된다.

이러한 조건을 만족시키는 7진 계수기의 회로는 [그림 8-21]과 같이 구성된다.

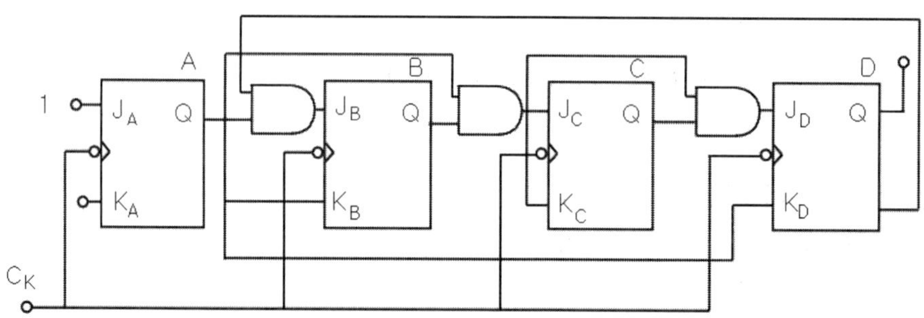

그림 8-21 수정형 MOD-7 동기식 계수기의 회로도

다. MOD-10 동기식 계수기

10진 계수기는 첫 단(A단)은 2진 계수기를 동작하고 나머지 세단은 5진 계수기로 동작하는 동기식 계수기로서, 모두 4개의 플립플롭으로 구성된다. JK 플립플롭을 사용하며 앞에서 사용했던 방법으로 설계하여 회로도를 구성할 수 있다.

〈표 8-14〉는 10진 계수기의 계수 상태표를 나타내고 있는데, 이 표로부터 카르노도를 작성하면 간략화된 논리식과 논리 회로를 얻을 수 있다.

표 8-14 MOD-10 동기식 계수기의 계수 상태표

펄스계수	D	C	B	A	J_A	K_A	J_B	K_B	J_C	K_C	J_D	K_D
0	0	0	0	0	1	d	0	d	0	d	0	d
1	0	0	0	1	d	1	1	d	0	d	0	d
2	0	0	1	0	1	d	d	0	0	d	0	d
3	0	0	1	1	d	1	d	1	1	d	0	d
4	0	1	0	0	1	d	0	d	d	0	0	d
5	0	1	0	1	d	1	1	d	d	0	0	d
6	0	1	1	0	1	d	d	0	d	0	0	d
7	0	1	1	1	d	1	d	1	d	1	1	d
8	1	0	0	0	1	d	0	d	0	d	d	0
9	1	0	0	1	d	1	0	d	0	d	d	1
10(또는 0)	0	0	0	0	x	x	x	x	x	x	x	x

위에 계수 상태표로부터 카르노도를 작성하여 얻은 논리식은 다음과 같다.

① A단 : $J_A = 1,\ K_A = 1$

② B단 : $J_B = A \cdot \overline{D},\ K_B = A$

③ C단 : $J_C = A \cdot B,\ K_C = A \cdot B$

④ D단 : $J_D = A \cdot B \cdot C,\ K_D = A$

[그림 8-22]는 논리식으로부터 구성된 10진 계수기의 논리 회로도이다.

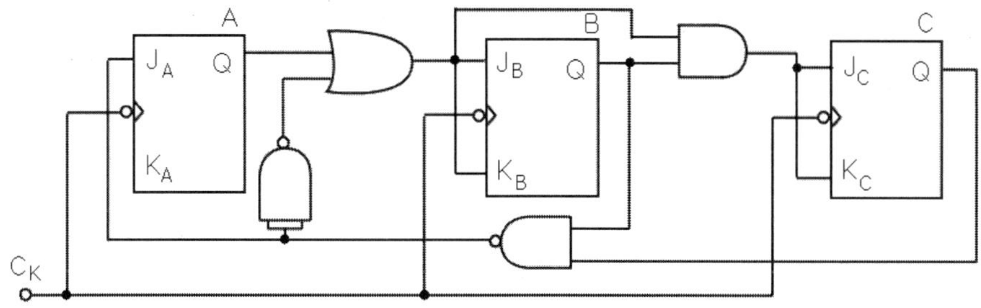

그림 8-22 MOD-10 동기식 계수기 회로도

이번에는 J=K의 조건을 만족시키는 수정형 10진 계수기를 설계하기 위하여 계수 상태표로부터 간단한 논리식을 구해보자.

① A단 : 각 클록 펄스에서 매번 반전되므로, J와 K입력에 대한 논리식은 $J_A=1$, $K_A=1$이다.
② B단 : A=1일 때 B의 출력이 반전되지만 마지막 계수 때 9에서 10(0)으로의 진행 과정에서는 불변(0→0 유지)이므로, $\overline{D}$의 입력을 받아야 한다.
즉, $A\overline{D}=1$일 때 반전되고 $A\overline{D}=0$일 때는 0으로 유지한다. 따라서 $J_B = K_B = A\overline{D}$ 이다.
③ C단 : C의 출력은 A=1, B=1일 때 반전된다. 즉, $AB = J_C = K_C$ 이다.
④ D단 : D의 출력은 A=B=C=1일 때와 A=D=1일 때 반전되므로, $J_D = K_D = ABC + AD$ 가 된다.

[그림 8-23]은 이러한 조건을 만족하는 J=K조건의 수정형 10진 계수기(modified decade counter)이다.

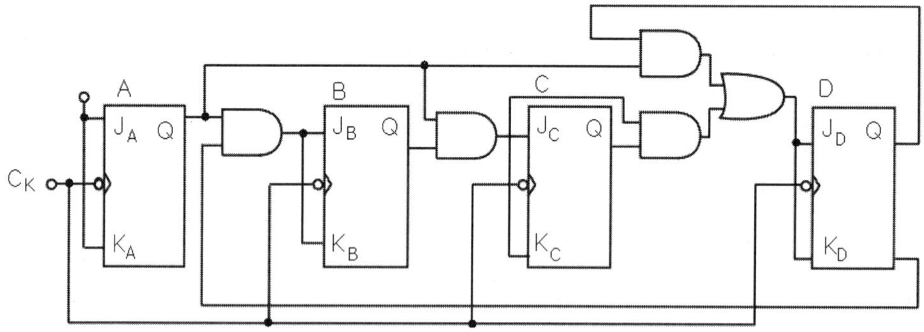

그림 8-23 수정형 10진 동기식 계수기 회로도

[그림 8-24]는 BCD 10진 계수기의 논리 블록선도이며, 이와 더불어 [그림 8-25]와 같은 BCD 10진 계수기의 상태도를 작성하여 이 상태도를 순차적으로 해석하면 계수표 동작을 쉽게 이해하고 설계할 수 있다.

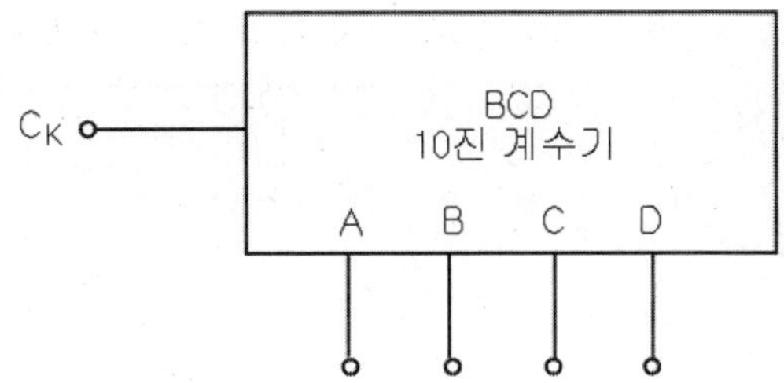

그림 8-24 10진 계수기의 블록선도

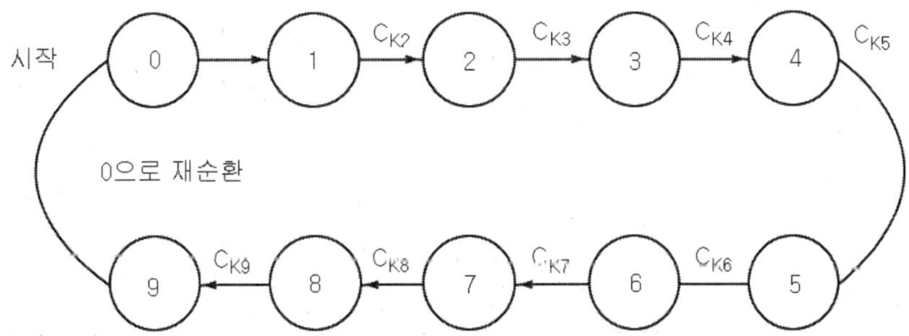

그림 8-25 BCD 10진 계수기 상태도

라. 2421 BCD 계수기

2421 코드는 9의 보수로 나타낸 코드이다. 2421 코드에서 클록 펄스의 계수가 0에서 9까지 진행되는 계수 상태표는 〈표 8-15〉와 같다.

〈표 8-15〉의 상태표로부터 카르노도를 이용하여 얻어낸 논리식은 다음과 같으며, 이 식을 실현시킨 회로가 [그림 8-26]이다.

① A단 : $J_A = K_A = 1$

② B단 : $J_B = A + CD'$, $K_B = AB$

③ C단 : $J_C = AB$, $K_C = AB + D'$

④ D단 : $J_D = C$, $K_D = CD'$

표 8-15 2421 BCD 계수기의 계수 상태표

펄스계수	도표내수자	2	4	2	1	J_A	K_A	J_B	K_B	J_C	K_C	J_D	K_D
0	0	0	0	0	0	1	d	0	d	0	d	0	d
1	1	0	0	0	1	d	1	1	d	0	d	0	d
2	2	0	0	1	0	1	d	d	0	0	d	0	d
3	3	0	0	1	1	d	1	d	1	1	d	0	d
4	4	0	1	0	0	1	d	0	d	d	0	0	d
5	11	1	0	1	1	d	1	1	d	d	0	0	d
6	12	1	1	0	0	1	d	d	0	d	0	0	d
7	13	1	1	0	1	d	1	d	1	d	1	1	d
8	14	1	1	1	0	1	d	0	d	0	d	d	0
9	15	1	1	1	1	d	1	0	d	0	d	d	1
	0	0	0	0	0								

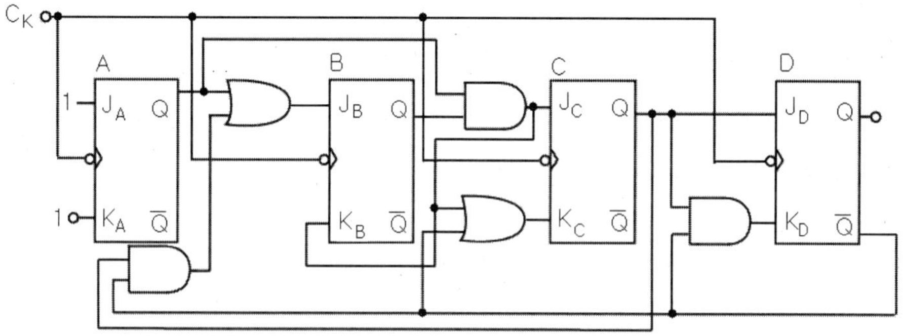

그림 8-26 2421 BCD 계수기 회로도

마. 순환 계수기

[그림 8-27]과 같이 Q의 출력은 다음 단의 J입력에 연결되고, 또 $\overline{Q}$의 출력은 다음단의 K입력에 연결되어 "1"의 상태가 다음 단으로 계속 이동되면서 마지막 단에서 다시 처음 단으로 이동하는 순환 상태로 계수되는 계수기를 순환 계수기 또는 링 카운터라고 한다. 6개의 펄스를 계수하여 순환시키려면 6단의 플립플롭이 필요하다. 〈표 8-16〉은 6비트의 순환 계수 순서이며 [그림 8-28]은 계수 동작을 나타내는 각 단의 출력 파형이다.

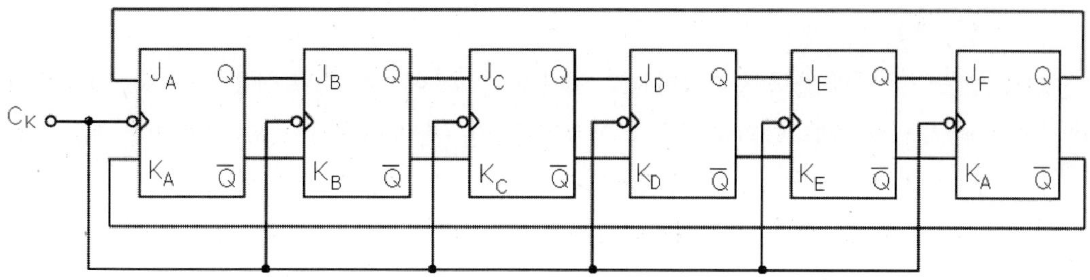

그림 8-27 6단 순환 계수기

표 8-16 순환 계수 동작표

CK	A	B	C	D	E	F
0	1	0	0	0	0	0
1	0	1	0	0	0	0
2	0	0	1	0	0	0
3	0	0	0	1	0	0
4	0	0	0	0	1	0
5	0	0	0	0	0	1

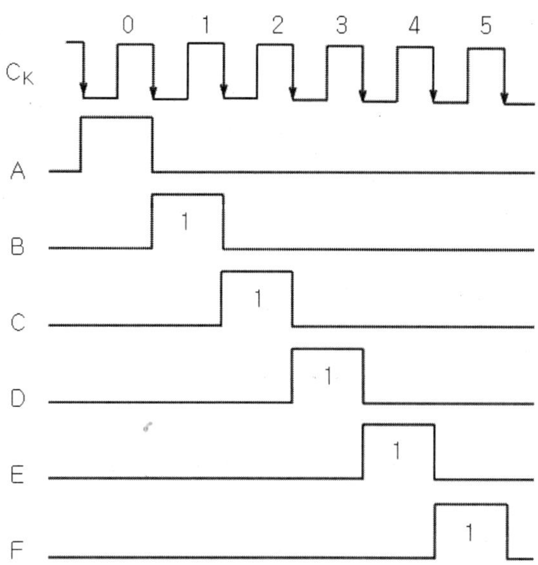

그림 8-28 6단 순환 계수기 출력 파형

바. 존슨 계수기

이 계수기는 각 단의 출력이 역방향으로 연결되어 처음에 1의 출력 상태가 계속 이동되다가 마지막 단의 출력이 처음 단의 K입력에 연결되는 0의 출력 상태가 계속 이동되어 계수된다. 이러한 계수기를 존슨 계수기 또는 반전 링 카운터라고 한다.

[그림 8-29]는 4단의 존슨 카운터 회로도와 출력 파형이다.

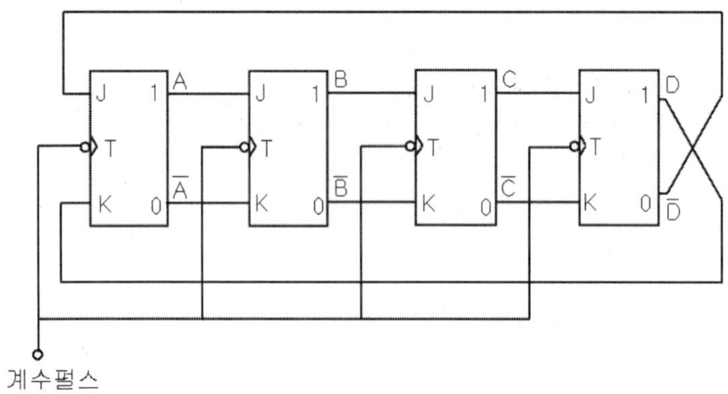

(a) 회로도

계수펄스	출 력			
	A	B	C	D
0	0	0	0	0
1	1	0	0	0
2	1	1	0	0
3	1	1	1	0
4	1	1	1	1
5	0	1	1	1
6	0	0	1	1
7	0	0	0	1
8(또는 0)	0	0	0	0

(b) 동작 계수

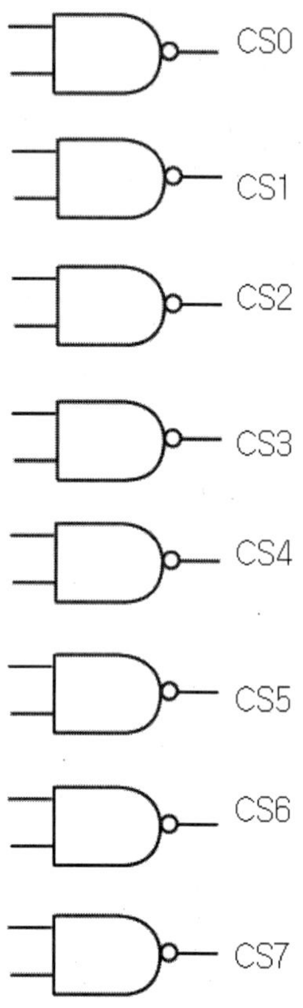

(c) 출력파형

그림 8-29 4단 존슨 계수기

8-1-3 특수 계수기

많은 계수기는 기능상의 유용성 및 다양성 등을 고려하여 특수 기능을 추가한 상태로 사용되고 있다. 그 기능에 대하여 알아보기로 하자.

가. 클리어 기능을 가진 계수기

클리어 기능은 계수가의 초기값을 모두 0의 상태로 선정하는 기능으로서 각 계수기의 플립플롭을 직접 리셋시키거나 클리어 공통선으로 직접 연결하는 방법이 있다. 클리어 입력 단자에 Clear가 될 때는 능동 Low(active low)라고 하여 클리어 입력이 부펄스일 때 상태가 클리어 된다는 의미이며, Clear 신호가 입력될 때는 능동 High(active high)라고 하여 클리어 입력이 정펄스 일때 출력 상태가 클리어 되는 것을 의미한다.

[그림 8-30]은 Clear 입력 기능을 가진 계수기들을 나타내고 있다.

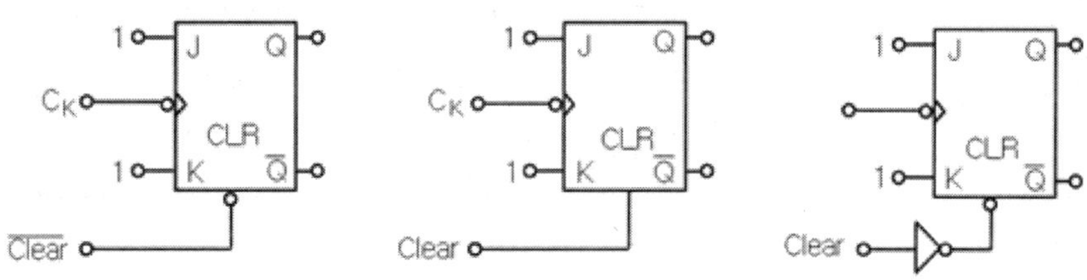

(a) 능동 Low (b) 능동 High

그림 8-30 Clear 입력 기능을 가진 계수기

나. 초기값 설정 계수기

계수기의 초기값이 "0"이 아닌 다른 상태에서 시작할 경우에는 세트와 리셋 기능을 이용하여 그 값을 미리 결정해 주게 되는데, 이러한 계수기를 초기값 설정 계수기라고 한다.

예를 들면, 3단 계수기에서 101상태로 초기값을 설정하고자 할 때는, [그림 8-31]과 같이 세트 및 입력을 이용하여 A단의 플립플롭을 "1"로 세트시키고 B단의 플립플롭은 "0"으로 리셋시키며, 또 C단은 "1"로 세트시킬 수 있도록 공통선을 설계하여 설정 단자를 인출하면 된다.

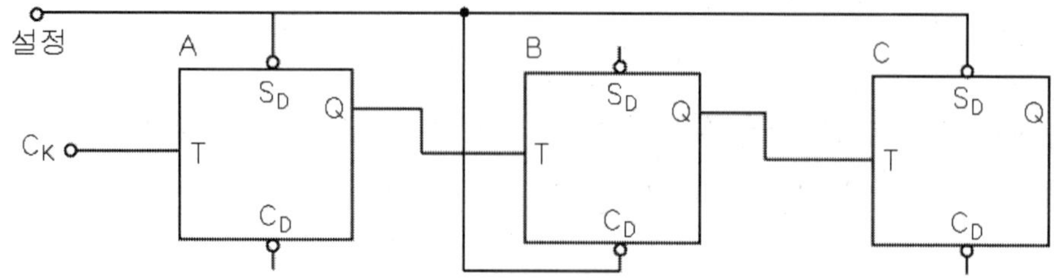

그림 8-31 101 상태의 초기값이 선정되는 계수기

다. 계수 인에이블 기능

계수 도중에 계수 동작을 시작하고 또는 정지시키기 위해 계수기에 추가되는 제어기능이다. [그림 8-32]는 3단 2진 계수기로서 계수 인에이블견(CE)이 H상태일 때만 계수가 가능하게 되고, L상태이면 각 단의 J와 K입력들이 L상태를 유지하며, 출력은 반전되지 않게 된다.

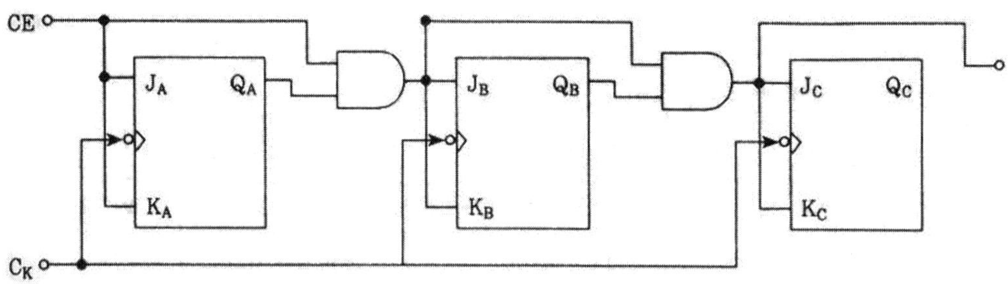

그림 8-32 CE기능을 가진 3단 2진 계수기

라. 출력 단자 계수 디코더 기능을 가진 계수기

계수기의 계수 시퀀스에서 마지막 상태를 디코더하기 위해 각 단의 출력 단자에 게이트를 추가 연결하여 계수하고 디코더하는 기능을 단자계수 디코더(terminal count decoder ; TC)라고 한다. [그림 8-33]은 이러한 기능을 가진 계수기 회로로서, 이 경우의 TC는 2진수 111이다. 그리고 G1은 AND 게이트로서 디코더 기능을 수행한다.

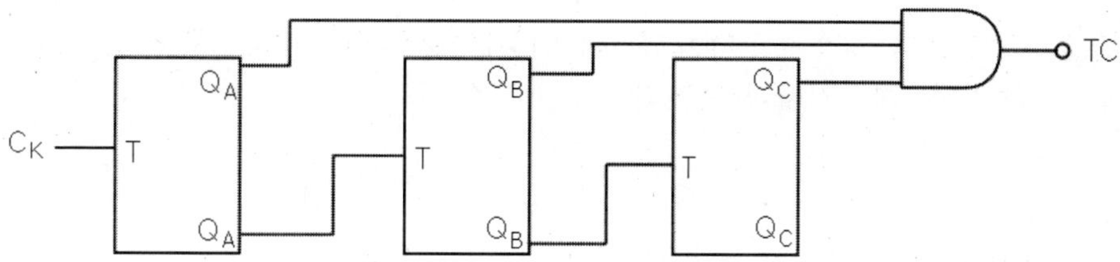

그림 8-33 단자 계수 기능을 가진 계수기

마. 종속 연결형 계수기

많은 모듈을 갖는 계수기를 직렬 또는 종속으로 연결하는 방식의 계수기를 종속 연결형 계수기라고 한다. [그림 8-34]는 모듈 4의 2단 계수기와 모듈 8의 3단 계수기를 종속으로 연결한 계수기로서, 이 연결을 통하여 4*8=32 의 모듈을 계수할 수 있으며, 이 32진 계수기는 입력 주파수를 32로 분주하는 계수기이다.

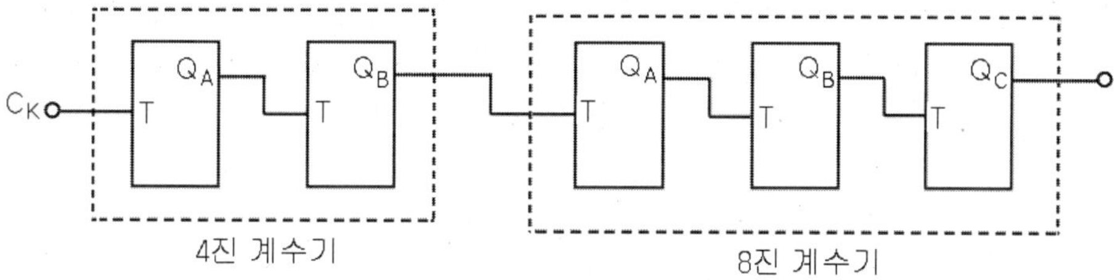

그림 8-34 종속 연결형 32진 계수기

[그림 8-35]는 두 개의 10진 계수기를 종속 연결하여 CE와 TC 기능을 이용한 계수기이다. 즉, 100진 종속 연결형 계수기이다.

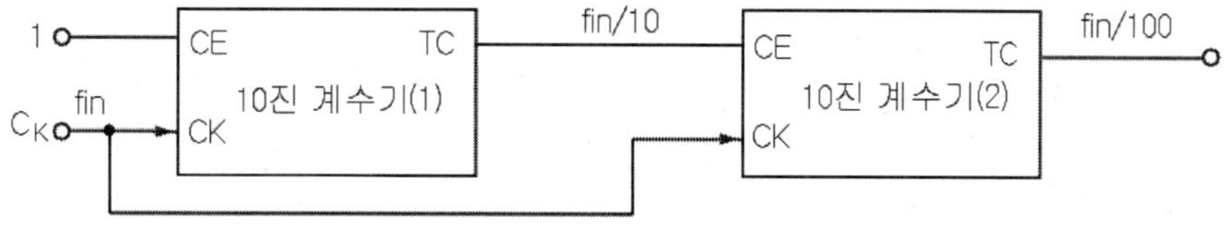

그림 8-35 100진 종속 연결형 계수기

예제 2 입력 클록 펄스가 1[MHz]일 때 이것을 분주하여 1[kHz]로 만들어라. 단 10진 계수기를 사용한다.

(풀이)

10*1/103 =1000, 즉 3단의 10진 계수기를 종속 연결하면 된다.

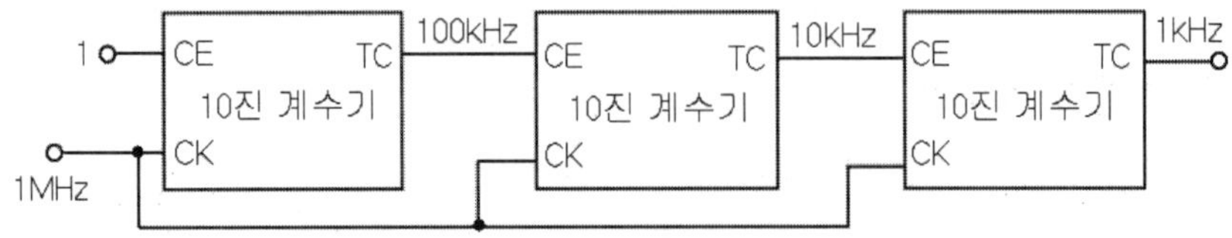

그림 8-36 1MHz → 1kHz 분주 계수기

예제 3 [그림 8-37]에서와 같이 CE파형과 C_K 파형이 공급될 때 이들 입력에 맞는 계수기의 출력 파형을 그려라. 출력의 변화는 클록 상태가 L에서 H로 바뀔 때 생기고 계수 동작(CE)은 능동 High이다.

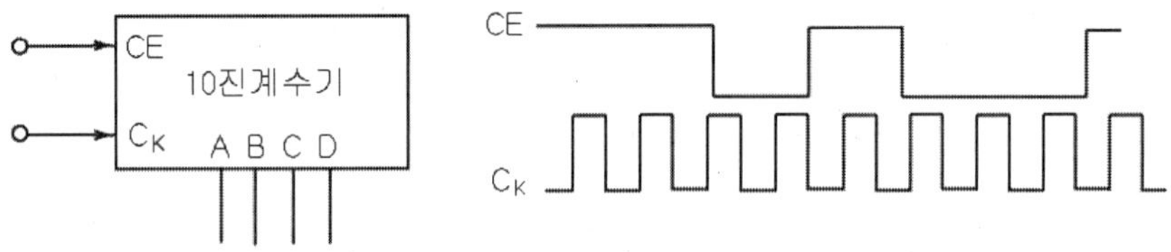

그림 8-37 10진 계수기와 입력 파형

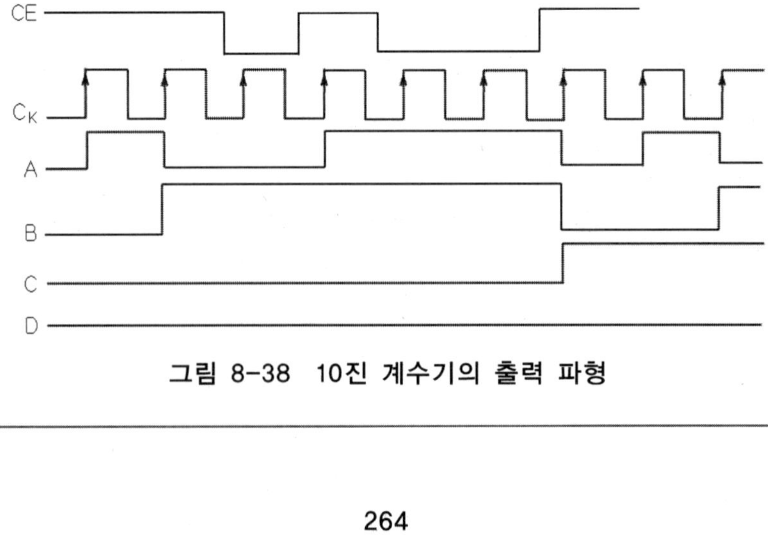

그림 8-38 10진 계수기의 출력 파형

예제 4 [그림 8-39]에서와 같이 CE, C_k, CLEAR의 파형이 공급될 때, 입력에 대한 계수기의 출력 파형을 그려라. 출력의 변화는 클록 펄스(C_k)상태가 L에서 H로 바뀔 때 생긴다. CE는 능동 High에서, CLEAR는 능동 Low상태에서 동작한다.

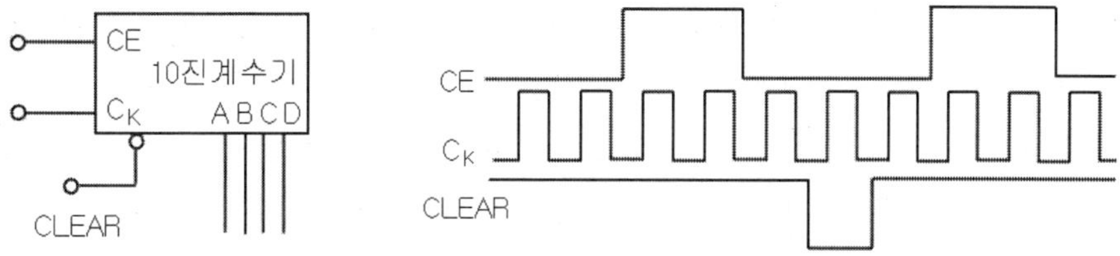

그림 8-39 10진 계수기와 입력 파형

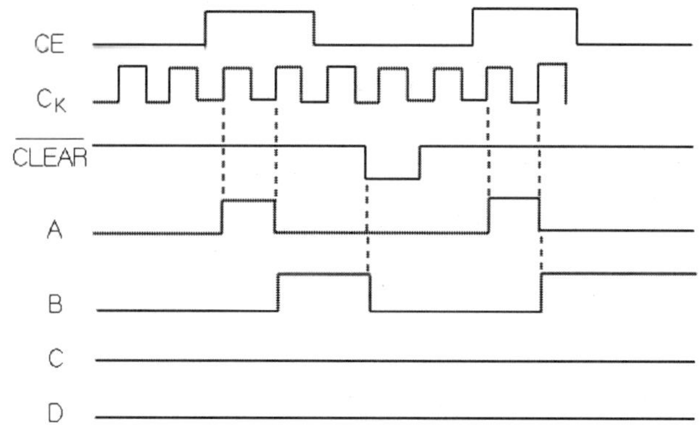

그림 8-40 10진 계수기의 출력 파형

8-2 디지털 계수 응용 회로

8-2-1 업/다운 계수기

보통 범용 컴퓨터에서는 특수한 목적을 위하여 상향(up) 또는 하향(down)으로 계수를 수행하는 과정이 필요할 때가 있으며, 이때는 제어선을 이용하여 계수 방향을 선택하게 된다.

예를 들면 상향 계수를 할 때는 제어선의 논리 상태를 "1"로 하고 하향 계수의 제어선을 "0"상태로 하면 되고 반대로 하향 계수를 할 때는 그때의 제어선 논리 상태를 "1"로 하고 상향 계수의 제어선에는 "0"상태로 전압 레벨을 인가해 주면 된다. 실제의 계수기는 집적 회로(IC) 소자를 사용한 것으로서, 10진의 동기식 업/다운 계수기로는 SN74190(또는 74192)이 있으며 2진의 업/다운 계수기로는 SN7491(또는 SN74193)이다. 이들의 소자는 다음 [그림 9-41]과 같은 핀 배열로 구성되어 있다.

데이터 입력 (A_D, B_D, C_D, D_D)의 논리 상태에 따라 출력 (Q_A, Q_B, Q_C, Q_D)이 결정되어 나타나는데, 이때 load단자의 입력 상태를 L상태로 한 뒤, 곧 H상태도 변화시키면 계수가 시작된다. 상향 계수 때는 4번 핀의 입력이 정지 상태로 되고, 5번 핀에 클록펄스 입력이 인가되어 계수가 이루어지는데 1자리수에서 10자리수로 될 때는 12번 핀에서 캐리가 발생한다. 반대로 하향 계수때는 4번 핀에만 클록 펄스가 입력되어 하향(9에서 0으로)으로 계수가 이루어지고, 이때 13번 핀에서 자리수빌림(borrow)신호가 발생하여 다음 단에 가해진다. SN74192 소자는 SN74192 소자의 인에이블 클록 펄스 입력 기능 등을 없애고, 상 * 하향 계수를 분리시켰으며 리셋 단자를 별도로 추가하여 기능을 간편하게 개량한 것이다.

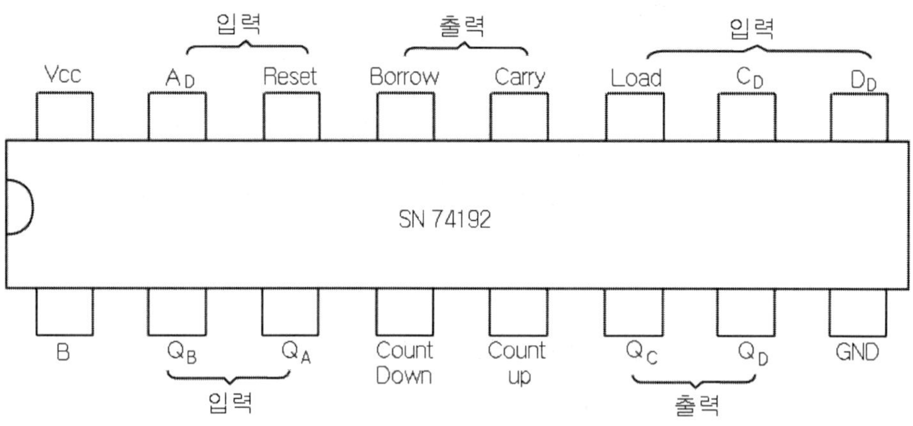

그림 8-41 SN 74192의 핀 접속도

[그림 8-42]의 회로는 SN74192 소자를 이용한 100진 업/다운 계수기이다.

클록 펄스 발생기로는 NE555가 사용되었는데, START 신호가 가해지면 상향 계수가 이루어지고 99에서 다시 하향 계수가 시작되어 00값이 이를 때는 멈추게 된다. SN7420 ①소자에 의하여 99가 될 때 "0"의 출력이 7476 ①에 가해져 JK 플립플롭의 Q_1 출력을 "1"로 만들어 4번 핀(하향계수 단자) 게이트에 클록 펄스가 입력되게 되어 곧바로 하향계수(99에서 00으로)가 이루어지며 00의 값에서는 SN7420 ②의 입력이 모두 "1"이 되고 출력이 "0"으로 되어 SN7476 ②의 Q_2의 출력이 "1"에서 "0"으로 바뀌어 클록 발생 소자 4번 핀에 가해져 펄스 클록 발생을 정지시킨다.

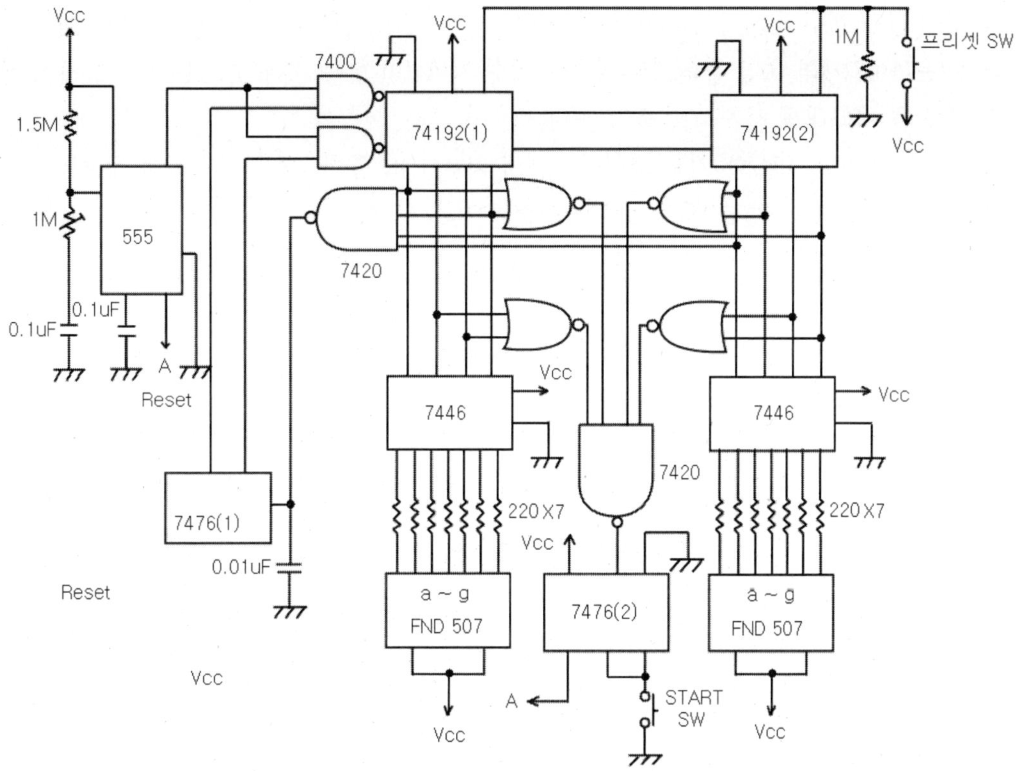

그림 8-42 동기식 100진 업/다운 계수기 회로도

8-2-2 스톱워치

스톱워치는 일반적으로 0.1초 간격으로 발생하는 펄스를 10진 계수기로 계수하는데 임의의 시각에 계수를 정지시킬 때 그 때까지의 계수된 값이 시간으로 지시되게 하는 시계이며 그 구성은 다음과 같다.

① 펄스 발생기 : IC 555가 사용되어 0.1초 간격의 클록 펄스를 발생하는 비안정 멀티바이브레이터의 기능을 갖는다.

② 10진 계수기 : 2분주기와 5분주기로 구성되어 10분주기로 사용되며 10개의 펄스를 계수할 때마다 캐리가 발생하여 윗 자리수에 클록 신호가 전달되므로 10자리수가 계수되도록 한다.

③ 6진 계수기 : 10진 계수기에서 59초가 계수되고 나서 60초가 계수되는 순간에 1분이 계수되도록 10자리수를 0에서 5까지 계수하게 하는 기능 갖는다.

④ 디코더와 계수 지시기 : 10진 계수기에서 출력되는 4비트 BCD값을 디코더(SN7447)를 이용하여 7개의 10진 출력으로 바꾸어 계수 지시기인 발광 소자(또는 LED)를 통하여 계수값을 나타내게 하는 기능을 갖는다.

⑤ START, STOP, RESET 기능 스위치 : 래치 회로와 JK 플립플롭을 사용하여 계수를 시작시키는 기능, 계수도중 펄스 발생을 멈추는 기능 및 지시값을 "0"의 값으로 리셋시키는 기능을 수행한다.

[그림 8-43]은 이상의 5가지 기능을 갖는 스톱워치(stop watch)의 회로도이다.

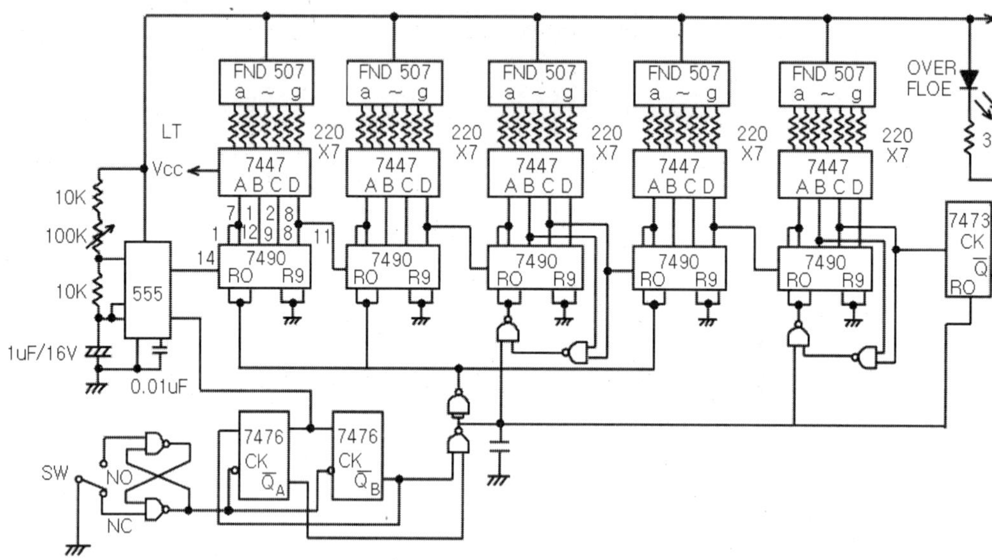

그림 8-43 스톱워치 회로도

8-2-3 디지털 전자시계

디지털시계는 앞에서 설명한 스톱워치의 원리와 비슷한 것으로 클록 펄스를 계수하는 계수기와 데이터 전송 레지스터를 이용한 것 외에 디짓 디코더와 다중화 7세그먼트 디코더 등으로 구성되어 있다. 최초에는 이러한 회로들이 한 개의 LSI 칩으로 구성되어 있어 7세그먼트 지시기만 추가하면 되도록 되어 있다. [그림 8-44]는 디지털시계의 블록선도이다.

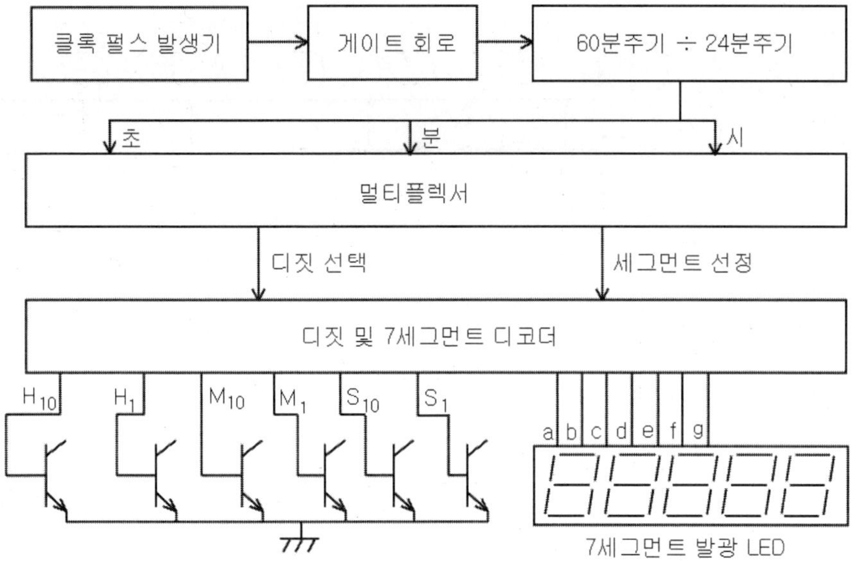

그림 8-44 디지털 시계의 블록선도

클록 펄스 발생기는 보통 AC 60[Hz]의 전원을 사용하는 경우도 있지만 손목시계나 탁상시계 등에는 크리스탈 (X-tall) 발진기를 이용하여 계수한다. 그리고 부가 회로인 게이트 회로와 60분주기, 24분주기, 다중화 회로 등은 하나의 LSI로 대용되어 디코더에서 나오는 입력으로 트랜지스터를 구동시켜 7세그먼트 발광 LED나 액정 표시기(LCD) 등을 구동시킨다.

특히 여기에 MOD-31 계수기나 MOD-12 계수기를 부가시켜 날짜를 표시하여 완벽한 기능을 수행시키는데 이것 역시 LSI소자로 대용하고 있다.

8-2-4 디지털 계산기

디지털 계산기(digital calculator)는 연산용 집적 회로, 숫자 표시 장치, 그리고 키보드로 구성된다. 키보드를 통해서 입력된 데이터는 일시적으로 저장 레지스터에 저장되고, 이 데이터는 연산 레지스터에 먼저 입력된 데이터와 연산동작을 하게 되는데, 이 연산 구별은 키보드의 기능 선택에 따라 이미 프로그램이 된 명령대로 수행된다. 이때 얻어진 결과는 해답 레지스터에 보내지고 다시 7세그먼트 디코더를 통하여 다중화된 표시 소자로 디짓 선택 신호와 함께 출력된다. [그림 8-45]는 디지털 계산기의 블록선도이다.

다시 말하면 연산용 IC로는 HD38401, KM5343, KM2100 등이 있으며, 여기에 키보드와 표시 장치(다중화 표시관, 액정 표시기, LED) 등이 부가되어 구성된다.

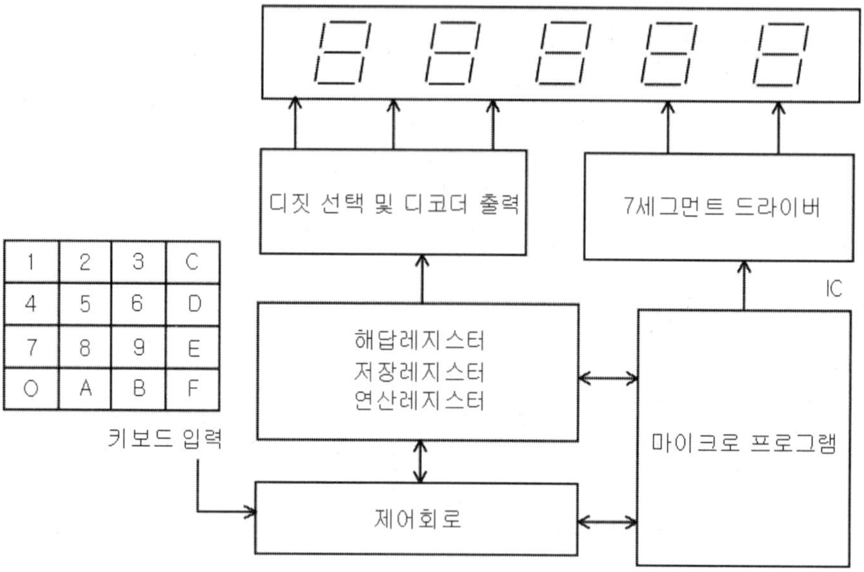

그림 8-45 디지털 계산기의 블록선도

8-2-5 디지털 전압계

디지털 전압계(digital voltmeter)는 아날로그와 전압 크기를 디지털 전압으로 변환하여 숫자를 나타내는 계기로서 램프 전압 발생기, 비교기, 계수 정지용 및 플립플롭 계수기, 버퍼, 레지스터(buffer regster), 7세그먼트 드라이버 및 표시 장치 등으로 구성되어 있다.

[그림 8-46]은 디지털 전압계의 계통도로서 램프 전압 발생기에서 발생된 램프 전압을 기준 전압으로 하여 비교기에 입력되는 아날로그 전압이 같은 값에 이를 때까지 계수한다. 이때 플립플롭에서 펄수 계수를 정지시키는 리셋 신호를 계수기로 보내어 정지시키고 그때까지 값을 버퍼 레지스터에 기억시켰다가 표시장치를 통하여 자리 숫자로 직접 볼 수 있게 만든 것이다. 이때 입력전압이 램프 전압보다 크면 램프 전압이 더욱 증가하여 같은 값이 될 때까지 계수한다. 이때에는 상향 계수가 이루어지지만, 그 반대이면 하향 계수가 이루어져 결국 똑같은 값이 될 때까지 비교하여 AC나 DC의 전압 크기를 숫자로 읽을 수 있게 만든 것이다.

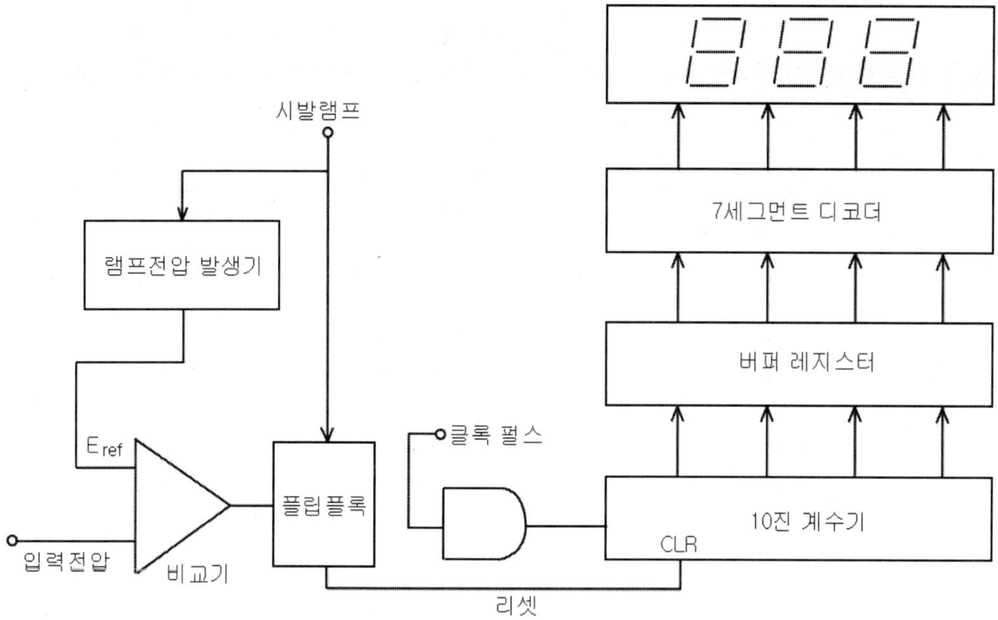

그림 8-46 디지털 전압계의 계통도

연습문제

1. 플립플롭의 수가 다음과 같을 때 계수기에서 최대로 나타낼 수 있는 모듈은 각각 몇 개인가?

   (1) 1　(2) 3　(3) 6　(4) 8　(5) 10

2. 다음 계수기를 구성하는데 플립플롭은 각각 몇 개씩 요구되는가?

   (1) MOD-3　(2) MOD-4

   (3) MOD-7　(4) MOD-9

   (5) MOD-12　(6) MOD-36

3. 다음 그림의 리플 카운터에서 8개의 펄스가 인가되었을 때 Q_A, Q_S의 파형을 그려라.

4. 다음 계수 모듈을 각각 직접 리셋형의 비동기 계수기 및 동기형 계수기로 설계하여 회로도를 그려라.

   (1) MOD-3　(2) MOD-5

   (3) MOD-8　(4) MOD-9

   (5) MOD-2　(6) MOD-36

5. 1개의 단일 플립플롭과 MOD-5 계수기 및 MOD-10 계수기의 3개가 있을 때, 10[MHz] 클록 신호로부터 다음의 주파수를 얻을 수 있는 방법을 보여라.

   (1) 5MHz　(2) 1MHz

   (3) 62.5KHz　(4) 40KHz

   (5) 1KHz　(6) 100Hz

6. BCD 10진 계수기에 대한 논리 기호를 [그림 8-48]에 나타내었다. 클록과 클리어 신호가 다음과 같이 주어졌을때 계수기의 출력 파형을 그려라. 단, 클록 펄스가 포지티브에지 트리거될 때 출력이 반전되고 클리어 신호는 능동 Low이다.

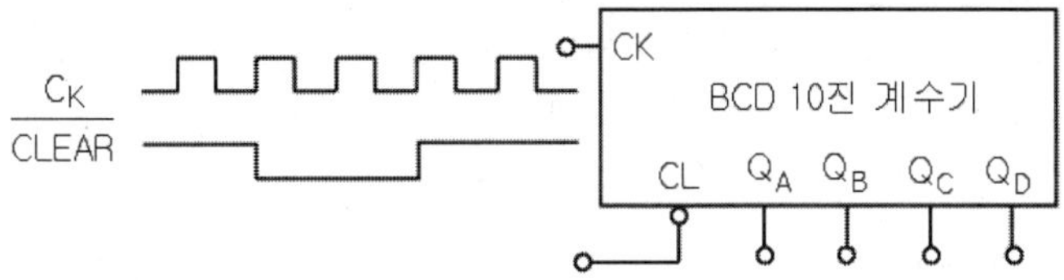

7. 다음 계수기에 클록 펄스 10개가 인가되었을 때 J=K의 데이터 조건에서의 4단의 출력에 대한 시퀀스(sequence:순차 출력)를 밝혀 기록하여라.

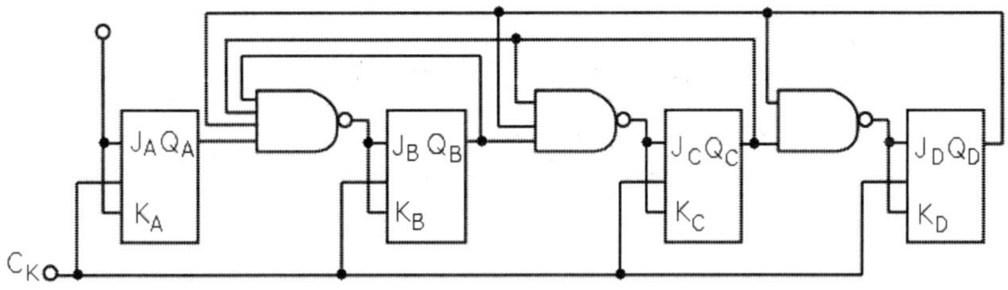

8. 존슨 계수의 구성에서 다음과 같이 등분되어 수행될 때 필요한 플립플롭은 각각 몇 개씩인가?

(1) 6등분
(2) 10등분
(3) 16등분
(4) 24등분
(5) 36등분

9. JK 플립플롭을 사용하여 다음 표와 같이 동작하기 위한 동기형 계수기를 설계하여라.

C_k	A	B	C
0	1	0	0
1	0	0	1
2	1	1	0
3	1	0	1
4	1	1	1
5	0	1	1
6	0	1	0

10. 18등분으로 나누어지는 존슨 계수기에 대한 논리회로를 그려라.

11. 계산기에 대한 상태도가 다음 그림과 같을 때 이에 대한 타이밍차트 그려라.

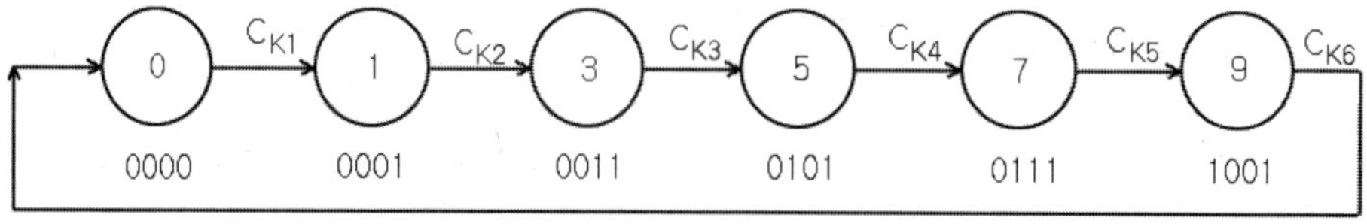

12. 다음 그림에 있는 파형이 얻어지는 링 카운터를 구성하고, 그것이 프리셋되는 방법을 구하여라.

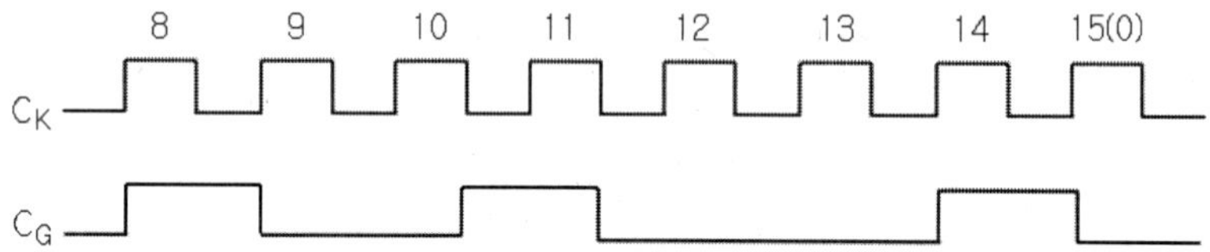

13. BCD 10진 계수기에서 다음의 비트를 디코드시키기 위해 필요한 논리 회로를 그려라. 단, 디코딩 출력은 H레벨을 지시하고 좌측 비트가 MSB이다.

(1) 0001 (2) 0011

(3) 0101 (4) 1000

(5) 1001 (6) 1100

14. IC SN74192 4개의 데이터 입력과 load 입력은 어느 때 사용하는가? 이를 이용한 카운터를 설계하여라.

15. MOD-1000 계수기를 이용하여 스톱워치를 설계하여라.

16. 디지털 전압계에서 아날로그 입력을 디지털 출력으로 변환시키는 방법을 설명하여라.

17. 주어진 BCD 10진 계수기에서 다음의 2진수를 디코딩하기 위해서 요구되는 논리회로를 그려라.(단, 계수기에 직접 연결 가능하도록)

(1) 0001　　(2) 0011

(3) 0101　　(4) 0111

18. 다음 그림에서 4-비트 2진 계수기에 클럭펄스가 입력된 파형이 1/10 디코더에 연결할 때 출력파형을 그려라.

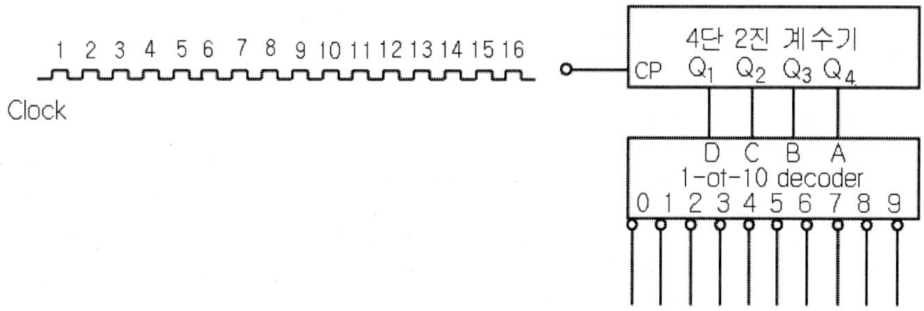

19. 다음과 같은 계수 순차를 갖는 카운터회로를 설계하라.

D	C	B	A
0	0	1	1
0	1	0	1
0	1	1	1
1	0	0	0
1	0	1	0
1	1	0	0
1	1	0	1
1	1	1	1
0	0	1	1

20. 다음 계수기의 입력측에 100[Hz]의 구형파를 인가했을 때 각단의 출력주파수를 말하라.

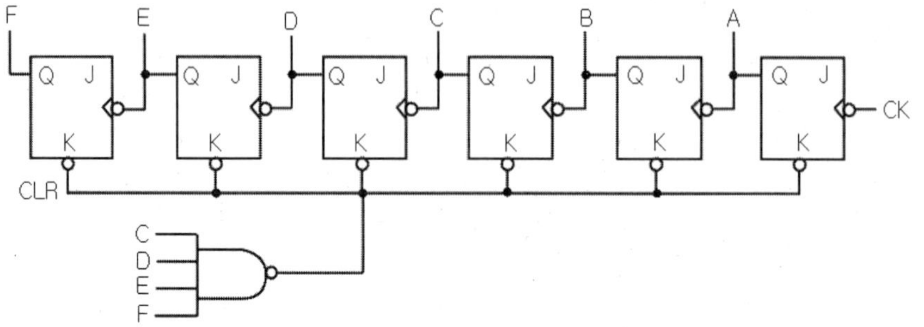

21. 다음 회로는 몇 진수를 계수하고 있는가?

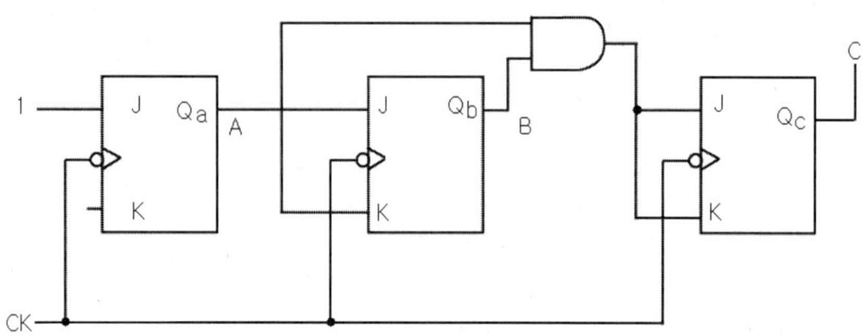

09 레지스터

9-1 레지스터

순차회로로 사용되는 레지스터는 디지털 회로 시스템에서 데이터를 저장하거나 전송하는데 매우 중요하게 이용된다. 계수기에 응용하는 경우를 제외하고는 상태가 명확하게 순차적으로 시퀀스를 갖지 못하므로, 외부로부터 들어오는 정보의 저장이나 이동의 목적으로 주로 사용되는데, 이들에 대해서 알아보기로 하자.

9-1-1 시프트 레지스터

플립플롭은 한 비트의 2진수 데이터를 기억할 수 있다는 것을 펄스 발생 회로에서 이미 배웠다. 따라서 n비트의 데이터를 저장하려면 n단의 플립플롭을 사용해야 하는데, 이와 같은 데이터의 일시적 기억 장치를 레지스터(register)라고 한다. 레지스터의 기능은 데이터의 일시 저장뿐만 아니라 입출력 데이터를 바꾸기도 하고 저장된 데이터를 읽어낼 수도 있다.

한편, 이렇게 저장된 데이터를 다른 플립플롭에 이동시키는 동작을 시프트(shift)라고 하고, 이동 펄스에 의해 데이터를 좌측 또는 우측으로 이동시키는 레지스터를 시프트 레지스터(shift register)라고 한다. 여기에 사용되는 플립플롭은 JK 플립플롭이나 D형 플립플롭이며, 이때 J, K와 D 입력은 데이터 입력이 된다.

가. 좌측 시프트 레지스터

[그림 9-1]은 4단의 JK 플립플롭을 사용한 좌측 시프트 레지스터의 회로도이며, 입력 J에는 "1", K에는 "0"의 상태의 전압을 가해 시프트 펄스가 각 단의 CK단자에 공급되면 동시에 데이터가 출력되고, 그 출력은 다음 단의 J, K입력에 공급되어 순차적으로 1이나 0의 데이터가 이동하게 된다. 다시 말하면, 시프트 펄스가 인가될 때마다 A단의 출력 데이터는 A단→B단→C단→D단의 순서로 옮겨간다. 〈표 9-1〉은 좌측 시프트 레지스터의 동작 과정을 나타내고 있는데, (a)는 초기 상태가 "0000"의 리셋상태에서, (b)는 "1111", (c)는 "0101"의 논리 상태에서 시프트

되는 과정을 보여 주고 있다.

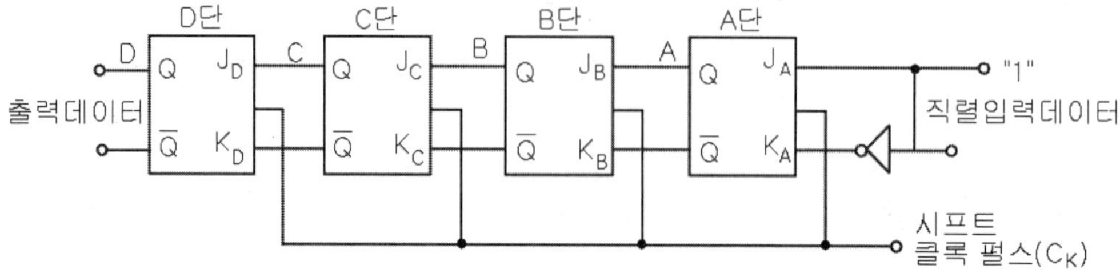

그림 9-1 좌측시프트 레지스터

표 9-1 좌측 시프트 레지스터의 데이터 이동표

시프트 펄스	(a)	(b)	(c)
	D C B A	D C B A	D C B A
0	0 0 0 0	1 1 1 1	0 1 0 1
1	0 0 0 1	1 1 1 0	1 0 1 0
2	0 0 1 1	1 1 0 1	0 1 0 0
3	0 1 1 1	1 0 1 0	1 0 0 0
4	1 1 1 1	0 1 0 1	0 0 0 0

(a)에서는 A단의 데이터 입력에 J=1, K=0을, (b)는 J=1, K=1을, (c)는 J=0, K=1의 논리상태의 전압을 가했을 때, 4개의 시프트 펄스에 따라 A단에서 D단의 레지스터로 1과 0의 데이터가 순차적으로 이동되는 것을 보여 주고 있다. 여기서 A단의 데이터 비트를 최소 자릿수 (LSB)인 2^0로 하고 D단의 데이터 비트를 최대 자리수 (MSB)인 2^3으로 할 때, 좌측 시프트의 동작은 LSB의 비트에서부터 데이터를 공급하는 것이 된다.

이상에서 알 수 있는 바와 같이 시프트 펄스의 수는 시프트 레지스터의 단과 같아야 하고, 시프트 펄스가 인가될 때마다 데이터 입력 소자인 J, K의 논리 상태(1 또는 0)에 따라 각 단의 레지스터의 출력에 상태 변화가 일어난다.

나. 우측 시프트 레지스터

우측 시프트 레지스터는 좌측 시프트 레지스터와 반대로 똑같은 데이터 입력조건에서 시프트 펄스가 인가될 때마다 데이터가 우측으로 이동되는 레지스터를 말한다.

[그림 9-2]는 우측 시프트 레지스터를 나타내고 있는데, 4단의 JK 플립플롭으로 구성되어

직렬 입력 데이터가 J, K에 인가된 상태에서 시프트 펄스가 인가될 때마다 D단의 출력은 D단→C단→B단→A단의 순서로 옮겨가게 된다. 그리고 〈표 9-2〉는 우측 시프트 레지스터의 동작 과정을 나타내고 있다. 여기서 초기 상태와 J, K의 데이터 입력 조건은 좌측 시프트 레지스터의 경우와 같다.

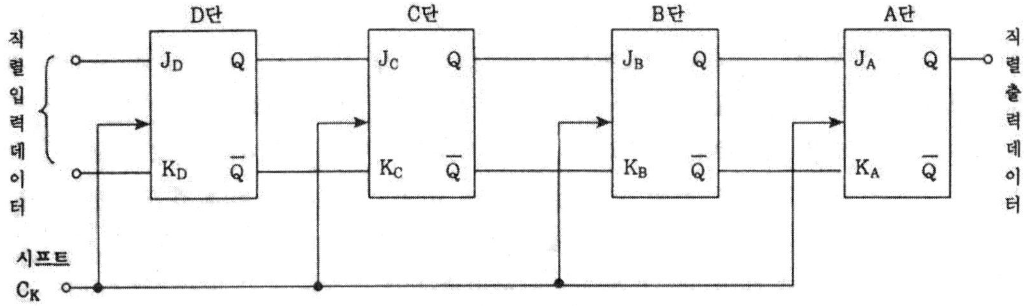

그림 9-2 우측 시프트 레지스터

표 9-2 좌측 시프트 레지스터의 데이터 이동표

시프트 펄스	D C B A	D C B A	D C B A
0	0 0 0 0	1 1 1 1	1 0 1 0
1	1 0 0 0	0 1 1 1	0 1 0 1
2	1 1 0 0	1 0 1 1	0 0 1 0
3	1 1 1 0	0 1 0 1	0 0 0 1
4	1 1 1 1	1 0 1 0	0 0 0 0

다. 양방향 시프트 레지스터

양방향(兩方向) 시프트 레지스터는 제어 입력의 상태에 따라 좌측 또는 우측으로 데이터를 이동시킬 수 있는 레지스터이다. 예를 들면, [그림 9-3]에서 R/L 제어 입력이 "1"일 때 게이트 G_1~G_4는 동작 상태에 들어가게 되고, 각 D형 플립플롭의 출력 Q는 다음 단의 D 입력에 들어간다.

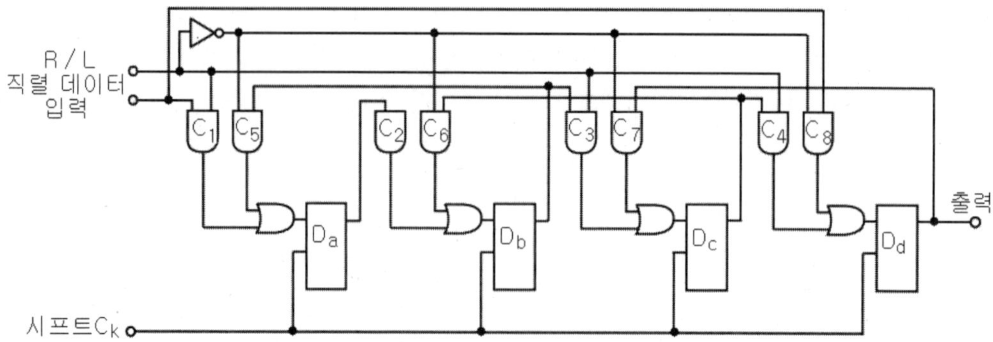

그림 9-3 양방향 4비트 시프트 레지스터

이때, 시프트 클록 펄스가 인가될 때마다 데이터는 우측으로 한 자리씩 이동하게 되고 또 제어 입력이 "0"일 때는 게이트 G_5~G_8이 동작 상태에 들어가게 되어 데이터는 앞에서와는 반대로 시프트 펄스가 인가될 때마다 좌측으로 한 자리씩 시프트 된다.

〈표 9-3〉은 R/L의 제어 입력의 파형에 따라 출력이 변화(이동)하는 상태를 나타낸 표이고, [그림 9-4]는 R/L 제어입력의 파형에 따라 각 시프트 펄스가 인가될 때의 양방향 시프트 레지스터의 출력 상태를 나타낸 것이다. 초기 상태는 Q_A=1, Q_B=1, Q_C=0, Q_D=1이고, 입력 직렬 데이터는 "0"상태로 가정한다.

표 9-3 데이터 이동표

입력 데이터	시프트 클록펄스	R/L 제어입력	출력			
			A	B	C	D
			1	1	0	1
0	1	1	0	1	1	0
-	2	1	0	0	1	1
-	3	0	0	1	1	0
-	4	0	1	1	0	0
-	5	0	1	0	0	0
-	6	1	0	1	0	0
-	7	1	0	0	1	0
0	8	0	0	1	0	0
(LOW)	9	0	1	0	0	0

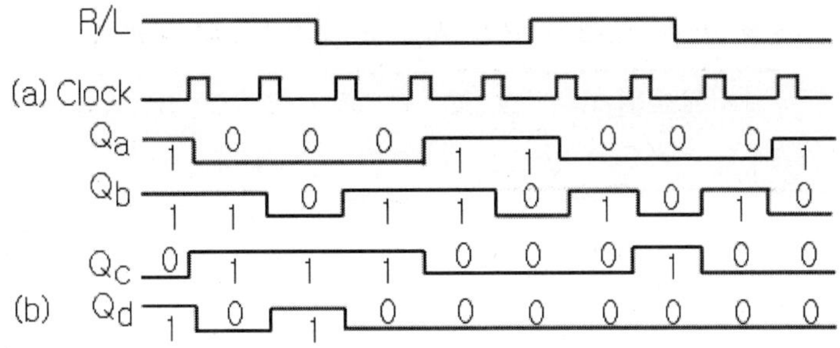

그림 9-4 타이밍 차트

라. 순환형 시프트 레지스터

레지스터에 저장된 데이터를 출력시키고 싶을 때는 순환형으로 접속하면 된다. [그림 9-5]는 우측 시프트 방식을 이용한 레지스터로서 A단의 출력이 D단의 입력 선과 상호 연결되어 있으므로, 이의 동작은 4개의 시프트 클록펄스에 의하여 2진수의 데이터가 D단→C단→B단→A단→D단의 순서로 계속 순환하도록 되어있다.

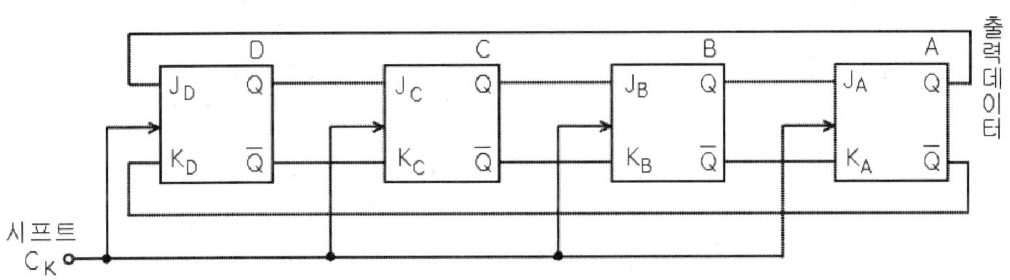

그림 9-5 순환형 시프트 레지스터

〈표 9-4〉는 순환형 우측 시프트 레지스터의 동작을 나타내는 것으로서, 1011의 상태에서 4개의 클록펄스에 의하여 다시 1011의 처음 상태로 되돌아가는 것과 초기 값이 1000의 상태일 때는 다시 1000의 상태로 되돌아가는 것이 있음을 알 수 있다.

한편, 이들 순환형 시프트 레지스터 두 개를 〈표 9-4〉 순환형 우측 시프트외부에 〈표 9-4〉 순환형 우측 시프트서 결선하면, 두 개의 순환 상태를 동시에 볼 수 있게 되는데, 지금까지 설명한 시프트 레지스터는 직렬 입력과 직렬 출력을 나타내는 직렬 입출력 시프트 레지스터(serial in serial out shift register : SISO)의 형태에 속한다. 여기에 사용되는 IC로는 74LS174가 있는데, 이것은 8단의 레지스터로 구성되어 있고 여기에 병렬로 LED를 연결하면 출력 상태를 표시할 수 있다.

표 9-4 순환형 우측 시프트 레지스터의 이동표

시프트펄스	D C B A	D C B A
0	1 0 1 1	1 0 0 0
1	1 1 0 1	0 1 0 0
2	1 1 1 0	0 0 1 0
3	0 1 1 1	0 0 0 1
4	1 0 1 1	1 0 0 0

예제 1 5단의 직렬 입출력 시프트 레지스터의 D입력에 다음과 같은 입력 파형이 인가되었을 때 각 단의 출력 파형을 그리고, 5개의 시프트 펄스가 인가된 후의 저장된 데이터를 기록하여라. 단, 초기 상태는 모두 Clear상태로 한다. 따라서 저장된 데이터는 "11010" 이다.

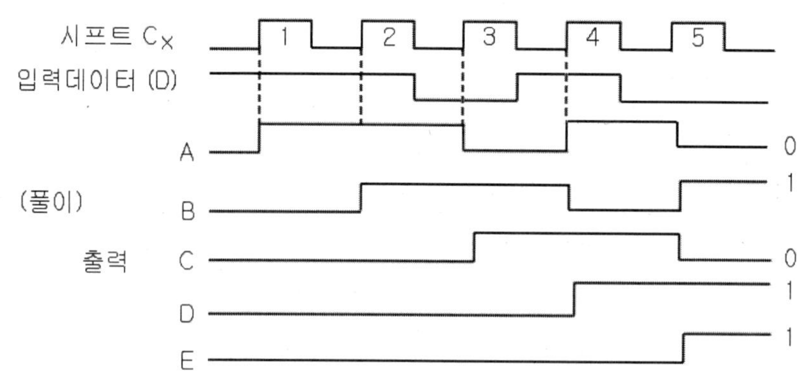

그림 9-6 각 단에 저장된 데이터

9-1-2 병렬 입력 시프트 레지스터

병렬 데이터 입력을 가진 레지스터는 데이터가 직렬로 입력되지 않고 각 단에 동시에 한 비트씩 입력이 들어가는 레지스터이다.

가. 병렬 입력 · 직렬 출력 시프트 레지스터(parallel in serial out shift register)

병렬 입력 · 직렬 출력 시프트 레지스터(PISO)는 입력이 병렬로 동시에 인가되고 출력은 직렬로 나오는 레지스터이다.

[그림 9-7]은 4비트 PISO 시프트 레지스터의 회로도에서 4개의 데이터 입력선 DA, DB, DC, DD와 4개 비트의 데이터를 병렬로 입력시키기 위한 병렬 입력 가능선 PE(parallel enable)가 부가되어 구성되어 있다.

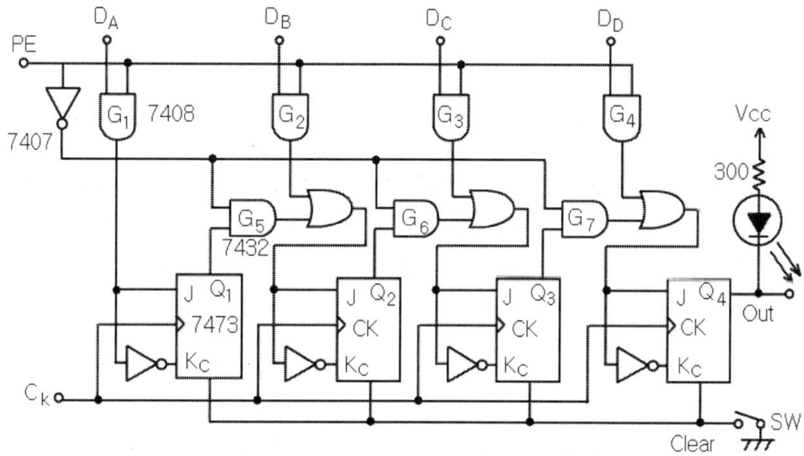

그림 9-7 PISO 회로도

PE선이 H상태일 때 각 단의 J 입력과 보수 입력인 K의 데이터 입력을 받아들임으로써 G_1~G_4를 통한 동작이 가능하게 된다.

시프트가 GK가 공급되면 J=1일 때는 세트, J=0(K=1)일 때는 리셋 될 것이다. 그러므로 한 개의 시프드 클록펄스에서 데이터 워드(data word)가 저장된다. 다음에 PE 선이 L상태일 때 병렬 입력 게이트 G_1~G_4까지는 동작하지 않게 되고, G_5~G_7의 동작을 가능하게 한다. 즉, OR게이트, AND 게이트들은 PE선의 논리 상태에 EK라 정상의 시프트 동작은 하거나 데이터 입력 동작을 가능하게 해준다. 8비트 SIPO 레지스터에는 ICSN74164가 쓰이고 있으며, PISO IC로는 SN74165가 쓰이고 있다.

나. 병렬 입 · 출력 시프트 레지스터(PIPO shift register)

[그림 9-8]은 병렬 입력에 대해 출력 역시 병렬로 나오도록 구성된 회로이다. 단일칩 IC로서는 SN74194를 사용하여 PIPO 시프트 레지스터 동작 회로를 구성할 수 있다.

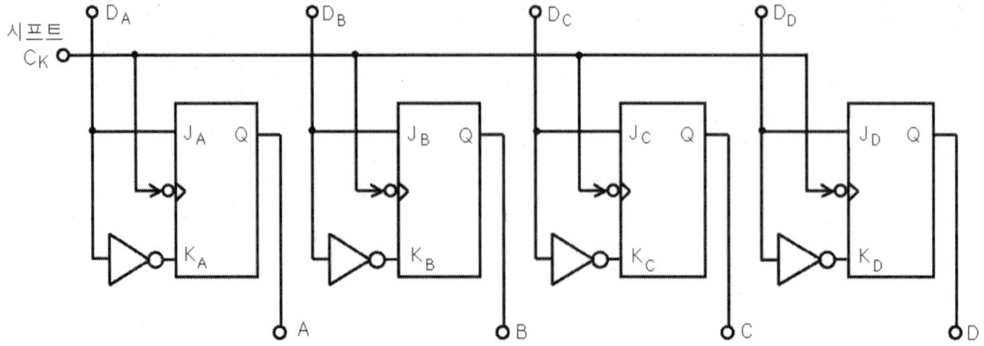

그림 9-8 PIPO 시프트 레지스터

예제 2 [그림 9-8]의 PIPO 시프트 레지스터에서 [그림 9-9]와 같은 데이터 입력 파형이 주어질 때, 각 단의 출력 파형을 그리고 데이터 워드의 1출력과 2출력을 기록하여라. 단, 데이터워드 1일 때 "0101", 워드 2일 때 "1010"이 출력된다.

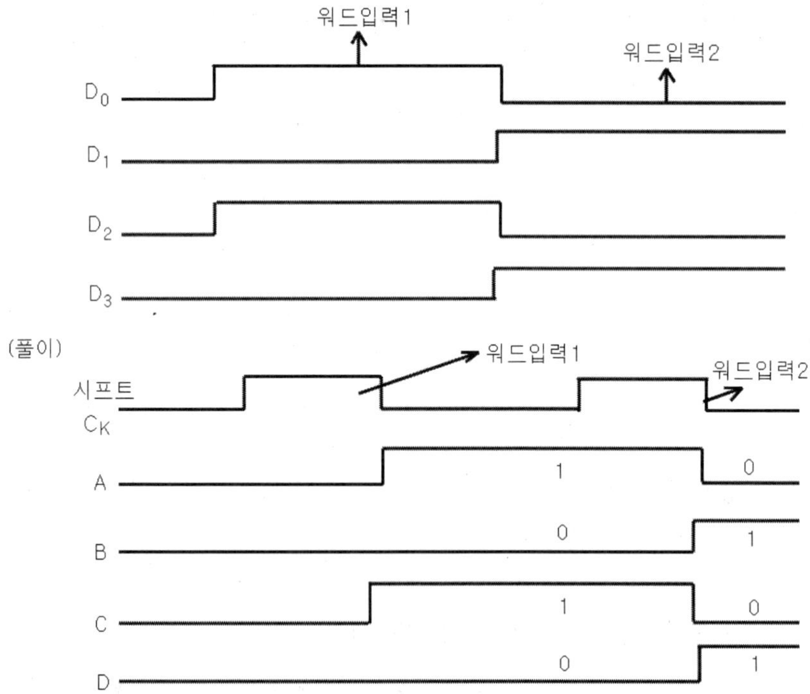

그림 9-9

연습문제

1. 직렬 입·출력 4단 시프트 레지스터에서 다음과 같은 데이터 입력과 클록 타이밍 차트에 대한 플립플롭의 각 상태를 경정하고 상태표를 작성하여라.

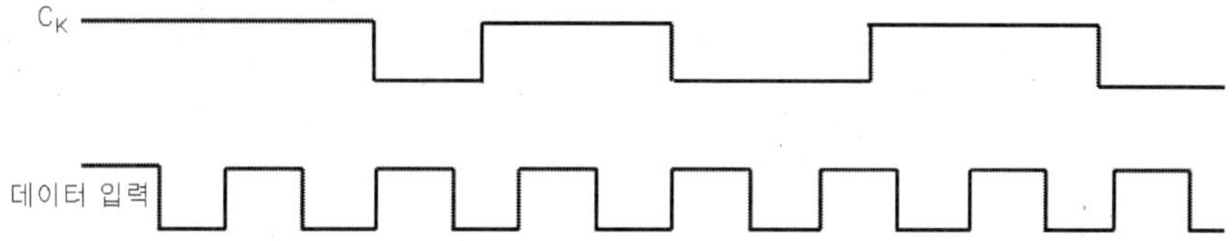

2. 8단 양방향 레지스터에 대하여 Right/Left 제어 파형에 대해 각 클록 펄스가 주어진 후에 각 레지스터의 상태를 구하여라. 제어 입력에서 1은 오른쪽으로, 0을 인쪽으로 시프트를 가능하게 한다. 단, 레지스터 초기에 2진수 88을 저장하는 것으로 한다.

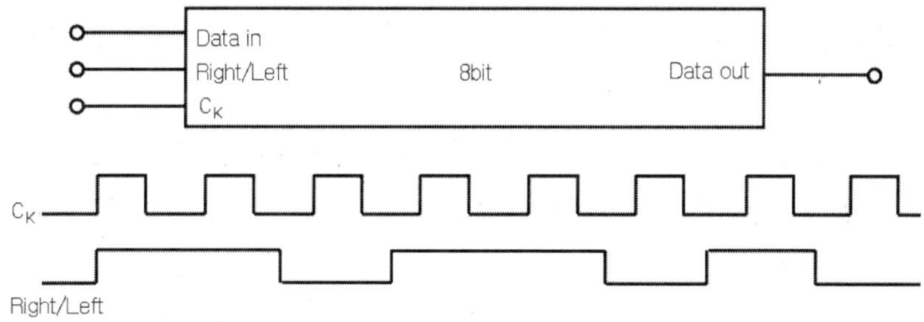

3. 다음 재순환(recirculating) 시프트 레지스터 1010의 상태에서 시작해서 데이터를 계속 재순환 시키고자 할 때 10개의 클록 펄스에 대한 직렬 데이터 출력 파형을 그려라.
(H: 직렬 데이터 입력, L: 재순환 데이터 입력)

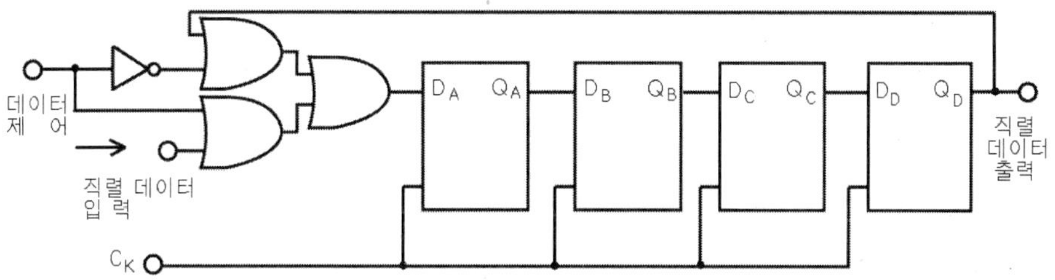

4. 다음 그림에서 (a)는 BCD형으로 4개의 10진수를 저장하는 레지스터를 나타내고 있다. 이 시스템에서 그림 (b)와 같은 데이터 파형에 대해 클록 펄스 시퀀스에 기억된 10진수를 구하여라.

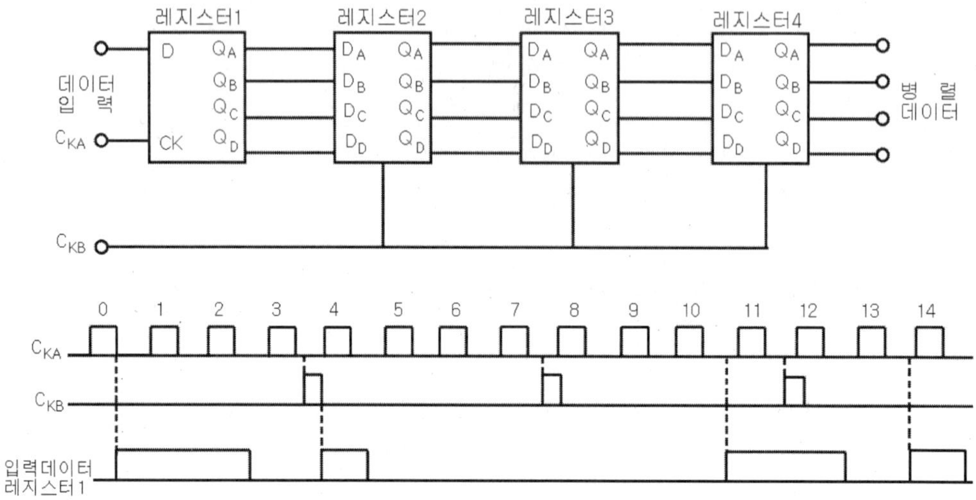

5. 10진수 2048을 2진수로 레지스트에 기억시키려면 플립플롭이 몇 개 필요한가?

6. 다음 그림의 레지스터는 입력 CK가 리딩에지에서 각 플립플롭의 입력 정보가 전송된다. 이를 트레일링 에지에서 입력이 전송되도록 회로를 수정하라. 단 로드 제어신호는 1이다.

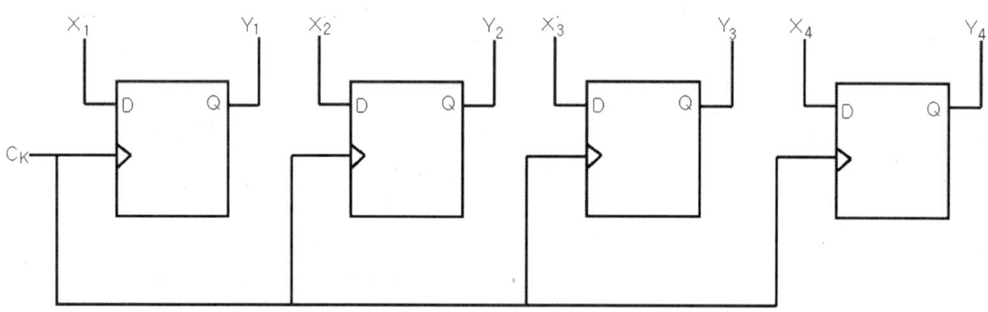

7. 다음은 10단 링 카운터이다. 초기상태가 1010000000일 때 출력의 각각의 파형을 그려라.

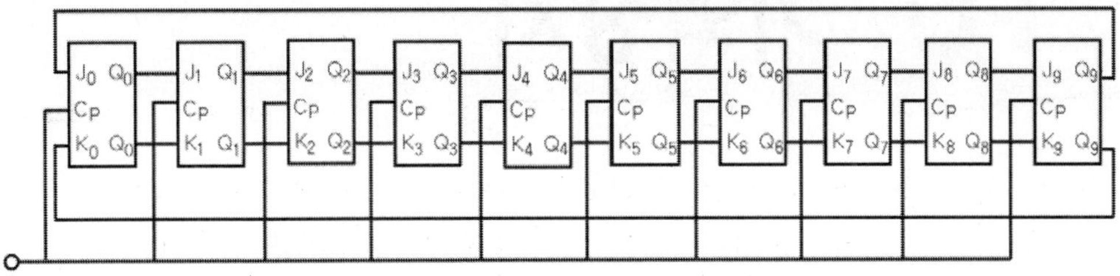

8. 다음의 시프트 레지스터에서 데이터입력과 클록 타이밍도에 대하여 출력을 결정하라. 단 레지스터의 초기값은 10이다.

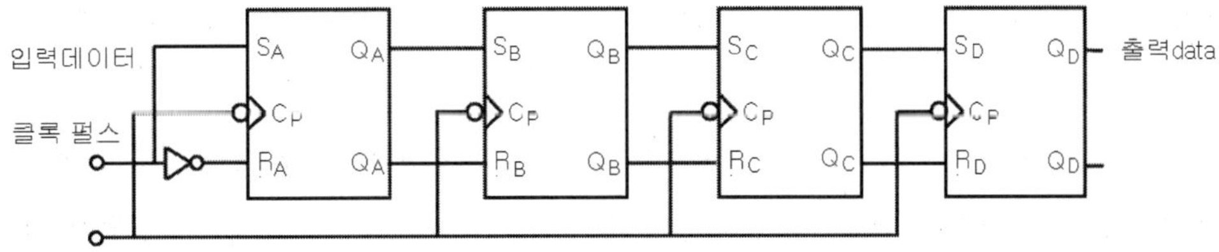

10 기억장치

하나의 메모리 소자인 셀(cell)은 한 개의 데이터를 저장하며, 이것들이 모여서 전체적인 기억장치(memory unit)가 구성되어 디지털 시스템의 중요한 역할을 하게 된다.

최근에는 많은 형의 메모리 소자가 개발되어 사용되고 여러 가지 형태로 배열되기도 한다. 여기서는 중요한 메모리 소자 몇 가지에 대해서 알아보기로 한다.

10-1 자기코어

자기코어(magnetic core)는 기억 소자로 사용되는 기억 장치의 하나로서 과거에는 대형 컴퓨터에서 널리 사용되었다. 대개 도넛 모양의 형상으로 강자성 합성 재료로 구성되어 있으며, 크기는 코어의 지름이 0.3~0.7[mm] 정도이다.

코어는 자기적 성질상 두 가지 방향으로 자화될 수 있으므로 "1"과 "0"의 데이터를 각각 나타낼 수 있다. 이 자기적 성질은 자성체의 히스테리시스 곡성(hysteresis curve)의 특성을 이용한 것이다.

자성체에 전류를 가함으로써 "+"의 방향과 "-"의 방향으로 자화시킬 수 있으며, 전류를 흘렸다가 끊으면 잔류 자기가 형성되는데, 양의 잔류 자기 상태는 1로, 음의 잔류자기 상태는 0으로 나타내게 한다. [그림 10-1]은 코어에 펄스를 가했을 때의 잔류 자기를 나타내고 있다. 이때의 전류는 1/2Im이 되도록 한다.

기본적으로 코어에는 두 개의 도선이 요구된다. 하나는 데이터를 기록(write)하거나 읽어낼(read)때 전류를 운반하는 선이고, 다른 하나는 유기 전압을 검출해 내는 감지선(sense line)이다. 그런데 데이터를 기록하는데 쓰이는 선에는 1/2 Im의 전류만 흐르므로 두 개의 선택선인 X선과 Y선을 사용하면 Im의 전류가 흐르게 되어 read나 white에 필요한 전류가 된다. EH, 기록할 EO는 전류의 방향을 우측으로, 읽어낼 때는 좌측으로 바꾸면 된다. 그러나 코어를 여러 개 배열해야 하므로 코어를 선택하려면 X선의 전류와 Y선의 전류를 일치시켜야 한다. [그림 10-2]은 코어가 선택되는 상태를 나타내고 있으며, 메모리 코어 배열이 read될 때는 감지선이 추가로 요구되는데 이 감지선이 포함된 상태는 [그림 10-3]와 같다.

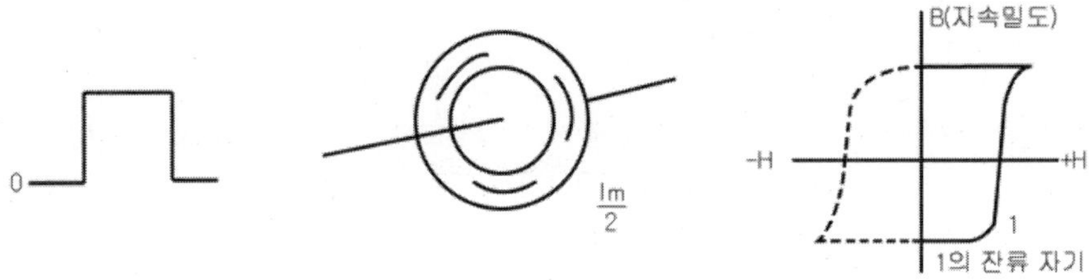

(a) 정펄스에 의한 전휴와 잔류 자기

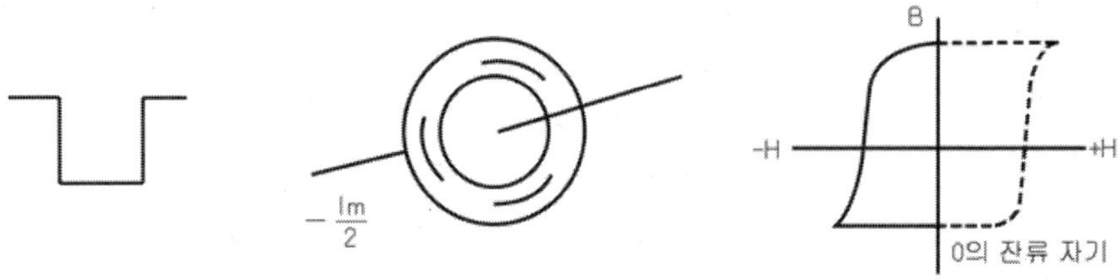

(b) 부필스에 의힌 전휴와 잔류 자기

그림 10-1 코어에 펄스를 가했을 때의 전휴와 잔류 자기

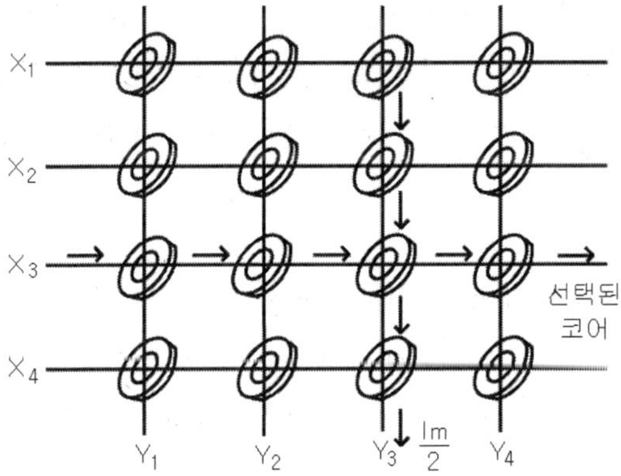

그림 10-2 X선과 Y선의 전류가 일치하는 코어의 선택

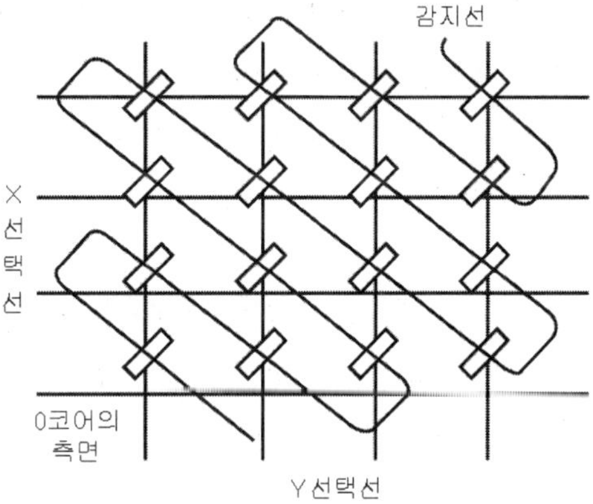

그림 10-3 X와 Y선택선와 감지선을 나타낸 코어 배열

10-2 반도체 기억 소자

집적 회로 기술은 반도체 기억 소자를 다양하게 만들었으며, 그 기억시키고 판독하는 기능에 EK라 여러 가지 구조와 형태로 제작하여 사용하게 되었다. 다음에 램(RAM)과 롬(ROM)의 기능과 구조 등에 대해서 알아보자.

10-2-1 RAM

RAM(random access memory)이란 READ/WRITE의 통작 기능에 따라 기억 소자의 셀(cell) 순서에 관계없이 불규칙하게 번지를 지정하고 선택하여 수시로 데이터(정보)를 기억시키기도 하고 읽어낼 수도 있는 기억 장치를 가리키는 말로서, 기억 소자의 기능에 따라 정적 기억 소자(static storage cell)와 동적 기억 소자(dynamic storage cell)로 나누어진다.

가. 정적 램(static RAM)

바이폴라 트랜지스터를 사용한 플립플롭으로 배열되어 있고. 매 비트 당 한 개의 플립플롭을 구성하여 한 번 기록된 데이터는 직류 전원이 걸려 잇는 한 기억 상태가 지속되며, 동 램에서와 같은 전원 재충전 회로가 필요 없다. 액세스 시간(access time)은 20[ns]이고 소비전력은 수[mW/비트]이다.

(1) 일치 선택 플립플롭 메모리(coincident select FF-memory)

[그림 10-4]과 같이 READ, WHITE선, 데이터선 및 X-Y 선택선이 WRITE 게이트인 WG와 READ 게이트인 RG 및 RS 플립플롭 등과 연결되어 구성되어 있는 메모리로서 다음과 같은 기능을 발휘한다.

데이터의 WRITE 과정에서 셀이 1을 기억시키고자 할 때는 WRITE선과 X_1 및 Y_1 선택선에 H상태를 공급하고, READ하려면 H상태를 X_1 Y_1 및 READ선에 공급하고 L상태의 전압을 WRITE선에 공급하면 출력이 RG1을 통해서 나가게 된다.

READ 작용을 메모리 셀로부터 데이터 비트가 지워지는 것을 방지한다.

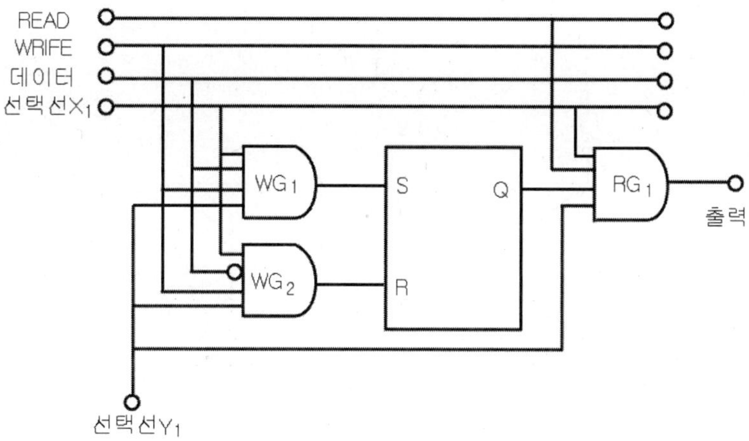

그림 10-4 일치 선택 메모리 셀의 구성

[그림 10-5]는 이 메모리에 대한 각 부의 파형을 나타낸 타이밍 차트이다. X · Y선택선,입력 데이터 및 WRITE선의 전압 레벨을 일치시켰을 때 출력 데이터는 READ선의 레벨과 일치하여 출력되는 것을 불수 있다. 다라서 여기에 기록된 데이터는 외부 전류가 공급되는 한 무한히 보존할 수 있다.

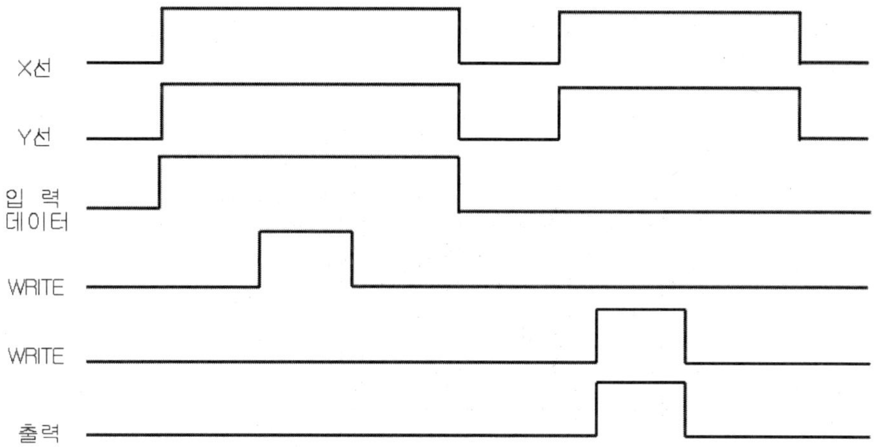

그림 10-5 메모리에 대한 타이밍 차트

일치 선택형 메모리 셀은 회로 집적 기술의 개발로 [그림 10-6]와 같이 TTL IC의 기본 플립플롭 메모리 셀로 발전되었다. 다중 이미터 바이폴라 트랜지스터(multi emitter bipolar transistor)를 이용하였으므로 데이터를 기록하려면 두 개의 트랜지스터 Q_1과 Q_2의 이미터 가운데 어느 한 WRITE선에 H레벨을 가해야 한다.

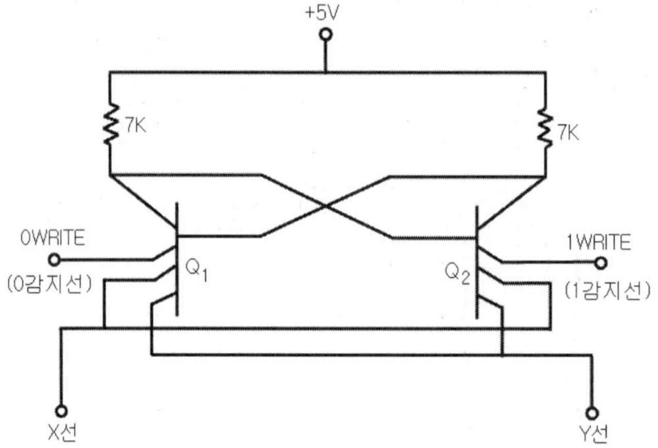

그림 10-6 IC 메모리 셀

즉, 0을 기록하려면 Q_1의 0 WRITE선에 H레벨을, 1을 기록하려면 Q_2의 1 WRITE선에 H 레벨을 가하고 동시에 번지 지정 선택선 X · Y선에 H레벨 전압을 가해주면 된다. 이때 기록된 데이터는 감지(WRITE)선을 통해서 출력되어 다음 단위 감지 증폭기를 통하여 READ 된다. READ기능은 WRITE의 역기능이므로 Q_1의 감지선에서는 0이 Q_2에서는 1이 각각 출력 된다. 0도는 1 감지 증폭기에서의 출력 레벨 변화는 플립플롭 저장 셀로부터의 데이터 READ를 의미한다. [그림 10-7]은 플립플롭을 사용한 16개의 셀 배열을 나타내고 있다.

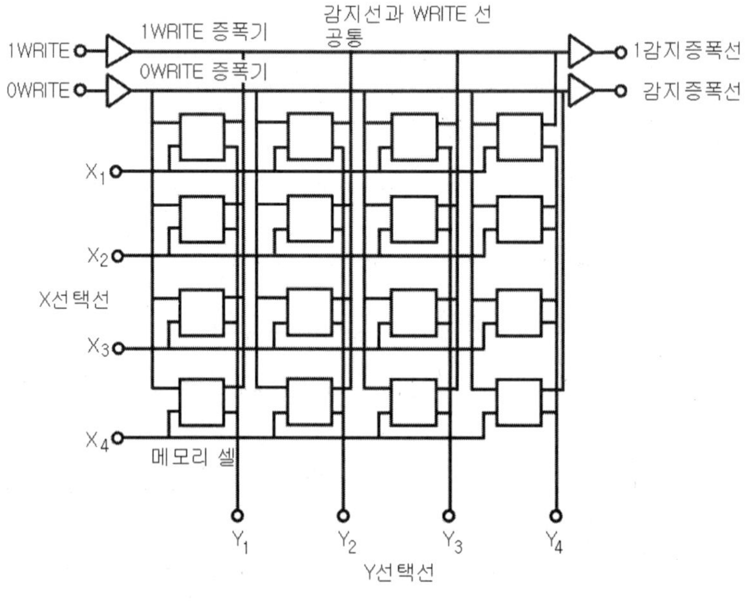

그림 10-7 4-to-4 셀 배열

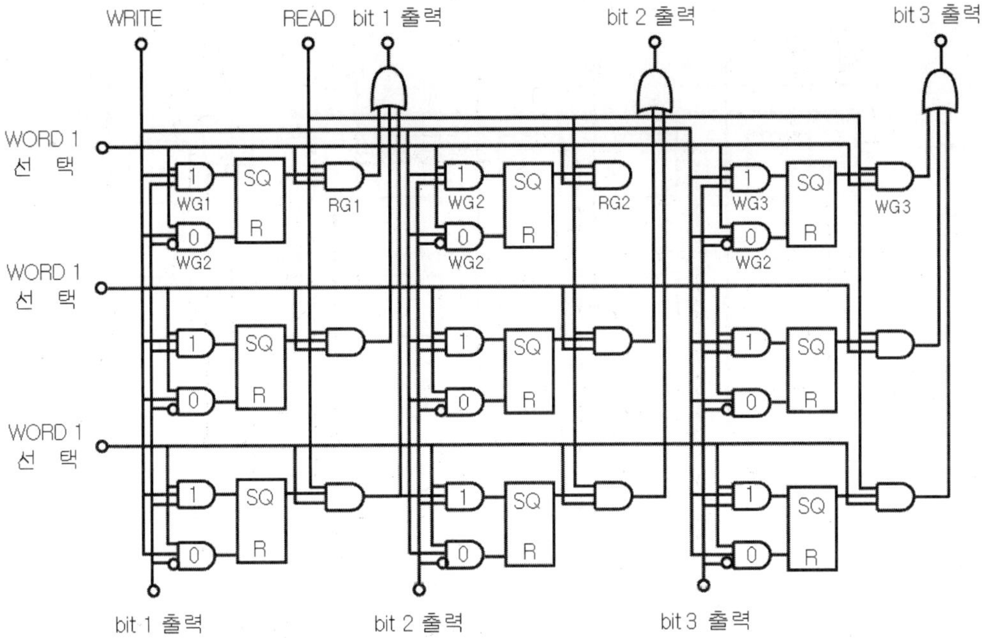

그림 10-8 선형 선택 플립플롭 메모리의 구성

(2) 선형 선택 플립플롭 메모리(linear select FF-memory)

[그림 10-8]은 선형 선택 플립플롭 메모리의 구성을 보여주고 있다. 셀의 각 열은 데이터 워드이고, 각 행은 각 워드에 한 개씩의 비트가 연결되어 있다. 한 개의 비트선이 1이고 여기에 연결된 3개의 워드선 가운데 하나가 1이면 출력은 1이 나온다. 이때 WRITE선이 1이면 1이 기억되고, READ선이 1이면 출력으로 READ가 이루어진다.

앞의 그림에서 101을 기록하고 읽어 내는 예를 들어보자. 먼저, WRITE시키려면 WRITE선을 1, WOTD 1 선택선을 1의 조건하에 누고 bit 1을 1, bit 2를 0 bit 3을 1의 진입상대로 하면 1은 RS 플립플롭을 세트시켜 기억시키게 된다. 다음으로 READ하기 위해서는 READ선을 1, WORE 1 선택선을 1의 상태로 하면 RG_1 RG_2 RG_3 를 통해서 출력 비트선에서 101의 출력이 나오게 된다.

[그림 10-9]에 워드와 비트를 추가 배열시켜서 메모리의 구성을 확장할 수 있는 가능성을 나타내었다. 2개의 3-to-3 배열로 이루어져 있으며 각 사각형은 플립플롭 저장 셀과 연합된 논리 게이트를 나타내고 있다.

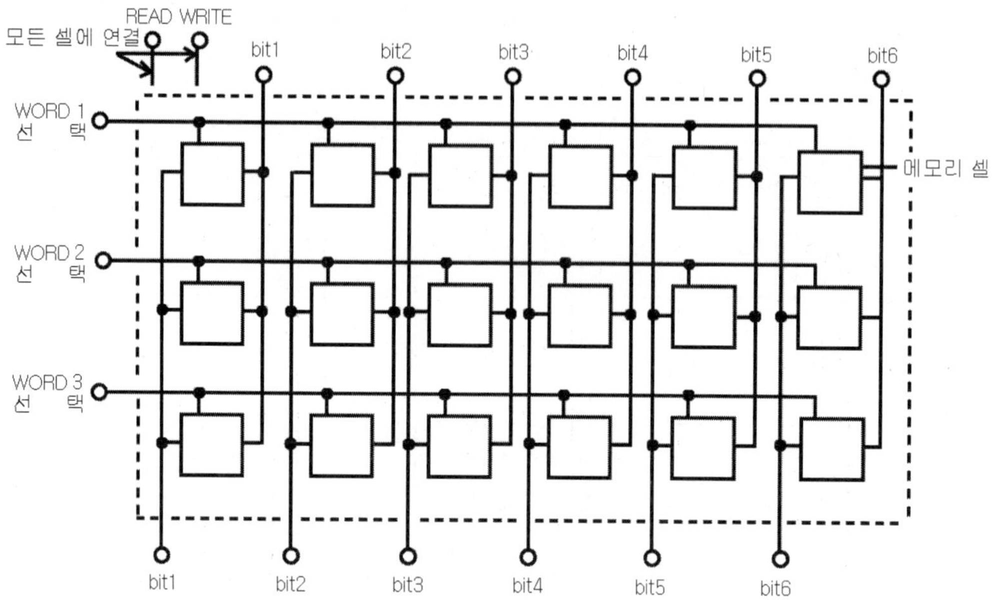

그림 10-9 두 개의 3-to-3배열을 사용한 선형 선택 메모리의 확장

나. 동적 램(dynamic RAM)

정전 용량이 큰 MOS-FET를 사용한 기억 소자로 구성되어 저장 셀들은 데이터를 오래 저장하지 못하므로 저장된 데이터의 소멸을 막기 위해 일정 기간마다 외부로부터 재충전하는 회로가 필요하다. 즉, 데이터는 MOS-FET의 커패시터 충전에 의하여 저장되는데 이것은 곧 방전하므로 1초에 수천 번 재충방전이 이루어지므로 기억이 오래 남지 못한다. 액세스 타임은 200[ns]이상이고 소비 전력이 수 [uW/비트]로 매우 적을 뿐 아니라 크기로는 16[kbit]에서부터 수[Mbyte]까지 제조되고 있다.

[그림 10-10]는 다이내믹 MOS 메모리 셀의 구성을 나타내고 있으며 셀에 데이터를 기록할 때는 WRITE선에 1을 가하면 Q_1 FET가 ON상태로 되고, 데이터가 드레인을 통해서 입력되면 Q_2의 커패시터에 입력 전압이 가해져 충전됨으로써 1의 상태가 기록되는 셈이 된다. 다음에 READ할 때는 A선을 음전위로 하고 READ선을 1의 상태로 하면 Q_2가 ON 상태로 되어 Q_2에 저장된 1의 전압이 출력된다. 만일, 데이터 입력이 0이면 WRITE 동작에 의하여 커패시터는 방전하여 0의 상태가 기억하게 된다.

기억 시간은 수[pF] 정도의 정전 용량으로 수[ms]의 주기로 방전하게 되고 메모리 셀에 저장되어 있는 데이터를 새롭게 하는 리플래시(refrash) 과정이 필요하므로 별도의 회로를 넣는다(그림 10-11 참조) 기억값이 1인 데이터를 읽고 나면 곧 리플래시 1을 가해서 데이터 기억값을 0의 상태로 만들어 놓는다.

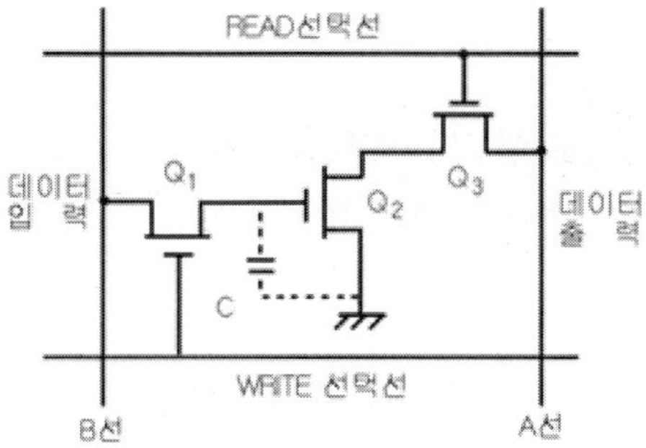

그림 10-10 다이내믹 MOS 메모리 셀

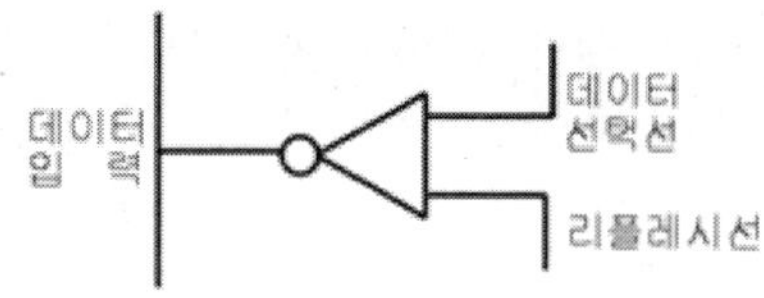

그림 10-11 데이터 리플래시 회로도

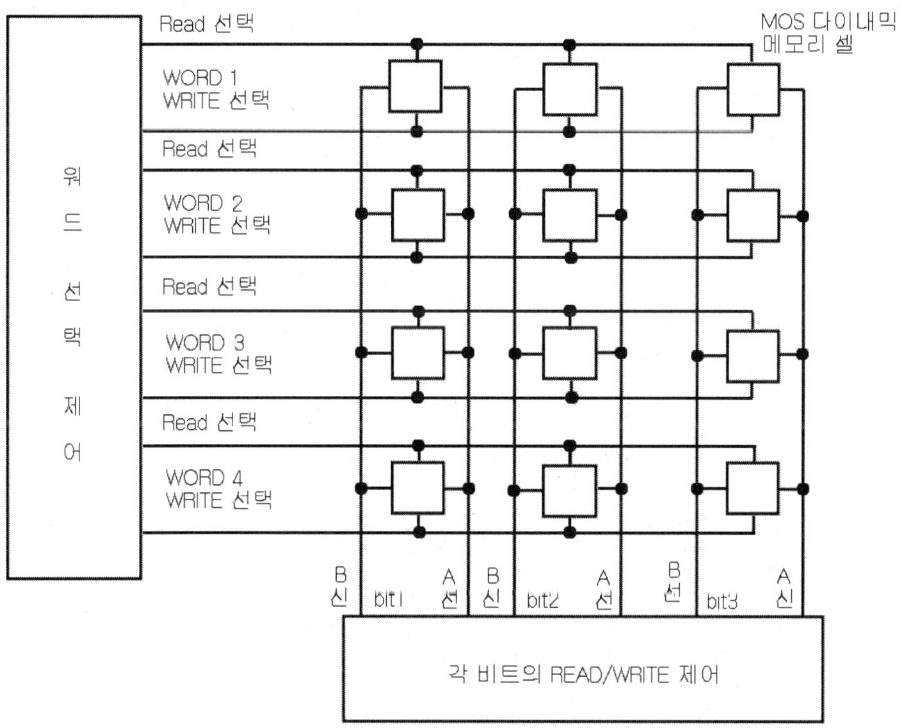

그림 10-12 3비트-to-4워드 선형 선택 다이내믹 램 구성

[그림 10-12]은 3비트-to-4워드의 선형 선택 배열의 MOS-다이내믹 메모리의 구성도를 나타내고 있다.

10-2-2 ROM

ROM(read only memory)은 자주 사용되는 데이터를 영구히 기억시켜 두는 기억 소자이다. 미리 저장된 데이터를 필요할 때마다 읽어 내어 코드 변환, 수학적 환산표, 불 함수, 각종 명령 수행의 프로그램 등에 이용하게 된다.

ROM에 사용되는 소자에는 코어(core), 다이오드, 바이폴라 접합 트랜지스터(BJT) 및 MOS-FET 등이 있다.

가. 다이오드 행렬 ROM(diode matrix ROM)

조합 논리에서의 디코더 구성에 다이오드 행렬을 사용한다는 것은 이미 알았다. 여기에서는 다이오드 행렬을 사용한 ROM에 대해서 알아보자.

일반적으로 다이오드 매트릭스에서 다이오드의 존재는 지정된 장소에 1이, 다이오드의 부재는 0이 기억되고 있음을 나타낸다. 즉, 어느 입력선이 H이면 그 입력선에 연결된 모든 출력선도 H이고 연결되지 않은 출력선은 L상태를 나타낸다.

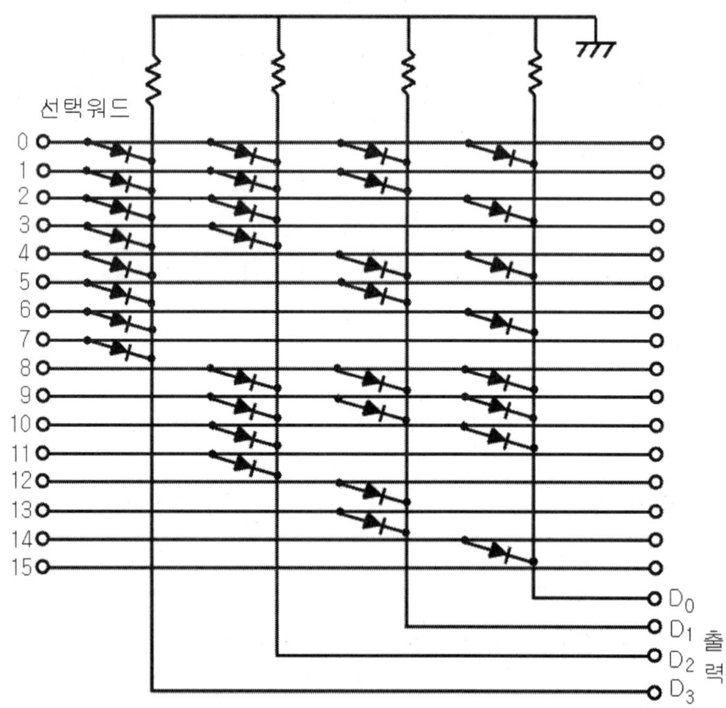

그림 10-13 16-to-4 다이오드 ROM

[그림 10-13]는 16입력-to-4출력의 다이오드 행렬을 표시한 ROM의 구성이며, 〈표 10-1〉은 그에 대한 기억된 데이터의 기록표이다.

표 10-1 다이오드 ROM에 기억된 데이터표

선택워드 (selected word)	D_3	D_2	D_1	D_0
0	1	1	1	1
1	1	1	1	0
2	1	1	0	1
3	1	1	0	0
4	1	0	1	1
5	1	0	1	0
6	1	0	0	1
7	1	0	0	0
8	0	1	1	1
9	0	1	1	0
10	0	1	0	1
11	0	1	0	0
12	0	0	1	1
13	0	0	1	0
14	0	0	0	1
15	0	0	0	0

나. 바이폴라 접합 트랜지스터 ROM(bipolar junction transistor ROM)

바이폴라 트랜지스터를 배열하여 ROM를 구성할 수 있다. [그림 10-14]은 BJT-ROM의 구성을 나타내고 있다. 예를 들면, 워드 선택선 3에 1의 레벨이 가해지면 출력은 D_0=0, D_1=1의 상태가 되도록 트랜지스터를 드라이브한다. 나머지 선들은 0의 상태에 있는 셈이 되므로 출력에 영향을 주지 않는다. 〈표 10-2〉는 그때 저장되는 데이터의 출력 상태를 나타낸다.

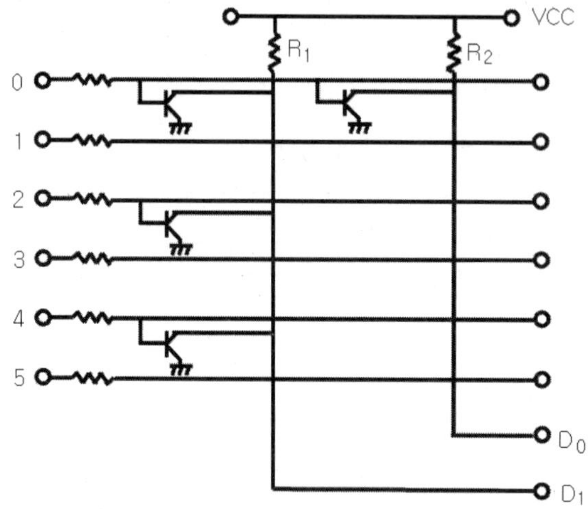

그림 10-14 BJT-ROM 구성

표 10-2 BJT-ROM에 기억된 데이터표

워드	데이터	
	D_1	D_2
0	0	0
1	1	1
2	0	1
3	1	0
4	0	1
5	1	1

다. MOS-FET ROM

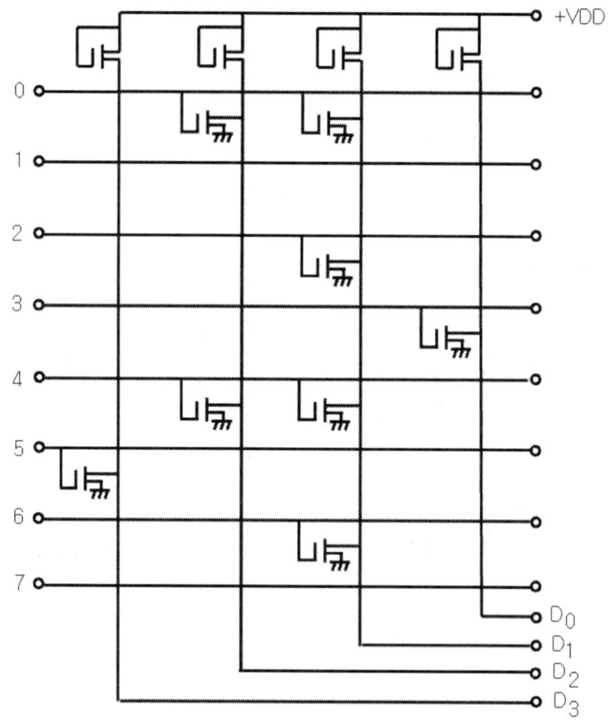

그림 10-15 MOS-FET를 이용한 ROM 배열 구성

[그림 10-15]는 증가형 FET를 사용한 ROM의 구성을 보여주고 있다. nMOS-FET의 게이트입력에 0[V]가 가해지면 출력으로는 드레인에 +VDD가 나온다. 반대로 ++VDD가 가해지면 출력은 "0"의 상태로 된다. 그림에서 예를 들면, 입력선 4에 1의 상태가 가해지면 그 입력선에 연결된 출력선 D_1과 D_2는 0의 상태로 되고 나머지 D_0와 D_2는 1의 상태로 되어 결국 D3D2D1D0=1001이 출력된다. nMOS-FET는 저항 소자를 동작함을 뜻하며, ROM은 nMOS의 유무에 의해서 데이터를 영원히 저장하는 고정 배열로 구성되어 있다.

라. 어드레스선을 갖는 ROM

디코더를 사용하여 어드레스(address)선을 워드 선택선의 입력으로 하여 메모리 셀로부터 데이터 출력을 얻어내는 배열의 ROM을 구성할 수가 있다.

[그림 10-16]는 4-to-8의 디코더를 사용한 10-to-4 ROM으로서 10개의 워드 입력선과 4개의 데이터 출력선으로 구성되어 있다.

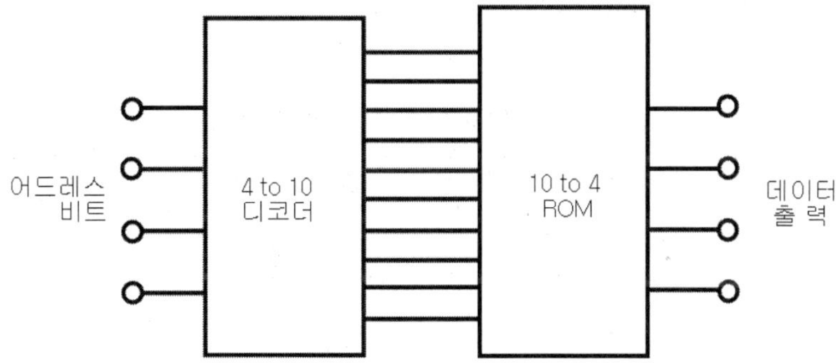

그림 10-16 10-to-4 ROM의 구성

[그림 10-17]은 MOS-ROM의 구성이며, 어드레스선이 5비트이므로 25=32개의 어드레스 번지수를 가지고 출력선에는 한 개의 FET가 연결되어 32-to-1 ROM을 구성하고 있다.

TTL-ROM은 기억 용량이 저어서 조합 논리 회로나 마이크로프로그램 등 주로 고속 동작에 사용된다. 예로서, SN74187은 256-to-4비트가 TTL-ROM을 구성하고 있다. 즉, 1024개의 메모리 셀의 배열은 32-to-4개의 트랜지스터로 되어 있다. 한편, MOS-FET ROM은 메모리 용량이 큰 것을 구성할 수 있는데 2048*8=16384의 메모리 용량을 갖는 ROM은 보편화되어 있다. 〈표 10-3〉은 어드레스 비트선에 따른 워드 선택 용량을 기록해 놓은 표이다.

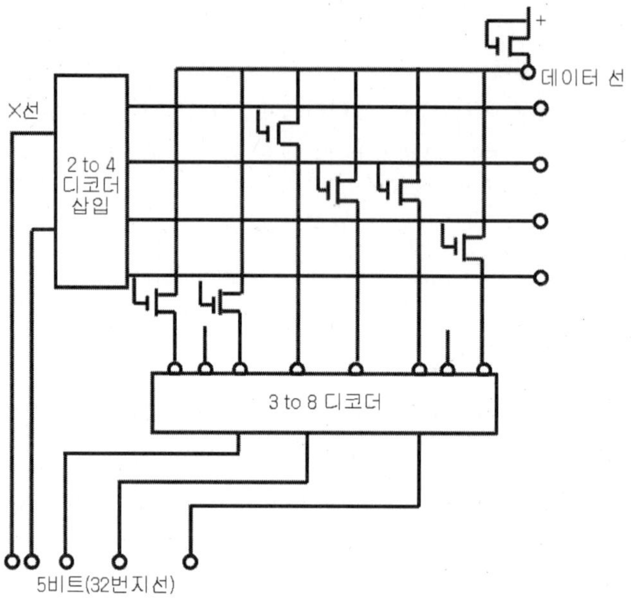

그림 10-17 32-to-1 ROM의 구성

표 10-3 어드레스선과 선택 용량

어드레스선	워드선(번지수)
n	2^2
6	64
7	128
8	256
9	512
10	1024=1k
11	2048=2k
12	4096=4k
13	8192=8k
14	16384=16k
15	32768=32k
16	65536=65k
17	131072=131k
18	262144=262k
19	524288=524k
20	1048516=1048k=1M

마. PROM(programmable ROM)

PROM은 제작 회사에서 미리 ROM에 프로그램 내용을 기억시켜 스스로 판독하여 프로그램을 수행할 수 있도록 만든 것이다. [그림 10-18]은 다이오드 행렬을 사용하여 만든 PROM의 구성이며, 다이오드 끝에 티타늄과 텅스텐 합금으로 된 퓨즈를 연결하여 기억장치가 프로그램을 저장하면 퓨즈는 끊어져 영원히 그대로 기억되도록 하는 것이다.

그림 (a)는 프로그램 내용이 기억되기 이전 상태이고, 그림 (b)는 입력 선택선 $A_0A_1A_2$=101일 때 출력은 011 됨을 나타내고 있다.

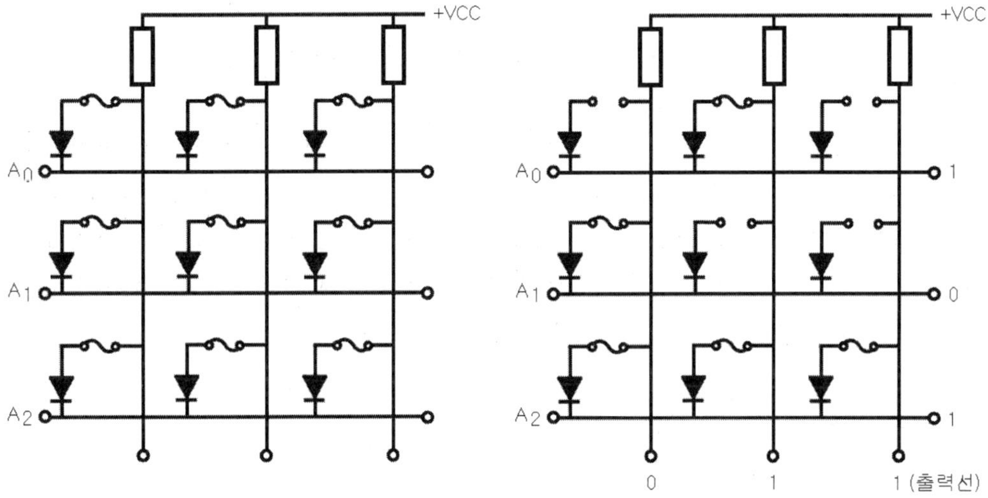

그림 10-18 PROM의 프로그램

바. EPROM(erasable programmable ROM)

PROM에 기억된 프로그램 내용을 지워서 다시 프로그래밍을 해 넣을 수 있는 ROM을 EPROM이라고 한다. 데이터를 지울 때는 자외선을 약 10분 동안 MOS-FET의 부유 게이트에 쬐면 된다. [그림 10-19]은 EPROM의 기본 구조로서 셀의 부유 게이트상에 있는 산소층을 통하여 큰 에너지의 전하가 가해지면, 드레인과 소스 사이에 채널이 형성되어 전류 통로를 만들고 프로그래밍이 이루어지는 상태로 되어 읽어낼 수가 있다. 전하가 없으면 충전이 이루어지지 못하여 통로가 형성되지 않는다.

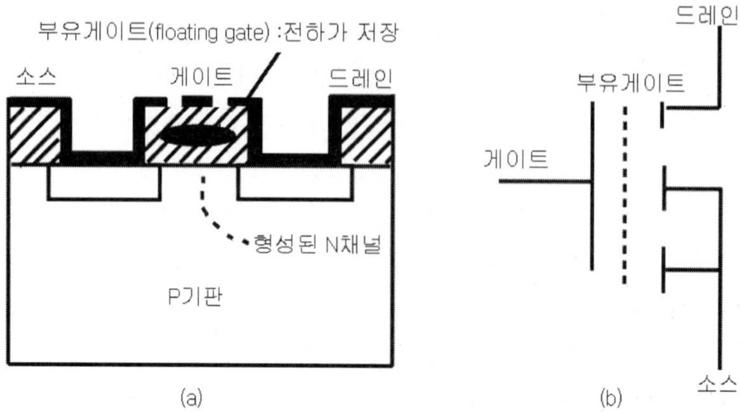

그림 10-19 EPROM 셀의 구조

지우고자 할 때는 자외선을 쬐면 충분한 광자(光子)가 전하에 미치어 완전히 방전 상태로 되므로 내용이 없어지게 된다. EPROM IC로는 2708(1k*8비트), 2716(2k*8비트), 2764(8k*8비트) 등이 있으며 이밖에도 지울 수 있는 PROM으로는 EEPROM(electrical erasable PROM)이 있고 EAROM(elestrical alternatable ROM)은 회로상에서 부품을 통해 직접 프로그램 내용을 바꾸어 넣을 수 있도록 되어 있다.

연습문제

1. 자기 코어가 양 "+"의 잔류 자기 상태에 있을 때 충분한 선택 전류를 코어의 음 "−"의 방향으로 공급하였다. 그때의 히스테리시스 곡선을 그려라.

2. 자기 코어 메모리에서 감지선은 무엇인가?

3. 일치 전류 코어의 배열이 8개의 X선택과 Y선택 선을 가지고 있을 때, 이 배열의 비트 용량은 얼마인가? 또 몇 개의 감지선이 요구되는가?

4. 일치 전류 코어 메모리와 선형 선택 메모리 사이의 차이점을 들어보아라.

5. 이치 선택 메모리 배열의 36셀에 요구된 선택선의 수를 구하여라.

6. 스태틱 및 다이내믹 저장 셀의 다른 점을 설명하여라.

7. 인치 선택형의 4비트 16워드에서 요구되는 선택선의 수를 구하여라. 단, 2진 번지선택 코드가 사용된다.

8. 다음 그림의 다이오드 행렬 ROM에서 모든 가능한 입력 조합에 대한 출력을 결정하여라.

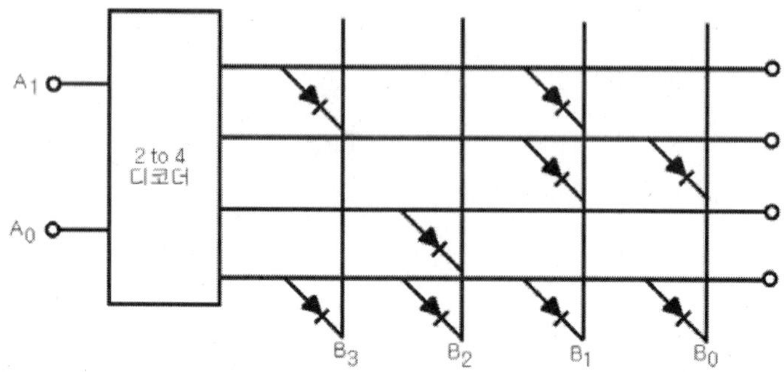

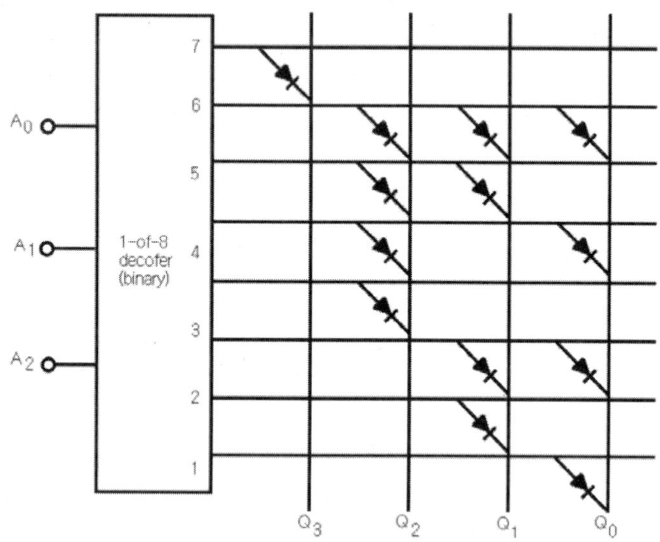

9. RAM과 ROM을 구별하고 그 종류를 들어보아라.

10. 다이내믹 MOS-RAM에서 데이터 리플래시 작용을 설명하여라.

11. 32-to-32 배열의 ROM 블록선도를 그려라. 단 X, Y 선택이 주어진다.

12. PROM의 프로그래밍 이전과 이후의 기억 상태를 설명하여라.

13. EPROM의 용도와 IC 예를 들어라.

14. 다음은 다이오드를 사용한 논리회로이다. F_0에 기대되는 논리값을 기록하라.

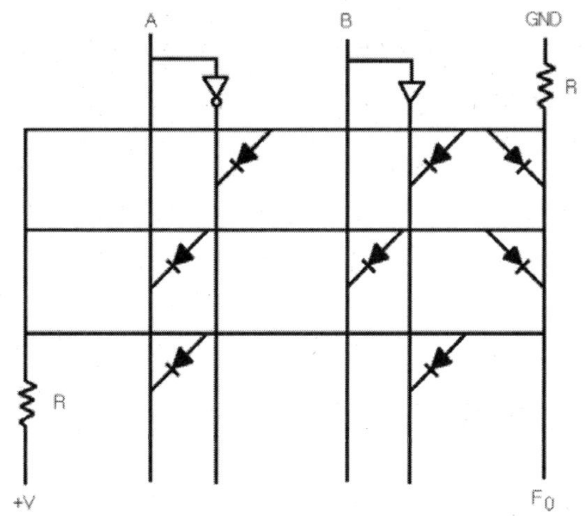

11 전자 논리와 직접회로

일반적으로 반도체 소자를 이용한 스위칭은 릴레이와 같은 기계적인 스위칭에 비하여 임피던스 특성이 나쁜 것을 제외하고는 속도, 크기, 경제성 등에서 훨씬 좋은 특성을 나타낸다. 따라서 대부분의 논리 동작을 수행하는 회로에 반도체 소자를 이용하고 있으므로 본 장에서는 반도체 소자를 이용한 스위칭 방법과 논리 회로에 적용되는 여러 가지 논리 게이트의 특성과 이들을 작은 칩에 구성하여 집적 회로를 제작 응용하는 방법에 대해서 설명한다.

11-1 반도체 스위칭

11-1-1 다이오드 스위칭

다이오드(diode)에는 순방향 바이어스(bias)에 대하여는 저항이 낮고 역방향 바이어스에 대해서는 높은 저항을 갖는 특성이 있어서 펄스의 스위칭(switching)과 정형(整形)에 중요한 역할을 한다. 또 이 스위칭은 아주 짧은 시간에 자동적으로 이루어져야 하는데, 이것은 반도체 논리회로에 매우 중요한 특성이 된다.

[그림 11-1]은 이상형 다이오드 회로를 보여 주고 있다. 다이오드가 정(+)의 펄스에서는 도통 상태가 되고 부(-)의 펄스에서는 차단 상태로 되어 출력에서는 부의 펄스만 얻어지게 되는데, 이러한 회로를 제한 회로(limiting circuit) 또는 클리핑 회로(clipping circuit)라고 한다.

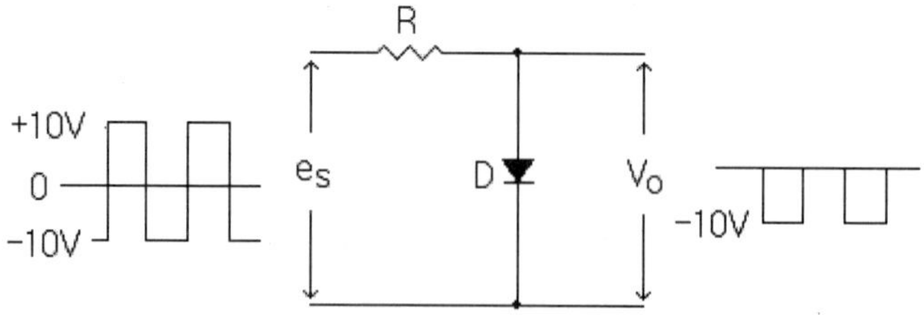

그림 11-1 이상형 다이오드의 클리핑 회로

그러나 실제 다이오드 회로에서는 정(+)의 펄스인 경우에 다이오드의 순방향 저항은 직렬 저항 R에 비하여 매우 적어서 실리콘(SI) 다이오드의 경우 0.7[V] 정도가 걸리므로 정(+)의 방향에 0.7[V]의 작은 펄스가 나타나게 된다. 또 부(-)의 펄스인 경우 다이오드의 역방향 저항은 직렬 저항 R에 비하여 매우 크므로 R에 의한 감쇠분을 거의 느끼지 못할 정도로 출력측에 나타나게 도니다. [그림 11-2]는 펄스 입력이 6Vp-p일 때의 실제 다이오드의클리핑 특성을 보여 주고 있다.

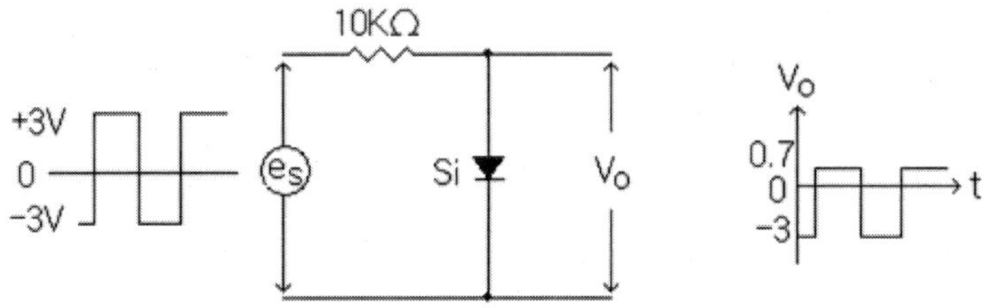

(a) 입력 펄스와 클리핑 회로 (b) 출력 파형

그림 11-2 실제 실리콘 다이오드의 클리핑 회로

한편, 제너 다이오드(Zener diode)도 항복점 이내에서는 파괴되지 않고 일정한 전압을 유지하는 특성을 가지고 있으므로, 이 성질을 이용하여 구형파나 정현파를 어느 일정한 전압으로 제한시키는 클리핑 회로를 만들 수 있다. [그림 11-3]은 직류 구형파에 대한 출력 파형을 제한시켜 주는 제너 다이오드 클리핑 회로이다.

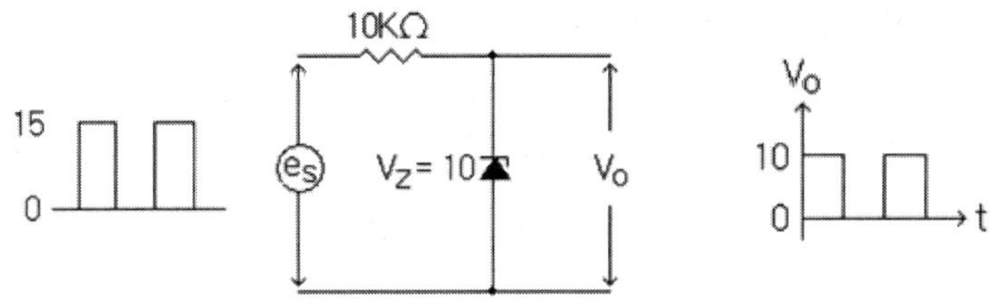

(a) 입력 펄스와 클리핑 회로 (b) 출력 파형

그림 11-3 제너 다이오드 클리핑 회로

[그림 11-4]는 정현파를 입력으로 사용했을 때 완전한 구형파는 아니지만 파형의 상하부를 잘라낸 출력 파형을 얻어내는 클리핑 회로를 나타내 주고 있다.

E1은 상한 전압, E2는 하한 전압으로 작용하며, 이때의 입력 파형 es는 이들 직류 전압보다

커야 클리핑이 일어난다. 입력 정현파가 대칭이고 E1=-E2일 때는 구형파 출력은 완전한 대칭파가 된다.

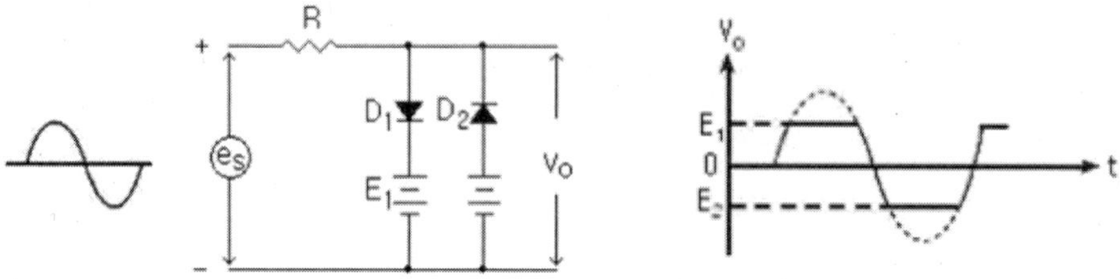

(a) 입력 펄스와 클리핑 회로 (b) 출력 파형

그림 11-4 정현파의 구형파 변환 슬라이서(slicer) 회로

이상은 파형의 정형에 대하여 설명하였으나 이제 파형의 스위칭 관계를 알아보기로 하자.

스위칭 회로에서 입력을 출력으로 전달하고자 하는 시간 동안에만 입력과 정확히 일치하는 파형이 출력에 전달되고, 그 이외의 시간에는 출력이 0이 되도록 하기 위해서는 입력 신호를 출력으로 전달하고자 하는 시간을 동작 신호원으로 제어하면 된다.

[그림 11-5]는 콘덴서, 다이오드 그리고 높은 값의 저항을 사용한 클램프 회로(clamp circuit)이다. 교류입력을 가하면 그 진폭만큼 직류전압을 얻을 수 있다. 이때 진폭을 그대로 두고 기준 전압레벨을 0의 위치로 바꾸는 조작을 의미한다.

이 회로에서 다이오드가 도통상태로 되면 출력은 0V로 되고 콘덴서 C에는 전화가 충전되고 다이오드가 비도통 상태가 될 때 출력에는 "-" 부분의 충전 전압이 방전되어 "+" 부분의 전압과 합쳐져서 "+" 직류전압으로 나타난다.

만일 다이오드 방향을 바꾸면 0V의 기준 레벨이 위쪽으로 이동되어 "-" 방향으로 합쳐진 "-"의 직류 전압이 거꾸로 출력으로 나타난다. 이 회로도 파형의 정형에 쓰인다.

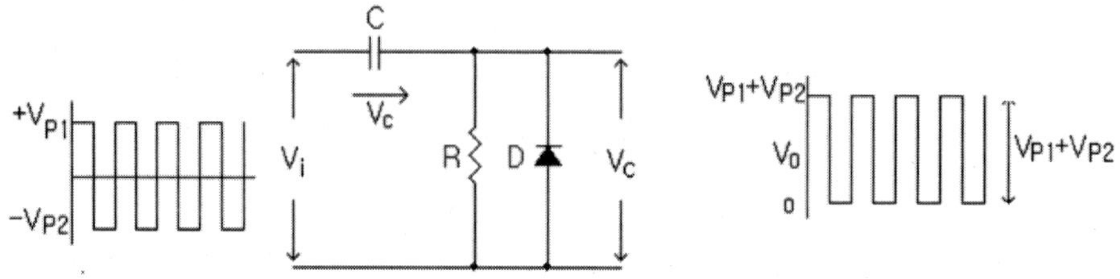

(a) 입력파형 (b) 출력파형

그림 11-5 클램프 회로

11-1-2 트랜지스터의 스위칭

트랜지스터 스위칭 회로는 다이오드 스위칭 회로의 경우와는 달리 신호를 증폭할 수 있으므로 적은 동작 신호에 의해서도 쉽게 스위칭이 이루어져 동작신호원에 대한 부하 작용이 적어지므로 다이오드에 비하여 한결 유용하다. 다이오드 스위칭 때에는 과잉 소수 반송자(excess minority carrier)의 소멸에 필요한 저장 시간이 크게 문제가 되지만 트랜지스터 스위치에 있어서는 이 문제를 해결할 방법이 여러 가지 개발되어 있으므로 다이오드 스위칭에 비하여 고속 스위칭에 적합하다.

여기서는 스위칭 회로에 널리 이용되는 접합형 트랜지스터에 대해서 알아보기로 하자.

가. 접합형 트랜지스터의 스위칭 회로

트랜지스터의 이미터(emitter) 접지 회로 특성 곡선은 차단 영역, 활성 영역 및 포화 영역의 3가지 영역으로 분리하고 있는데, 일반 증폭기는 활성 영역에서 동작시키는 것이지만, 스위칭 회로에서는 포화 영역 또는 그 근처와 차단 영역에서 동작시킨다.

[그림 11-6]은 이미터 접지 회로를 이용한 인버터(inverter) 스위칭 회로이다.

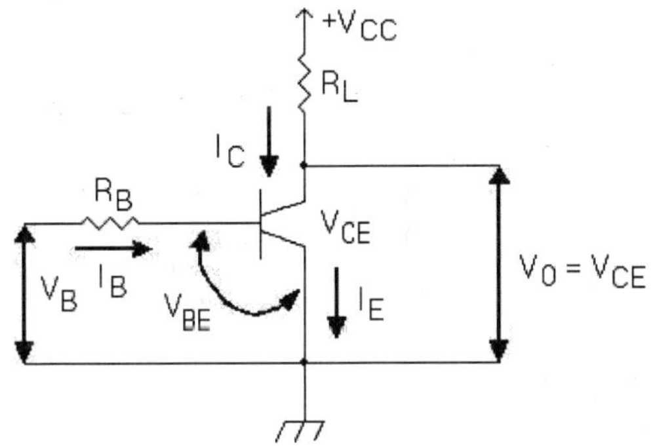

그림 11-6 인버터 회로

베이스(base)에 V_b[V]의 펄스를 입력시키면 I_B는 0에서 V_b/R_b 사이를 왕복하게 되며, 그때마다 트랜지스터는 차단 영역에서 포화 영역 사이를 부하선에 따라 왕복하게 된다. 입력 전압이 0일 때의 트랜지스터는 차단 상태가 되고, 따라서 I_C=0이 되며 V_{CE}는 최대가 되어 $V_{CE} = V_{CC}$가 된다.

반면에 트랜지스터가 도통 상태일 때의 I_B는

$$I_B = (V_B - V_{BE(ON)})/R_B \tag{11-1}$$

로 되며 $I_B > I_{Cmax} = h_{fe}$의 관계가 되도록 I_B가 충분히 크면 I_C는 포화 상태에 이르러 다음 식으로 표시된다.

$$I_{Cmax} = (V_{CC} - V_{CE(sat)})/R_L \tag{11-2}$$

따라서 출력 Vo는

$$V_O = V_{CC} - I_C R_L \tag{11-3}$$

이 된다.

윗 식에서 입력 전압 V_B가 $V_{BE(ON)}$의 0.7[V]보다 클 때는 I_B가 흐르므로 트랜지스터가 포화상태에 이르러 Ic는 최대값이 되고, 트랜지스터를 도통시키면 V_O는 최소값인 $V_{CE(sat)}$에 이르게 된다.

이와 같이 이미터 접지 스위칭 회로는 입력 신호가 반전되어 출력 신호로 나타나므로 인버터 스위칭 회로라 한다. NPN Si 트랜지스터의 25[°C]에서의 각부 전압은 〈표 11-1〉과 같다.

표 11-1 Si-NPN 트랜지스터의 각부 전압

$V_{CE(cotoff)}$	$V_{ce(sat)}$	$V_{BE(sat)}$	$V_{BE(ON)}$	$V_{r(cut\ in)}$	$V_{BE(cutoff)}$
5[V](=Vcc)	0.2[V]	0.8[V]	0.7[V]	0.5[V]	0[V]

나. 트랜지스터의 스위칭 시간

인버터의 입력에 충분히 큰 펄스를 가할 때 트랜지스터는 차단 상태에서 포화 상태로 또 다시 포화 상태에서 차단 상태로 옮기게 되는데, 이들의 상태 전환에 따르는 스위칭 시간을 [그림 11-7]에 나타내었다. V_2에서 V_1으로 변하는 펄스가 트랜지스터의 베이스에 가해질 때 V_2에 의해서는 차단 상태로, V_1에 의해서는 포화 상태로 전환된다. 그러나 입력 전압에 대한 출력 전류 파형은 시간적으로 입력 전압 파형과 일치하지 못하고 일정 시간이 지연된 후에 전류가 서서히 흐르기 시작한다. 이때, 출력 전류가 최대값($I_{csat}=V_{cc}/R_L$)의 10[%]에 이를 때까지 소요되는 시간을 지연시간(delay time÷$t_{on}=t_d$)이라고 하며, 최대값의 10[%]에서 90[%]까지 상승할 때 소요 되는 시간을 상승시간(rise time:t_r)이라 하고, 지연시간과 상승시간의 합을 도통시간

(tum on time : $t_{on}=t_d+t_r$)이라 한다.

t=T인 시간에 입력 전압이 V_1에서 V_2로 전환되었을 때 출력 전류는 일정한 시간이 경과된 후 서서히 감소하기 시작하는데, t=T인 점으로부터 출력 전류의 최대값에 대하여 90[%]에 도달될 때까지 소요되는 시간을 저장시간(stroage time : t_s)이라 하고, 최대값의 90[%]에서 10[%]까지 감소되는 시간을 하강시간(fall time : t_f)이라 하며, 저장시간과 하강시간의 합을 차단시간(tum off time : $t_{off}=t_s+t_f$)이라고 한다.

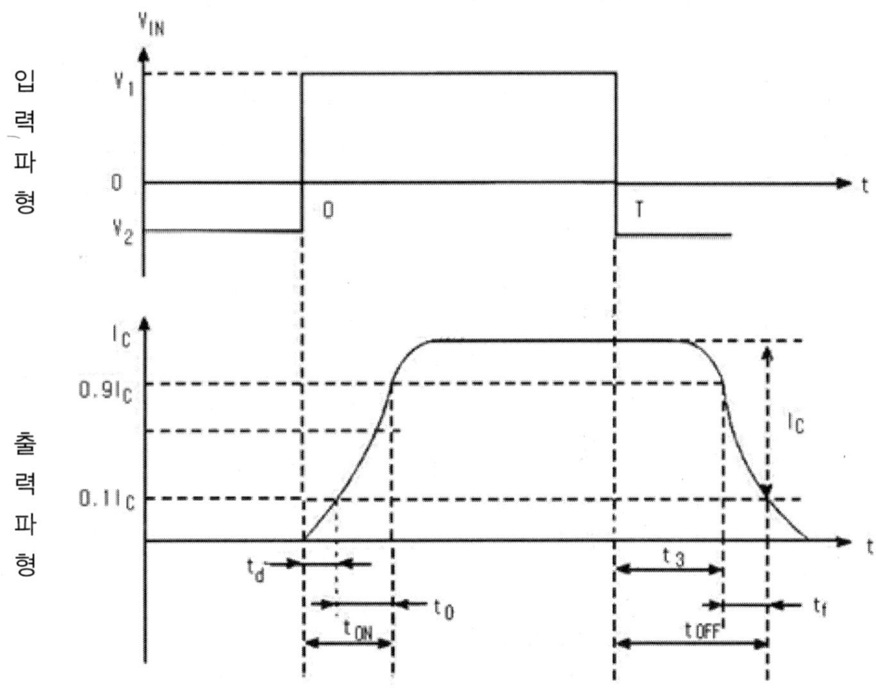

그림 11-7

다. 스위칭 속도의 개선 방법

앞에서 본 바와 같이 입력 전압에 대하여 출력에 대하여 출력 전압이 응답하는 스위칭 속도는 지연되어 나타나는데, 이렇게 스위칭 속도를 저하시키는 주된 원인은 트랜지스터를 포화 상태로 동작시킴에 따라 베이스 영역에 주입하는 비정상 과잉 소수 반송자의 소멸에 걸리는 시간 때문이다. 따라서 스위칭 속도를 개선하기 위한 방법으로는 베이스에 주입된 법과 트랜지스터를 처음부터 포화 상태에 진입하지 못하도록, 즉 활성 상태에서 동작시키는 두 가지가 있다. 전자의 경우는 [그림 11-8]의 (a)와 같이 베이스 저항 R_B에 병렬 캐패시터(capacitor)를 연결하는 방법이며, 후자의 경우는 클램프(clamp)하든가 컬렉터 전류를 제어하는 방법이다.

(1) 가속 캐패시터의 연결

[그림 11-8]의 (a)와 같이 베이스 저항 RB에 병렬로 연결된 캐패시터를 가속 캐패시터(speed up capacitor)라고 하며, 이는 다음과 같은 두 가지 역할을 한다.

① 트랜지스터가 도통될 때 콘덴서 C_B에 충천 전류에 의하여 베이스 전류가 순간적으로 크게 가해져 상승 시간(t_r)을 감소시킨다.
② 트랜지스터가 차단될 때 콘덴서 C_B에 충전된 전압이 베이스와 이미터 사이에 역 방향의 바이어스로 작용하여 베이스에 주입된 비정상 과잉 소수 반송자를 신속히 소멸시켜서 저장 시간(t_s)을 감소시킨다. 따라서 C_B값에 따라서는 그림 (b)와 같이 동작특성이 개선될 수 있다.

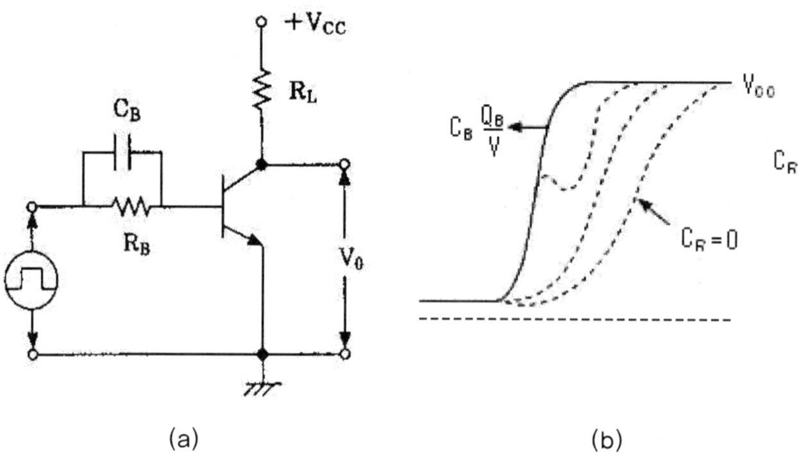

그림 11-8 스피드 업 캐패시터가 연결된 스위칭 회로

(2) 쇼트키 트랜지스터

쇼트키(Schottky) 다이오드를 [그림 11-9]의 (a)와 같이 트랜지스터의 베이스와 컬렉터 사이에 클램핑용으로 연결하게 되면 베이스 전류가 증가하여 트랜지스터가 포화 상태로 되더라도 과잉 베이스 전류 다이오드를 통하여 직접 콜렉터를 흘러가게 되므로 콜렉터와 이미터 전압 V_{CB}는 0.4~0.5[V]로 유지 되어 포화되는 것을 방지할 수 있어 고속 스위칭에 사용된다. 이러한 쇼트키 트랜지스터 회로 이외에 이미터 폴로어(emitter follower) 회로도 고속 스위칭에 사용된다.

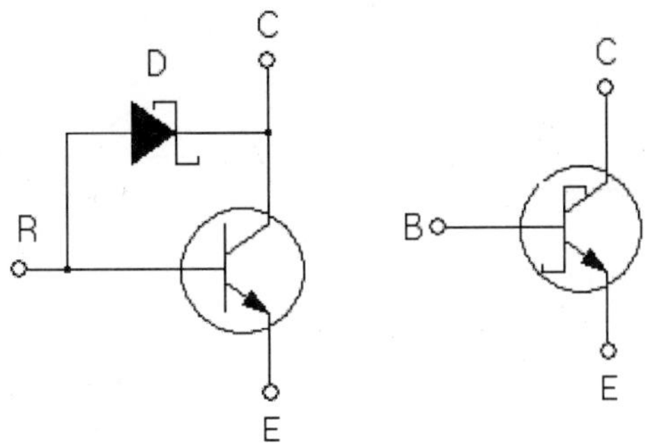

(a) (b)

그림 11-9 포화 방지용 쇼트키 트랜지스터

11-1-3 전계 효과 트랜지스터 스위칭 회로

전계효과 트랜지스터(FET: Field effect transistor)는 전계에 의해서 전류제어가 이루어지는 반도체 소자이다. 쌍극성 접합형 트랜지스터와 달리 FET는 동작 상태가 한 가지 종류의 반송자(전자 또는 정공)에 의하여 전류를 전도하기 때문에 단극성 트랜지스터(Unipolar transistor)라 하며 입력 임피던스가 1[MΩ] 이상 높으므로 팬 아웃(Fan out)을 크게할 수 있고 제조과정이 간단하여 점용 면적과 집적도를 높게 할 수 있으며 부하저항으로 사용 가능함으로 MOS 소자만으로 시스템을 구성할 수 있고, 또 FET는 내부의 작은 캐패시턴스에 전하를 축적해 기억소자로 작용하고 잡음이 적어 쌍방향 스위칭용과 신호차단기 기타 LSI 계산기와 같은 곳에 널리 사용하나 이득과 대역폭이 작아 고속 스위칭에는 부적합한 단점이 있다.

FET를 크게 나누면 접합형 FET(junction FET)와 절연형 게이트 FET(insulated gate FET)의 두 가지로 나눌 수 있으나, 주로 절연형을 IC 제조에 사용하고 있으므로 이것에 대해 설명을 하기로 한다. 대표적인 절연형 게이트 FET로는 실리콘 산화막(SiO_2)을 절연물로 사용하는 MOS FET(metal oxide semiconductor FET)와 실리콘 질화막(Si_4O_2)을 절연물로 사용하는 MNS FET(metal nitride semiconductor FET)의 두 종류가 있으나, 이 중 MOS FET를 주로 사용하고 있다. 또 이들 FET의 형성 방식에 따라 증가형(enhancement type)과 공핍층형(depletion type)으로 분류하는데, 게이트와 채널 사이에는 절연물이 끼워져 있으므로 입력 임피던스가 1010~1015 [Ω] 정도로 매우 높다. [그림 11-10]은 P-MOS FET의 표시 기호를 나타내고 있는데, N채널의 경우는 화살표만 반대방향으로 표시하면 된다.

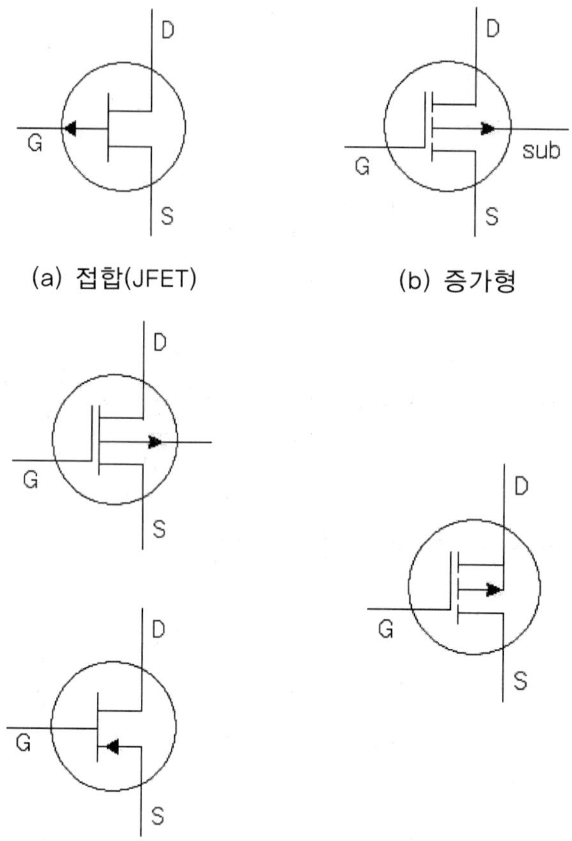

(a) 접합(JFET) (b) 증가형

(c) 공핍형 (d) 기판 소스 내부 접속 증가형

그림 11-10 P-MOS FET의 심벌

특히 증가형의 경우 신호 전압이 0이면 드레인 전류(IP)는 수(mA) 정도로 매우 작아 차단 상태가 되므로 스위칭용으로 적당하여 많이 사용되는데, P채널과 N채널을 대칭인 상보형(相補形)으로 연결하면 CMOS(complementary MOS)가 되어 50[nW]의 낮은 소비 전력으로 스위칭이 이루어지면서도 점유 면적이 매우 적어 LSI 소자로 널리 사용하고 있다. 그러나 FET 내부 RC 시정수에 의한 전달 지연 시간 때문에 스위칭 속도가 매우 느리고 게이트와 채널 사이에 형성된 절연층 두께가 1000-2000[A] 정도로 얇아서 주위의 충격이나 정전기에 쉽게 파괴되는 단점이 있다.

11-2 다이오드 논리 게이트

11-2-1 OR 게이트 회로

[그림 11-11]과 같이 다이오드를 병렬로 연결하고 입력 a, b, c에 각각 신호 전압을 가했을 때, 출력 Z에 나오는 값이 어떠한 가를 알아보자.

먼저 A=B=C=0[V] 일 때, 다이오드 D_1, D_2, D_3는 모두 차단 상태가 되며 R 양단에는 전류가 흐르지 못하므로 전압 강하가 발생치 않아 출력 Z는 0[V](논리 상태 : 0)가 될 것이다. 그러나 A=5[V], B=C=0[V]일 때에는 D1에만 순방향 바이어스가 가해져 도통 상태가 되어 [그림 11-12]와 같이 R 양단에는 I_R=(5-0.7)/R=4.3/R[A]의 전류가 흐르게 된다. 그 결과 출력 Z에는 Z=I_R · R=4.3[V]의 전압(논리 상태 : 1)이 나타난다. 또한 A=0, V=5[V], C=0일 때도 똑같은 원리로 출력 Z에는 4.3[V]의 전압이 나타날 것이다.

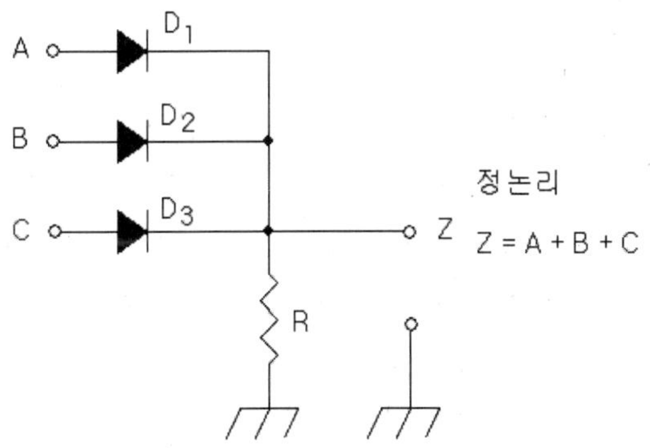

그림 11-11 OR 게이트

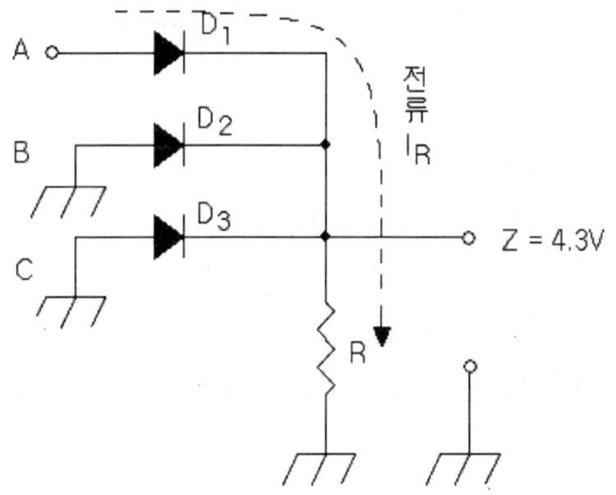

그림 11-12 OR 게이트의 동작 상태

〈표 11-2〉에 나타난 바와 같이 입력 전압을 여러 가지 상태로 바꾸어 가하더라도 입력 A, B, C 중 어느 하나 이상의 입력에 5[V]의 전압이 가해지면 출력 Z에 4.3[V](논리 상태 : 1)의 전압이 나타남을 알 수 있으며, 따라서 이 회로가 OR 게이트로 동작하는 것이 증명되고 있다.

표 11-2 OR 게이트의 입출력 관계표

(a) 전압 관계				(b) 진리표			
A	B	C	Z	A	B	C	Z
0	0	0	0	0	0	0	0
0	0	5V	4.3V	0	0	1	1
0	5V	0	4.3V	0	1	0	1
0	5V	5V	4.3V	0	1	1	1
5V	0	0	4.3V	1	0	0	1
5V	0	5V	4.3V	1	0	1	1
5V	5V	0	4.3V	1	1	0	1
5V	5V	5V	4.3V	1	1	1	1

11-2-2 AND 게이트 회로

[그림 11-13]과 같이 다이오드를 병렬로 연결하고 〈표 11-3〉의 (a)와 같이 입력 A, B, C에 각각 신호 전압을 가하였을 때 출력 Z에 나오는 값이 어떠한지 알아보기로 하자.

먼저 A=B=C=0[V]일 때, 다이오드 D_1, D_2, D_3에서 모두 순방향 바이어스가 가해져 도통 상태가 되며, 이때 R 양단에 흐르는 전류 $I_R = (5-0.7)/R\,[A]$가 되어 R 양단에는 4.3[V]의 전압 강하가 발생하므로 출력 Z에는 0.7[V](논리 상태: 0)의 전압이 나타난다.

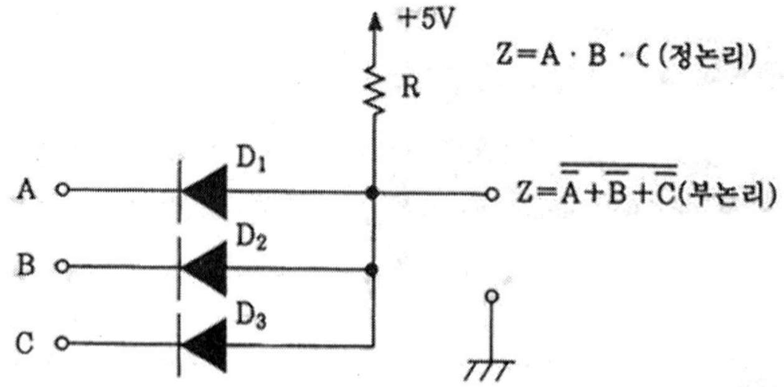

그림 11-13 AND 게이트

다음에 A=5[V], B=C=0[V]일 때에는 다이오드 D_1은 차단 상태가 되나 D_2, D_3는 순방향 바이어스가 가해져 도통 상태가 되므로 [그림 11-14]와 같이 출력 Z에 0.7[V]의 전압이 나타난다. 이러한 상태는 세 개의 입력 중 어느 하나에만 5[V]가 가해졌을 때 나타난다. 전류가 흐르지 못하므로 전압 강하가 발생할 수 없기 때문에 출력 Z에는 5[V](논리상태 : 1)의 전압이 나타난다.

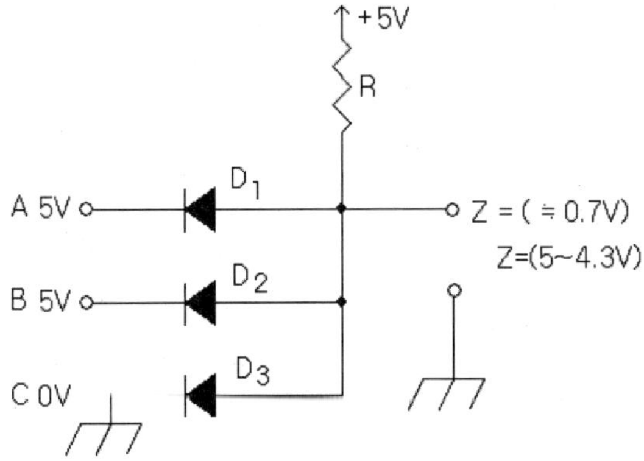

그림 11-14 AND 게이트 동작 상태

3입력의 모든 가능한 조합에 관하여 이상과 같은 방법으로 출력 Z를 구하면 〈표 11-3〉의 (b)와 같은 진리표를 얻을 수 있다. 이 표에서 알 수 있듯이 3입력에 5[v](논리 "1")가 가해졌을 때만 출력 z에 5[V](논리 "1")가 나타나므로 회로가 AND 게이트로 동작함을 알 수 있다. 이러한 다이오드 논리 게이트는 다이오드의 스위칭 특성 때문에 스위칭 속도가 느리고 출력 임피던스를 낮추는데 한계가 있어 제품으로 시판되는 것은 없으나, 구조가 간단하므로 회로 제작시 개별 부품을 조합하여 종종 사용되고 있다.

표 11-3 AND 게이트7의 입출력 관계표

(a) 전압 관계				(b) 진리표			
A	B	C	Z	A	B	C	Z
0	0	0	0.7V	0	0	0	0
0	0	5V	0.7V	0	0	1	0
0	5V	0	0.7V	0	1	0	0
0	5V	5V	0.7V	0	1	1	0
5V	0	0	0.7V	1	0	0	0
5V	0	5V	0.7V	1	0	1	0
5V	5V	0	0.7V	1	1	0	0
5V	5V	5V	5V	1	1	1	1

11-3 트랜지스터 논리 게이트

11-3-1 OR 게이트 회로

[그림 11-15]는 트랜지스터를 사용한 2입력 OR회로이다.

NPN 트랜지스터를 사용하고 있으므로 베이스 전압이 이미터 전압보다 충분히 높으면 순방향 바이어스가 걸리게 되어 트랜지스터는 도통 상태가 된다.

A입력에 H레벨의 전압을 가하면 Q_1은 도통 상태가 되고, B입력에 L레벨의 전압을 가하면 Q_2는 역 바이어스가 가해져 차단 상태가 되어 출력 Z에 Re에서의 전압 강하가 나타남으로 H의 상태가 된다. 그러나 A, B 두 입력에 L레벨의 전압을 가하면 트랜지스터 모두가 차단 상태로 되어 출력이 나오지 않는 상태, 즉 L레벨 상태가 된다. 이와 같이 출력Z는 입력 A와 B의 논리합(logical OR)의 결과로 나타남을 알 수 있다.

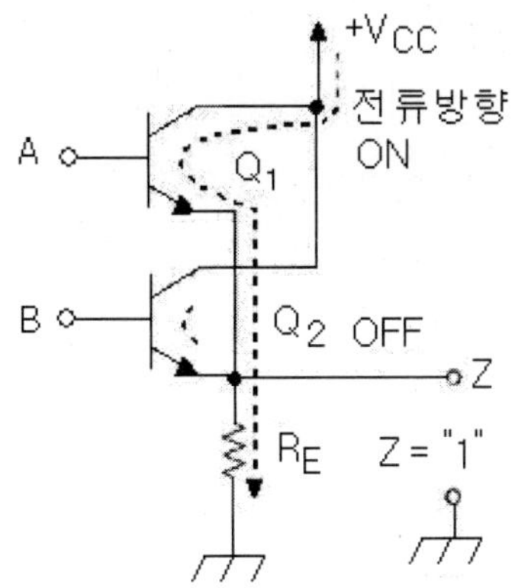

그림 11-15 OR 게이트 회로

11-3-2 AND 게이트 회로

[그림 11-16]은 2입력 AND게이트 회로를 구성하고 있다. PNP형 트랜지스터를 사용하고 있으므로 두 입력 중 어느 하나의 입력에 0의 전압이 가해지면 순방향 바이어스가 걸려 트랜지스터는 도통 상태가 되고 출력에는 L레벨의 전압이 나타난다. 만일, 두 입력 모두에 H레벨의 전압이 가해지면 두 개의 트랜지스터는 차단 상태가 되어 전류는 출력 측으로 흐르게 되어 "1"의 상태의 전압이 출력된다. 이와 같은 출력 Z가 입력 A와 B의 논리적인 결과로 나타남을 알 수 있다.

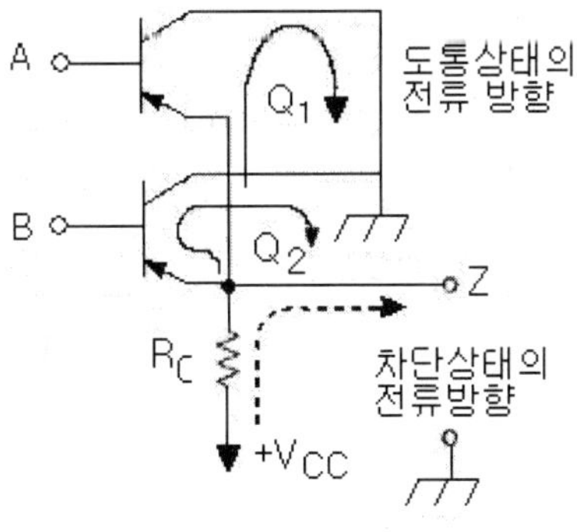

그림 11-16 AND 게이트 회로

11-3-3 NOT 게이트 회로

입력이 "0"일 때 출력이 "1" 상태가 되거나, 입력이 "1" 상태일 때 출력이 "0" 상태가 되는 회로를 NOT 게이트 회로 또는 인버터(inverter) 회로라 한다. 이와 같은 동작은 [그림 11-17]과 같은 회로를 사용하는데 이미터 공통형 회로의 스위치 동작 상태를 생각하면 쉽게 이해할 수 있다.

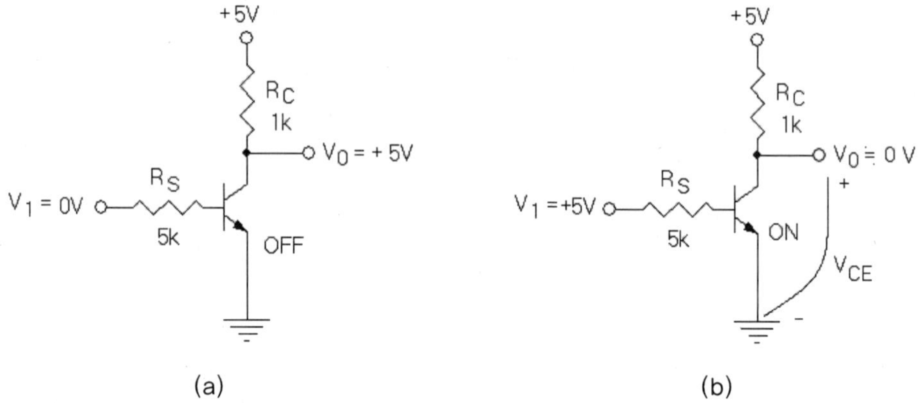

그림 11-17 트랜지스터 인버터 회로

즉, 그림 (a)에서는 트랜지스터의 베이스-이미터간 순방향 바이어스 전압이 없어 차단(OFF) 상태가 되고, 그림 (b)의 경우 트랜지스터는 순방향 바이어스가 되므로 도통(ON) 상태가 되어 인버터 동작을 한다. 다이오드만으로는 NOT 게이트 회로를 만들 수 없고 극성 반전 변성기를 사용하면 NOT 게이트 회로가 구성된다.

트랜지스터 인버터 회로는 [그림 11-18]과 같이 2전원 방식을 취하는 경우가 있다. 이 회로는 공급 전원의 변동이나 접지선에서 생기는 유도 전압 등에 의한 전압 변동에 대하여 능동 소자를 계속 차단 상태로 유지할 수 있는 능력, 즉 잡음에 대한 내성(noise immunity)을 증대시켜 주는 효과가 있다.

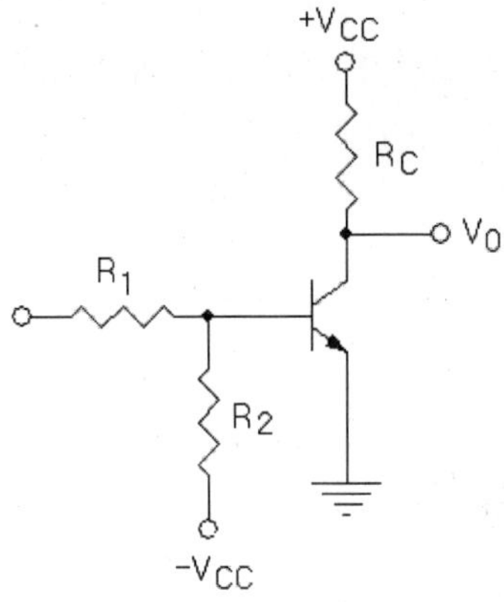

그림 11-18 양 전원형 인버터 회로

일반적으로 잡음은 접지선 전류의 변동, 접지선에서 유도되는 전자적(電磁的) 신호등과 같은 요인에 의하여 생기는 불규칙한 전압 변동을 의미하며, 이와 같은 잡음으로 트랜지스터를 차단 상태로 유지하고 있는 전압이 그것을 순간적으로 도통(on) 상태로 만들 수 있다. 그 결과 회로에 오동작이 생길 수 있는 것이다. 회로의 잡음에 대한 내성(耐性)이라 함은 논리 상태에 관한 오동작이 없는 범위에서 어느 정도의 잡음 전압이 허용될 수 있는가를 표시하는 전압 척도라 할 수 있다. 즉, 잡음에 대한 내성이 큰 회로의 논리 상태가 변하지 않는다. 이와 같은 회로가 그 논리 상태를 바꾸지 않고 견딜 수 있는 잡음 전압의 크기를 잡음 여유도(noise margin : NM)라고 한다. [그림 11-18]과 같은 회로의 잡음 여유(전압)는 다음과 같다.

$$\text{잡은 여유} = (R_1/R_2)V_{CC} \quad (\text{단, 차단 전압 } V_{OFF} = 0V \text{ 일 때})$$

11-4 DTL 게이트

다이오드에 의하여 실현된 논리 게이트는 OR과 AND 논리만이 가능하고 출력 임피던스가 커서 다음 단의 논리 게이트와 결합시킬 수 있는 팬 아웃(fan out) 수가 적으므로, 트랜지스터 인버터와 결합시켜 이러한 문제점을 해결한 것이 DTL(diode transistor logic)게이트이다.

[그림 11-19]는 2입력 측에 다이오드를 두 개씩 양방향으로 삽입시킨 D시 OR 게이트 회로이다. 두 입력에 0 전압이 가해지면 다이오드 D_1과 D_2는 순방향이 걸리므로 트랜지스터 Q_1과 Q_2는 차단 상태가 되어 이미터 전류가 흐르지 못하게 되므로 출력은 L상태가 된다.

만일 입력 A에 "1"의 전압을, B에 "0"의 전압을 가하면 D_1은 차단되고 D_3와 D_2이 도통 상태가 되어, 이미터 저항 Re에 전류가 흘러 출력측에 H레벨의 전압이 나타난다.

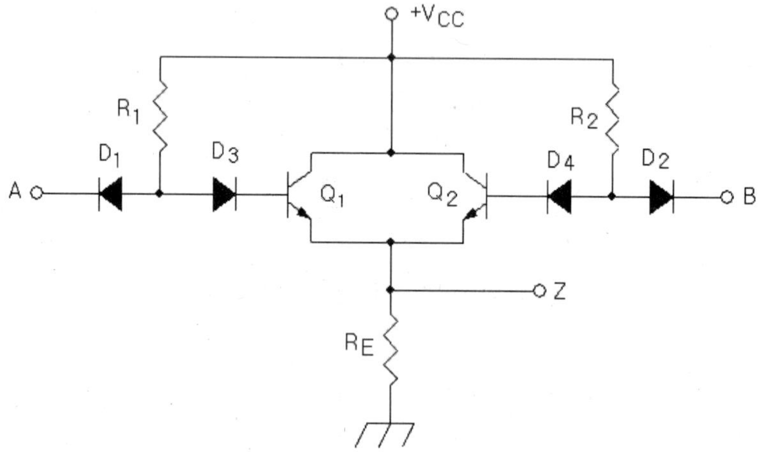

그림 11-19 DTL OR 게이트 회로

그러나 D_2는 도통되고, D_4는 차단되어 Q_2는 베이스 전류가 흐르지 못해 결국 Q_2가 차단 상태가 되는 것을 알 수 있다.

[그림 11-20]은 DTL의 기본 회로로서 AND와 NOT를 결합시킨 NAND 게이트이다. 그림에서 다이오드와 저항 R_1이 AND 게이트를 이루며, 그 밖의 회로는 인버터를 이루고 있다.

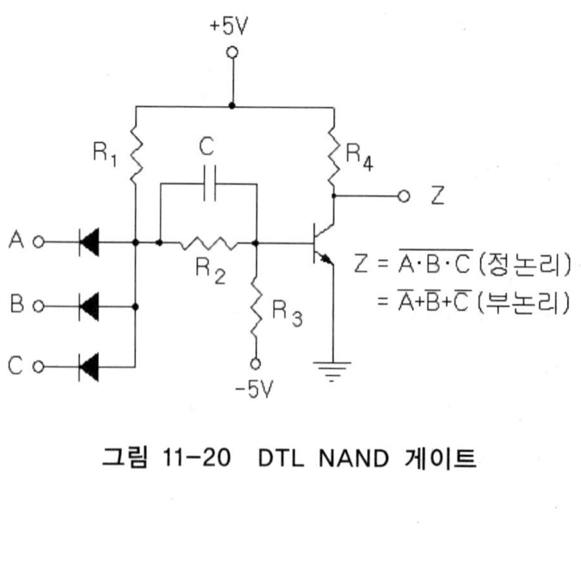

그림 11-20 DTL NAND 게이트

입력 A, B, C에서 어느 하나라도 0 전압이 가해지면 TR Q는 차단 상태가 되어 출력 Z는 H상태가 되고, 또 3입력 모두에 "1" 게이트 회로의 전압이 가해지면 TR Q는 도통 상태가 되어 출력 A에 L상태의 전압이 나타난다.

이와 같은 논리 동작을 논리식으로 표시하면 다음과 같다.

$$Z = (A \cdot B \cdot C)'$$

즉, NAND게이트가 된다.

3입력 중 어느 하나에 0 전위의 신호원이 연결되면 4.3/R[A]의 전류가 신호원으로 흘러 들어가게 된다. 이 전류에 의하여 신호원의 레벨이 상승하여 입계 레벨(threshold level)을 넘는다면, 이 논리 게이트는 전혀 다른 값이 출력에 나타나게 되므로 사용할 수 없을 것이다. 이와 같이 게이트의 입력단으로부터 흘러나오는 전류에 의하여 신호원의 레벨이 상승하지 않도록 신호원의 출력 임피던스를 충분히 작게 하기 위하여 출력 트랜지스터가 충분히 포화 되도록 컬렉터에 연결된 부하 저항이 커져야 된다.

[그림 11-20]의 회로에서 베이스에 연결된 저항과 캐패시터를 다이오드로 바꾸어 놓은 것이 [그림 11-21]이며 이 회로의 다음 여유를 계산한 것으로서 다이오드의 순방향 전압 강하분 만큼 개선된다. 잡음 여유는 최소의 H레벨로 작용할 최대의 L레벨을 뺀 값으로 나타내며, DTL의 경우 1.0[V] 정도가 되고 전달 지연시간은 30~100[μs] 정도이다.

팬 아웃 수도 5~8개 정도가 가능하다.

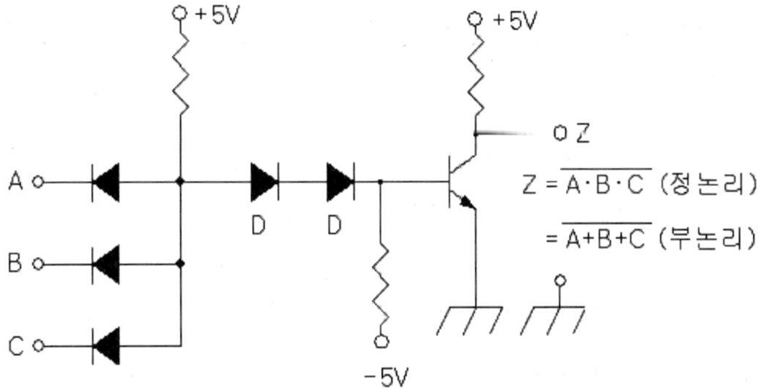

그림 11-21 개선된 DTL NAND 게이트 회로

특히, [그림 11-20]의 회로를 DCTL(diode capacitor transistor logic)이라 부르기도 한다.

또한 다이오드 OR 게이트와 TR 인버터를 결합시키면 NOR 게이트가 되는데 이 회로의 설명은 생략하기로 한다.

11-5 RTL 게이트

저항과 트랜지스터로 결합된 논리 회로를 RTL (resister transistor logic) 게이트라고 하는데, 몇 개의 트랜지스터 인버터와 저항을 [그림 11-22]의 (a)와 같이 병렬로 연결하면 간단하게 회로가 구성된다.

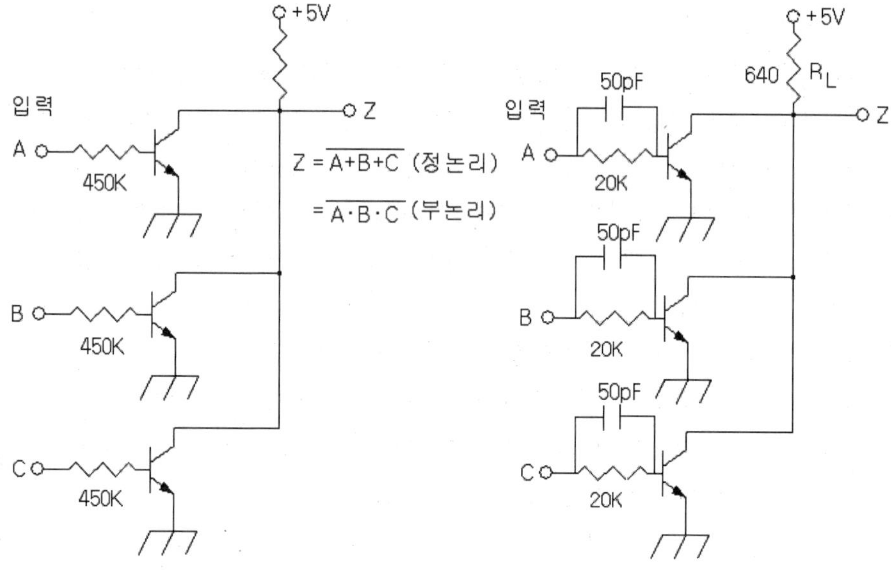

(a) RTL (b) RCTL

그림 11-22 RTL 및 RCTL의 NOR 게이트

이 회로에서 하나 이상의 입력에 H레벨의 전압이 가해지면 트랜지스터는 도통되어 출력 Z는 L레벨이 되고 모든 입력에 L레벨이 가해졌을 때만 출력은 H레벨이 된다. 즉, NOR 게이트로 동작하는 것이다.

RTL 게이트는 트랜지스터의 베이스 입력에 순방향 바이어스 전류를 흘러 주어야만 압력을 논리 "1"로 읽고 전류를 흘러주지 않으면 논리 "0"으로 판단하므로 DTL과는 반대의 입력조건을 갖는다. RTL과 같이 신호원으로부터 전류를 반대로 DTL과 같이 출력이 L상태일 때 다음 단의 입력으로부터 전류를 받아들이는 전류 흡입 논리가 된다. 이들의 입력 조건이 상호 정반대이므로 혼용하기 위하여는 특별한 접속 회로를 사용해야만 되는데, 일반적으로 혼용하지 않는 것이 보통이다.

RTL은 출력 저항 RL에 의하여 출력 전류가 제한되고 있으므로 팬 아웃은 3~5정도로 낮고 잡음 여유는 DTL보다 낮으나, 스위칭 속도가 비교적 빠르고 구조가 간단하며 경제성이 양호하여 많이 사용되어 왔었다.

[그림 11-22]의 (b)와 같이 RTL의 입력 베이스 저항에 병렬로 스피드 업 캐패시터를 연결하여 스위칭 속도를 개선한 것을 RTL과 구별하여 RCTL(resistor capacitor transistor logic) 게이트라고 한다.

11-6 TTL 게이트

DTL게이트는 다이오드의 스위칭 특성 때문에 속도가 느린 것이 가장 큰 단점이었다.

이와 같은 단점은 보강하기 위하여 다이오드를 트랜지스터로 대치한 것이 TTL(transistor logic) 게이트이다.

즉, 트랜지스터와 트랜지스터가 결합된 논리 게이트를 뜻한다.

TTL 게이트는 다른 논리 게이트에 비하여 속도와 잡음 여유면에서 우수하므로 현재 CMOS 논리 게이트와 함께 주종을 이루고 있다.

11-6-1 TTL 게이트 기본 회로

[그림 11-23]의 (a)는 DTL 게이트에서의 PN접합 다이오드대신에 NPN형 트랜지스터로 대치시킨 회로이다. 여러 개의 입력을 트랜지스터대신에 이미터를 여러 개 확장시켜 그림 (b)와 같이 다중이미터(multi-emitter)형으로 만들어 사용하고 있으며, 기본 회로는 NAND의 논리 작용을 한다. 이러한 기본 T시 논리 게이트는 입력 전압이 0.7[V] 이하만 되면 출력 트랜지스터가 도통 상태가 되므로, 즉 H레벨로 판정되므로 잡음 영유가 너무 적어 이를 보완하기 위하여 입력부와 출력부 사이에 트랜지스터 증폭부를 삽입하고, 전력 소모를 줄이기 위하여 출력부는 토템폴(totem pole)형으로 하고 있다.

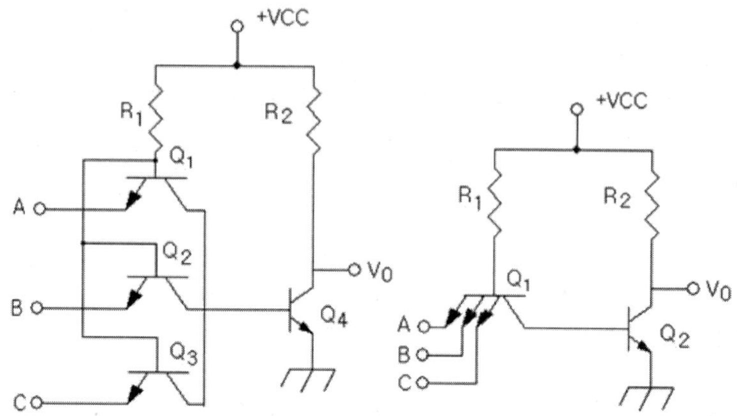

(a) 기본회로 (b) 다중이미터형

그림 11-23 TTL 게이트 회로

11-6-2 토템폴형 TTL 회로

[그림 11-24]는 실제 사용되는 TTL 논리 회로이며 NAND 게이트에서 Q_1의 입력 중 어느 한 쪽이 L레벨일 때는 Q_1측이 도통되어 Q_2와 Q_4가 차단되지만, Q_3는 동작하여 전원 전압이 H레벨 상태로 출력측에 나타난다. 또 Q_1의 입력 A, B 모두에 H레벨의 전압이 가해지면 Q_1측이 차단 상태가 되어 Q_2와 Q_4는 도통 상태가 되므로 Q_3의 베이스 전압이 낮아져 Q_3는 차단 상태가 되고, 따라서 출력측에는 L의 상태가 나타난다.

이와 같이 Q_3와 Q_4가 교대로 도통됨을 알 수 있는데, 이때 Q_3가 도통(Q_4는 차단)되면 출력측에 높은 전압이 나타나므로 풀업(pull up)트랜지스터라고 하고, Q_4가 도통(Q_3는 차단)되며 출력단에 낮은 전압이 나타나므로 풀 다운(pull down)트랜지스터라고 한다. 한편, 이와 같은 출력단의 트랜지스터와 Q_4의 접속 방식을 토템폴이라고 한다.

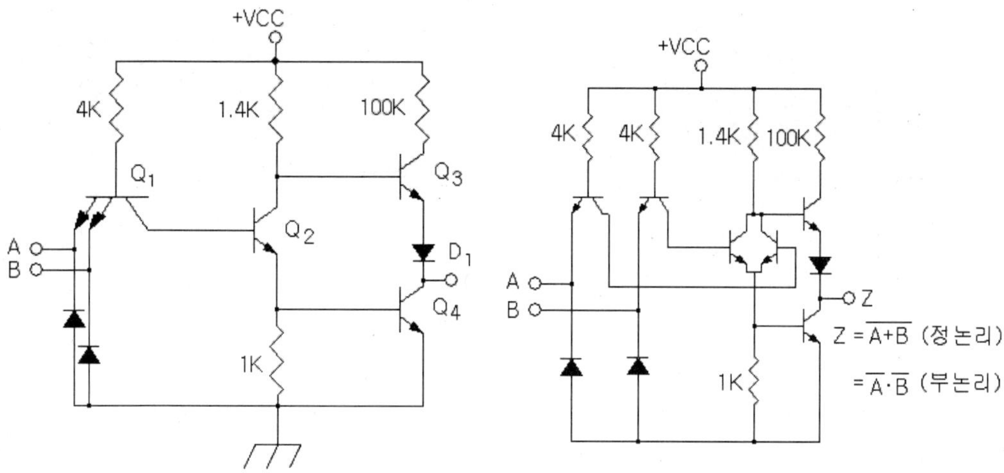

(a) TTl NAND 게이트 (b) TTL NOR 게이트

그림 11-24 실제 TTL 게이트 회로(토템폴 방식)

[그림 11-25]는 비슷한 토템폴 회로의 동작 설명도이며 여기서 다이오드 D_1은 Q_3가 도통되었을 때 Q_3를 완전히 차단시키기 위한 것이다. Q_4가 도통되었을 때 Q_3의 베이스전압은 $0.8[V] = (V_{CE2(set)} + V_{BE4})$ 밖에 되지 않지만, Q_3가 도통되기 위해서는가 Q_3의 베이스 전압이 약 $1.5[V](V_{CE2} + V_{BE3})$ 이상이 되어야 하므로 Q_3는 완전히 차단된다.

그러나 만약 D_1이 없으면 Q_3이 베이스 전압이 $0.8[V] = (V_{CE2(set)} + V_{BE4})$ 가 되어 Q_3와 Q_3가 동시에 도통되어 V_{CC}에서 GND로 $R_4 \rightarrow Q_3 \rightarrow D_1 \rightarrow Q_4$를 통하여 큰 전류가 흐르게 된다.

따라서, D_1을 삽입하면 출력이 L레벨일 때는 Q_3가 차단되고, H레벨일 때는 Q_4가 차단되어 출력부에서는 V_{CC}에서 GND 쪽으로 전류 통로가 형성되는 경우가 없기 때문에 부하 저항 R_4의 값을 작게 하여 출력 전류를 크게 할 수 있고, 또한 Q_4에는 입력측에서 흘러 들어오는 전류만이 흐르게 되므로 그만큼 더 많은 게이트를 출력측에 연결할 수 있게 된다.

그러나 실제로 출력 레벨이 H와 L의 사이를 스위칭될 때는 트랜지스터의 전달 지연특성에 의하여 순간적으로 Q_3와 Q_4가 동시에 ON되는 경우도 생긴다. 이때도 V_{CC}에서 GND 방향으로 충격성의 큰 임펄스 전류가 흐르게 되는데, 이러한 스파크 전류는 TTL게이트 내부 잡음으로 작용한다. 이것을 방지하려면 0.01[uF] 정도의 바이패스(bypass) 콘덴서를 V_{CC}와 GND사이에 접속시켜 주는 것이 바람직하다.

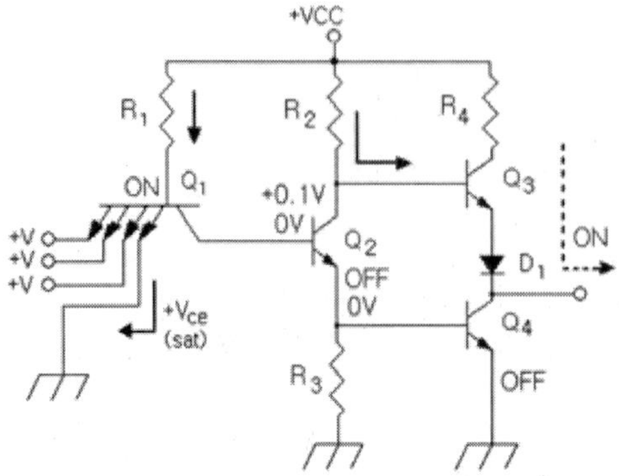

(a) Q_4의 차단(OFF)

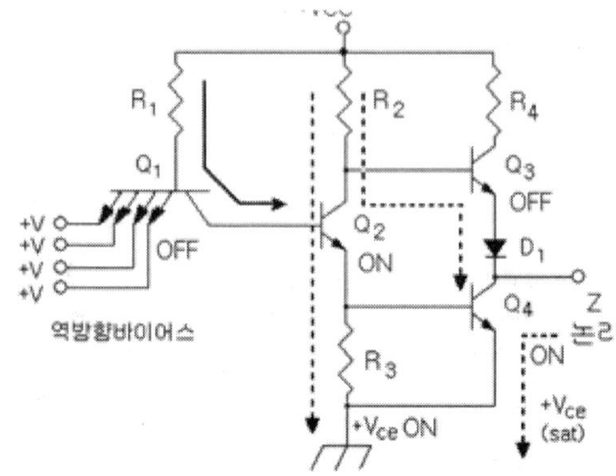

(b) Q_4의 도통

그림 11-25 TTL 게이트 회로

11-6-3 74시리즈 TTL 게이트

표준 TTL논리 게이트 집적 회로에는 제작 회사, 동작 온도, 사용전력, 기능 및 패키지 형태 등이 기록되어 분류되고 있다. 예를 들면, SN 74 LS 00AJ로 표시되는 TTL의 구별은 처음 SN은 제조 회사명(Texas instument), 74는 온도 특성(74: 민간용, 54: 군사용), LS는 저전력용 쇼트키 사용, 00은 기능 표시번호 A는 특성 개선 표시, J는 패키지 형태(세라믹 DIP형) 등을 표시하고 있다. 현재 널리 사용하고 있는 TTL은 전달 속도, 소비전력, 사용주파수 등에 따라 H, L, LS, S 표시없음(표준형) 등 5가지로 구별되는데 〈표 11-4〉는 각 종류별로 비교해 놓은 것이다.

대표적인 TTL 회로의 소비 전력이 14[mW] 정도이고, 전달 지연 시간은 3[ns] 정도이며 잡음 내력은 400~500[mV]이다.

표 11-4 TTL 게이트별 특성

종류	전달 지연	소비 전력	사용 주파수
S(쇼트키, 고속)	2[ns]	19mW / 게이트	~ 125 MHz
H(고전력, 고속)	6[ns]	22mW / 게이트	~ 50 MHz
LS(저전력, 쇼트키)	9.5[ns]	2mW / 게이트	~ 45 MHz
- 표준형	10[ns]	10mW / 게이트	~ 35 MHz
L(저전력, 지속)	33[ns]	1mW / 게이트	~ 3 MHz

TTL논리 게이트는 동작 속도, 소비 전력 및 잡음 여유도 등에 따라 여러 가지 종류로 나누어지며 NAND게이트로 구성된 대표적인 것은 다음과 같다.

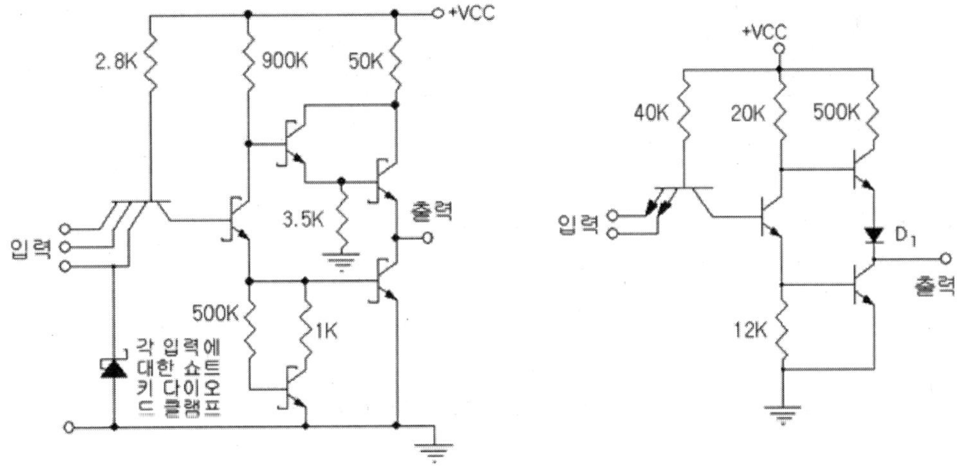

(a) 74S (b) 74L

그림 11-26

74S(고속용), 74L(저전력용), 74S(쇼트키 클램프 다이오드를 갖는 저전력용) 및 74H(고전력용) 등이 있다.(그림 11-26 참조). 게이트에서 가장 빠른 속도로 트랜지스터가 동작상태 전환을 할 수 있도록 만든 것이다. 따라서 전달 지연시간이 가장 짧은 것은 TTL회로이다. 이것은 각 트랜지스터의 베이스와 컬렉터 사이에 [그림 11-27]과 같이 쇼트키(장벽)다이오드를 연결하여 트랜지스터가 도통 상태(ON)로 되는 때에 과도한 베이스 전류를 빨리 돌려보내어 베이스에 저장되는 일이 없도록 함으로써 상내 선환 시간을 감소하게 한 것이다.

이와 같은 74S논리 회로는 비포화 형의 논리 게이트로서 ECL과 같은 고속도 논리 회로이다. 74L의 저전력 TTL 회로는 기본적인 TTL회로에서 저항값을 높게 잡아 흐르는 전류를 적게 하여 전력 소모가 낮도록 만든 것이다.

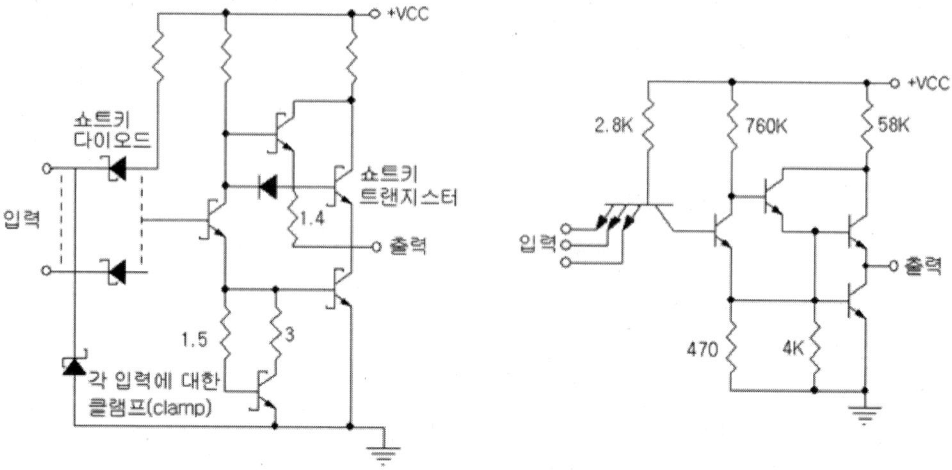

(a) 74LS (b) 74H

그림 11-26 74 시리즈 논리 게이트

(a) 트랜지스터와 쇼트키 다이오드 클램프 회로 (b) 표시회로

그림 11-27 쇼트키 다이오드

74LS형은 소트키 클램프 다이오드를 사용하여 동작 속도를 빠르게 함과 동시에 공급 전류회로의 저항값을 높여 적은 전류를 흐르도록 함으로써 소비 전력을 적게 한 것이다.

74H형의 TTL회로는 소비전력이 크지만 큰 출력 전류를 얻을 수 있는 회로이다. 이상과 같은 각종 TTL회로의 출력측에서는 여러 가지 형태의 출력 회로가 사용되고 있다.

11-6-4 오픈 컬렉터형 TTL 게이트

TTL게이트는 간편하게 활용하기 위하여 출력회로를 변형하여 사용한다. 그 중에서도 출력 레벨이 H일 때 출력측을 고 임피던스(high impedance) 상태로 만들고 외부에서 출력과 Vcc 사이에 풀업 저항을 접속하여 사용하는 [그림 11-28]과 같은 오프 컬렉터형을 많이 쓴다.

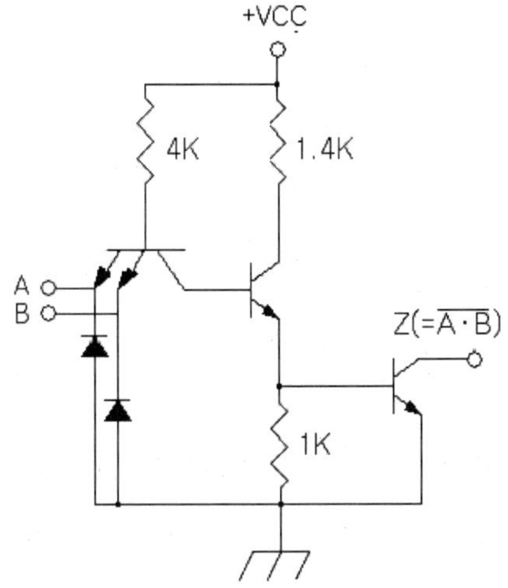

그림 11-28 오픈 컬렉터형 TTL

토템폴형에서 출력을 여러 개 연결한 경우 한 개의 출력이 1이 되면 나머지 게이트의 출력 전류가 모두 이곳 1의 트랜지스터에 집중되어 전력 소모가 증가하여 사용이 곤란한 반면 오픈 컬렉터형은 출력단이 여러 개 있더라고 직접 풀업 저항 한 개만 연결해 줌으로써 전력 소모도 제한시키면서 간단하게 NAND논리 동작을 수행시킬 수 있다.

11-6-5 3상태 TTL인버터

TTL IC의 인버터를 구성할 때는 토템폴 결합을 쓰고 있는데 이들의 게이트를 다른 게이트에 연결하여 쓸 때 입출력 조건이 다르면 회로에 무리가 생거 쓸 수가 없게 된다.

이때는 별도로 제어 입력인 게이트 입력단을 부가하여 토템폴 출력단의 트랜지스터를 차단시켜줌으로써 다음 단을 보호한다. [그림 11-29]는 3상태(tristate) TTL인버터 회로이고 〈표 11-5〉는 그 진리표이다.

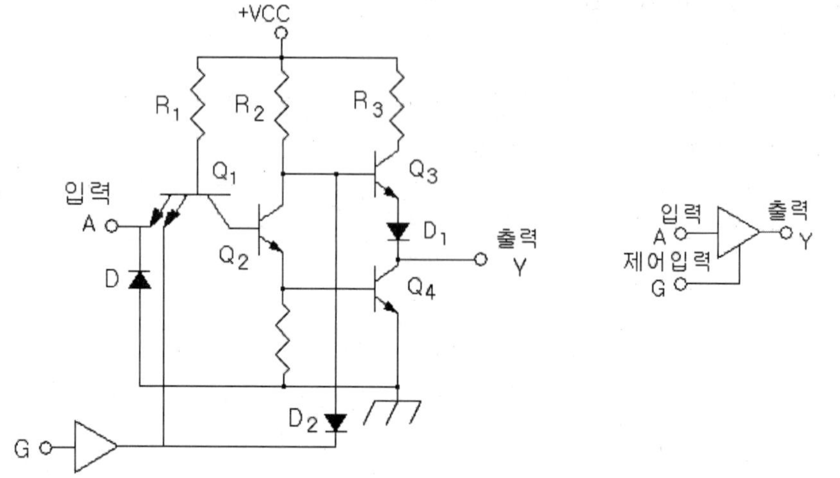

(a) 회로도 (b) 논리기호

그림 11-29 상태 TTL 인버터

표 11-5 3상태 인버터의 진리표

입력		출력
G	A	Y
1	X	Hi-Z
0	0	1
0	1	0

회로도에서 제어 이력 G가 H이면 Q_3의 베이스 전압이 낮아져서 Q_3트랜지스터는 차단 상태가 되고 동시에 Q_2의 컬렉터 전압도 낮아져 Q_2 역시 차단 상태가 된다. 이렇게 되면 Q_4의 베이스 전압이 낮아져 Q_4도 차단 상태가 되므로, 결과적으로 Q_3와 Q_4가 모두 차단 상태가 되어 임피던스가 높게 진리표의 Hi -Z는 고임피던스를 의미하며, 이때는 전압레벨이 H도, L도 아닌 오픈 상태가 되는 것이다.

11-7 HTL 게이트

공장 등에는 모터와 같은 유도성 부하가 많아서 고주파 고전압 잡음이 많이 발생하게 되며 따라서 보통의 논리 게이트로는 잡음 여유가 작기 때문에 원하는 논리 동작을 충실히 수행할 수 없게 된다. 이와 같은 높은 잡음 전압에도 무난히 견디게 하기 위하여 만들어진 논리 게이트가 [그림 11-30]과 같은 HTL(high threshold logic)게이트이며, 입력과 출력 트랜지스터 사이에 6[V] 정도의 제너다이오드(Zener diode)를 삽입하여 잡음 여유를 7[V] 정도로 높여 놓았다.

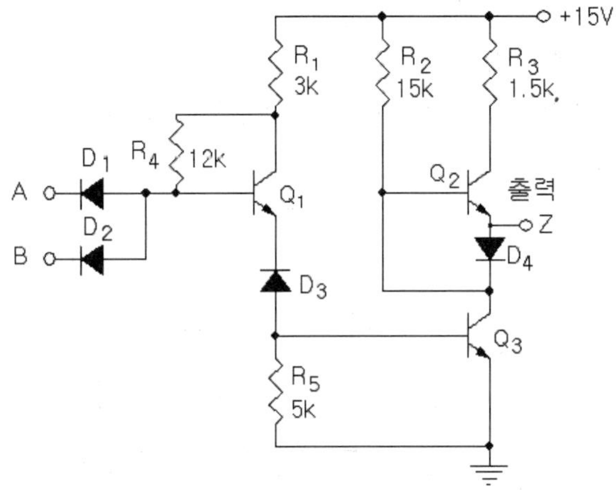

그림 11-30 HTL 논리 게이트 회로

11-8 ECL 게이트

앞에 소개한 모든 논리 게이트들은 트랜지스터를 포화 상태로 동작시킴으로써 전력소모가 적고 확실한 스위칭을 행할 수 있으나, 동작 속도가 느린 것이 약간의 단점이었다. 이러한 결점을 보완한 것이 ECL(emitter coupled logic) 게이트로서 트랜지스터를 불포화 상태로 동작시키지 때문에 소모 전력이 크고, 잡음 여유는 작지만 지연 시간을 약 0.5[ns] 이하로 매우 작게 하고 있다.

[그림 11-31]은 ECL게이트의 실제 회로도이며 OR 및 NOR 출력이 함께 만들어지고 출력단에 이미터 폴로어를 채택하여 출력 임피던스를 낮추면서 팬 이웃을 늘리고 있다.

ECL게이트는 이미터에 흐르는 일정한 전류의 방향만을 스위칭 하므로 일명 CML(current mode logic)이라고도 하며 장 · 단점은 다음과 같다.

[장점]

① 고속이다. 전달 지연 시간이 0.5[ns] 이하이다.
② 내부 잡음이 적고 공급 전류가 일정하다.
③ 컴플리멘터리식의 출력을 갖는다.

[단점]

① 잡음 여유도가 300m[V] 정도로 적다.
② H와 L레벨 차가 0.8[V] 정도로 적다.
③ 별도의 바이어스 전압이 필요하다.(V_{BB}= -1.15V)
④ 전력 소모가 크다.

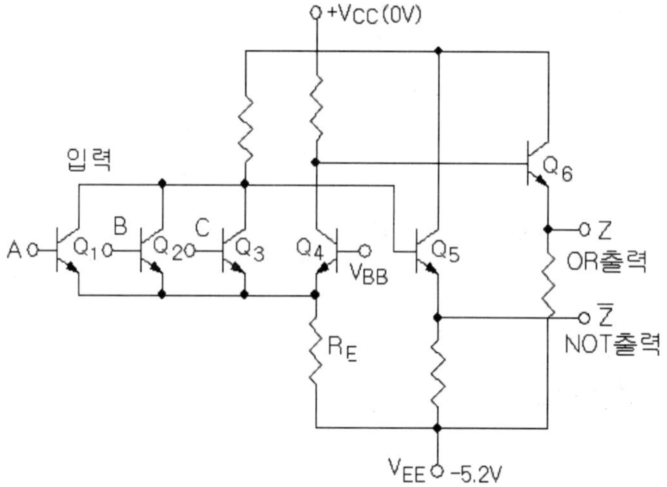

그림 11-31 ECL 논리 회로

그러나 ECL게이트를 단 전원으로 동작시키기 위하여 내부에 [그림 11-32]와 같이 온도 보상된 전압 분할 회로를 설치하여 바이어스 전압 -1.15[V]를 공급할 수 있다.

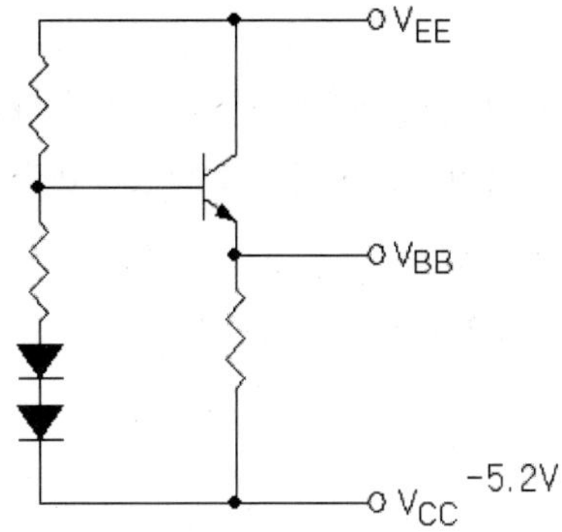

그림 11-32 바이어스 회로

11-9 MOSFET와 CMOSFET 게이트

11-9-1 MOSFET 게이트

가. MOS-인버터 회로

[그림 11-33] (a)는 능동소자인 MOSFET보다 확산 저항 R의 면적이 크게 차지함으로 쓰지 않고, 이것 R대신 비선형 저항인 FET를 직접 사용하는 그림 (b)와 같이 사용한다. 여기서 Q_1는 드라이버 FET이고 Q_2 FET는 부하용이다.

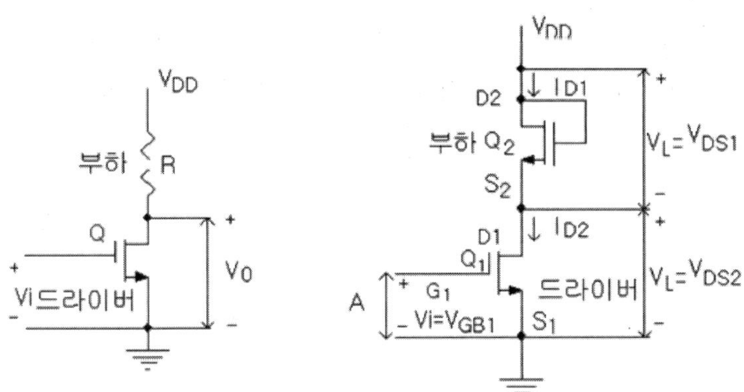

A	Y
V	V
V	0
0	V

$Y - \overline{A}$

(a) (b) (c)

그림 11-33 MOS-FET인버터

나. MOS-NOR 게이트

[그림 11-34] (a)에서 A, B 두 입력이 모두 0이면 트랜지스터 Q_1, Q_2는 차단되며 드레인 전류는 0이 되어 부하에서의 전압강하는 0이 된다. 그리고 출력은 +5V (V_{DD})가 된다.

그림 (b)의 진리표 첫 번째 항의 값이 된다. 두 입력중 하나 또는 둘 다 V_{DD}의 H 레벨이면 두 FET중 하나 또는 모두가 도통이 되어 출력이 0이 된다. 즉 이 회로는 NOR게이트로 동작하여 $Y = \overline{A+B}$를 실행한다.

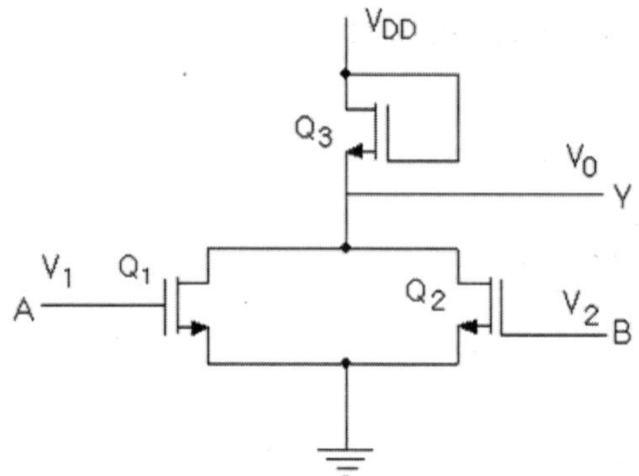

A	B	Y
V_1	V_2	V_0
0	0	V_{DD}
0	V_{DD}	0
V_{DD}	0	0
V_{DD}	V_{DD}	0

(a) NOR게이트 회로 (b) 진리표

그림 11-34 MOS-FET정논리와 NOR진리표

다. MOS-NAND 게이트

[그림 11-35] (a)에서 두 입력이 모두 0V이거나 그 중 하나가 0V이면 FET Q_1, Q_2의 모두 또는 하나가 차단되어 무한대의 저항이 걸려 V_{DD}(1의 상태)의 높은 전압이 Y에 걸려 H가 되고 두 입력 모두가 V_{DD}이면 두 FET가 도통이 되어 Y에 0V의 L가 걸린다. 따라서 진리표처럼 NAND게이트 동작이 이루어진다.

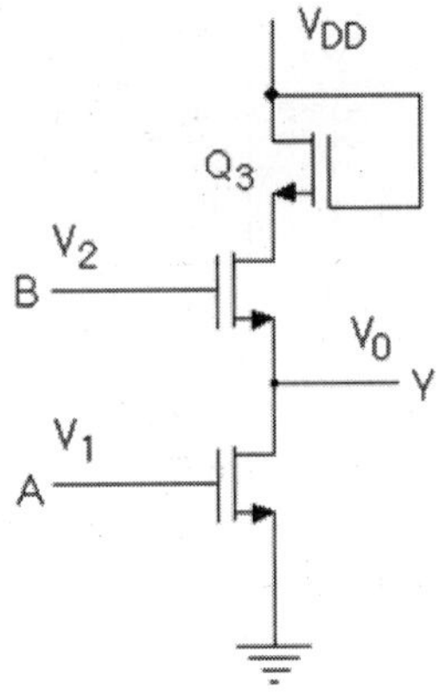

A	B	Y
V_1	V_2	V_3
0	0	V_{DD}
0	V_{DD}	V_{DD}
V_{DD}	0	V_{DD}
V_{DD}	V_{DD}	0

(a) NAND게이트 회로 (b) 진리표

그림 11-35 정논리 MOS-FET NAND게이트 회로

11-9-2 CMOSFET 게이트

CMOS 게이트는 게이트와 소스간의 극간용량 관계로 스위칭 속도가 1[MHz]정도로 매우 낮으나 저항, 콘덴서 등의 수동 소자가 전혀 필요치 않으므로 고밀도 집적이 가능하고 소비 전력이 작으며 잡음 여유가 크다. 또한 입력 전류에 무관한 전압만 필요로 하므로 팬 아웃은 대단히 크며 온도에 대한 안정성이 좋아서 TTL과 함께 널리 사용되고 있다.

가. CMOS 인버터

CMOS인버터의 구성은 [그림 11-36]과 같이 증가형의 PMOS를 V_{DD}측에, NMOS를 V_{SS}측에 연결한 것이 기본이 된다. 따라서 입력이 H레벨이면 NMOS는 도통, PMOS는 차단되어 출력이 L레벨이 되고, 입력이 L레벨이 되면 NMOS는 차단, PMOS는 도통되어 출력은 H레벨이 된다.

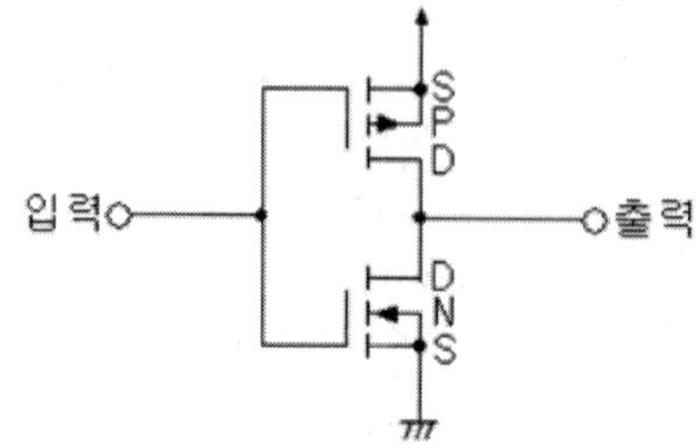

입력	출력
0	1
1	0

(a) 인버터 회로 (b) 진리표

그림 11-36 CMOS인버터 회로와 진리표

나. 버퍼

버퍼(buffer)는 인버터의 반대 작용을 하는, 즉 입력이 반전되지 않는 비반(non-inverter)논리 회로를 말한다. [그림 11-37]는 버퍼의 논리 기호이며 〈표 11-6〉은 진리표이다.

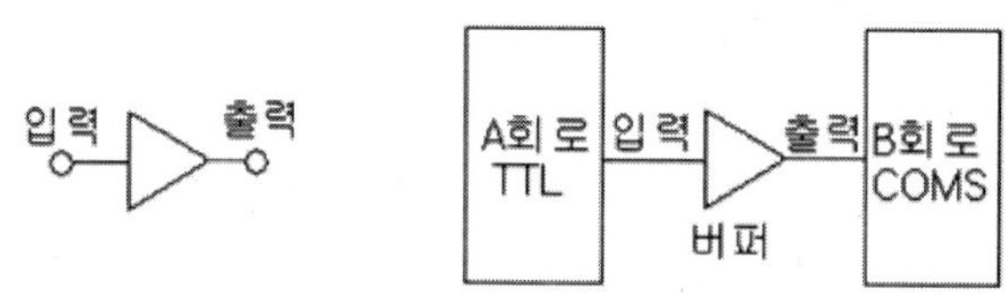

(a) 논리 기호 (b) 결합할 때의 버퍼

그림 11-37 버퍼

표 11-6 버퍼의 진리표

입력	출력
0	0
1	1

일반적으로 두 개의 회로를 결합하고자 할 때 두 회로의 임피던스 차이가 현격하여 신호 손실이 많아질 때 그 사이에 완충역할의 버퍼 삽입함으로써 결합이 가능해 진다.

예를 들면, TTL과 CMOS IC를 결합하여 사용할 때는 입출력 조건이 다르므로 반드시 버퍼를 하용해야 한다. CMOS버퍼는 인버터 회로 두 개를 연결하여 만들 수 있는데, 그 구성은 [그림 11-38]과 같다.

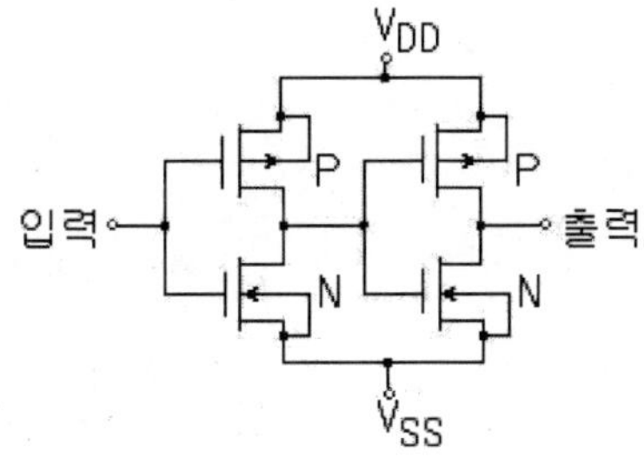

그림 11-38 CMOS버퍼

다. NOR 게이트와 NAND 게이트

[그림 11-39, 11-40]은 각각 CMOS NOR게이트 회로와 CMOS NAND게이트 회로이다. OR과 AND게이트를 구성하려면 위의 회로에 인버터 회로를 각각 출력에 연결하면 된다.

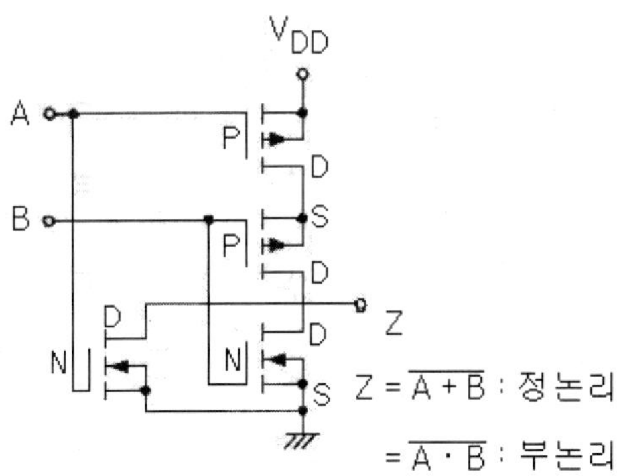

그림 11-39 CMOS NOR게이트

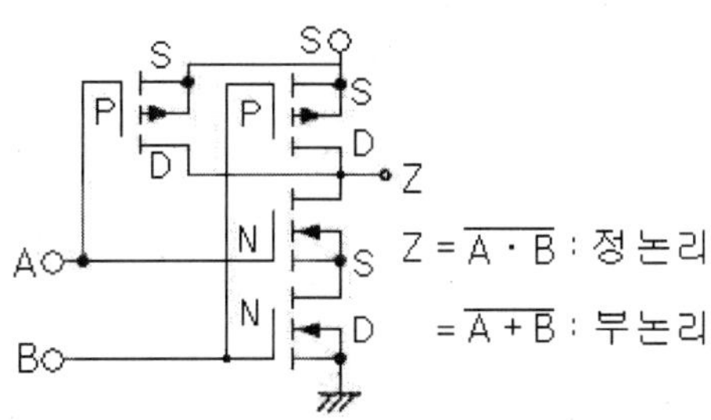

그림 11-40 CMOS NAND게이트

11-10 IIL 게이트 회로

IIL(integratde injector logic)게이트는 바이폴라 소자로 구성되므로 동작 속도가 빠르며 저항 소자를 사용하지 않아 점유면적도 적고, 출력은 오픈 컬렉터형을 채택하기 때문에 소비 전력도 매우 적다.

[그림 11-41]은 IIL게이트의 기본 회로와 구조다. 스위칭 원리는 인젝터(injector:바이어스 전류 주입단)의 전류가 PNP트랜지스터를 통하여 NPN트랜지스터의 베이스가 가해지고 있는 것을 논리 입력 단으로 전환시킴으로써 출력 NPN트랜지스터가 차단 상태로 전환되어 오픈 컬렉터가 된다.

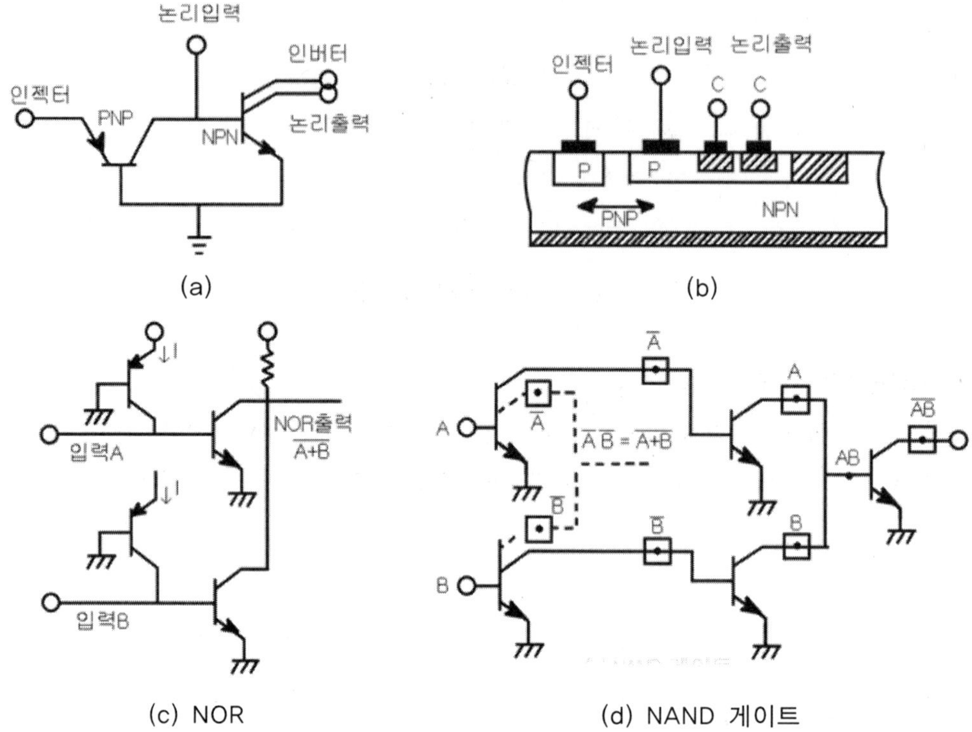

그림 11-41 IIL의 게이트

IIL게이트의 기본 회로는 오픈 컬렉터형의 인버터이지만, 출력 트랜지스터를 멀티 컬렉터형으로 하여 출력을 다른 인버터의 출력과 와이어드 AND결합시키고, 인버터를 필요에 따라 삽입시켜서 [그림 11-39]와 같이 NAND 또는 NOR논리를 수행시킬 수 있다.

IIL 게이트는 TTL게이트에 비하여 스위칭 속도는 떨어지지만 〈표 11-7〉에서 보는 바와 같이 집적밀도, 소비 전력면에서는 월등이 우수하여 CMOS논리 게이트와 TTL게이트의 중간 정도의 특성을 갖는다.

표 11-7 IIL과 TTL의 특성 비교

특성 / IC	집적 밀도 (gate/mm^2)	전달지연시간 (ns)	소비전력 (게이트당)	공급전압 (V)	논리전압 (V)
ILL	200	25	6~70μW	1~15	0.6
TTL	20	10	10μW	3~7	5

11-11 논리 회로의 특성

논리 게이트 회로를 선택 및 사용하고자 할 때 다음과 같은 특성을 고려해야 한다.

① 전력 소모
② 전달 지연 시간과 전달 속도
③ 클록률(주파수)
④ 전류원과 전류 흡입
⑤ 잡음 여유도
⑥ 팬 아웃
⑦ 논리 전압 레벨
⑧ 사용 전원 전압

이 가운데서 전류원과 전류 흡입, 잡음 여유 및 팬 아웃에 관하여 다시 한 번 알아보기로 하자.

11-11-1 전류원과 전류 흡입

논리 회로에서 출력단의 게이트 출력이 H상태에 있을 때 다음 단의 게이트에 공급될 수 있는 전류를 전류원(current source)이라 하고 (TTL에서 최대 40uA), 반대로 게이트의 출력이 L상태인 때 다음 단의 게이트에서 출력단의 게이트로 전류가 흡입하게 되는데 이것의 전류원과 전류 흡입의 실질적인 제한 관계는 서로 다른 형의 회로를 상호 결합시키는데 중요 한 결정 요소가 된다.

[그림 11-42]는 전류원과 전류 흡입 관계를 나타내고 있다.

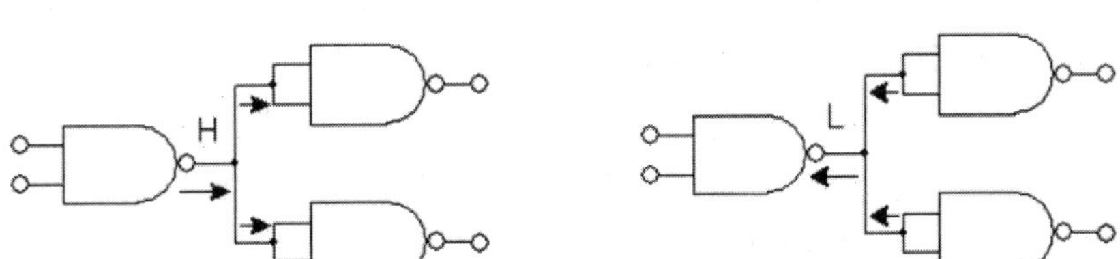

(a) 전류원　　(b) 전류 흡입

그림 11-42 전류원과 전류흡입

11-11-2 잡음 여유도

잡음(Noise)이란 산업기기나 어느 원인에 의하여 논리회로를 구성하는 시스템을 오작동하도록 하는 전기 신호를 말하고 이때 회로의 L 또는 H레벨의 논리 상태에서 허용되는 입출력 전압의 최대 변위량을 잡음 여유도(noisemargin)라고 하는데 이것은 잡음이 있을 때 논리 회로의 출력의 크기를 변함없이 일정하게 유지시키는 한계 허용량으로서 잡음에 대한 감내성으로 설명될 수 있다. CMOS는 잡음 여유도가 매우 크나 ECL은 매우 낮다. [그림 11-43]은 H상태가 L상태일 때는 최소 입출력에 대한 잡음 여유도를 나타내 주고 있다.

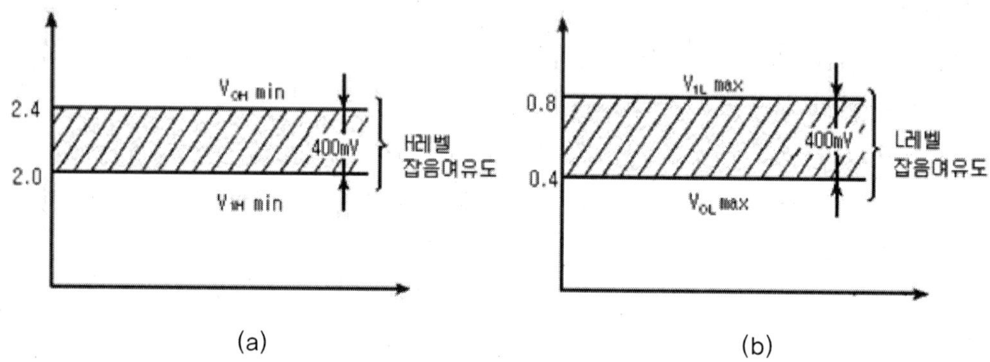

그림 11-43 TTL의 잡음 여유도

11-11-3 팬 인과 팬 아웃

어떤 논리 회로에서 그 입력에 접속할 수 있는 입력 용량을 팬 인(fan in)이라 하고, 논리 회로의 출력측에 부하로서 비슷한 형태의 회로를 출력측에 접속할 수 있는 용량을 팬 아웃(fan-out)이라 한다. 즉 "팬 아웃"이란 논리 회로에 연결시킬 수 있는 출력측 분기 회로의 다소(多少)를 표시하는 것이다. CMOS 회로가 가장 많은 팬 아웃을 가지며(50개 정도), TTL의 경우는 10개 정도의 게이트를 연결할 수 있는 팬 아웃을 가지고 있다.

전류가 거의 흐르지 않는다. 그러나 "L"상태일 때에는 [그림 11-44]의 (b)_에서와 같이 TTL의 부하측으로부터 표준형 IC의 경우 1.6[mA]의 전류가 흡입된다.

따라서 표준형 TTL의 출력이 L상태일 때 10개의 부하(unit load : UL)를 수용할 수 있다면 10 X 0.6[mA]의 전류가 흡입된다. 또한 74LS형의 TTL 출력이 L상태일 때 5개의 부하(UL)를 동작시킬 수 있다면 L상태의 출력에서 1개의 입력 부하가 0.25(UL)일 경우의 LS형의 팬 아웃

수는 다음과 같다.

$$F \cdot O_L = 5UL/0.25UL = 20$$

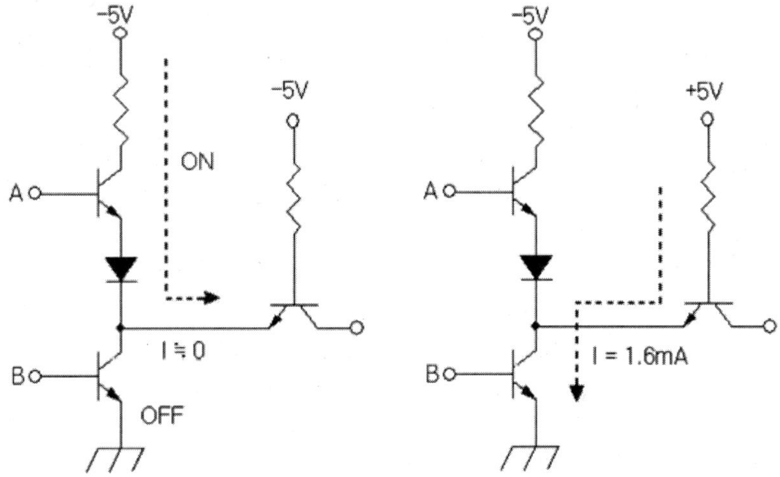

(a) 출력 H (b) 출력 L

그림 11-44 팬 아웃 동작

11-11-4 논리 전압 레벨

74LS 시리스는 세조 회사에서 입출력시의 L상태와 H상태를 〈표 11-8〉과 같이 정해 놓았으며 각 논리 게이트별 특성은 〈표 11-9〉와 같다.

표 11-8 논리 전압 레벨

게이트 / 전압레벨(V)	출 력	입 력
L 레벨	$V_{OL}(max) = 0.2$	$V_{IL}(max) = 0.8$
H 레벨	$V_{OH}(min) = 3.4$	$V_{IH}(min) = 2$

표 11-9 각종 논리 게이트의 특성

특성 \ 게이트	RTL	DTL	HTL	TTL	ECL	MOS	CMOS
1. 기본 구성게이트	NOR	NAND	NAND	NAND	OR-NOR	NAND	NOR NAND
2. 소모 전력(게이트당)	12mW	8~12mW	55mW	10mW(-) 1mW(L)	240mW	1mW~ 1mW	15μW
3. 잡음 여유(V)	0.2	0.75	6	0.4mW	0.3	-	3
4. 전달 지연 시간(ns)	12	30	150	3~10	0.5	-	10~15
5. 전원 전압(V)	3~3.6	5	15	(-)(L)(S)	-5.2	2~4	3~18
6. 클록률(주파수:MHz)	8	12~30	4	5 15~60	60~100	-	5~30
7. 팬 아웃수	5	8	10	10	7	20	150

11-11-5 전달 지연 시간과 전달 시간

논리 게이트의 동작 속도는 정보의 전달 지연 시간이 주어진다. 보통은 ns(nano second : 10^{-9}s)정도의 크기이다.

전달 지연 시간은 어떤 논리 회로가 입력을 가해서부터 출력이 이에 응답할 때까지의 지연시간을 의미한다.

ECL 게이트는 가장 빠른 동작 속도를 가지며 특히 MECLIII(Motorola ECL Type III)는 0.5[ns] 이하의 전달 지연 시간을 가지고 있다.

TTL 게이트에서는 74L시리즈가 33[ns] 정도로서 늦은 속도이고, 74S 시리즈는 3[ns]의 가장 적은 전달 지연 시간을 가지고 있다. 74HC시리즈는 15[ns]이고 CMOS 게이트는 보통 150[ns] 정도의 정보 전달 지연 시간을 가지므로 가장 느린 동작 속도를 가지고 있다.

이외에도 IC 소자 선택시나 작은 디지털 시스템에서는 꼭 고려되어야 할 사항이다.

CMOS는 최소의 전력 소모로 동작되어 4000 시리즈의 논리 회로는 14PIN의 패키지(package) IC당 15[uW] 이하이다.

TTL 게이트는 이보다 큰 전력이 요구되는데 74L 시리즈의 경우 게이트당 1[mW]에서 74H 시리즈의 게이트당 22[mW]에 이르는 범위의 소모 전력이 필요하다.

논리 게이트의 출력을 다음 단 게이트와 연결시킬때 출력 트랜지스터로 이루어진 게이트 driver gate)는 다음 단의 게이트에 대하여 낮은 입력 전압 상태를 이룩해 주려면 [그림 11-45]와 같은 다음 단에서 출력단 쪽으로 끌어 들여야 하며(current sinking), 다음에 대하여 높은 입력 전압 상태를 이룩하려면 구동 회로 전류(driver current)를 다음 단으로 보내주어야 한다.(current sourcing)

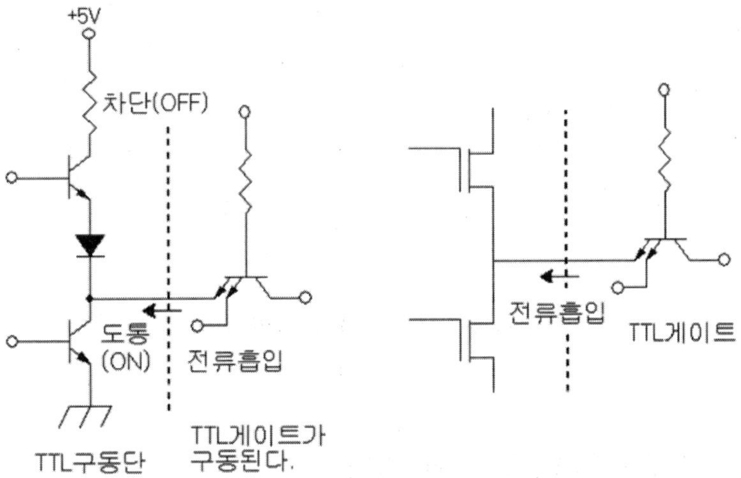

(a) TTL (b) CMOS

그림 11-45 전류 흡인형 동작

TTL 회로에서는 [그림 11-45]와 같은 방법, 즉 전류 흡인(current sinking) 방식으로 동작하게 되는데 출력 트랜지스터가 도통 상태로 되어 있으므로 다음 단 입력을 낮게 하기위하여 피구동 회로로부터 전류를 끌어들이고 있다. 만일 구동 회로 게이트가 충분히 이 전류를 처리할 수 없다면 원하는대로 다음 단 게이트를 동작시킬 수 없다.

CMOS 회로는 [그림 11-45]의 (b)와 같이 TTL 회로의 경우와 유사하게 동작하나 또한 낮은 전력(전류)상태로 사용한다.

CMOS 회로도 전류 흡인 방식으로 동작한다. RTL 회로와 같은 전류 유출형(current- sourcing) 게이트는 높은 전압 상태에서 충분한 입력 전류를 공급해 주기 위해서는 [그림 11-46]과 같이 구동 회로 단이 별도로 필요하다.

만일 구동 회로 단이 충분한 구동 전류를 공급할 수 없다면 다음단 게이트를 적절히 동작시킬 수 없다.

이상과 같이 전류 흡인형과 전류유출형 동작은 서로 다른 형의 논리 게이트를 연결할 때나 부하를 연결할 때 중요한 사항이다.

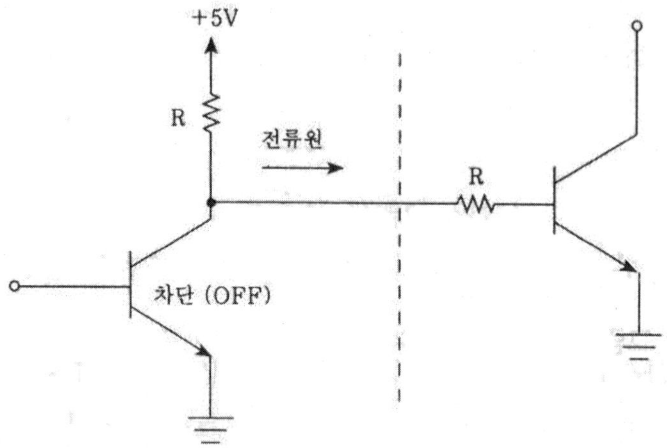

그림 11-46 전류 유출형 동작

11-12 TTL과 CMOS IC의 결합

이미 배운 바와 같이 TTL IC와 CMOS IC는 사용되는 전원 크기와 입출력 레벨 조건이 서로 다르다. 따라서 이들을 결합시키려면 레벨 조건을 적절하게 맞추어서 조합시켜야 하는데, 이러한 결합을 인터페이스(interface)라고 한다.

11-12-1 TTL IC에 CMOS IC의 결합

가. V_{DD} = 5[V]일 때

일반적으로 TTL IC의 전원 전압은 5[V]이고 CMOS IC 전원 전압은 V_{DD}=3~18[V]이다.

TTL 출력 전압이 L레벨일 때 V_{OL}=0~0.4[V]이고 CMOS의 입력 전압 V_{IH}=0~17[V]이므로 이 경우에는 문제가 없으나 TTL의 출력 전압이 H레벨일 때에는 V_{OH}=2.45[V], CMOS의 입력전압 V_{IH}=3.4~5[V]가 되어 전압 레벨이 서로 맞지 않는다. 최소값인 2.4[V]와 3.4[V] 사이에는 1 [V] 정도의 차이가 생겨 구동이 안될 수 있기 때문에 이때는 [그림 11-47]의 (a)와 같이 3.3 [KΩ]의 풀업 저항을 전원측으로부터 IC 사이에 연결하여 H레벨이 걸리도록 하면 된다.

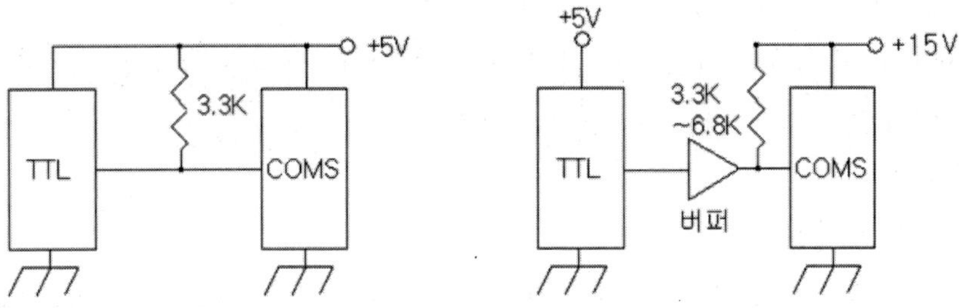

(a) VDD= +5[V] (b) VDD= +15[V]

그림 11-47 TTL IC에 CMOS IC의 결합

나. V_{DD} = 15[V]일 때

TTL의 출력 전압이 L레벨일 때에는 문제가 되지 않으나 H레벨일 때에는 CMOS의 입력 레벨이 최소 V_{IH}=10[V]가 되어 레벨간의 차가 7.6[V] 이상이 되므로, 이때에는 TTL 버퍼와 인버터를 사용하면서 전원측으로부터 3.3~6.8[kΩ] 정도의 저항을 버퍼 출력에 연결하면 된다. 이 밖에 트랜지스터를 사용하는 방법도 있다.

11-12-2 CMOS IC에 TTL IC의 결합

가. V_{DD} = +5[V]일 때

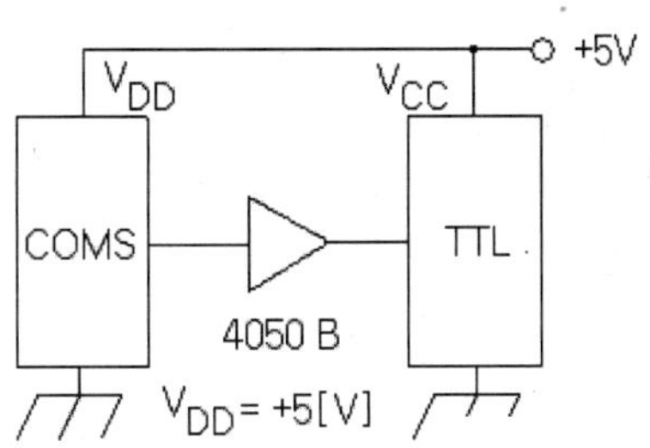

그림 11-48 COMS IC에 TTL IC의 결합(1)

CMOS의 출력 전압이 H레벨이면 V_{OH}=3.3~5[V]이고 TTL의 입력 전압 V_{IH}=2.4~5[V]이므로 전압 레벨은 문제가 되지 않으나, CMOS의 출력이 L레벨인 경우 V_{OL}=0~1.7[V]이고 TTL의 V_{IL}=0~0.8[V]가 되어 이들 사이에 0.9[V] 정도의 전압차가 생기므로 L레벨상태가 H레벨 상태로 바뀌게 되는 문제가 생긴다.

또, 전류에 있어서도 CMOS의 흡입 전류 I_{OL}=0.44[mA] 이며, TTL의 유출 전류 I_L=1.6[mA]가 되어 정격이 초과된다. 이때는 [그림 11-48]과 같이 CMOS와 TTL 사이에 흡입 전류가 큰 CMOS 버퍼를 삽입하면 된다.

나. V_{DD} = +15[V]일 때

CMOS의 출력 전압이 L레벨이면, CMOS의 V_{OL}=0~5[V]이고, TTL의 V_{IL}=0~0.8[V]이므로 문제가 되며, 또 CMOS의 출력이 H레벨일 때도 V_{OH}=10~15[V], TTL의 V_{IH}=2~5[V]이므로 레벨차가 심하게 발생한다. 이 경우에는 [그림 11-49]와 같이 분할 저항을 연결하면 된다.

여기서 특히 R_1은 10[KΩ] 이상의 값일 때 입력 레벨에 정합 되는데, 그 이유는 다음 식과 같이 V_{CC}와 V_{DD}의 값이 다르기 때문이다.

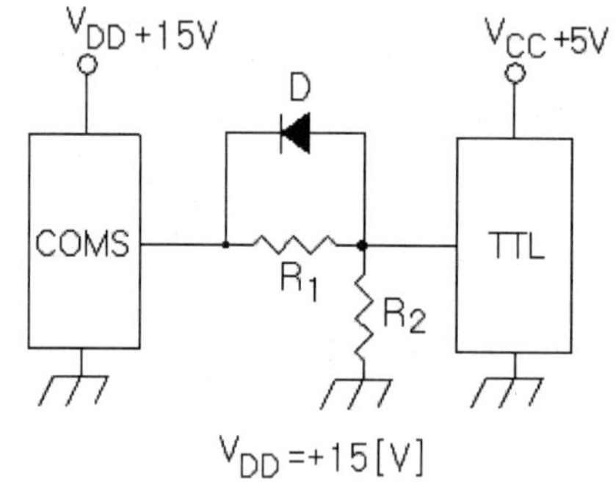

그림 11-49 CMOS IC에 TTL IC의 결합(2)

11-12-3 IC 논리 회로의 구성

디지털 논리 회로 소자는 보통 집적 회로화하여 사용한다. 모노리틱 집적회로(Monorithic IC)는 작은 반도체 칩(chip)에 구성된 전자회로이며, 여기에 구성 소자로는 트랜지스터, 다이오드, 저항, 콘덴서 등을 사용하여 여러 개의 논리 게이트나 플립플롭을 형성하는데, 회로 크기는 집적도에 따라 1 X 1 [mm]에서 6.25 X 6.25[mm] 정도의 정방향이다. 이들은 한 개의 반도체 규소 단결정의 웨이퍼 (wafer) 위에 구성되어 금속 및 플라스틱으로 외형이 씌워진 다음 IC 핀을 통해 외부와 연결되고 있다. 직경 2.5[mm]의 웨이퍼에서 1.25 X 1.25[mm] 크기의 칩을 400여개를 만들 수 있고, 여기서 완전한 기능을 갖는 웨이퍼 하나를 칩(chip)이라 하고, 이 칩의 외형은 DIP(dual in line package)형, 메탈 캔 패키지(metal can package : TC)형, 플랫 패키지(flat package)형 등이 사용된다.

메탈 캔 패키지형은 금속 케이스로 만들어지며, 나머지는 에폭시 수지를 고착 시켜 고온 다습의 주위 환경에 영향을 크게 받지 않도록 만들어지고, 그 형태는 [그림 11-50]과 같다.

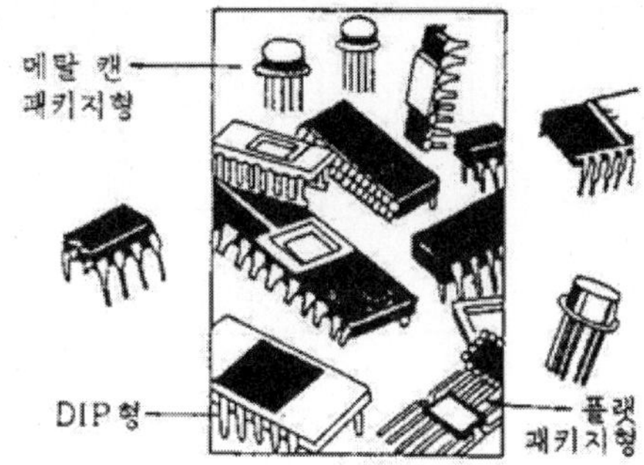

그림 11-50 패키지 형태에 따른 IC

디지털 전자회로 설계시 논리 게이트를 사용하는데 이를 더욱 작은 규모로 집적화 시키는데 이를 IC(Integrated Circuit), 집적회로라 부르고 이들을 구성하는 재료에 따라 TTL과 CMOS IC로 나누어지며, [그림 11-51]은 TTL IC의 명명법을 보여주고 있다. 한편 CMOS로 구성하는 IC는 40 또는 140 씨리스로 시작하고 있다.

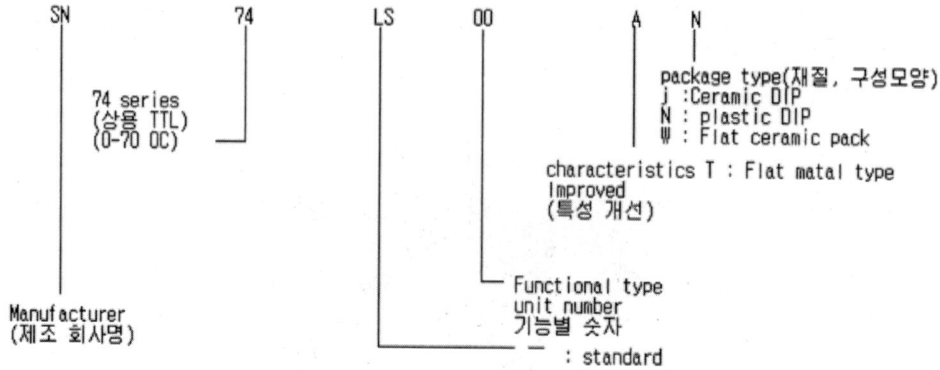

MC : motorola
DM : National semiconductor
M : intersil
N : sigketics
P : Intel
H : Harries
MM : Monorithic Memori
F : Fairchild
AM : Advanced Micro Devices
CD : RCA
HD : Hitachi
Dn/MN : Matsushita
M : Mitsushita
MB : Fujitsu
TC : Toshiba
HY : Hyundai
GD : Goldstar
SM(K-) : samsung

S : High speed Schottky
L : Low power
LS : Low power Schottky
H : High power
F : Fast
HC : High speed CMOS
HCT : High speed CMOS TTL
AC : Advanced
AS : Advanced Schottky
ALS : Advancd Low power Schottky

그림 11-51 TTL-IC의 명명법

다음 [그림 11-52]는 웨이퍼와 칩 그리고 패키지 모양을 나타내주고 있다.

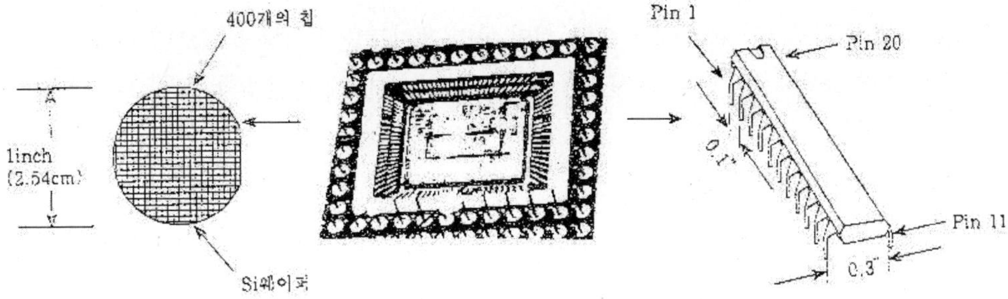

그림 11-52 웨이퍼와 칩, 패키지 모양

11-12-4 IC 논리 회로의 종류

IC는 그 집적도에 따라 아래와 같이 분류한다.

가. SSI(small scale integration)

소규모의 집적 회로를 말하며 12 내지 20개 정도의 논리 게이트를 구성하고 있다. NAND . NOR . OR. AND. EX - OR, 인버터, JK플립플롭 등의 기본적인 기능 이외에 DTL, TTL, ECL 등이 이에 속하며 8핀에서 16핀까지의 패키지핀으로 연결되어 있다.

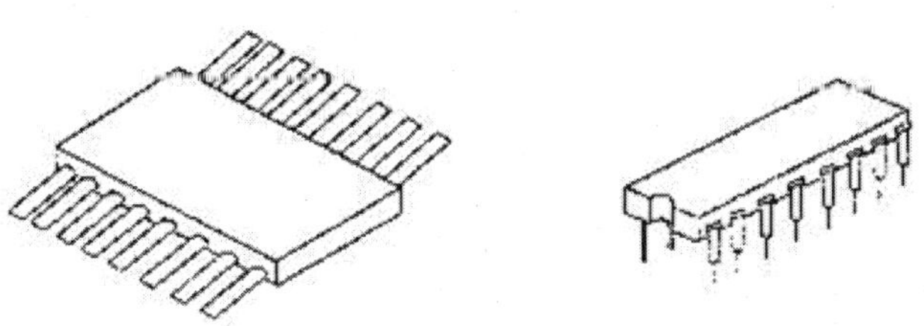

그림 11-53 16핀 IC 패키지

나. MSI(medium scale integration)

중규모의 집적 회로로서 20개에서 수백 개의 논리 게이트를 구성하고 있으며 디코더, 카운터, 연산 회로, 멀티플렉서, 시프트 레지스터 등이 이에 속한다. 16핀에서 24핀으로 연결된다.

다. LSI(large scale integration)

대규모의 고밀도 집적 회로로서 1000개에서 10000개의 논리 게이트를 구성하며 ROM, RAM등의 메모리 소자, 시계, 계산기의 칩을 만들 때 쓰인다.

이보다 더 논리 게이트 수가 10만개 이상으로 많고 집적 밀도가 높은 초고밀도 집적회로(VLSI)나 슈퍼 고밀도 집적회로(ULSI)의 칩이 개발 되어 있다. 일반적으로 TTL을 이용한 디지털 기기의 제작에는 SSI와 MSIfmf 조합 하여 사용하고 있다.

연습문제

1. 그림에서 각 다이오드가 이상형이라고 할 때, 입력으로 40[V]의 실효값이 인가되고 E = 10[V]일 때의 출력파형을 그려라.

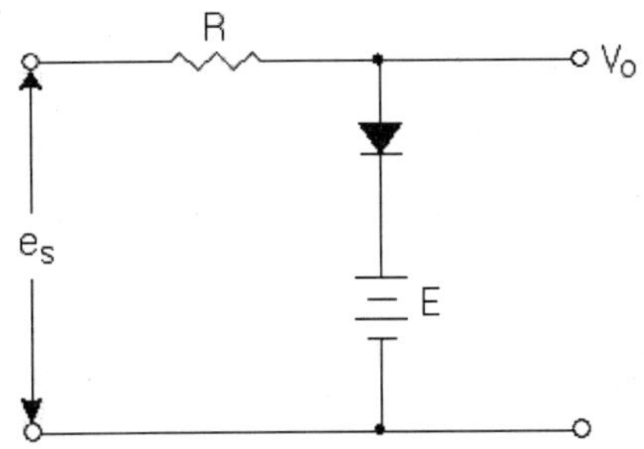

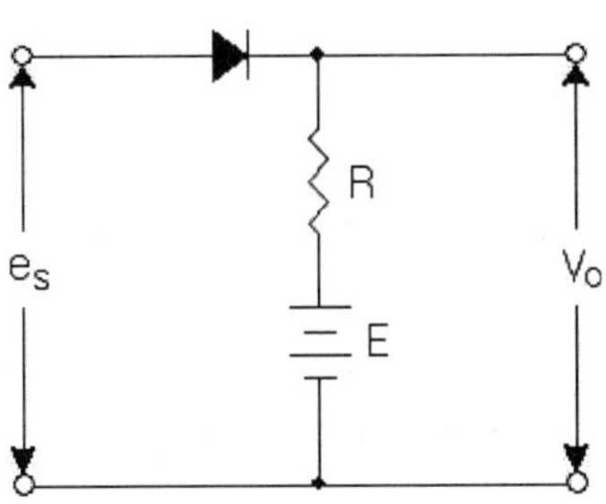

2. 문제 1에서 E = −10[V]일 때의 출력 파형을 그려라.

3. 문제 1에서 R = 1900[Ω], 다이오드 순방향 저항 R_{df} = 100[Ω]일 때의 출력 파형을 그려라.

4. 다음과 같은 회로의 정현파 입력에 대한 출력 파형을 그려라.

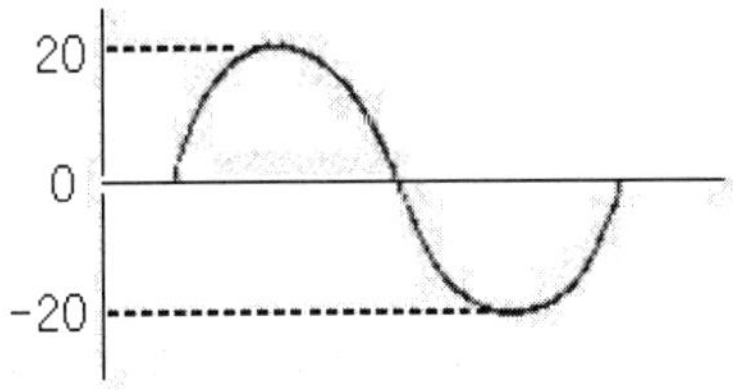

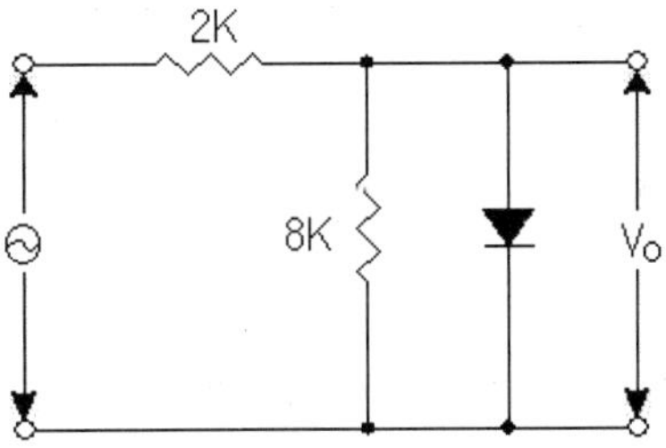

5. 다음과 같은 삼각파 입력에 대한 회로의 출력 파형을 구하라.

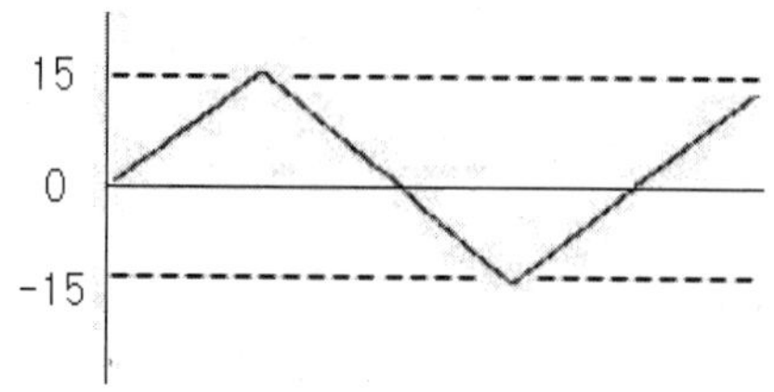

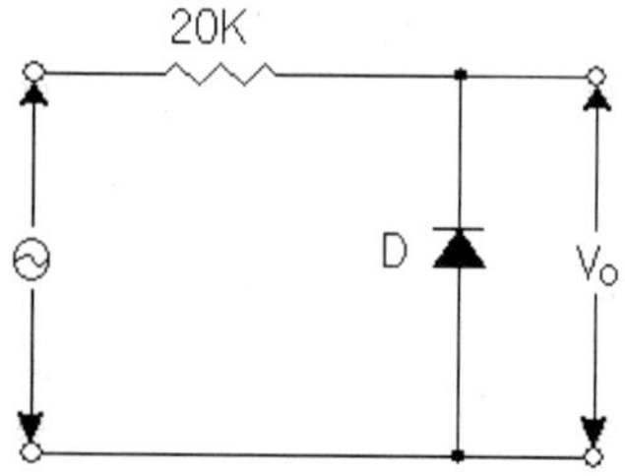

6. 제너 다이오드 클리핑 회로에서 제너 다이오드에 흐르는 전류의 최소, 최대값을 구하여라.

7. 트랜지스터 스위칭 회로에서 입출력 파형에 대한 스위칭 시간 관계를 설명하여라.

8. 스위칭 속도 개선 방법 두 가지를 들어라.

9. 다이오드 OR 회로와 트랜지스터 OR 논리회로를 그리고, 진리표를 작성하여라.

10. 다이오드 AND 회로와 트랜지스터 AND 회로를 그리고, 동작 상태를 설명하여라.

11. [그림 11-19]의 DTL OR 게이트 회로에서 다이오드 D_1과 D_3이 하는 일을 설명하여라.

12. TTL NOR 게이트 회로를 그려라.

13. TTL NAND 게이트 회로에 토템폴 형식을 사용하는 이유와 다이오드 D_1의 하는 일을 설명하여라.

14. TTL 74 시리즈의 게이트 특성을 비교 설명하여라.

15. [그림 11-22]의 (b)의 RCL회로에서 콘덴서 C가 하는 일은 무엇인가?

16. 오픈 켈렉터형 TTL 회로에 대하여 설명하여라.

17. 3상태 인버터(tri-state invertor) 회로를 그리고, 동작 상태를 설명하여라.

18. [그림 11-30] HTL회로의 특성을 설명하고 제너 다이오드 D_3가 하는 일을 설명하여라.

19. ECL 논리 회로를 그리고, 그 특성 및 장·단점을 설명하여라.

20. CMOS 인버터와 버퍼를 그리고, 비교하여라.

21. CMOS NOT게이트와 NAND게이트를 그리고, 동작을 설명하여라.

22. IIL NOR 게이트를 그리고, 스위칭 동작을 설명하여라.

23. 전류원과 전류 흡입에 대하여 설명하여라.

24. 잡음 여유도와 팬 아웃에 대하여 설명하여라.

25. TTL과 CMOS를 이용한 논리 게이트의 특성을 비교 설명하여라.

26. TTL CMOS 결합 방법을 설명하여라.

27. IC 칩(Chip)의 패키지 형태에 다른 종류를 열거하여라.

28. 4개의 입력을 갖는 NOR, NAND 게이트를 MOS로 설계하라.

29. 바이폴라 IC와 MOS IC의 기본적인 차이점을 설명하라.

30. I^2L에서 두 입력 A, B의 NOR게이트를 얻는 그림을 그려라.

31. 다음 그림은 N 채널 CMOS 게이트이다. 무슨 회로이며 진리표를 써라.

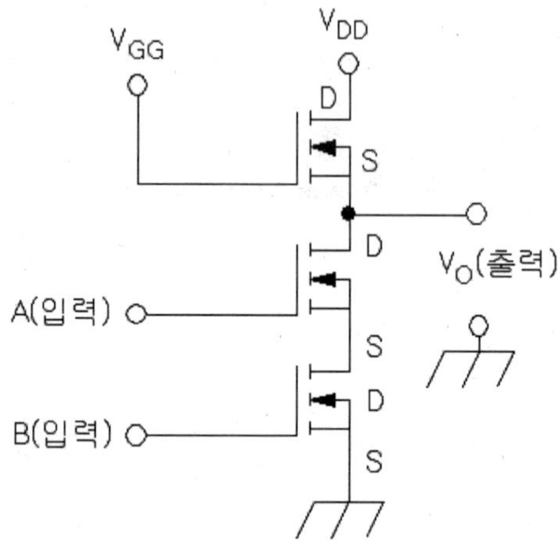

12 아날로그와 디지털 신호의 상호 변환

디지털-아날로그(D/A)변환과 아날로그-디지털(A/D)변환은 디지털 데이터 처리에 있어서 대단히 중요한 관점이다. D/A변환이란 디지털 정보를 등가의 아날로그 정보로 변환하는 것을 의미한다. 예를 들면, 디지털 시스템의 출력은 펜 기록계를 구동시킬 목적으로 아날로그 신호로 변환해야 한다. 마찬가지로 그래프를 그리기 위해서 플로터(plotter)의 커서암(cursor arm)을 구동시키는 서보 모터(servo motor)를 구동시키기 위해서는 아날로그 신호가 요구된다.

또 D/A 변환의 역 변환이 필요한 경우가 자주 있다. 즉, 아날로그 신호를 등가 디지털신호로 변환시키는 과정은 A/D 변환기를 사용함으로써 얻어진다. 예를 들이 트렌스듀서(trans- ducer)로부터의 아날로그 출력 신호(온도, 압력, 진동, 회전 속도 등)를 이와 등가인 디지털 신호로 변화시키기 위해서 A/D변환기가 사용되는 것이다. 이 신호는 적당한 형태로 바뀌여 디지털 시스템에 들어간다. A/D변환기는 일반적으로 디지털 시스템에 들어가는 인코드 신호(encode signal)로 사용되므로 인코딩 장치(encoding device)로 간주할 수 있다. D/A변환은 간단한 조작으로도 가능하며 A/D변환보다 용이하다. 실제로 D/A변환기는 어떠한 A/D변환기에 있어서나 반드시 필요한 부분이므로 우선 D/A변환 과정을 생각해 보려 한다.

12-1 디지털-아날로그 변환기(Digital-Analogue Converter: DAC)

대개의 많은 시스템에서 출력 신호를 아날로그 신호나 연속적인 변화량으로 얻어낸다. 즉, 온도, 기압 등을 예로 들 수 있다. 오늘날의 기술로서 신호 처리 과정에서 디지털 방법을 사용하여 수행하는 경우가 종종 있다. 그리고 그 처리와 신호를 아날로그 형태로 전환하는 경우가 있다. 그리하여 아날로그 장치와 디지털 시스템을 전속하는 데이터 변환기가 다양하게 개발되어 왔다. 그것들은 광범위하게 응용되고 있는데 자동처리 제어측정과 시험, 음성과 영상 송신 등이다.

디지털 아날로그 변환회로는 2진수 또는 BCD코드의 디지털량에 대응하는 아날로그량으로 바꾸는 회로로 그 구성방식에 따라 전류가상형(가중치 저항형)과 전압가산형(사다리 저항형)으로 크게 구분하고, 그 밖에 펄스의 수를 전압으로 바꾸는 N-V형과 펄스의 주파수를 전압으로 변환하는 f-V형이 있으나 본 장에서는 앞의 두 가지만 소개한다.

12-1-1 정확도와 분해능

변환기에서 중요한 면은 변환의 정확도와 분해능이다. 이들 둘 사이에는 뚜렷한 구별이 있으므로 분명히 이해해야 한다.

가. 정확도(accuracy)

정확도는 측정된 실제 출력이 이론적인 출력값과 어느 정도의 근사치인가 하는 척도이다. 예를 들면 측정된 입력에 대한 이론적인 출력값이 +10[V]라고 한다면 (±)10[%]의 정확도란 실제 출력 전압이 +9[V]와 +11[V] 사이의 어떤 값이라는 것을 의미한다. 또 하나 (±)1[%]의 정확도는 +9.9[V]와 +10.1[V] 사이의 출력을 의미한다.

나. 분해능(resolution)

분해능은 두 개의 출력값을 얼마나 자세하게 구별할 수 있는가의 정보를 나타낸다.

예를 들면 4비트 시스템 LSB(leat significant bit)는 1/16의 가중치를 갖는다. 이것은 출력 전압의 최소 증가분이 입력 전압의 1/16이라는 것을 의미한다. 즉, 입력 전압이 16[V]라 할 때, 출력 전압음 1[V]씩 증가됨을 의미한다. 따라서 4비트 시스템은 0[V]에서 15[V]까지 1[V]씩 변하며 이 시스템은 1[V]보다 작은 전압의 변화분을 출력으로 뽑아낼 수 없음을 의미한다. 그래서 μA741변환기를 써서 5.2[V]를 만들고자 한다면 실제의 출력전압은 5[V]가 되며, 8.8[V]의 전압을 원한다면 실제의 전압은 8[V]가 될 것이다. 그리하여 이 4비트 시스템은 그의 분해능인 1[V]보다 더욱 상세한 전압을 식별할 수 없음이 분명하다. 만약 좀 더 미세한 분해능으로 전압을 원한다면 좀 더 많은 입력 비트를 가진 변환기를 사용하면 된다.

다. 정확도의 분해능의 양립성

앞에서 우리는 정확도와 분해능을 살펴보았다. 이둘은 서로 독립적인 의미를 가지고 있지만 또한 서로 상호 연관성이 있다. 가령 10[V]의 입력에 대해 정확도가 5[%], 분해능력이 0.1[V]라 한다면 이 시스템은 9.2[V]나 9.3[V]의 미세한 전압을 분해능으로 나타낼 수 있어야 하지만, 실질적인 값은 정확도가 그 각 전압에 대하여 ±0.5[%]의 오차가 있으므로 9.5[V]로 똑같이 나올 수 있다. 한편 분해능이 1[V], 정확도가 1[%]라 하면 이 시스템은 9.2[V], 9.8[V]를 정확하게 ±0.1[V]의 오차로 나타낼 수 있어야 하지만, 분해능이 1[V]은 9.2[V]와 9.8[V]를 구분할 수 없다. 이와 같이 정확도와 분해능은 서로 연관성을 가지고 있으므로 어느 시스템이건 상호 양립성이 이루어져야 한다.

12-1-2 전류 가상형 디지털-아날로그 변환기(DAC)

[그림 12-1]은 4비트 병렬형 디지털 워드(word), $A_3 \cdot A_2 \cdot A_1 \cdot A_0$를 그에 비례하는 아날로그 전압으로 변환시키는 수동 소자 저항 회로망이다. 만약에 디지털 워드가 연속적인 형태로 되어 있다면 그것을 병렬형으로 전환시키기 위하여 시프트 레지스터(shift REGISTER)를 사용한다. 그림에서 임의의 A_n이 "1"이면 스위치 S_n이 기준 전압 V_R에 연결되며, "0"이면 GND에 연결된다.

회로에서의 저항들은 다음의 저항이 2진법으로 비트의 자리수의 급수에 반비례한 형태로 가중되어 있다. 그러므로 이 비트 변환기는 다음과 같다.

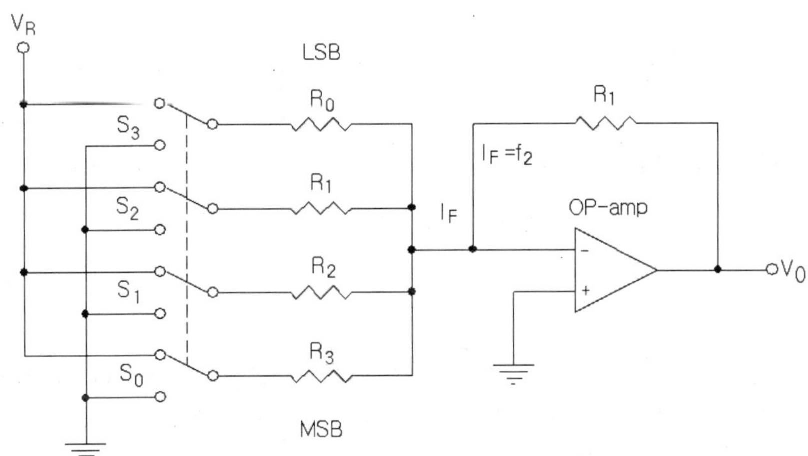

그림 12-1 전류 가산형 D/A 변환기

$$\begin{aligned} \text{LSB} &: R_0 = R/2^0 = R \\ & \quad R_1 = R/2^1 = R/2 \\ & \quad R_2 = R/2^2 = R/4 \\ \text{MSB} &: R_3 = R/2^3 = R/8 \end{aligned} \tag{12-1}$$

여기에서 R은 회로에서 임피던스 레벨을 맞추기 위하여 선택될 수 있는 임의의 저항값이다.

실제적으로 이 회로는 반전 증폭기이므로 가상적으로 OP.AMP의 입력 전압은 0[V]이므로 전류와 전압의 식은 다음과 같다.

$$I_S = V_R \cdot (A_3/R_3 + A_2/R_2 + A_1/R_1 + A_0/R_0) \tag{12-2}$$

여기서 (12-1)를 (12-2)에 대입하면 다음과 같은 식이 된다.

$$I_S = V_R/R \cdot (2^3 \cdot A_3 + 2^2 \cdot A_2 + 2^1 \cdot A_1 + 2^0 \cdot A_0) \qquad (12\text{-}3)$$

여기에서 S_n가 VR에 연결되면 A_n=0, S_n가 GND이면 A_n="0"이다. 식 (12-3)에서 전류는 2진수 $A_3 \cdot A_2 \cdot A_1 \cdot A_0$에 곧바로 비례함을 분명히 보여주고 있다.

예로서, $A_3 \cdot A_2 \cdot A_1 \cdot A_0$=1111이면, Is=15$V_R$/R, $A_3 \cdot A_2 \cdot A_1 \cdot A_0$=0110면, Is=6 · V_R/R이다. 한편 출력 전압은 다음과 같이 된다.

$$\begin{aligned} V_0 &= -I_F \cdot R_F \\ &= -I_S \cdot R_F \\ &= -(R_F \cdot V_R/R) \cdot (2^3 \cdot A^3 + 2^2 \cdot A_2 + 2_1 \cdot A_1 + 2^0 \cdot A^0) \end{aligned} \qquad (12\text{-}4)$$

그러므로 출력 전압은 2진 입력의 수치에 비례하는 전류에 비례한다. 따라서 이 회로를 전류 가상형 D/A 변환기라 하며, 또한 저항이 가중되어 있으므로 가중치 저항 D/A 변환기라고도 한다.

예제 1 비트 전류 가상형 D/A 변환기에서 디지털 입력이 110100일 때, 출력 전류가 5[mA]이다. 디지털 입력 111100의 출력 전류가 얼마인가?
단, R_F=R=1[KΩ]이다.

(풀이)

$$\begin{aligned} I_F &= I_S \\ &= (V_R/R) \cdot (2^5 \cdot A_5 + 2^4 \cdot A_4 + 2^3 \cdot A_3 + 2^2 \cdot A_2 + 2^1 \cdot A_1 + 2^0 \cdot A_0) \end{aligned}$$

$A_5 \cdot A_4 \cdot A_3 \cdot A_2 \cdot A_1 \cdot A_0 = 110100$을 대입하면

$$\begin{aligned} I_F &= (V_R/R) \cdot (32+16+4) \\ &= 52V_R/R \end{aligned}$$

$$\begin{aligned} \therefore V_R/R &= (5[mA]/52) \cdot (32+16+8+6) \\ &= (5[mA]/52) \cdot 60 \\ &= 5.76[mA] \end{aligned}$$

예제 2 다음과 같은 가중치 DAC 가산망에서 D_0에 +5Vm 나머지는 0V 가해질 때 그리고 또 D_2에 +5V, 나머지에 0V가 가해질 때의 출력 DC Volt는 얼마인가?

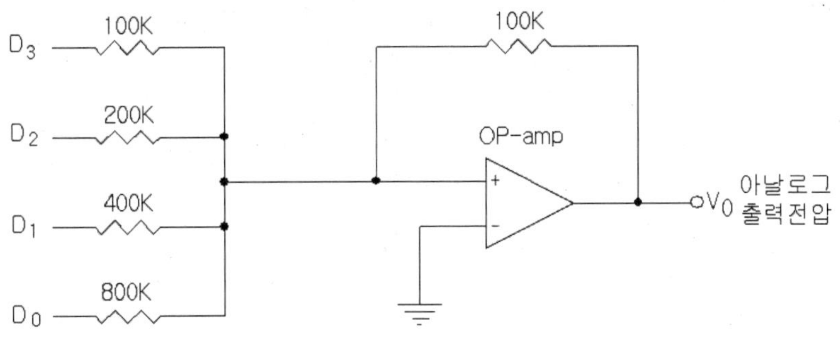

(풀이)

1) (100kΩ/800kΩ)*5V=0.625V

2) (100kΩ/200kΩ)-5V=2.5V

예제 3 10단의 저항으로 이루어진 사다리 계단형 DAC의 분해능을 구하라.

(풀이)

분해능=$1/2^n=1*2^{10}=1/1024=0.000977$

이 값을 퍼센트나 ppm(part per million)으로 나타내야 함으로

0.000977×100%=0.0977% 또는

0.000977×1,000,000ppm=977ppm

표 12-1은 비트의 수에 따른 분해능을 나타내고 있다.

표 12-1 여러 가지 비트의 DAC에 대한 분해능

비트 수(n)	분 해 능	
	%	ppm
4	6.2500	62,500
8	0.3906	3,906
10	0.0977	977
12	0.0244	244
14	0.0061	61
16	0.0015	15
18	0.0004	4

12-1-3 전압 가산형 디지털-아날로그 변환기(DAC)

[그림 12-2]는 광범위한 저항값을 필요로 하지 않는 사다리형 D/A변환기이다.

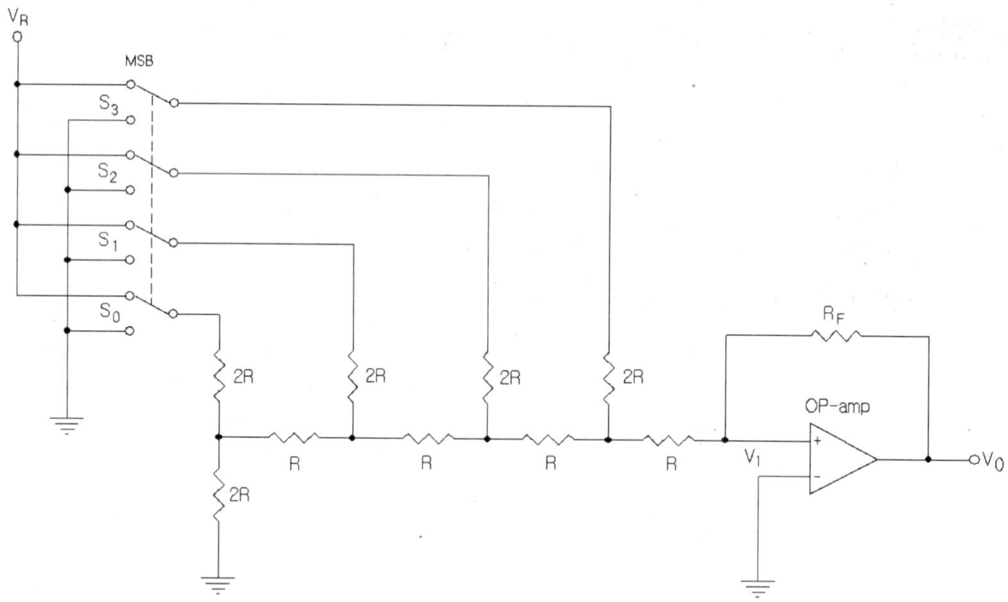

그림 12-2 전압 가산형 D/A변환기

일단 이 회로의 해석을 간단히 하기 위하여 디지털 워드는 4비트짜리이며, 모든 S/W가 S_0를 제외하고 GND로 연결되어 있다고 하면, 이에 대한 등가 회로는 [그림 12-3]이 된다.

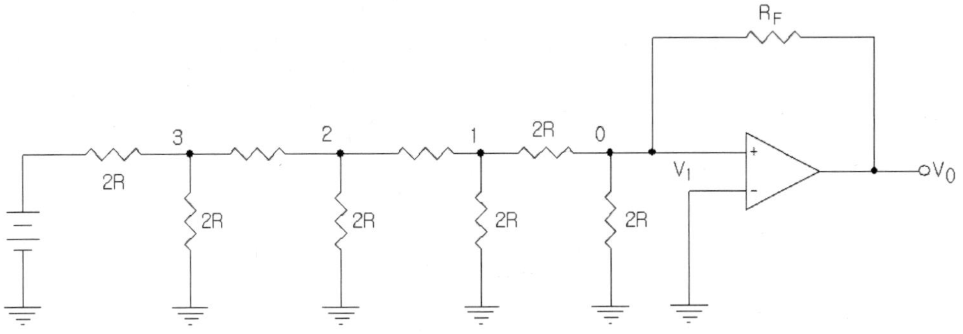

그림 12-3 $A_3 \cdot A_2 \cdot A_1 \cdot A_0$=0001일 때의 등가 회로

마디 3에서 테브냉(Thevenin)의 정리를 이용하면, 마디 3에서의 테브냉 전압은 $V_R/2$이며, 테브냉의 저항은 [그림 12-4]와 같이 R이 된다.

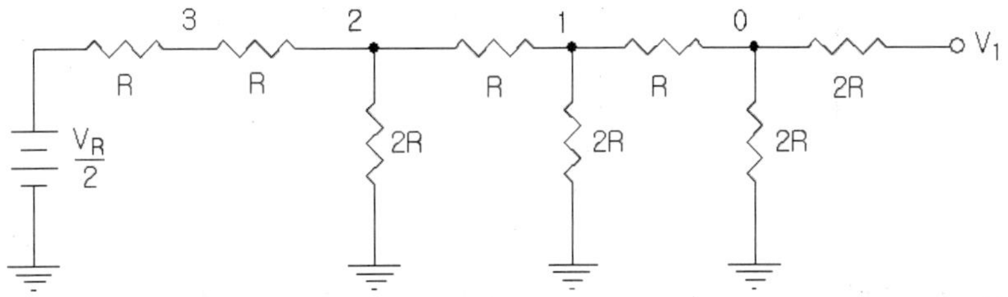

그림 12-4

같은 방법으로 각 마디에서의 테브낭의 전압을 계산해 보면 다음과 같다.

마디 2에서는 $V_R/4$이며 [그림 12-5]와 같이 된다.

마니 1에서는 $V_R/8$이며 [그림 12-6]괴 같이 된다.

마디 0에서는 $V_R/16$이며 [그림 12-7]과 같이 된다.

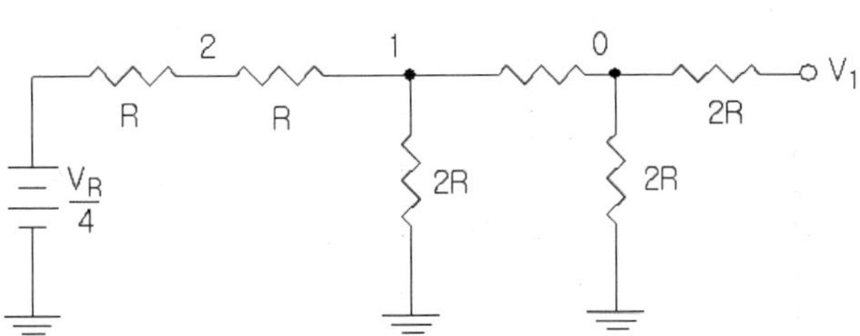

그림 12-5

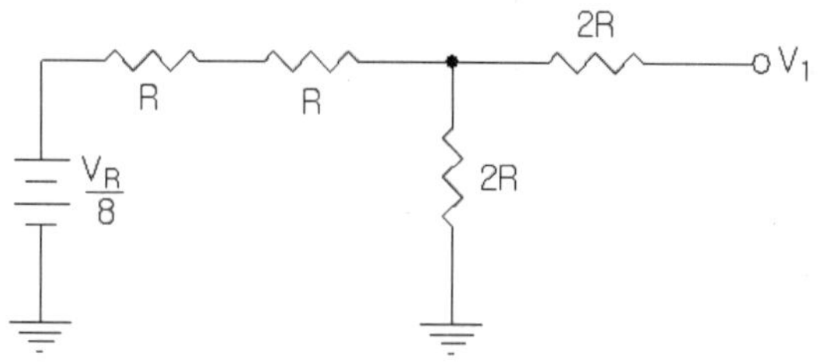

그림 12-6

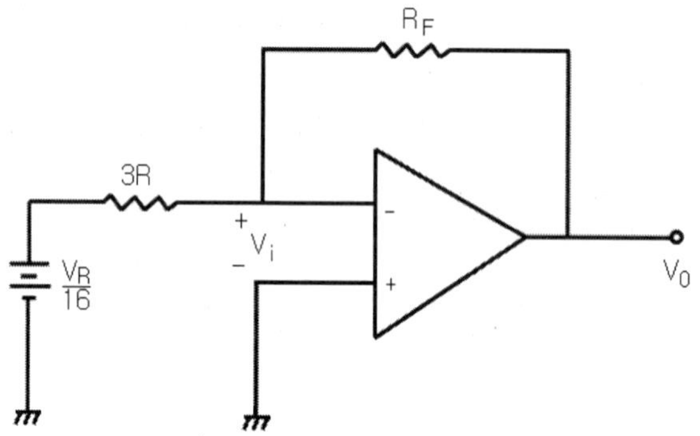

그림 12-7

결국 OP AMP의 입력전압 V_i는 V_R/16과 3R의 직렬 저항으로 구성된 회로로부터 구해진다.

한편 Sε 을 제외하고 S/W가 접지되어 있다면 OPAMP입력은 V_R/2과 3R의 직렬 저항으로 구성된 [그림 12-8]과 같은 회로로부터 구해진다.

A_n=일 때 S_n=1, A_n=0일 때 S_n=0이라는 것을 인식하면 중첩의 원리에 의해서 출력 전압은 다음과 같이 된다.

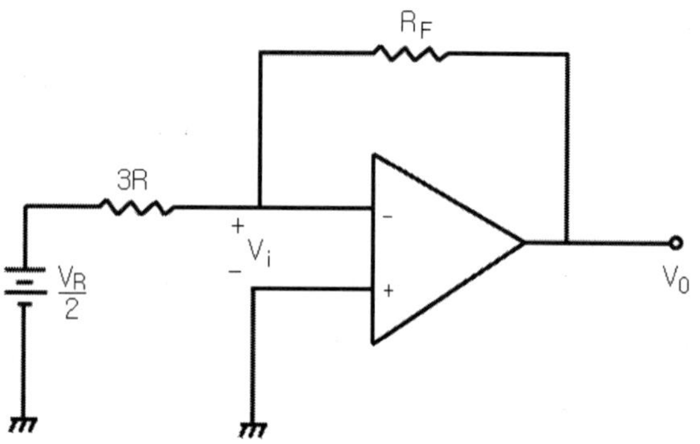

그림 12-8

$$V_0 = (-R_F \cdot V_{R/2}/3R) \cdot (S_3/2^3 + S_2/2^2 + S_1/2^1 + S_0/2^0)$$
$$= (-R_F \cdot V_{R/2}/3R) \cdot (2^3/S_3 + 2^2 \cdot S_2 + 2^1 \cdot S_1 + 2^0/S_0) \qquad (12\text{-}5)$$

식 (12-5)에서 보여진 바와 같이 이 회로는 자리수에 따라 전압이 가산되므로 이를 전압 가산형 D/A변환기라고 한다.

예제 4 사다리꼴 회로망을 사용하는 9비트 D/A변환기의 분해능은 얼마인가? 또 백분율[%]로 표시된 이 분해능은 얼마인가? 만일, 이 변환기의 전체 눈금 출력 전압이 +5[V]로 표시된 분해능은 얼마인가?

(풀이)

9비트 시스템의 LSE는 1/512의 가중치를 갖는다. 그래서 이 변환기는 512 가운데 1부분의 분해능을 갖는다. 이것을 백분율로 표시하면 (1/512)•100[%]=0.2[%]이다. 전압 분해능은 LSB의 가중치에 전체 출력 전압을 곱하여 얻어진다. 따라서 분해능은 (1/512)•5[V]=10[mA]이다.

(답) 0.2[%], 10[mV]

예제 5 만약 변환기가 5[mV]까지 전압을 분해할 필요가 있고, 또 사다리꼴 회로망은 +10[V]의 최대 눈금을 갖는다면 이 변환기에 입력에는 몇 비트가 요구되는가?

(풀이)

$10/(5 \times 10^{-3})=2000$

2000분의 1의 가중치를 갖는 것은 11비트 변환기이다.

즉 $1/2^{11}=1/2048$이기 때문이다.

(답) 11비트

예제 6 5비트 전압 가산형 D/A변환기에서 6.4[V]="1", 0[V]="0"일 경우, 2진수 10000가 OP AMP의 입력에 가해지는 전압은 얼마인가?

(풀이)

$$V_i = \{(2^4 \cdot A_4 + 2^3 \cdot A_3 + 2^2 \cdot A_2 + 2^1 \cdot A_1 + 2^0 \cdot A_0)/2^5\} \cdot V_R$$

여기서 A_4=1이고 나머지 모든 A_n은 "0"이다. 그리고 V_R=6.4[V]이므로

$$V_i = (2^4/2^5) \times 6.4$$
$$= (16/32) \times 6.4$$
$$= 3.2[V]$$

예제 7 8단 사다리(ladder)회로망을 사용하여 10110100의 2진수를 계수했을 때의 출력전압을 얼마인가? 단, 기준전압은 15[V]이다.

(풀이)

$$V_{out} = (2^7 + 2^5 + 2^4 + 2^2/2^8) \times 15[V]$$
$$= (128 + 32 + 16 + 4/256) \times 15[V]$$
$$= 8.4/[V]$$

12-2 아날로그-디지털 변환기(Analog-Digital converter: ADC)

아날로그-디지털 변환회로(Analog-Digital converter : ADC)는 D-A변환의 역기능 회로로 아날로그량을 그에 상당하는 디지털량 또는 특정 부호로 변환시키는 회로이며, 크게 나누어 적분방식과 비교방식으로 구분된다.

적분방식은 다시 전압-시간(V-t) 변환형과 전압-주파수(V-f) 변환형으로, 비교방식은 귀환 비교형과 무귀한 비교형으로 세분된다.

전압-시간(V-t) 변환형은 입력의 아날로그 전압 V_a에 비례한 게이트 시간 t를 발생시키고, 이 기간동안 게이트를 통과하는 기준 클럭펄스의 수를 계수하는 방식으로 단순 램프형, 2중 적분형이 여기에 속한다.

전압-주파수(V-f) 변환형은 아날로그 전압 V_a에 비례한 펄수 주파수 f를 발생시키고 일정하게 마련된 게이트에 이 펄스열을 통과시켜서 계수하는 방식이다.

귀한 비교형은 내부에 D-A변환기가 내장되어 있으며, D-A변환기의 입력을 증감시켜가면서 D-A변환기의 출력과 입력 아날로그 전압을 비교하는 방식으로 추종 비교형과 축차 비교형이 이 방법에 속한다.

12-2-1 정확도와 분해능

A/D변환기의 정확도는 아날로그와 디지털의 두 오차를 포함한 전체의 오차로 취급하며 디지털 오차의 원천은 그 시스템의 분해능에 의해서 결정된다.

아날로그 전압을 디지털 전압으로 바꾼다는 것은 연속적인 아날로그 전압을 그와 등가인 디지털 숫자로 표시한다는 것을 의미한다. 이렇게 표시된 디지털 레벨을 래더로 다시 아날로그 파형으로 바꾸면 아는 바와 같이 계단파형이 나올 것이다. 이 차형은 입력전압과 비슷하지만 연속신호는 아니다. 실제로 이 신호는 여러 개의 불연속적인 계단전압으로 되어 있다. 아날로그 전압을 재현시키기 위해서 우리가 할 수 있는 일은 이 계단전압을 입력전압의 진폭과 같도록 하는 것뿐이다.

이와 같이 래더 전압이 계단형으로 되어 있다는 것이 시스템의 디지털 오차가 발생하는 이유이다.

A/D 변환기는 아날로그 디지털 시스템을 모두 포함하는 폐회로(closcd loop) 시스템이기 때문에 전체의 정확도란 이 두 가지의 오차를 전부 포함하고 있다. 전체의 정확도를 결정하는데는 두 가지의 오차원을 나누어서 생각하는 것이 쉽다. 각 성분이 정확히 작동된다면 디지털 오차의 원천은 그 시스템의 분해능에 의해서 결정된다.

예제 8 10비트 A-D 변환기를 만드는데 얼마의 전체 오차가 생길까?

(풀이)

10비트의 양자오차 $= 1/1024 \times 100 = 0.1\%$

전체오차 $= 0.1 \times 2 = 0.2\%$

12-2-2 비교형 A/D 변환기

가. 계수 비교형(Digital Ramp : staircase)

비교형 A/D변환기는 레벨 비교기의 출력과 입력의 한쪽 사이에 D/A변환기 출력을 아날로그 레벨로 비교해서 일치한 때의 입력을 A/D변환 출력으로 하는 방식으로 대표적인 방식으로는 계수 비교형과 축차 비겨향 A/D변환기가 있다. 우선, 계수 비교형 A/D변환기는 [그림 12-9]와 같이 카운터, D/A변환기, 아날로그 비교기로 구성되어 있다.

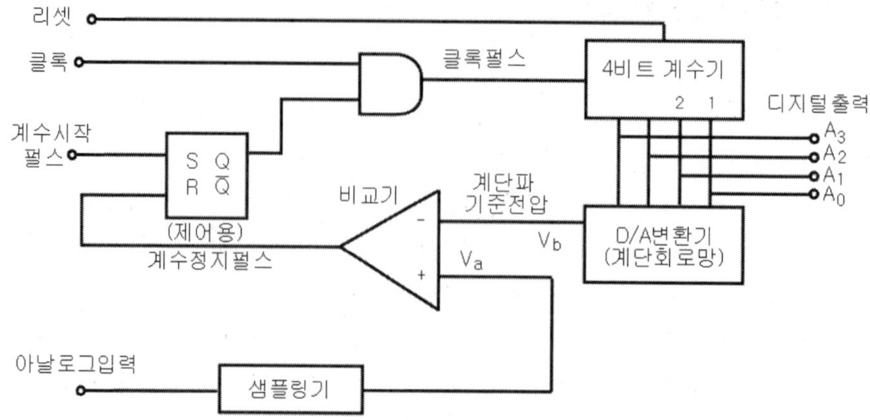

(a) 계단 회로망을 이용한 ADC

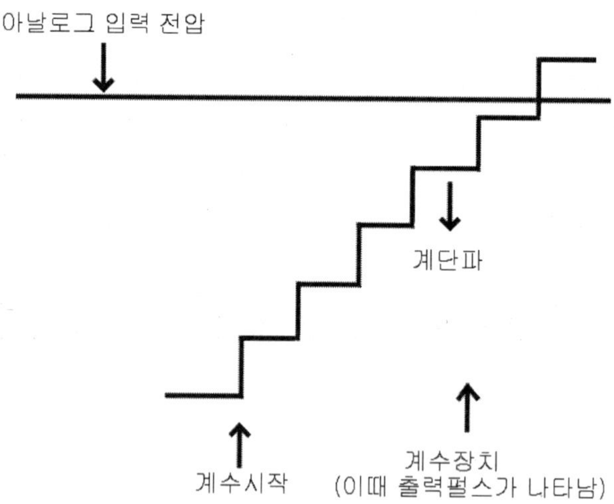

(b) 아날로그의 입력 계단파와 비교기 출력

그림 12-9 계수비교형 A/D변환기

동작은 다음과 같다. 처음에 계수기는 0으로 리세트 되어 있다. 그리하여 Vb=0이다.

아날로그 입력이 샘플링기를 통하여 Va로서 비교기의 다른 입력에 들어가게 된다. 비교기는 Va가 Vb보다 크기만 하면 출력이 “1”이다. 그리하여 AND회로가 동작 가능하게 되어 클론(clock)이 계수기에 입력된다. 이제 계수기는 0에서부터 카운트 업하며 매 카운트마다 D/A변환기의 출력에 의하여 Vb는 한 계단씩 전압이 상승하게 된다. 그리하여 Vb〉Va가 되면 비교기의 출력은 “0”으로 되므로 AND회로는 동작을 하지 않게 된다. 그에 의하여 계수기 또한 카운트를 하지 않고 그 출력을 유지하게 된다. 계수기의 출력에서 디지털 출력을 뽑아냄으로써 아날로그 입력 전압에 대한 디지털 출력이 나오게 된다. 이 비교기는 2n-1의 클록 주기를 필요로 하기 때문에 상대적으로 느리며, 축차 비교형 A/D변환기는 훨씬 더 빠르다. 그리고 계수형의 A/D변환기는 다음과 같은 특징이 있다.

① 카운트에 시간이 걸리므로 변환 속도가 느리다.
② 입력 전환에 따라 변환 시간이 바뀌어 일정하지 않다.
③ 회로가 간단하고 값이 싸며 정확도가 높다.
④ 계수기 및 D/A변환기로서 절환에 이용된다.

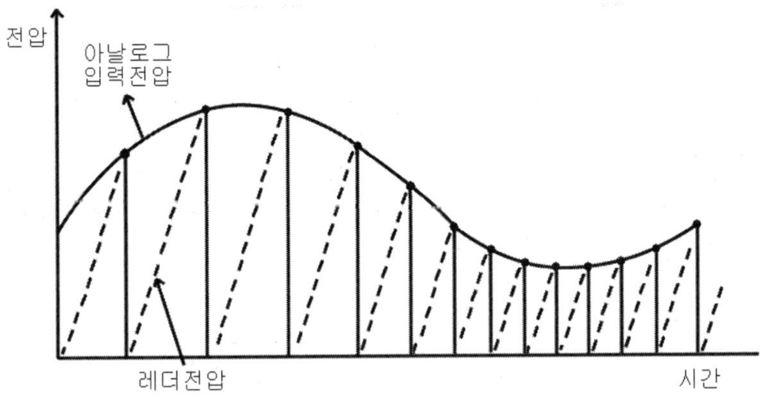

그림 12-10 A/D변환 예

[그림 12-10] A/D변환의 파형을 보여주며 변환은 스타트 신호를 받음과 동시 시작되며 제어(control) 플립플롭이 세트되며 래더의 계단전압이 아날로그 입력전압과 같아질 때까지 계수기는 일반적인 계수 순서로 진행한다. 같아지는 순간, 비교회로의 출력의 상태가 바뀌고 양펄스를 발생시키며, 이것에 의해 제어 플립플롭은 리셋된다. 따라서 AND 게이트가 닫혀지고 계수는 정지된다. 이렇게 되면 계수기에는 아날로그 입력전압과 같은 디지털 숫자가 유지되고, 변환기는 다음 변환신호를 받을 때까지 이 상태로 있는 것이다.

각 변환이 끝나고 나서 즉시 새로운 스타트 신호가 들어오면 변환기는 최대 속도로 작동하게 된다. 이렇게 하면 [그림 12-10(b)]와 같이 디지털 신호가 나온다. 여기서 이 신호를 디지털 신호를 바꾸는데 필요한 변환시간은 일정한 것이 아니고 입력신호의 크기의 함수이다.

아날로그 입력신호는 디지털 정보로부터 각 디지털 숫자의 점들을 연결하여 재현시킬 수가 있다. 이러한 방법을 재현시키면 [그림 12-10(b)]와 같은 파형이 얻어진다. 이 경우는 변환시간이 입력파형의 과도시간보다는 짧다는 사실에 유의하기 바란다.

반면에 입력파형의 과도시간이 변환시간에 접근하게 되면 재현된 출력파형은 정확하지 못하게 된다.

예제 9 8비트 계수 비교형 A/D 변환기는 분해능이 40[mA]이며 주파수는 2[MHz]이다. Va=6[V]이면 디지털 출력은 얼마인가? 또한 최대 변환 시간은 얼마인가?

(풀이)

6[V]/40[mV]=150이다. 150을 2진수로 변환하면 10011110이다. 따라서 출력은 10011110이다. 최대 변환 시간은 $(2^8-1)\cdot(1/2\times10^6)$이다.

나. 축차 비교형(Successive-approximation converter)

두 번째로 축차 비교형 A/D변환기는 [그림 12-11]에 도시되어 있다.

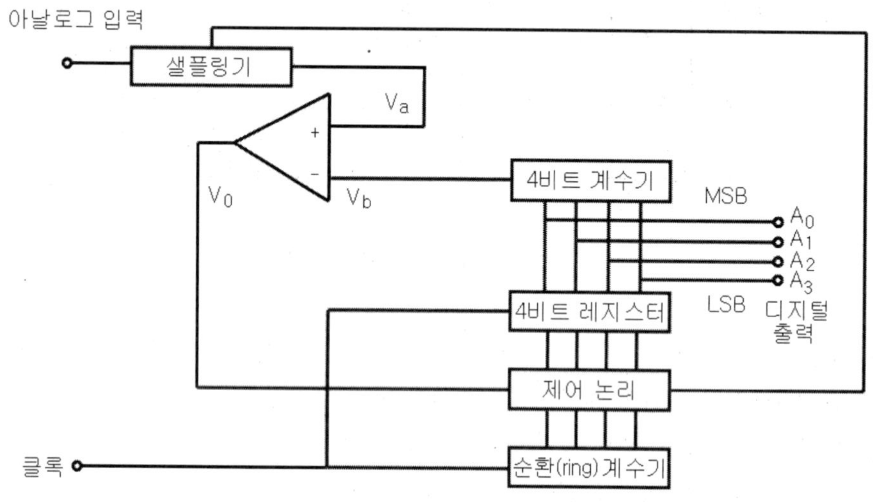

그림 12-11 축차 비교형 A-D 변환기

순환 계수기는 MSB에서 LSB로 향하는 순번으로 비교를 해나가는 시퀀스(sequence)회로이다. 클록은 순환 계수기에 A/D변환기의 비트수와 같은 수의 펄스열을 한번 변환할 때마다 발생시킨다. 제어 논리 회로는 순환 계수기의 출력을 받아 4비트의 레지스터의 출력을 MSB A3부터 차례로 만들어간다. 또한 D/A변환기의 출력이 아날로그 입력보다도 작다고 비교 판정되면 S/W를 세트 상태로 두며, 반대의 경우에는 S/W를 리세트 상태로 유지한다. 그리고 해석을 간단히 하기 위해서 입력 전압이 0에서 15[V] 사이에 있으며 그에 따라 출력은 2진수로 값이 결정된다고 가정하면 변환 주기의 단계는 다음과 같게 된다.

(1) D/A변환기 4비트 레지스터, 순환 계수기는 순환 계수기에서 나오는 첫 펄스에 의하여 모두 리세트된다. 순환계수기는 D/A변환기의 MSB 비트 즉 A_3=1이며, 다른 모든 것은 "0"이 되도록 리세트 된다. 그러므로 D/A의 출력 Vb는 8[V]이다. 만약에 Va〉Vb이면 레지스터의 MSB는 "1"로 남아 있고 그렇지 않으면 "0"으로 리세트 된다.

(2) 순환계수로부터 두 번째 펄스가 들어와 A_2=1, A_2, A_0는 "0"으로 남아있게 된다. A_3는 앞의 1항의 결과에 따라 "0"이나 "1"로 된다. 만약에 A_3=1이면 V_b=12[V], A_3=0이면 $V_b = 4[V]$이다. 가령 V_b=1.2[V]라고 가정한다면 Va와 비교하여 V_a〉1.2이면 레지스터의 A_2는 "1"로 유지되며, V_a〈1.2이면 "0"으로 리세트 된다.

(3) 앞의 방법으로 A_1, A_0에 대해서 계속하면 결국에는 원하는 수가 레지스터로부터 디지털 출력에 나오게 된다. 실질적인 변환 주기는 4클록 주기에 의하여 이루어졌다. 그러므로 예를 들어 100[MHZ] 클록의 10-BIT변환기는 변호나 시간이 10×10-7=1[μS]가된다. 이 형의 특징은 다음과 같다.

① 변환 속도가 빠르다.
② 입력 전압의 크기에 따라 변환 속도가 영향을 받지 않고 항상 일정한 변환 속도가 유지된다.
③ 12-비트 정도의 변환은 용이하며 높은 정확도이다.
④ 절환에서 D/A변환기로서 사용된다.
⑤ 단점으로는 잡음의 영향을 받기 쉬운 점을 들 수 있다.

예제 10 6비트 축자 비교형 A/D변환기에서 정확도는 단계(step)당 0.05[V]이며 아날로그 입력이 2.2[V]이다. 동작 상황을 표로 표현하여라.

(풀이)

$$2^6 = 64$$

$$0.05 = (1/64) \cdot V_R$$

$$V_R = 5 \times 10^{-2} \times 64 = 3.2[V]$$이다.

따라서 표는 다음과 같다.

단계	Vb	결과	A_5	A_4	A_3	A_2	A_1	A_0	비교
1	1.6	YES	1	0	0	0	0	0	Va≧1.6Vb
2	2.4	NO	1	1	0	0	0	0	Va≧2.4Vb
3	2	YES	1	0	1	0	0	0	Va≧2Vb
4	2.2	YES	1	0	1	1	0	0	Va≧2.2Vb
5	2.3	NO	1	0	1	1	1	0	Va≧2.3Vb
6	2.2	YES	1	0	1	1	0	0	Read out

※ YES는 Vb가 Va보다 작거나 같을 때, NO는 Vb가 Va보다 클 때
Va : 아날로그 입력(2.2V), Vb : 디지털 입력(2.2V)
Vb=3.2×2진수값/64
예) 100000→2^5=32
Vb=3.2×32/64=1.6

다. 병렬 동시 비교형 ADC

병렬 동시 비교형이란 여러 개의 비교회로를 사용하는 방법을 말한다. [그림 12-12]는 2bit 동시 비교형의 그림으로 3개의 비교기를 사용한 논리회로와 출력레벨로 표시했다.

디지털 신호로 변환하는 아날로그 신호가 각 비교회로의 하나의 입력에 들어가고 비교회로의 다른 입력에는 기준전압이 걸린다.

여기서 기준전압은 +V/4, +V/2, +3V/4이며 이 시스템은 0부터 +V까지의 아날로그 전압을 받아들일 수가 있다.

입력신호가 기준전압보다 같거나 높으면 비교기 출력은 1(H)이고, 낮으면 0(L)이 된다.

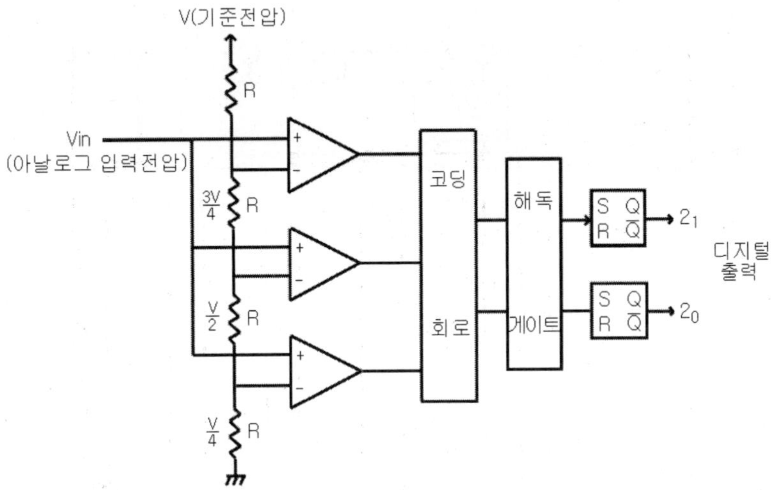

(a) 블록선도

Vin 입력전압	비교회로 출력		
	C_1	C_2	C_3
0∼+V/4	L	L	L
+V/4∼+V/2	H	L	L
+V/2∼+3V/4	H	H	L
+3V/4∼+V	H	H	H

(b) 비교회로의 출력상태표

그림 12-12 2비트 동시비교형 ADC

입력신호가 기준전압보다 높으면, 비교회로는 ON된다.(이것은 비교회로의 출력이 높은 값으로 된 것을 의미한다.) 여기서 모든 비교회로가 OFF되었다면, 아날로그 전압은 0부터 +V/4V사이에 있을 것이다. C_1이 높고(1이 ON), C_2와 C_3가 낮으면 입력은 +V/4와 +V/2 V사이에 있다. C_1과 C_3가 높고 C_3가 낮으면 입력은 +V/2와 +3V/4사이에 있을 것이다. 끝으로 모든 비교회로가 높은 값이면 입력신호는 +3V/4와 +γV사이에 있게 된다. 여러 가지 입력의 범위에 대한 비교회로의 출력 레벨을 요약한 것이 [그림 12-12(b)]이다.

위의 그림에서 보는 바와 같이 이 변환기를 사용해서 4개의 전압 범위를 알아낼 수가 있다. 4가지의 범위는 두 개의 2진 비트로 나타낼 수가 있을 것이다. 세 개의 비교회로의 출력을 코딩(coding)회로의 입력에 넣어서 아날로그 입력전압과 등가인 두 개의 비트를 얻게 된다. 여기서 얻은 비트를 잠시 저장을 위해서 플립플롭 레지스터에 넣어둔다.

[그림 12-13]은 8비트 병렬 비교형 ADC 내부 블록도(HA 19211)를 보여주고 있다.

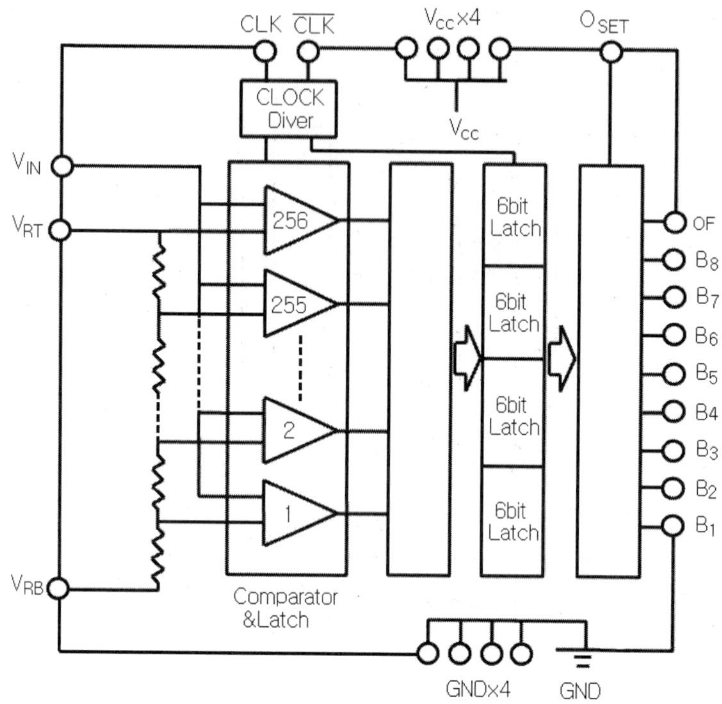

그림 12-13 8비트 병렬비교형 A-D 변환소자의 내부블럭도(HA 19211)

12-2-3 적분형 A/D 변환기

A/D변환기에 있어서 가장 까다로운 문제는 변환해야 할 직류 입력 전압에 포함되는 교류에 대한 잡음의 처리 방법이다. 세상에 완전한 직류는 있을 수 없으며 반드시 무엇인가의 직류에 대한 잡음을 수반하고 있다. 그러나 지금까지 설명한 A/D변환기 방식에서는 아날로그 레벨과의 직접 비교이기 때문에 비교하는 시간에 리플(ripple)이나 잡음이 실려 있으면 그 자체가 직접 오차가 되어 버린다. 그래서 고려한 것이 밀러 적분 회로를 중개해서 비교하는 적분방식이다. [그림 12-14]은 밀러 적분을 이용한 A/D변환기이다. [그림 12-14]에서 적분기 출력이 0[V]에서 약간이라도 "-"가 되면 비교기가 동작하여 일정진폭(-Eref), 일정시간 폭(t1)의 방형 펄스를 발생한다. 그러므로 적분기 출력은 정방향으로 증가해가지만 시간 t_1을 지나면 방형파 펄스가 소멸하기 때문에 다시 "-"의 경사를 가진 출력으로 반대로 되돌아간다.

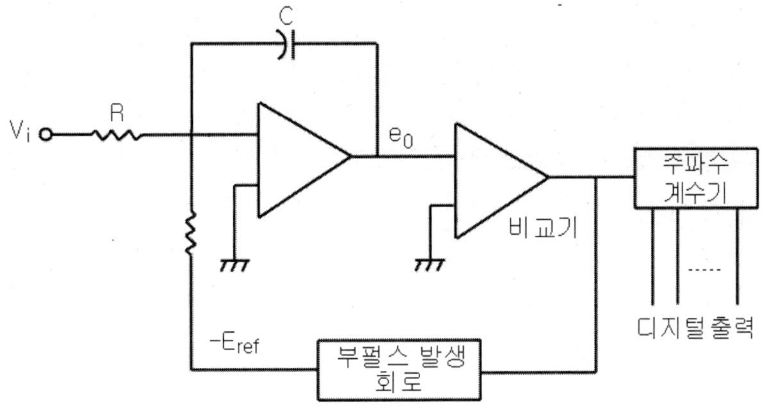

그림 12-14 적분기 이용한 A/D 변환기

그러므로 [그림 12-15]와 같은 타이밍 차트를 얻게 된다.

그리고 t_1까지는 출력은 나음과 같이 구할 수 있다.

$$e_0 = (-1/RC)\int_0^{t1}(V_i - E_{ref})dt \tag{12-6}$$

t_1에서 t_2까지는 펄스가 발생하지 않으므로 t_2에 가서는 적분기의 출력전압 e_0는 "0"가 된다. 이를 식으로 표현하면 다음과 같다.

$$\{(-V_i + E_{ref})/(R \cdot C)\} \cdot t_1 + (-V_i/R \cdot C) \cdot t_2 = 0 \tag{12-7}$$

$$(-V_i + E_{ref}) \cdot t_1/V_i \cdot t_2 = 0$$

그러므로

$$t_2 = (-V_i + E_{ref}) \cdot t_1/V_i$$

$$t_1 + t_2 = \{(-V_i + E_{ref}) \cdot t + V_{jt1})\}/V_i \tag{12-8}$$

$$= E_{ref} \cdot t_1/V_1 \tag{12-9}$$

이 된다. 따라서 주파수 f는 다음과 같은 공식이 성립한다.

$$f = 1/(t_1 + t_2)$$
$$= V_i/(E_{ref} \cdot t_1)$$

E_{ref}, t_1은 일정하므로 f는 Vi에 비례하며 주파수 카운터의 입력은 적분기 출력 e_0라도 좋고 비교기의 출력 펄스라도 좋다.

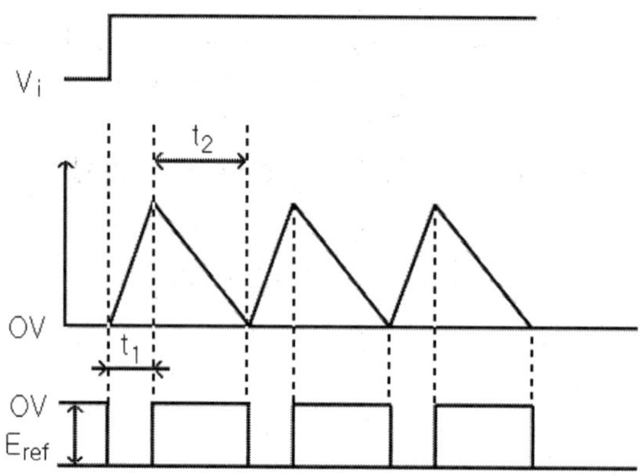

그림 12-15 적분기를 이용한 A/D 변환기의 타이밍 차트

연습문제

1. D/A변환기는 왜 보통 디코더로 생각되는가?

2. A/D변환기는 왜 보통 디코더로 생각되는가?

3. 2진식 등가적 가중치는 어떻게 결정되는가?

4. 중첩의 정리란 무엇인가? 이것이 2진식 사다리꼴 회로망의 출력 전압을 구하기 위하여 어떻게 사용하는가?

5. 정확도와 분해능의 차이점은 무엇인가?

6. 분해능과 정확도는 서로 모순없이 조화를 이루어야 한다는 말이 의미있는 것은 무엇인가?

7. 0[V] = "0", +10[V] = "1"일 때 6-비트 2진식 사다리꼴 회로망의 최대 눈금 출력전압은 얼마인가? 8-비트 회로망의 출력전압을 구하여라.

8. 다음의 입력을 갖는 6-비트 회로망의 출력 전압을 구하여라.

   (1) 101001　　(2) 111101　　(3) 111011　　(4) 110001

9. 2진식 사다리꼴 회로망을 사용한 12비트의 D/A변환기의 분해능은 얼마인가? 만약 최대 눈금 출력이 +10[V]이면 [V]로 된 분해능은 얼마인가?

10. 1[MHZ]의 클록을 사용한 12-비트 계수기형과 축차형 A/D변환기의 변환 시간은 얼마인가?

11. 5비트 병렬 동시 A/D 변환기를 만들기 위해서는 몇 개의 비교회로가 필요한가?

12. 전압 가산형 D/A변환회로에서 출력전압이

$$V_0=1/3V_s(b_i2^0+b_2 \cdot 2^{-1}+b_3 \cdot 2^{-2}+b_4 \cdot 2^{-3})$$

이 되는 것을 증명하라.

13. 전류가산형 D/A변환 회로에 01010011의 입력이 인가될 때의 출력 아날로그 전압을 계산하라.

14. 시판되고 있는 D/A변환 소자에 대해 조사하고 종류별 특성을 비교하라.

15. BCD입력에 대한 아날로그 출력을 얻어내기 위한 전압가산형를 구성하라.

16. 적분형 A/D변환회로 중 2중 적분형과 다중 적분형 A/D변환소자에 대해 조사하고 그 특성과 2중 비교기의 특성을 비교하라.

디지털공학

1판 2쇄 2017년 3월 2일

저 자 송천섭/박강식/박인덕
발행인 송광헌
발행처 복두출판사
주 소 서울특별시 영등포구 경인로82길 3-4
센터플러스 807호
(우) 07371
전 화 02-2164-2580~1
FAX 02-2164-2584
등 록 1993. 11. 22. 제 10-902 호

정가 : 22,000원
ISBN : 979-11-85880-03-7 93560

한국과학기술출판협회 회원사